21世纪数学规划教材

数学基础课系列

2nd Edition

实变函数解题指南（第二版）

Exercises and
Solutions of Real
Variable Function

周民强 编著

北京大学出版社
PEKING UNIVERSITY PRESS

图书在版编目(CIP)数据

实变函数解题指南/周民强编著. —2 版. —北京:北京大学出版社,2018.4

(博雅·21 世纪数学规划教材·数学基础课系列)

ISBN 978-7-301-29415-4

Ⅰ. ①实… Ⅱ. ①周… Ⅲ. ①实变函数—高等学校—题解 Ⅳ. ①O174.1-44

中国版本图书馆 CIP 数据核字(2018)第 056687 号

书　　　名	实变函数解题指南(第二版) SHIBIAN HANSHU JIETI ZHINAN
著作责任者	周民强　编著
责任编辑	尹照原　刘勇
标准书号	ISBN 978-7-301-29415-4
出版发行	北京大学出版社
地　　　址	北京市海淀区成府路 205 号　100871
网　　　址	http://www.pup.cn　新浪微博　@北京大学出版社
电子信箱	zpup@pup.cn
电　　　话	邮购部 62752015　发行部 62750672　编辑部 62752021
印刷者	三河市博文印刷有限公司
经销者	新华书店
	890 毫米×1240 毫米　A5　11.25 印张　332 千字 2007 年 8 月第 1 版 2018 年 4 月第 2 版　2024 年 1 月第 6 次印刷
定　　　价	38.00 元

未经许可,不得以任何方式复制或抄袭本书之部分或全部内容。
版权所有,侵权必究
举报电话: 010-62752024　电子信箱: fd@pup.pku.edu.cn
图书如有印装质量问题,请与出版部联系,电话: 010-62756370

内 容 简 介

本书是实变函数课程的学习辅导用书,其内容是在作者编写的普通高等教育"九五"教育部重点教材《实变函数论》(第 3 版)的基础上添加新题目后整理而成. 全书共分六章,内容包括:集合与点集,Lebesgue 测度,可测函数,Lebesgue 积分,微分与不定积分,L^p 空间等.

周民强教授主讲实变函数课程数十年,深谙其中的脉络以及初学者的疑难与困惑. 多年的教学经验使作者认识到:要使学生学好实变函数课,除了要有一本好教材外,还应有恰当的解题指南类书籍给予配合,才能提高教学质量,达到好的教学效果. 对此,作者在两个方面对本书的选题与命题下了功夫:一是密切结合基本理论与方法;二是覆盖面广,放大题量,以拓广视野,开阔思路. 此外,从难易角度看,书中编有初、中、高三种程度的各类习题,读者应根据教与学的实际情况作出取舍.

本书可作为综合大学、高等师范院校数学系、概率统计系各专业学生学习实变函数的辅导书,对从事实变函数教学工作的教师,本书是一部极好的教学参考用书;本书也为立志要进一步学习调和分析的读者提供了一个坚实的台阶.

作者简介

周民强 北京大学数学科学学院教授,1956年大学毕业,从事调和分析(实变方法)的研究工作,并担任数学分析、实变函数、泛函分析、调和分析等课程的教学工作四十余年,具有丰富的教学经验.出版教材和译著多部.出版的教材有《数学分析》《实变函数论》(普通高等教育"九五"教育部重点教材)《调和分析讲义》《数学分析习题演练》《微积分专题论丛》等.多次获得北京大学教学优秀奖和教学成果奖.曾任北京大学数学系函数论教研室主任、《数学学报》和《数学通报》编委、北京市自学考试命题委员等职.

第二版前言

本书自 2007 年第一版出版以来,受到了广大读者的欢迎和认可,作者深感欣慰,并在此表示感谢.

实变函数是学习近代分析数学的基础课程.为了适应现今大部分学校的课时安排,并设法降低学生学习实变函数课程的难度,作者于 2016 年对《实变函数论》一书进行了改版.在过去的一段时间,为了配套新的教材,作者针对这本习题指导进行了大量的调整和修改.

这一版的修改,主要目的是适当降低本书的难度,让更多不同层次的读者可以按本书来进行习题练习.因此,这一版的修改主要集中在以下两方面:一、去掉了每一节的"基本内容".由于这些内容和教材中是完全重复的,作者认为没有必要在本书中重复叙述;二、对习题进行了调整.很多读者曾表示习题难度过大,因此作者在这一版中删去了一些习题,并对现有习题根据难易程度调整了顺序,这样更方便读者根据自己的实际水平进行练习.

最后,作者由衷地希望本书能给更多的学习实变函数的读者带来帮助.

作　者

2018 年 3 月

写 在 前 面

实变函数是各大专院校数学系(包括应用数学系、概率统计系等)的高年级基础课程,其核心内容是测度和积分理论,这是近代分析数学领域的必备知识.

实变函数论是数学分析的深化和扩展,是在更广的背景下来研讨微积分课题.例如,它把界定在区间上的经典(Riemann)积分开拓到可测集上,积分的对象也扩大到定义在可测集上的可测函数类.这样,集合论自然就是实变函数的精神支柱,而恰当地分解、合成一个集合成了解决问题的有效手段.因此,与数学分析相比,作为后继课的实变函数论在学习上呈现出一个飞跃,初学者在这里遇到了与前不同的困境,尤其是在做题方面.这是完全可以理解的.在一定意义上说也是正常的(虽然原因是多方面的).

拙著《实变函数论》(北京大学出版社,2001)在撰写过程中也曾尽力设法去降低学生学习实变函数课程的难度,例如在书中多举例证,分层次编习题等.但由于这一课程本身所具有的特殊性,多年来,仍有不少读者希望看到有题解加以参考.对此,在北京大学出版社的大力支持下,这本《实变函数解题指南》面世了.当然,这里要强调的是:读者阅读本书只是为了开阔思路,自己动手做练习才是学习数学的最基本途径.

编入本书的习题量很大,鉴于作者的水平有限,对于在选题过程中出现的疏忽和误解之处,欢迎读者批评指正.

作 者
2007 年 2 月

目 录

第一章 集合与点集 (1)

§1.1 集合 (1)
- 1.1.1 集合的概念与运算 (1)
- 1.1.2 集合间的映射与集合的基数 (9)

§1.2 点集 (24)
- 1.2.1 $\mathbf{R}^n$ 中点与点之间的距离与点集的极限点 (24)
- 1.2.2 $\mathbf{R}^n$ 中的基本点集：闭集、开集 (27)
- 1.2.3 Borel 集、点集上的连续函数 (51)
- 1.2.4 Cantor 集 (65)
- 1.2.5 点集间的距离 (67)

第二章 Lebesgue 测度 (73)

- §2.1 点集的 Lebesgue 外测度 (73)
- §2.2 可测集与测度 (76)
- §2.3 可测集与 Borel 集 (85)
- §2.4 正测度集与矩体的关系 (93)
- §2.5 不可测集 (97)
- §2.6 连续变换与可测集 (99)

第三章 可测函数 (104)

- §3.1 可测函数的定义及其性质 (104)
- §3.2 可测函数列的收敛 (114)
- §3.3 可测函数与连续函数的关系 (126)
- §3.4 复合函数的可测性 (129)
- §3.5 等可测函数 (132)

第四章　Lebesgue 积分 ······ (135)

§4.1　非负可测函数的积分 ······ (135)
§4.2　一般可测函数的积分 ······ (152)
§4.3　控制收敛定理 ······ (171)
§4.4　可积函数与连续函数的关系 ······ (193)
§4.5　Lebesgue 积分与 Riemann 积分的关系 ······ (200)
§4.6　重积分与累次积分的关系 ······ (202)

第五章　微分与不定积分 ······ (216)

§5.1　单调函数的可微性 ······ (216)
§5.2　有界变差函数 ······ (225)
§5.3　不定积分的微分 ······ (239)
§5.4　绝对连续函数与微积分基本定理 ······ (243)
§5.5　分部积分公式与积分中值公式 ······ (263)
§5.6　**R** 上的积分换元公式 ······ (268)

第六章　L^p 空间 ······ (276)

§6.1　L^p 空间的定义与不等式 ······ (276)
§6.2　L^p 空间的结构 ······ (304)
§6.3　L^2 内积空间 ······ (325)
§6.4　L^p 空间的范数公式 ······ (345)

第一章 集合与点集

§1.1 集 合

1.1.1 集合的概念与运算

例 1 解答下列问题:

(1) 给定集合 A,B,C,试给出由下述指定元素全体形成的集合的表示式.

(i) 至少属于三者之中的两个集合的元素.

(ii) 属于三者之中的两个而不属于三个集合的元素.

(iii) 属于三者之中的一个而不属另外两个集合的元素.

(2) 设 r,s,t 是三个互不相同的复数,且令
$$A = \{r,s,t\}, \quad B = \{r^2,s^2,t^2\}, \quad C = \{rs,st,rt\}.$$
若有 $A=B=C$,试求 r,s,t.

解 (1) (i) $(A\cap B)\cup(B\cap C)\cup(C\cap A)$ 表示属于 A,B 与 C 中至少两个集合中的元素全体形成的集合.

(ii) $(A\cup B\cup C)\setminus(A\triangle B\triangle C)$ 表示属于 A,B 与 C 中至少两个集合但不属于三个集合的元素全体形成的集合.

(iii) $(A\triangle B\triangle C)\setminus(A\cap B\cap C)$ 表示属于 A,B 与 C 中的一个集合但不属于另外两个集合的元素全体形成的集合.

(2) 因为集合相等就是其元素相同,所以将每个集合中的全部元素作数值和,所得到的三个数应该相等,若令其和为 K,则有
$$r+s+t = r^2+s^2+t^2 = rs+st+rt = K.$$
从而得到
$$K^2 = (r+s+t)^2 = (r^2+s^2+t^2)+2(rs+st+rt)$$
$$= 3K,$$
即 $K=3$ 或 0.又从数值的乘积看,同理有

$$rst = r^2 s^2 t^2,$$

故知 $rst=1$. 于是在 $K=3$ 时,可知 r,s,t 为方程

$$x^3 - 3x^2 + 3x - 1 = 0$$

的根,亦即 $(x-1)^3=0$ 的根. 但此时有 $r=s=t=1$,不合题意. 这说明 $K=0$,此时 r,s,t 为方程

$$x^3 - 1 = 0$$

的根,即 $x=1$ 以及 $x=(-1\pm\sqrt{3}\mathrm{i})/2$.

例 2 试证明下列命题:

(1) 设 A,B 是全集 X 中的子集.

(i) 等式 $B=(X\cap A)^c \cap (X^c \cup A)$ 成立当且仅当 $B^c=X$.

(ii) 若对任意的 $E\subset X$,有 $E\cap A=E\cup B$,则 $A=X, B=\varnothing$.

(2) 设 Γ 是集合 X 中某些非空子集形成的集合族. 若 Γ 对运算 $\triangle,\cap$ 是封闭的(即若 $A,B\in\Gamma$,则 $A\triangle B\in\Gamma, A\cap B\in\Gamma$,也说 Γ 是一个环),则 Γ 对运算 $\cup,\backslash$ 也封闭.

(3) 设有集合 A,B,E,F.

(i) 若 $A\cup B=F\cup E$,且 $A\cap F=\varnothing, B\cap E=\varnothing$,则 $A=E$ 且 $B=F$.

(ii) 若 $A\cup B=F\cup E$,令 $A_1=A\cap E, A_2=A\cap F$,则 $A_1\cup A_2=A$.

(4) $(A\cup B\cup C)\backslash(A\cap B\cap C) = (A\triangle B)\cup(B\triangle C)$.

(5) 设 A,B 是两个集合. 若存在集合 E,使得 $A\cup E=B\cup E$ 以及 $A\cap E=B\cap E$,则 $A=B$.

证明 (1)(i) 注意等式

$$X^c = (X\cap(A\cup A^c))^c = ((X\cap A)\cup(X\cap A^c))^c$$
$$= (X\cap A)^c \cap (X^c \cup A).$$

(ii) 先取 $E=X$,则由题设知 $A=X$;又取 $E=A^c$,则由题设知 $\varnothing = A^c\cap A = A^c\cup B = \varnothing\cup B$,即 $B=\varnothing$.

(2) 注意等式

$$A\cup B = (A\triangle B)\cup(A\cap B), \quad A\backslash B = (A\triangle B)\cap A.$$

(3)(i) 由于 $A\cap F=\varnothing$,故从 $A\cup B=F\cup E$ 可知,$A\subset E$ 且 $E\subset A$,即 $A=E$. 同理可得 $B=F$.

(ii) 我们有
$$A_1 \cup A_2 = (A \cap E) \cup (A \cap F) = A \cap (E \cup F)$$
$$= A \cap (A \cup B) = A \cup (A \cap B) = A.$$

(4) 应用集合运算性质，我们得到
$$(A \cup B \cup C) \setminus (A \cap B \cap C)$$
$$= (A \cup B \cup C) \cap (A \cap B \cap C)^c$$
$$= (A \cup B \cup C) \cap (A^c \cup B^c \cup C^c)$$
$$= A^c \cap (A \cup B \cup C) \cup (A \cup B \cup C) \cap B^c$$
$$\cup (A \cup B \cup C) \cap C^c$$
$$= (A^c \cap B) \cup (A^c \cap C) \cup (A \cap B^c) \cup (C \cap B^c)$$
$$\cup (A \cap C^c) \cup (B \cap C^c)$$
$$= [(A^c \cap B) \cup (A \cap B^c)] \cup [(A^c \cap C) \cup (A \cap C^c)]$$
$$\cup [(C \cap B^c) \cup (B \cap C^c)]$$
$$= [(B \setminus A) \cup (A \setminus B)] \cup [(C \setminus A) \cup (A \setminus C)]$$
$$\cup [(C \setminus B) \cup (B \setminus C)]$$
$$= (A \triangle B) \cup (A \triangle C) \cup (B \triangle C) = (A \triangle B) \cup (B \triangle C)$$
(见§2.2 例2之(2)中的证明).

(5) 因为我们有等式
$$A = (A \cap E) \cup (A \cap E^c), \quad B = (B \cap E) \cup (B \cap E^c),$$
所以只需指出 $A \cap E^c = B \cap E^c$. 注意到公式
$$A \cup E = E \cup (A \cap E^c), \quad B \cup E = E \cup (B \cap E^c),$$
$$E \cap (A \cap E^c) = \varnothing = E \cap (B \cap E^c),$$
立即可得 $A \cap E^c = B \cap E^c$.

例 3 试证明下列命题：

(1) 设有集合 $A = \{a_1, a_2, \cdots, a_{10}\}$，其中 $a_i (1 \leqslant i \leqslant 10)$ 是一个两位数，则存在分解 $A = B \cup C$ 满足：$B \cap C = \varnothing$，使得 B 中所有元素的数值和与 C 中所有元素的数值和相等.

(2) 设 E 是由 n 个元素形成的集合. $E_1, E_2, \cdots, E_{n+1}$ 是 E 的非空子集，则存在 r, s 个不同指标：
$$i_1, i_2, \cdots, i_r; \quad j_1, j_2, \cdots, j_s,$$
使得 $E_{i_1} \cup \cdots \cup E_{i_r} = E_{j_1} \cup \cdots \cup E_{j_s}$.

(3) 设 E 是由某些有理数形成的集合,且满足

(i) 若 $a\in E, b\in E$,则 $a+b\in E, ab\in E$;

(ii) 对任一有理数 r,恰有下述关系之一成立:
$$r\in E, \quad -r\in E, \quad r=0,$$
则 E 是全体正有理数形成的数集.

证明 (1) 作 A 的一切子集,易知它们共有 $2^{10}=1024$ 个. 因为每个子集的全部元素之数值和必小于 $10\times 100=1000$,所以必有两个子集其元素之数值和相同. 从而再将其中公共元素舍去后,分别记为 B, C,即得所证.

(2) 从 $E_1, E_2, \cdots, E_{n+1}$ 中任取若干个作其并集,易知可做出 $2^{n+1}-1$ 个并集. 注意到 E 中仅有 2^n-1 个非空子集,故这些并集不可能全不相同. 因此,从其中取两个相同的并集且舍去其中相同的 E_k.

(3) 若 $r\neq 0$,则由(ii)可知 $r\in E$ 或 $-r\in E$. 因为 $r^2=(-r)^2$,所以 $r^2\in E$,特别有 $1\in E$. 从而根据(i),每个正整数都属于 E.

若 m, n 是正整数,则根据上述推理又知,$1/n^2\in E$. 从而可知 $m/n=mn\times(1/n^2)\in E$. 证毕.

例 4 试证明下列命题:

(1) 设 $A_1\subset A_2\subset\cdots\subset A_n\subset\cdots$, $B_1\subset B_2\subset\cdots\subset B_n\subset\cdots$,则
$$\left(\bigcup_{n=1}^{\infty}A_n\right)\cap\left(\bigcup_{n=1}^{\infty}B_n\right)=\bigcup_{n=1}^{\infty}(A_n\cap B_n).$$

(2) 设 $A_1\supset A_2\supset\cdots\supset A_n\supset\cdots$, $B_1\supset B_2\supset\cdots\supset B_n\supset\cdots$,则
$$\left(\bigcap_{n=1}^{\infty}A_n\right)\cup\left(\bigcap_{n=1}^{\infty}B_n\right)=\bigcap_{n=1}^{\infty}(A_n\cup B_n).$$

(3) 设 $E_n=\{(x,y): \sqrt{x^2+(y-n)^2}<n\}$,则
$$\bigcup_{n=1}^{\infty}E_n=\{(x,y): x\in\mathbf{R}, y>0\}.$$

(4) 设 $0<a<b$,则对任意的正整数 k,存在实数 λ,使得
$$\bigcup_{n=k}^{\infty}[na, nb]\supset[\lambda, \infty).$$

(5) 设 $E_1\subset E_2\subset\cdots\subset E_k\subset\cdots$, $A\subset\bigcup_{k=1}^{\infty}E_k$,且对 A 的任一无限

子集 B,均存在某个 E_i,使得 $E_i \cap B$ 为无限集,则 A 必含于某个 E_{k_0} 中.

证明 (1) 若 x 属于左端,则存在 n_1, n_2,使得 $x \in A_{n_1} \cap B_{n_2}$. 不妨设 $n_1 \leqslant n_2$,则由 $A_{n_1} \subset A_{n_2}$ 可知, $x \in A_{n_2} \cap B_{n_2}$. 因此 x 属于右端. 若 x 属于右端,则存在 n_0,使得 $x \in A_{n_0} \cap B_{n_0}$. 由此知 $x \in \bigcup_{n=1}^{\infty} A_n, x \in \bigcup_{n=1}^{\infty} B_n$,即 x 属于左端.

(2) 略.

(3) 对任意点 (x, y)(其中 $x \in \mathbf{R}, y > 0$),只要 $n > (x^2 + y^2)/2y$,就有 $x^2 + (y-n)^2 < n^2$.

(4) 取正整数 N,使得 $N \geqslant k$ 且 $N \geqslant a/(b-a)$. 显然,若 $n \geqslant N$,则 $n(b-a) \geqslant a, nb \geqslant (n+1)a$. 由此可知
$$[na, nb] \cap [(n+1)a, (n+1)b] \neq \emptyset.$$
这说明 $\bigcup_{n=k}^{\infty} [na, nb] \supset [Na, \infty)$.

(5) 反证法. 假定任一 E_k 均不包含 A,则有
$$a_k \in A \setminus E_k \quad (k = 1, 2, \cdots).$$
易知 $B_0 = \{a_k\}$ 是无限集,这是因为若有 $B_0 = \{b_1, \cdots, b_n\}$,则由 $B_0 \subset A \subset \bigcup_{k=1}^{\infty} E_k$ 可知,必有 $b_1 \in E_{k_1}, \cdots, b_n \in E_{k_n}$. 令 $k_0 = \max\{k_1, \cdots, k_n\}$,则得 $B_0 \subset E_{k_0}$. 但 $a_{k_0} \in A \setminus E_{k_0}$,这一矛盾说明 B_0 是无限集. 根据 $a_k \in A \setminus E_k (k \in \mathbf{N})$,有
$$a_{k+1} \in A \setminus E_{k+1} \subset A \setminus E_k, \cdots, a_{k+j} \in A \setminus E_k \quad (j \in \mathbf{N}).$$
从而每个 E_k 均与 B 之交为有限集,矛盾. 证毕.

例 5 求下列集合列 $\{E_n\}$ 的上、下限集:

(1) $E_{3n-2} = A, E_{3n-1} = B, E_{3n} = C (n = 1, 2, \cdots)$.

(2) $E_n = \{m/n : m \in \mathbf{Z}\} (n = 1, 2, \cdots)$.

(3) $E_n = (0, 1/n) (n \in \mathbf{N})$.

(4) $E_n = (1/n, 1+1/n) (n \in \mathbf{N})$.

(5) $E_1 = [0, 1/2], E_2 = [0, 1/2^2] \cup [2/2^2, 3/2^2]$,
$E_3 = [0, 1/2^3] \cup [2/2^3, 3/2^3] \cup [4/2^3, 5/2^3] \cup [6/2^3, 7/2^3]$,
....

$E_n = [0, 1/2^n] \cup [2/2^n, 3/2^n] \cup \cdots \cup [(2^n-2)/2^n,$
$(2^n-1)/2^n]$.

....

解 (1) $\overline{\lim_{n \to \infty}} E_n = A \cup B \cup C$, $\underline{\lim_{n \to \infty}} E_n = A \cap B \cap C$.

(2) $\overline{\lim_{n \to \infty}} E_n = \mathbf{Q}$, $\underline{\lim_{n \to \infty}} E_n = \mathbf{Z}$.

(3) $\overline{\lim_{n \to \infty}} E_n = \varnothing$. (4) $\underline{\lim_{n \to \infty}} E_n = (0, 1]$.

(5) $\overline{\lim_{n \to \infty}} E_n = [0, 1)$, $\underline{\lim_{n \to \infty}} E_n = \{m/2^k\}(k, m \geq 0)$.

例 6 试证明下列命题:

(1) 设 $f_n(x)(n \in \mathbf{N})$ 以及 $f(x)$ 是定义在 $\mathbf{R}$ 上的实值函数,且有 $f_n(x) \to f(x)(n \to \infty, x \in \mathbf{R})$,则

(i) $\{x \in \mathbf{R}: f(x) \leq t\} = \bigcap_{k=1}^{\infty} \bigcup_{m=1}^{\infty} \bigcap_{n=m}^{\infty} \{x \in \mathbf{R}: f_n(x) < t + \frac{1}{k}\} (t \in \mathbf{R})$.

(ii) $\{x \in \mathbf{R}: f(x) < 1\} = \bigcup_{k=1}^{\infty} \bigcup_{m=1}^{\infty} \bigcap_{n=m}^{\infty} \{x \in \mathbf{R}: f_n(x) \leq 1 - 1/k\}$.

(2) 设 $a_n \to a(n \to \infty)$,则 $\bigcap_{k=1}^{\infty} \bigcup_{N=1}^{\infty} \bigcap_{n=N}^{\infty} \left(a_n - \frac{1}{k}, a_n + \frac{1}{k}\right) = \{a\}$.

(3) 设 $\{f_n(x)\}$ 以及 $f(x)$ 是定义在 $\mathbf{R}$ 上的实值函数,则使 $f_n(x)$ 不收敛于 $f(x)$ 的一切点 x 所形成的集合 D 可表示为

$$D = \bigcup_{k=1}^{\infty} \bigcap_{N=1}^{\infty} \bigcup_{n=N}^{\infty} \left(x: |f_n(x) - f(x)| \geq \frac{1}{k}\right).$$

(4) 设 $\{f_n(x)\}$ 是定义在 $\mathbf{R}$ 上的实值函数列,令

$E_{n,m}^k = \{x \in \mathbf{R}: |f_n(x) - f_m(x)| \leq 1/k\}$ $(k \in \mathbf{N})$,

$\{f_n(x)\}$ 的收敛点集是 $E = \bigcap_{k=1}^{\infty} \bigcup_{N=1}^{\infty} \bigcap_{n=N}^{\infty} \bigcap_{m=N}^{\infty} E_{n,m}^k$.

证明 应用上、下限集的思想.

(1) (i) 记 $E_{n,k} = \{x \in \mathbf{R}: f_n(x) < t + 1/k\}$. 若 x_0 属于左端,即 $\lim_{n \to \infty} f_n(x_0) = f(x_0) \leq t$,故对任意的 $k_0 \in \mathbf{N}$,存在 n_0,当 $n \geq n_0$ 时,有 $f_n(x_0) < t + 1/k_0$,即 $x_0 \in E_{n,k_0} (n \geq n_0)$. 这说明 x_0 属于 $\{E_{n,k_0}\}$ 的下限

集,故 x_0 属于右端;若 x_0 属于右端,则对任意给定的 $k_0 \in \mathbf{N}$, $x_0 \in \bigcup_{m=1}^{\infty} \bigcap_{n=m}^{\infty} E_{n,k_0}$,即 x_0 属于 $\{E_{n,k_0}\}$ 的下限集. 故存在 $n_0, x_0 \in E_{n,k_0}$ ($n \geqslant n_0$). 即 $f_n(x_0) < t + 1/k_0$ ($n \geqslant n_0$). 令 $n \to \infty$,可知 $f(x_0) \leqslant t + 1/k_0$. 再令 $k_0 \to \infty$,即得 $f(x_0) \leqslant t$, x_0 属于左端.

(ii) 记 $E_{n,k} = \{x \in \mathbf{R}: f_n(x) \leqslant 1 - 1/k\}$. 若 x_0 属于左端,即 $f(x_0) < 1$,易知存在 $k_0 \in \mathbf{N}$,使得 $f(x_0) < 1 - 1/k_0$. 从而由题设知,存在 n_0,使得 $f_n(x_0) < 1 - 1/k_0$ ($n \geqslant n_0$). 这说明 x_0 属于 $\{E_{n,k_0}\}$ 的下限集,即 $x_0 \in \bigcup_{m=1}^{\infty} \bigcap_{n=m}^{\infty} E_{n,k_0}$. 由此又知 x_0 属于右端;若 x_0 属于右端,则存在 $k_0 \in \mathbf{N}, x_0 \in \bigcup_{m=1}^{\infty} \bigcap_{n=m}^{\infty} E_{n,k_0}$,即存在 n_0,使得当 $n \geqslant n_0$ 时,有

$$x_0 \in E_{n,k_0}, \quad f_n(x_0) \leqslant 1 - 1/k_0.$$

令 $n \to \infty$,即得 $f(x_0) \leqslant 1 - 1/k_0 < 1$, x_0 属于左端.

(2) 注意下述推理的充分必要性:

$\lim_{n \to \infty} a_n = a \iff$ 对任意的 $k_0 \in \mathbf{N}$,存在 n_0,使得 $a \in (a_n - 1/k_0, a_n + 1/k_0)$ ($n \geqslant n_0$),即

$$a \in \bigcup_{m=1}^{\infty} \bigcap_{n=m}^{\infty} (a_n - 1/k_0, a_n + 1/k_0)$$

$$\iff a \in \bigcap_{k=1}^{\infty} \bigcup_{m=1}^{\infty} \bigcap_{n=m}^{\infty} (a_n - 1/k, a_n + 1/k).$$

(3) 这个集合表示式初看起来有点"不知从何说起",因而我们来谈谈它的构思,详细证明留给读者. 我们知道,若 $f_n(x)$ 在点 x_0 不收敛到 $f(x_0)$,则存在 $\varepsilon_0 > 0$,对任给自然数 k,必有 $n \geqslant k$,使得

$$|f_n(x_0) - f(x_0)| \geqslant \varepsilon_0.$$

也就是说,若令

$$E_n(\varepsilon_0) = \{x: |f_n(x) - f(x)| \geqslant \varepsilon_0\},$$

则点 x_0 是属于 $\{E_n(\varepsilon_0)\}$ 中之无穷多个集合的,即是 x_0 含于 $\{E_n(\varepsilon_0)\}$ 的上限集内. 反之,对任意给定的 $\varepsilon > 0$, $\{E_n(\varepsilon)\}$ 的上限集中的点都是不收敛点. 总之,这些上限集在对 ε 求并集后可构成全体不收敛点. 最后,上述的 ε 又可由一列 $\{\varepsilon_k\}: \varepsilon_1 > \varepsilon_2 > \cdots > \varepsilon_k > \cdots \to 0$ 来代替. 特别当

取 $\varepsilon_k = 1/k$ 时,就得到 D 的表示式.

(4) 注意,收敛列就是 Cauchy 列.

例 7 试证明下列命题:

(1) 设 $\{f_n(x)\}$ 是定义在 $\mathbf{R}$ 上的实值函数列,则

(i) $\{x \in \mathbf{R} : \varliminf\limits_{n \to \infty} f_n(x) > \alpha\} = \bigcup\limits_{\beta > \alpha} \bigcup\limits_{m=1}^{\infty} \bigcap\limits_{n=m}^{\infty} \{x \in \mathbf{R} : f_n(x) \geqslant \beta\}$;

(ii) $\{x \in \mathbf{R} : \varlimsup\limits_{n \to \infty} f_n(x) > 0\} = \bigcup\limits_{k=1}^{\infty} \bigcap\limits_{m=1}^{\infty} \bigcup\limits_{n=m}^{\infty} \{x \in \mathbf{R} : f_n(x) > 1/k\}$.

(2) 设 $\{f_n(x)\}$ 是定义在 $[a,b]$ 上的函数列,$E \subset [a,b]$ 且有

$$\lim_{n \to \infty} f_n(x) = \chi_{[a,b] \setminus E}(x), \quad x \in [a,b].$$

若令 $E_n = \left\{x \in [a,b] : f_n(x) \geqslant \dfrac{1}{2}\right\}$,则

$$\lim_{n \to \infty} E_n = [a,b] \setminus E.$$

证明 (1) (i) 记 $E_{n,\beta} = \{x \in \mathbf{R} : f_n(x) \geqslant \beta\}$. 若 x_0 属于左端,即 $\varliminf\limits_{n \to \infty} f_n(x_0) > \alpha$,则存在 $\beta : \beta > \alpha$,以及 n_0,使得 $f_n(x_0) \geqslant \beta (n \geqslant n_0)$,即 $x_0 \in \bigcup\limits_{m=1}^{\infty} \bigcap\limits_{n=m}^{\infty} E_{n,\beta}$,$x_0$ 属于右端;若 x_0 属于右端,即存在 $\beta : \beta > \alpha$,使得 $x_0 \in \bigcup\limits_{m=1}^{\infty} \bigcap\limits_{n=m}^{\infty} E_{n,\beta}$. 这说明存在 $n_0, x_0 \in E_{n,\beta} (n \geqslant n_0)$,即 $f_n(x_0) \geqslant \beta (n \geqslant n_0)$. 从而有 $\varliminf\limits_{n \to \infty} f_n(x_0) \geqslant \beta > \alpha$,$x_0$ 属于左端.

(ii) 若 x_0 属于右端,则存在 $k_0 \in \mathbf{N}$,使得 x_0 属于 $\{E_{n,k_0}\}$ 中的无穷多个 ($E_{n,k_0} = \{x \in \mathbf{R} : f_n(x) > 1/k_0\}$),即存在 $\{n_j\}$,使得 $f_{n_j}(x_0) > 1/k_0$,故 $\varlimsup\limits_{n \to \infty} f_n(x_0) \geqslant 1/k_0 > 0$. 反向证略.

(2) 由题设知存在极限

$$\lim_{n \to \infty} f_n(x) = \begin{cases} 1, & x \in [a,b] \setminus E, \\ 0, & x \in E. \end{cases}$$

因此,我们有

$$\varlimsup_{n \to \infty} E_n = [a,b] \setminus E, \quad \varliminf_{n \to \infty} E_n = [a,b] \setminus E.$$

即得所证.

1.1.2 集合间的映射与集合的基数

例1 试证明下列命题:
(1) $(-1,1) \sim \mathbf{R}$; (2) $[-1,1] \sim \mathbf{R}$; (3) $\mathbf{N} \times \mathbf{N} \sim \mathbf{N}$.

证明 (1) $f(x) = x/(1-x^2)$ 是 $(-1,1)$ 与 $\mathbf{R}$ 之间的一一映射.

(2) 由(1)以及 $(-1,1) \subset [-1,1] \subset \mathbf{R}$, 故根据 Cantor-Bernstein 定理即得所证.

(3) 例如存在一一映射 f:
$$f(i,j) = 2^{i-1}(2j-1), \quad (i,j) \in \mathbf{N} \times \mathbf{N}.$$
这是因为任一自然数均可唯一地表示为:
$$n = 2^p \cdot q \quad (p \text{ 非负整数}, q \text{ 正奇数}),$$
而对非负整数 p, 正奇数 q, 又有唯一的 $i, j \in \mathbf{N}$ 使得
$$p = i-1, \quad q = 2j-1.$$

例2 试证明下列命题:
(1) 设 $D = \{(x,y): x^2 + y^2 \leqslant 1\}$ (D 是平面上的单位圆盘),则不存在如下的集合分解:
$$D = A \cup B, \quad A \cap B = \varnothing, \quad A \text{ 与 } B \text{ 可合同}$$
(合同是指经平移与旋转后可使两点集相同.)

(2) X 是无限集,且 $f: X \to X$,则存在 $E \subset X$ 且有 $E \neq \varnothing, E \neq X$, 使得 $f(E) \subset E$.

(3) (单调映射的不动点) 设 X 是一个非空集合,且有 $f: \mathscr{P}(X) \to \mathscr{P}(X)$. 若对 $\mathscr{P}(X)$ 中满足 $A \subset B$ 的任意 A, B, 必有 $f(A) \subset f(B)$, 则存在 $T \subset \mathscr{P}(X)$, 使得 $f(T) = T$.

(4) 试证明不存在如下之集合族 Γ: 对任一集合 E, 有 Γ 中的元 A, 使得 $A \sim E$.

证明 (1) 反证法. 假定分解存在,不妨设原点 $O \in A$, 且在 B 中的对应点为 O^*, 又记 r, s 为 D 中与 OO^* 垂直的直径的两个端点. 因为对任一点 $a \in A$, 其绝对值(即点 a 与点 O 的距离)$|a| \leqslant 1$, 所以对任一点 $b \in B$, 均有 $|O^* - b| \leqslant 1$ (合同变换保距). 显然有
$$|O^* - r| = |O^* - s| > 1,$$
这说明 $r, s \in A$. 而 $|r^* - s^*| = |r - s| = 2$, 故 r^*, s^* 是 D 的另一条直径

的端点. 又由于 $|O^*-r^*|=|O-r|=1$，故知 O^* 必是该直径的中心. 从而有 $O=O^*$，但这与 $A\cap B=\varnothing$ 矛盾. 证毕.

(2) 对任意的 $a\in X$，由 $f(a)\in X$ 可知，$f_2(a)=f[f(a)]\in X$. 从而得 X 中一列元：$a, f(a), f_2(a), \cdots, f_n(a), \cdots$.

(i) 若对任意的 $n, f_n(a)\neq a$，则令
$$A=\{f(a), f_2(a), \cdots, f_n(a), \cdots\},$$
显然 $A\neq\varnothing, A\subset X\setminus\{a\}$. 即 $A\neq X$，且有
$$f(A)=\{f_2(a), f_3(a), \cdots, f_{n+1}(a), \cdots\}\subset A.$$

(ii) 若存在 n_0，使得 $f_{n_0}(a)=a$，则令
$$A=\{a, f(a), f_2(a), \cdots, f_{n-1}(a)\},$$
显然 $A\neq\varnothing, A\neq X$，而 $f(A)=\{f(a), f_2(a), \cdots, f_n(a)\}=A$. 证毕.

(3) 作集合 S, T：
$$S=\{A: A\in \mathscr{P}(X) \text{ 且 } A\subset f(A)\},$$
$$T=\bigcup_{A\in S} A(\in \mathscr{P}(X)),$$
则有 $f(T)=T$.

事实上，因为由 $A\in S$ 可知 $A\subset f(A)$. 从而由 $A\subset T$ 可得 $f(A)\subset f(T)$. 根据 $A\in S$ 推出 $A\subset f(T)$，这就导致
$$\bigcup_{A\in S} A\subset f(T), \quad T\subset f(T).$$

另一方面，又从 $T\subset f(T)$ 可知 $f(T)\subset f[f(T)]$，这说明 $f(T)\in S$，我们又有 $f(T)\subset T$，由此推出结论.

(4) 注意幂集的思想.

例3 试证明下列命题：

(1) 有理数集 **Q** 是可列集.

(2) 全体正有理数集 $\mathbf{Q}_+$ 可排列为 $\{r_n\}$，使得 $\lim\limits_{n\to\infty} r_n^{1/n}=1$.

(3) 存在排列 $\mathbf{Q}=\{r_n\}$，使得 $\mathbf{R}\setminus \bigcup\limits_{n=1}^{\infty}(r_n-1/n, r_n+1/n)\neq\varnothing$.

(4) 正有理数集 $\mathbf{Q}_+$ 有排列 $\{r_k\}$：
$$r_k=p+q(q+1)/2 \quad (p=0,1,2,\cdots,q=1,2,\cdots,p\leqslant q),$$
使得用长为 $1/2^{r_k}$ 的区间覆盖住 r_k，则全部区间总长度等于 1，但覆盖不住点 $x_0=\sqrt{2}/2$.

证明 (1) 只需指出正有理数集 $\mathbf{Q}_+ = \{p/q\}$ 为可列集即可,其中 p,q 都为正整数.而将后者 $\mathbf{Q}_+$ 中的元素看成序对 (p,q) 就可应用书中的定理 1.3(周民强.实变函数论.3 版.北京大学出版社,2016).

(2) 作排列 $\{r_n\}$ 如下:
$$1, \frac{1}{2}, 2, 3, \frac{1}{3}, \frac{1}{4}, \frac{2}{3}, \frac{3}{2}, 4, 5, \frac{1}{5}, \frac{1}{6}, \cdots$$

(其中只保留可约化的最简式),其方法如右图所示.易知第 m 行的每个数都不大于 m,第 m 列的每个数都不小于 $1/m$.

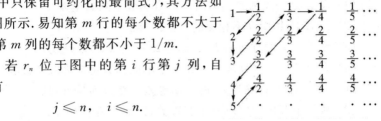

若 r_n 位于图中的第 i 行第 j 列,自然有
$$j \leqslant n, \quad i \leqslant n.$$
从而可知
$$\frac{1}{n} \leqslant \frac{1}{j} \leqslant r_n \leqslant i \leqslant n.$$
这就导致
$$\left(\frac{1}{n}\right)^{\frac{1}{n}} \leqslant r_n^{\frac{1}{n}} \leqslant n^{\frac{1}{n}},$$
即得所证.

(3) 作数集 $A = \mathbf{N} \setminus \{n^2 : n = 2, 3, \cdots\} \triangleq \{a_k\}$,其中 $a_k < a_{k+1}$,并选 $t_k \in \mathbf{Q}(k=1,2,\cdots)$,使得 $|t_k - 1| < 1/a_k$.现在再将 $\mathbf{Q} \setminus \{t_k\}$ 中的数排列为 $\{s_m\}$,我们令
$$r_n = \begin{cases} s_{\sqrt{n}-1}, & n \notin A, \\ \text{依次取为 } t_k, & n \in A \end{cases}$$
(如 $r_1 = t_1, r_2 = t_2, r_3 = t_3, r_4 = s_1, \cdots$).因为有
$$\bigcup_{n \in A}(r_n - 1/n, r_n + 1/n) \subset [-1, 2], \quad 1 + \sum_{n \in A} 2/n \leqslant \pi^2/3,$$
所以命题得证.

(4) 反证法.假定存在如题设之 p, q,使得
$$\left|\frac{p}{q} - \frac{\sqrt{2}}{2}\right| < \frac{1}{2} \cdot \frac{1}{2^{p+q(q+1)/2}} \leqslant \frac{1}{2^{1+q(q+1)/2}}.$$
但 $\sqrt{2}$ 是无理数,故 $p^2 |2 - (q/p)^2| \geqslant 1, |2p^2 - q^2| \geqslant 1$.因此可得

11

$$\left|\frac{p}{q}-\frac{\sqrt{2}}{2}\right|=\frac{|(p/q)^2-1/2|}{(p/q+\sqrt{2}/2)}=\frac{|2p^2-q^2|}{2pq+q^2\sqrt{2}}$$
$$>\frac{1}{4q^2}\geqslant\frac{1}{2^{1+q(q+1)/2}}.$$

这一矛盾导致结论得证.

例 4 试求下列集合 E 的基数:

(1) 设 E 是公差为自然数的等差自然数子列的全体.

(2) 设 E 是 $\mathbf{R}$ 中互不相交的开区间族.

(3) 设平面上的直线族 $E=\{3y-2x=5: x\in\mathbf{Q}, y\in\mathbf{Q}\}$.

(4) 设 $E\subset(0,1]$,且满足: 由 E 中不同的数组成之级数必收敛.

解 (1) 注意,首项为 n_0 的一切等差自然数列是可列的.

(2) 从每个开区间中取一个有理数,即知 E 是可数集.

(3) E 是可列集.

(4) 作数集 $E_n=\{x\in(0,1]: x\geqslant 1/n\}$,易知 E_n 是有限集.进一步由 $E=\bigcup\limits_{n=1}^{\infty}E_n$ 即知 E 是可数集.

例 5 试证明下列命题:

(1) 设 $E\subset\mathbf{R}$ 是可数集,则对任意的 $d>0$,存在 $t_0\in\mathbf{R}$,使得
$$\{t=t_0+nd: n=1,2,\cdots\}\cap E=\varnothing.$$

(2) 设 E 是二维欧氏空间 $\mathbf{R}^2$ 中的点集,且 E 中任意两点的距离都是有理数,则 E 是可数集.

(3) 设 E 是平面 $\mathbf{R}^2$ 中的正格点集(即 $(m,n): m,n\in\mathbf{N}$),则存在互不相交的集合 A 与 B,使得 $E=A\cup B$,且任一平行于 x 轴的直线交 A 至多是有限个点,任一平行于 y 轴的直线交 B 至多是有限个点.

(4) 不存在集合 E,使得其幂集 $\mathscr{P}(E)$ 为可列集.

证明 (1) 令 $E=\{x_k\}$,并作集合 $E_k=\{x_k-nd: n\in\mathbf{N}\}$,易知 $\bigcup\limits_{k=1}^{\infty}E_k$ 是可列集,且 $t_0\in\bigcup\limits_{k=1}^{\infty}E_k$(否则有 E_{k_0} 中点 $x_{k_0}-n_{k_0}d=t_0$).

(2) 记正有理数集 $\mathbf{Q}_+=\{r_n\}$,且取 E 中两个不同点 P_1,P_2,作两族可列个圆: $\{B(P_1,r_n)\},\{B(P_2,r_n)\}$,易知 E 中任意的点均在某两个圆 $B(P_1,r_{n_1}),B(P_2,r_{n_2})$ 的交点处.注意到两个不同圆的交点至多

有两个,由此即得所证.

(3) 令 $A=\{(m,n): m<n\}$, $B=\{(m,n): m\geqslant n\}$ 即可得证.

(4) 注意到有限集的幂集是有限集,而可列集的幂集之基数为 c.

例 6 试证明下列命题:

(1) 设 E 是无限集,试作 E 中可列集 e,使得 $E\backslash e\sim E$.

(2) 设 E 是可列集,则 E 中存在可列个互不相交的真子集.

(3) 设 $E\subset\mathbf{R}$. 若对任意的 $x\in E$,均存在 $\delta>0$,使得区间 $(x-\delta,x)$ 与 $(x,x+\delta)$ 中有一个不含 E 的点,则 E 是可数集.

(4) 设 $E\subset\mathbf{R}$ 是可列集,则存在 $x_0\in\mathbf{R}$,使得 $E\cap(E+\{x_0\})=\varnothing$ ($A+B=\{x+y: x\in A, y\in B\}$).

证明 (1) 取 E 中可列个元:$\{x_n\}$,则 $\{x_n\}\sim\{x_{2n}\}$. 从而令 $e=\{x_{2n}\}$,就有 $E\backslash e\sim E$.

(2) 记 $E=\{x_n\}$,并作集合:
$$E_1=\{x_n: n=2(2m-1), m\in\mathbf{N}\},$$
$$E_2=\{x_n: n=2^2(2m-1), m\in\mathbf{N}\},$$
$$\cdots\cdots$$
$$E_k=\{x_n: n=2^k(2m-1), m\in\mathbf{N}\},$$
$$\cdots\cdots$$

则 $\{E_k\}$ 互不相交. 这是因为如果存在 $k_1>k_2$,使得 $E_{k_1}\cap E_{k_2}\neq\varnothing$,那么就有
$$2^{k_1}(2m_1-1)=2^{k_2}(2m_2-1),\quad 2^{k_1-k_2}(2m_1-1)=2m_2-1.$$
注意到上式右端是奇数,所以这是不可能成立的等式.

(3) 对 $n=1,2,\cdots$,我们作数集如下:
$$E_n^+=\{x\in E: E\cap(x,x+1/n)=\varnothing\},$$
$$E_n^-=\{x\in E: E\cap(x-1/n,x)=\varnothing\}.$$
若 $x_1,x_2\in E_n^+$,则 $(x_1,x_1+1/n)$ 与 $(x_2,x_2+1/n)$ 不相交. 从而可知 E_n^+ 是可数集,同理可证 E_n^- 是可数集.

(4) 让我们看一下,当集合 E 与 $E+\{x_0\}$ 的交集不是空集时是一种什么样的情景. 此时,必有 $x',x''\in E$,使得 x' 与 $x''+x_0$ 是同一个点:
$$x'=x''+x_0,\quad \text{或}\quad x'-x''=x_0.$$

难道 **R** 中的任一点都是 E 中某两个点的差,这是不可能的.

实际上,令 $E=\{r_n\}$,并作点集 A:
$$A = \{r_n - r_m : n \neq m\}.$$
因为 A 是可列集,所以存在 **R** 中点 x_0,满足
$$x_0 \neq r_n - r_m \quad (n \neq m; n, m = 1, 2, \cdots).$$
即 $r_n \neq r_m + x_0$,即得所证.

例 7 试证明下列命题:

(1) 设 $f(x)$ 定义在 $[a,b]$ 上,则 $f(x)$ 的严格极大值点是可数的.

(2) 设 $f(x)$ 在 **R** 上满足:对任意的 $x_0 \in \mathbf{R}$,存在 $\delta > 0$,使得 $f(x) \geqslant f(x_0)(|x - x_0| < \delta)$,则值域 $R(f)$ 是可数集.

(3) 设 $f(x)$ 定义在 (a,b) 上,则其第一类间断点是可数的.

(4) 设 $f(x)$ 定义在 **R** 上,则点集 $E = \{x \in \mathbf{R} : \lim_{t \to x} f(t) = +\infty\}$ 是可数集.

证明 (1) 对 $\delta > 0$,作点集
$$E_\delta = \{t \in [a,b] : f(t) > f(x), x \in [t-\delta, t+\delta] \setminus \{t\}\}.$$
下面指出 E_δ 是有限集. 反之,假定 t_0 是 E_δ 的极限点,并对 $\eta < \delta/2$,取 $E_\delta \cap [t_0 - \eta, t_0 + \eta]$ 中的点 $t', t'', t' \neq t''$,则有
$$f(t') > f(t'') \quad (t' - \delta \leqslant t'' \leqslant t' + \delta),$$
$$f(t'') > f(t') \quad (t'' - \delta \leqslant t' \leqslant t'' + \delta).$$
但这是不能成立的,这说明 E_δ 是有限集. 现在作递减正数列 $\delta_1 > \delta_2 > \cdots > \delta_n > \cdots$,$\lim_{n \to \infty} \delta_n = 0$,则 $\bigcup_{n=1}^{\infty} E_{\delta_n}$ 是可数集. 证毕.

(2) 对任一 $y \in R(f)$,存在 $x \in \mathbf{R}, f(x) = y$. 依题设可知,存在 $\delta > 0$,使得 y 是区间 $[x - \delta, x + \delta]$ 上 $f(x)$ 的最小值. 我们取有理点 $r', r'' : x - \delta \leqslant r' < x < r'' \leqslant x + \delta$,并令函数值 y 与有理端点区间 (r', r'') 对应. 因为 y 是 (r', r'') 上函数 $f(x)$ 的最小值,所以这种对应是一一的,而全体有理端点的区间是可数的.

(3) 作点集如下:($f(x+0) \triangleq \lim_{t \to x+} f(t)$)
$$E_1 = \{x \in (a,b) : f(x+0) > f(x)\},$$
$$E_2 = \{x \in (a,b) : f(x+0) < f(x)\},$$

$$E_3 = \{x \in (a,b): f(x-0) > f(x)\},$$
$$E_4 = \{x \in (a,b): f(x-0) < f(x)\},$$

这些都是可数集. 以 E_1 为例证明此结论. 对 $x \in E_1$, 取 $\varepsilon > 0$ 以及 l, L 满足

$$f(x) < l < L < f(x+0), \quad f(t) > L \quad (x < t < x+\varepsilon),$$

并作矩形 $I_x = (x, x+\varepsilon) \times (l, L)$, 易知

$$I_x \cap I_y = \varnothing \quad (x, y \in E_1, x \neq y).$$

从而只需在 I_x 中取有理数为坐标的点, 即可证得.

(4) 考查 $F(x) = \arctan f(x)$.

例 8 试证明下列命题:

(1) 设 $f(x)$ 定义在 **R** 上, 且记 $D_L(f), D_R(f)$ 各是 $f(x)$ 的左不连续点集与右不连续点集. 若其中之一是可数集, 则另一点集也是.

(2) 设 E_1, E_2 是 $[0,1]$ 中两个互不相交的可列集, 则存在 $[0,1]$ 上的函数 $f(x)$, 使得 $f(x)$ 在 E_1 上左连续, 在 E_2 上右连续, 而在其他点上连续.

证明 (1) 不妨设 $D_R(f)$ 是可数集, 并记 $\omega_f(x)$ 为 $f(x)$ 在点 x 处的振幅. 又作点集

$$E_k = \{x \in D_L(f): \omega_f(x) > 1/k\}, \quad D_L(f) = \bigcup_{k=1}^{\infty} E_k.$$

现在假定 $D_L(f)$ 不可数, 则存在 E_{k_0} 为不可数集. 由此又知 $E = E_{k_0} \setminus D_R(f)$ 是不可数集. 取 $x_0 \in E$, 使得 $(x_0, x_0+\delta) \cap E \neq \varnothing$ (任意 $\delta > 0$). 从而有 $\{x_n\} \subset E$, 使得 $x_n > x_0$ 且 $x_n \to x_0 (n \to \infty)$. 因此存在 x_n', x_n'', 使得

$$x_0 < x_n' < x_n, \quad x_0 < x_n'' < x_n,$$
$$|f(x_n') - f(x_n'')| \geq 1/2k_0.$$

注意到 $f(x)$ 在 x_0 处右连续, 故令 $n \to \infty$ 可得 $0 \geq 1/2k_0$. 这一矛盾说明 $D_L(f)$ 是可数集.

(2) 作函数

$$\varphi(x) = \begin{cases} 0, & x \leq 0, \\ 1, & x > 0, \end{cases} \quad \psi(x) = \begin{cases} 0, & x < 0, \\ 1, & x \geq 0, \end{cases}$$

且令 $f(x) = \sum_{n=1}^{\infty} [\varphi(x-r_n) - \psi(x-s_n)]/2^n$, 其中 $r_n \in E_1, s_n \in E_2$ ($n =$

$1,2,\cdots)$.

例9 试证明下列命题：

(1) **R** 上单调函数的不连续点全体为可数集.

(2) 若 $f(x)$ 是 **R** 的实值函数，则集合

$$\{x\in \mathbf{R}: f(x) \text{ 在 } x \text{ 点不连续但右极限 } f(x+0) \text{ 存在(有限)}\}$$

是可数集.

(3) 存在 **R** 上的递增函数 $f(x)$，它在无理点处连续，而在有理点上间断.

(4) 设 $f(x)$ 为 (a,b) 上的实值函数，则集合

$$\{x\in (a,b): \text{右导数 } f'_+(x) \text{ 以及左导数 } f'_-(x) \text{ 存在而不相等}\}$$

为可数集.

(5) 定义在 (a,b) 上的(下)凸函数在至多除一可列集外的点上都是可微的.

证明 (1) 以单调上升函数 $f(x)$ 为例：若 x_0 为 $f(x)$ 的不连续点，则有

$$f(x_0 - 0) = \lim_{x\to x_0^-} f(x) < \lim_{x\to x_0^+} f(x) = f(x_0 + 0).$$

因此，x_0 就对应着一个开区间 $(f(x_0-0), f(x_0+0))$. 显然，对于两个不同的不连续点 x_1 及 x_2，区间 $(f(x_1-0), f(x_1+0))$ 与 $(f(x_2-0), f(x_2+0))$ 是互不相交的，故只需看实轴上互不相交的开区间族，后者是可数集.

(2) 令

$$S = \{x\in \mathbf{R}: f(x+0) \text{ 存在(有限)}\}.$$

对每个自然数 n，作

$$E_n = \{x\in \mathbf{R}: \text{存在 } \delta > 0, \text{当 } x', x'' \in (x-\delta, x+\delta) \text{ 时},$$
$$\text{有 } |f(x') - f(x'')| < 1/n\}.$$

显然，$\bigcap_{n=1}^{\infty} E_n$ 是 $f(x)$ 的连续点集，从而只需指出 $S\setminus E_n (n=1,2,\cdots)$ 是可数集即可.

取定任意一个 n，并设 $x\in S\setminus E_n$，则存在 $\delta > 0$，使得

$$|f(x') - f(x+0)| < \frac{1}{2n}, \quad x' \in (x, x+\delta).$$

从而当 $x', x'' \in (x, x+\delta)$ 时，就有 $|f(x') - f(x'')| < 1/n$.

这说明 $(x, x+\delta) \subset E_n$. 也就是说 $S \backslash E_n$ 中每一个点 x 是某个开区间 $I_x = (x, x+\delta)$ 的左端点，且 I_x 与 $S \backslash E_n$ 不相交. 因此，当 $x_1, x_2 \in S \backslash E_n$ 且 $x_1 \neq x_2$ 时，我们得到 $I_{x_1} \cap I_{x_2} = \emptyset$. 于是区间族 $\{I_x : x \in S \backslash E_n\}$ 是可数的，即 $S \backslash E_n$ 是可数集.

上述这些例子表明，通过集合的基数概念可使我们把握研究对象的某种数量属性.

(3) 记 (a,b) 中有理数全体为 $\{r_n\}$，并作
$$\sum_{n=1}^{\infty} C_n < +\infty, \quad C_n > 0 \quad (n = 1, 2, \cdots),$$
现在定义 (a,b) 上的函数
$$f(x) = \sum_{r_n < x} C_n \quad (\text{即对 } r_n < x \text{ 的指标 } n \text{ 求和}),$$
易知 $f(x)$ 递增，且有
$$f(r_n +) - f(r_n -) = C_n \quad (n = 1, 2, \cdots).$$

(4) 令
$$A = \{x \in (a,b) : f'_+(x) < f'_-(x)\},$$
$$B = \{x \in (a,b) : f'_+(x) > f'_-(x)\}.$$

只需证明 A, B 为可数集即可. 以 A 为例. 对任意的 $x \in A$, 选有理数 r_x, 使得 $f'_+(x) < r_x < f'_-(x)$. 再选有理数 s_x 及 t_x:
$$a < s_x < t_x < b,$$
使得
$$\frac{f(y) - f(x)}{y - x} > r_x, \quad s_x < y < x,$$
以及
$$\frac{f(y) - f(x)}{y - x} < r_x, \quad x < y < t_x,$$
合并得
$$f(y) - f(x) < r_x(y - x),$$
其中 $y \neq x$ 且 $s_x < y < t_x$. 因此，对应规则 $x \to (r_x, s_x, t_x)$ 是从 A 到 $\mathbf{Q}^3 = \mathbf{Q} \times \mathbf{Q} \times \mathbf{Q}$ 的一个映射，而且是一个单射. 这是因为若有 $x_1, x_2 \in A$, 使
$$r_{x_1} = r_{x_2}, \quad s_{x_1} = s_{x_2}, \quad t_{x_1} = t_{x_2},$$
则 $(s_{x_1}, t_{x_1}) = (s_{x_2}, t_{x_2})$ 且均含 x_1 及 x_2, 于是同时有：
$$f(x_2) - f(x_1) < r_{x_1}(x_2 - x_1),$$
$$f(x_1) - f(x_2) < r_{x_2}(x_1 - x_2),$$

而 $r_{x_1} = r_{x_2}$，故得矛盾. 这说明 A 与 $\mathbf{Q}^3$ 之一子集对等，而 $\mathbf{Q}^3$ 的基数是 $\aleph_0$，即知 A 为可数集.

(5) 所谓 (a,b) 上的（下）凸函数 $f(x)$，是指对 (a,b) 中任意两点 $x_1, x_2, x_1 < x_2$，均有
$$f(x) \leqslant \frac{(x_2 - x)f(x_1) + (x - x_1)f(x_2)}{x_2 - x_1}, \quad x_1 < x < x_2.$$

将上式进行变换，有
$$\frac{f(x) - f(x_1)}{x - x_1} \leqslant \frac{f(x_2) - f(x)}{x_2 - x}.$$

此外对 $x < x_2' < x_2$，我们有
$$\frac{f(x_2') - f(x)}{x_2' - x} \leqslant \frac{f(x_2) - f(x)}{x_2 - x}.$$

这说明存在右导数：
$$\lim_{x_2' \to x+} \frac{f(x_2') - f(x)}{x_2' - x} = f_+'(x) < +\infty.$$

类似地可知左导数 $f_-'(x)$ 存在，且有
$$-\infty < f_-'(x) \leqslant f_+'(x) < \infty.$$

从而可得结论：(a,b) 上的（下）凸函数在至多除一可数点集外都是可微的.

例 10 试证明下列命题：

(1) 设 $f \in C([a,b])$，$E \subset [a,b]$ 是可数集. 若有 $f'(x) > 0 (x \in [a,b] \backslash E)$，则 $f(x)$ 是严格递增的.

(2) 设 $f_n(x)(n=1,2,\cdots)$ 是 $\mathbf{R}$ 上的递增函数. 若存在 $M>0$，使得 $|f_n(x)| \leqslant M (n \in \mathbf{N}, x \in \mathbf{R})$，则存在 $\mathbf{R}$ 上的函数 $f(x)$ 以及 $\{n_k\}$，使得 $\lim_{k \to \infty} f_{n_k}(x) = f(x) (x \in \mathbf{R})$.

(3) 设 $f \in C([a,b])$，$D \subset [a,b]$ 是可数集. 若对任意的 $x \in [a,b] \backslash D$，均存在 $\delta > 0$，使得 $f(t) > f(x) (x < t < x + \delta)$，则 $f(x)$ 是严格递增函数.

证明 (1) 只需指出 $f(x)$ 是递增的即可. 若不然，则有 $a \leqslant x_1 < x_2 \leqslant b$，使得 $f(x_2) < f(x_1)$. 选取函数值 $y_0: f(x_2) < y_0 < f(x_1)$，并作点集 $A_0 = \{x \in [x_1, x_2]: f(x) = y_0\}$，由于 f 的连续性，可知 A_0 中必有最

大数值的点，不妨记为 x_0. 因为 $x_0 < x_2$，且在 $(x_0, x_2]$ 上，有 $f(x) < y_0 = f(x_0)$，所以得到
$$\frac{f(x) - f(x_0)}{x - x_0} < 0, \quad f'(x_0) \leqslant 0.$$
导致矛盾，即得所证.

(2) 记 $\mathbf{Q} = \{r_n\}$，则由 $|f_n(r_1)| \leqslant M$ 可知，存在子列 $\{f_{n_k}(r_1)\}$，使得 $\{f_{n_k}(r_1)\}$ 收敛. 对 r_2，从 $\{f_{n_k}(r_2)\}$ 中再抽子列，使得 $\{f_{n_{k_i}}(r_2)\}$ 收敛. 依次继续抽下去，可得子列(不妨仍记为) $\{f_{n_k}(x)\}$，它在 $\mathbf{Q}$ 上收敛，且记在 $\mathbf{Q}$ 上的极限函数为 f，易知 f 在 $\mathbf{Q}$ 上是递增函数. 现在令
$$f(x) = \sup\{f(r); r \in \mathbf{Q}, r \leqslant x\}, \quad x \in \mathbf{R}.$$
显然，此 $f(x)$ 在 $\mathbf{R}$ 上递增.

(i) 若 x_0 是 $f(x)$ 的连续点，则选取 $p_n, q_n (n \in \mathbf{N})$：
$$p_n, q_n \in \mathbf{Q}, \ p_n < x_0 < q_n, \quad \lim_{n\to\infty} p_n = x_0 = \lim_{n\to\infty} q_n.$$
因为 $f_{n_k}(p_n) \leqslant f_{n_k}(x_0) \leqslant f_{n_k}(q_n)$，令 $k \to \infty$ 可得
$$f(p_n) \leqslant \varliminf_{k\to\infty} f_{n_k}(x_0) \leqslant \varlimsup_{k\to\infty} f_{n_k}(x_0) \leqslant f(q_n).$$
再令 $n \to \infty$，又知
$$f(x_0 - 0) \leqslant \varliminf_{k\to\infty} f_{n_k}(x_0) \leqslant \varlimsup_{k\to\infty} f_{n_k}(x_0) \leqslant f(x_0 + 0),$$
而 $f(x_0 - 0) = f(x_0 + 0)$，所以有
$$\lim_{k\to\infty} f_{n_k}(x_0) = f(x_0).$$

(ii) 注意到单调函数 $f(x)$ 的不连续点是可数的，记为 $\{t_k\}$，则采用上述在 $\mathbf{Q}$ 上取子列同样的方法，还可从 $\{f_{n_k}(x)\}$ 再抽子列，使该子列在 $\{t_k\}$ 上收敛，而这一子列当然仍在 $f(x)$ 的连续点上是收敛的. 证毕.

(3) 反证法. 假定存在 $c, d: a \leqslant c < d \leqslant b$，使得 $f(c) > f(d)$. 则对任意的 $t: f(c) \geqslant t > f(d)$，在 $[c, d]$ 上均存在 $f(x)$ 的最大值点 x_t：$f(x_t) \geqslant t$. 我们有不可数个点 $x: x_t < x < d$，使得 $f(x) < f(x_t)$，这与题设矛盾，故 $f(x)$ 是递增函数.

此外，令 $e \in [c, d] \setminus D$，有 $\delta > 0$，使得
$$x \in (e, e+\delta) \cap (e, d), \quad f(c) \leqslant f(e) < f(x) \leqslant f(d).$$
即 $f(x)$ 是严格递增的.

例 11 试证明下列问题:

(1) 试作开圆 $\{(x,y): x^2+y^2<1\}$ 与闭圆盘 $\{(x,y): x^2+y^2\leqslant 1\}$ 之间的一一对应.

(2) (i) 存在 **N** 中某子集族 $\boldsymbol{\Gamma}$,满足
$$\overline{\overline{\boldsymbol{\Gamma}}}=c; \quad \overline{\overline{A\bigcap B}}<+\infty \quad (A,B\in\boldsymbol{\Gamma}).$$

(ii) 存在 **N** 中某子集族 $\boldsymbol{\Gamma}$ 满足 $\overline{\overline{\boldsymbol{\Gamma}}}=c$,且满足:

对任意的 $t>0$,任意的 $A,B\in\boldsymbol{\Gamma}$,不等式

$|a-b|<t$ 只对有限多个 $a\in A, b\in B$ 成立.

(iii) 存在 **N** 中某子集族 $\boldsymbol{\Gamma}$ 满足 $\overline{\overline{\boldsymbol{\Gamma}}}=c$,且有

对任意的 $A,B\in\boldsymbol{\Gamma}$,均有 $A\subset B$ 或 $B\subset A$.

(3) 设 $E\subset\mathbf{R}$ 且 $\overline{\overline{E}}<c$,则存在 $x_0\in\mathbf{R}$,使得
$$E+\{x_0\}=\{x+x_0: x\in E\}\subset\mathbf{R}\backslash\mathbf{Q}.$$

证明 (1) 首先,易知两个同心不同半径的圆周上之点是可以建立起一一对应的. 其次作圆周集合列: $A_n=\{(x,y): x^2+y^2=1/n\}(n\in\mathbf{N})$,则
$$E_1=\bigcup_{n=2}^{\infty}A_n\subset\{(x,y): x^2+y^2<1\},$$
$$E_2=\bigcup_{n=1}^{\infty}A_n\subset\{(x,y): x^2+y^2\leqslant 1\},$$

且 $\bigcup_{n=2}^{\infty}A_n\sim\bigcup_{n=1}^{\infty}A_n$. 此外又有

$$\{(x,y): x^2+y^2<1\}\backslash E_1=\{(x,y): x^2+y^2\leqslant 1\}\backslash E_2.$$

由此即得所证.

(2) (i) 由于 **N**~**Q**,故对 **Q** 作 $\boldsymbol{\Gamma}$ 即可: 记 $\boldsymbol{\Gamma}$ 为收敛于不同极限的有理列之全体(其中同一极限的只取一列). 因为 $\overline{\overline{\mathbf{R}}}=c$,所以 $\overline{\overline{\boldsymbol{\Gamma}}}=c$. 此外,$\boldsymbol{\Gamma}$ 中任两个元 A,B 即两个数列中只能有有限项相同,故知 $\overline{\overline{A\bigcap B}}<+\infty$.

(ii) 利用(i)的结论,但以 $\{2,2^2,\cdots\}$ 代 **N**.

(iii) 因为 **N**~**Q**,所以先对 **Q** 作如下集合: 考查点集 $E_\alpha=(-\infty,\alpha)\bigcap\mathbf{Q}(\alpha\in\mathbf{R})$. 易知 $\boldsymbol{\Gamma}=\{E_\alpha: \alpha\in\mathbf{R}\}$ 是连续基数集,且对 $E_{\alpha_1}, E_{\alpha_2}\in\boldsymbol{\Gamma}$,必有 $E_{\alpha_1}\subset E_{\alpha_2}$ 或 $E_{\alpha_2}\subset E_{\alpha_1}$.

(3) 令 $B=\mathbf{Q}-E \triangleq \{r-s: r\in\mathbf{Q}, s\in E\}$，则 $\overline{\overline{B}}<c$. 由此知存在 $x_0\overline{\in}B$，使得 $E+\{x_0\}\subset\mathbf{R}\backslash\mathbf{Q}$，这是因为否则就有 $s\in E$，使得 $s+x_0=r\in\mathbf{Q}$，即 $x_0=r-s\in B$，矛盾.

例 12 试证明下列命题：

(1) $\mathbf{R}$ 中一切开区间的全体记为 G，则 $\overline{\overline{G}}=c$.

(2) 设 $E\subset\mathbf{R}$ 是不可数集，则存在 $x_0\in E$，使得对任意的 $\delta>0$，$E\cap(x_0-\delta,x_0+\delta)$ 均为不可数集.

(3) 设 $E\subset\mathbf{R}$ 是不可数集，令
$$D=\{x\in E: 对任意的 \delta>0, E\cap(x-\delta,x+\delta) 是不可数集\},$$
则

(i) D 是不可数集；

(ii) 存在 $x_0\in E$，使得对任意的 $\delta>0$，点集 $E\cap(x_0,x_0+\delta)$ 是不可数集.

证明 (1) 对每一个开区间 (a,b)，用平面上点 (a,b) 与之对应，则 G 与点集 $\{(x,y): x,y\in\mathbf{R} \text{ 且 } x<y\}$ 一一对应，即得所证.

(2) 反证法. 假定结论不真，则对任意 $x\in E$ 存在 $\delta_x>0$，使得 $E\cap(x-\delta_x,x+\delta_x)$ 是可数集. 因此，我们取有理数 r_x，使 $E\cap(x-r_x,x_0+r_x)$ 是可数集. 从而知 $E=\bigcup_{r_x\in\mathbf{Q}}(x-r_x,x+r_x)\cap E$ 是可数集. 这与题设矛盾. 证毕.

(3) (i) 反证法. 假定 D 是可数集，则点集 $E\backslash D$ 是不可数集. 由此知存在 $x_0\in E\backslash D$，以及任意的 $(x_0-\delta,x_0+\delta)$，使得 $(E\backslash D)\cap(x_0-\delta,x_0+\delta)$ 是不可数集. 因此又得 $x_0\in D$，矛盾. 故 D 是不可数集.

(ii) 由(i)知，可取 $x_0\in D$，使得 $D\cap(x_0-\delta,x_0+\delta)(0<\delta<1)$ 是不可数集. 若 $D\cap(x_0,x_0+\delta)(0<\delta<1)$ 是不可数集，则得证；否则，就有 $(x_0-\delta,x_0)\cap D$ 是不可数集. 我们取 $x'\in(x_0-\delta,x_0)\cap D$，易知存在 n_0，使得 $(x',x'+1/n)\cap D$ 是不可数集. 故再令 $x_0=x'$ 即得所证.

例 13 试证明下列命题：

(1) 一切形如 $n_1<n_2<\cdots<n_k<\cdots$ 的自然数子列 $\{n_k\}$ 的全体的基数为 c.

(2) 一切由自然数组成的数列 $\{m_k\}$ 之全体的基数是 c.

(3) 设 $\overline{\overline{E}}_n = c(n=1,2,\cdots)$，则集合
$$E = \{x = (x_1, x_2, \cdots, x_n, \cdots): x_n \in E_n (n \in \mathbf{N})\}$$
的基数也是 c．

(4) 设 $E = A \cup B$．若 $\overline{\overline{E}} = c$，则 $\overline{\overline{A}} = c$ 或 $\overline{\overline{B}} = c$．

证明 (1) 将数列 $\{n_k\}$ 与由 $0, 1$ 两个数字组成的数列 $\{a_m\}$ 对应： $a_m = 1 (m = n_k); a_m = 0 (m \neq n_k)$ 即可得证．

(2) 令 $n_1 = m_1, n_2 = m_1 + m_2, \cdots, n_k = \sum_{i=1}^{k} m_i, \cdots$，且应用(i)的结论．

(3) 不妨假定每个 E_n 都是由自然数组成的数列为元素的全体所形成的集合，即当 $x_n \in E_n$ 时，有
$$x_n: \{x_1^{(n)}, x_2^{(n)}, \cdots, x_k^{(n)}, \cdots\},$$
其中 $x_k^{(n)}$ 是自然数．这样，对于 $x \in E$，就对应着一个无穷矩阵：
$$\begin{bmatrix} x_1^{(1)} & x_2^{(1)} & \cdots & x_k^{(1)} & \cdots \\ x_1^{(2)} & x_2^{(2)} & \cdots & x_k^{(2)} & \cdots \\ \vdots & \vdots & & \vdots & \\ x_1^{(n)} & x_2^{(n)} & \cdots & x_k^{(n)} & \cdots \\ \vdots & \vdots & & \vdots & \end{bmatrix},$$
记如此之矩阵的全体形成之集为 A，则易知 $E \sim A$．现在，视 A 中元素为自然数列
$$\{x_1^{(1)}, x_2^{(1)}, x_1^{(2)}, x_3^{(1)}, x_2^{(2)}, x_1^{(3)}, x_4^{(1)}, \cdots\},$$
则又有 $\overline{\overline{A}} = c$ (实际上 $A \sim E_n$)．

(4) 不妨认定 E 为 $\mathbf{R}^2$ 中单位正方形：
$$E = \{(x, y): 0 < x < 1, 0 < y < 1\}$$
(已知 $\overline{\overline{E}} = c$)，若存在 $x_0: 0 < x_0 < 1$，使得
$$A \supset E_0 = \{(x_0, y): 0 < y < 1\},$$
则 $\overline{\overline{A}} = c$．否则，对任意的 $x, 0 < x < 1$，有
$$B \cap \{(x, y): 0 < y < 1\} \neq \emptyset,$$
则 $\overline{\overline{B}} = c$．

例 14 试证明下列命题：

(1) 全体超越数(即不是整系数方程 $a_n x^n + a_{n-1} x^{n-1} + \cdots + a_1 x + a_0 = 0$ 的根)的基数是 c.

(2) 区间 $[a,b]$ 上的连续函数全体 $C([a,b])$ 的基数是 c.

(3) 定义在 $[a,b]$ 上的单调函数全体形成的集合 X 的基数是 c.

(4) 记定义在 $[a,b]$ 上的一切实值函数之全体形成的集合为 $\mathscr{F}$，则 $\overline{\overline{\mathscr{F}}} > c$.

(5) 设 X 是 $[a,b]$ 上右连续的单调函数全体，则 $\overline{\overline{X}} = c$.

证明 (1) 因为整系数方程 $a_n x^n + a_{n-1} x^{n-1} + \cdots + a_1 x + a_0 = 0$ 的根($n \in \mathbf{N}$，即代数数)之全体为可列集，所以超越数全体是不可数的且是连续基数.

(2) 首先，因为 $[a,b]$ 上的常数函数都是 $[a,b]$ 上的连续函数，所以 $\mathbf{R}$ 与 $C([a,b])$ 中的一个子集对等，即 $C([a,b])$ 的基数大于或等于 c. 其次，对每个 $\varphi \in C([a,b])$，我们取一个平面有理点集 $\mathbf{Q} \times \mathbf{Q} = \mathbf{Q}^2$ 中的一个子集与它对应，即作映射 f 如下：

$$f(\varphi) = \{(s,t) \in \mathbf{Q} \times \mathbf{Q}: s \in [a,b], t \leqslant \varphi(s)\}.$$

易知 f 是从 $C([a,b])$ 到 $\mathscr{P}(\mathbf{Q}^2)$ 中子集的一个单射，由于 $\mathscr{P}(\mathbf{Q}^2) \sim \mathscr{P}(\mathbf{N})$，故知 $\mathscr{P}(\mathbf{Q}^2)$ 的基数是 c. 从而可知 $C([a,b])$ 的基数小于或等于 c. 这说明 $C([a,b])$ 的基数是 c.

(3) 任给 $f \in X$，且设其在 $[a,b]$ 内的间断点为 $\{x_n\}$，则 f 在间断点上的值形成一个数列 $\{f(x_n)\}$；若 $x_0 \in [a,b]$ 是 $f(x)$ 的连续点，则取 $r_k \in \mathbf{Q}: r_k \to x_0 (k \to \infty)$. 易知 $f(x_0)$ 对应于数列 $\{f(r_k)\}$. 从而可推出 $\overline{\overline{X}} = c$.

(4) 首先，由上例(2)知 $\overline{\overline{\mathscr{F}}} \geqslant c$.

其次，假定 $\overline{\overline{\mathscr{F}}} = c$，设 $\mathscr{F} \sim [0,1]$. 此时不妨令 $f_t(x) = F(t,x)$ ($x \in [0,1]$)与$[0,1]$中的 t 作对应. 显然，$g(x) = F(x,x) + 1$ 是 $\mathscr{F}$ 中的元，从而存在 $\alpha: 0 \leqslant \alpha \leqslant 1$，使得 $g(x) = f_\alpha(x)$. 由此得

$$F(x,x) + 1 = F(\alpha, x), \quad x \in [0,1].$$

但这显然是不能成立的，只要取 $x = \alpha$ 即知. 这说明 $\overline{\overline{\mathscr{F}}} > c$.

(5) 设 $f \in X$，则对任意的 $t \in \mathbf{R}$，可对应着一个 X 中的函数 $f(x) + t$. 这说明 $\overline{\overline{X}} \geqslant c$，从而即得所证.

§1.2 点　　集

1.2.1　R^n 中点与点之间的距离与点集的极限点

例1　求下列点集 E 的导集 E'：

(1) $E=\{1/n+1/m: n,m\in \mathbf{N}\}$；

(2) $E=\{(\sqrt{m}-\sqrt{n})/(\sqrt{m}+\sqrt{n}): m,n\in \mathbf{N}\}$；

(3) $E=\{x_n=\sqrt[n]{4^{(-1)^n}+2}: n\in \mathbf{N}\}$；

(4) $E=\{x_n=[(1-(-1)^n)2^n+1]/(2^n+3): n\in \mathbf{N}\}$；

(5) $E=\{x_n=[(1+\cos n\pi)\ln 3n+\ln n]/\ln 2n: n\in \mathbf{N}\}$；

(6) $E=\{x_n=\sin n^{2/3}: n\in \mathbf{N}\}$；　　(7) $E=\{x_n=\sin\ln n: n\in \mathbf{N}\}$；

(8) $E=\{x_n=\sqrt{m}-\sqrt{n}: m,n\in \mathbf{N}\}$.

解　(1) 因为 $\lim\limits_{n\to\infty}(1/n+1/m)=1/m\,(m\in\mathbf{N})$，$\lim\limits_{n,m\to\infty}\left(\dfrac{1}{n}+\dfrac{1}{m}\right)=0$，所以 $E'=\{0,1,1/2,\cdots\}$.

(2) 对任意的 $x_0\in[-1,1]$，存在 $m,n\in\mathbf{N}$，使得
$$\left|\dfrac{m}{n}-\left(\dfrac{1-x_0}{1+x_0}\right)\right|<\varepsilon \quad 或 \quad \left|\sqrt{\dfrac{m}{n}}-\dfrac{1-x_0}{1+x_0}\right|<\varepsilon.$$
由此可知存在 $\eta,\varepsilon>\eta>0$，使得
$$\left|x_0-\dfrac{1-\sqrt{m/n}}{1+\sqrt{m/n}}\right|<\eta.$$
这说明 $E'=[-1,1]$.

(3) $E'=1$.

(4) 考查 $x_{2k}=1/(2^{2k}+3),\ x_{2k+1}=(2^{2k+2}+1)/(2^{2k+1}+3)\,(k\in\mathbf{N})$，易知 $E'=\{0,2\}$.

(5) 考查 $x_{2k}=[2\ln(6k)+\ln(2k)]/\ln(4k),\ x_{2k+1}=\ln(2k+1)/\ln[2(2k+1)]\,(k\in\mathbf{N})$，易知 $E'=\{1,3\}$.

对(6)与(7)，应用命题(见《数学分析》，周民强编著，上海科技出版社)：

若数列 $E=\{x_n\}$ 满足 $\lim\limits_{n\to\infty}(x_{n+1}-x_n)=0$，则

$$E' = \left[\varliminf_{n\to\infty} x_n, \varlimsup_{n\to\infty} x_n\right].$$

(6) 注意到 $(n+1)^{2/3} = n^{2/3}(1+1/n)^{2/3} = n^{2/3}(1+O(1/n)) = n^{2/3} + O(1/n^{1/3})$，则由等式
$$\begin{aligned}x_{n+1} - x_n &= \sin(n+1)^{2/3} - \sin n^{2/3} \\ &= 2\cos[((n+1)^{2/3} + n^{2/3})/2] \cdot \sin[((n+1)^{2/3} - n^{2/3})/2] \\ &= 2\cos[((n+1)^{2/3} + n^{2/3})/2] \cdot \sin[(1/n^{1/3})/2] \to 0 \ (n\to\infty),\end{aligned}$$
可知 $E' = [-1, 1]$.

(7) 注意到 $\ln(n+1) - \ln n = \ln(1+1/n) \to 0 \ (n\to\infty)$，则由等式
$$\begin{aligned}x_{n+1} - x_n &= 2\cos[(\ln(n+1) + \ln n)/2] \\ &\quad \cdot \sin[(\ln(n+1) - \ln n)/2] \\ &= 2\cos[(\ln(n+1) + \ln n)/2] \\ &\quad \cdot \sin[\ln(1+1/n)/2] \to 0 \quad (n\to\infty),\end{aligned}$$
可知 $E' = [-1, 1]$.

(8) 对于任意的 $x \in \mathbf{R}$，令 $x_n = \sqrt{[(x+n)^2]} - \sqrt{n^2}$（其中 $[y]$ 表示不大于 y 的整数部分），则有 $\sqrt{(x+n)^2 - 1} - n < x_n < x$，因而可得 $\lim\limits_{n\to\infty} |x_n - x| = 0$. 从而 $E' = \mathbf{R}$.

例2 试证明下列命题：

(1) 设 $E \subset \mathbf{R}$. 若 E' 是可数集，则 E 是可数集.

(2) 若 $E \subset (0, \infty)$ 中的点不能以数值大小加以排列，则 $E' \neq \varnothing$.

(3) 设 $E \subset \mathbf{R}$ 是不可数集，则 E 中有互异点列 $\{x_n\}$ 以及 $x_0 \in E$，使得 $\lim\limits_{n\to\infty} x_n = x_0$.

证明 (1) (i) 若 $S \subset \mathbf{R}$ 中的点均为孤立点，则 S 是可数集. 这是因为对任意的 $x \in S$，均有 $\delta_x > 0$，使得 $I_x \triangleq (x - \delta_x, x + \delta_x)$ 且 $I_x \cap S = \{x\}$. 因此区间族 $\{I_x\}(x \in S)$ 互不相同，易知总数是可数的，即 S 是可数集.

(ii) 因为 $E \setminus E'$ 中的点均为孤立点，所以是可数集. 从而由 $E = (E \setminus E') + (E \cap E')$ 可知 E 是可数集.

(2) 考查区间 $I_1 = [0, 1], I_2 = [0, 2], \cdots, I_n = [0, n], \cdots$，由题设知必存在 n_0，使得 $I_{n_0} \cap E$ 包含无限个点. 从而知 $E' \neq \varnothing$.

(3) (i) 由题设知,必存在 n_0,使得点集 $(-n_0, n_0) \cap E$ 是无限集,故 $E' \neq \varnothing$.

(ii) 反证法. 假定 $E' \cap E = \varnothing$,则对任意的 $x \in E$,存在 $\delta_x > 0$,使得点集 $B(x, \delta_x) \cap E = \{x\}$. 从而根据(1)之(i)中相同的推理,可知 E 是可数集. 这一矛盾说明 $E' \cap E \neq \varnothing$.

例 3 解答下列问题:

(1) 设 $f \in C^{(1)}([a,b])$,试证明点集 E 是孤立点集,其中
$$E = \{x \in [a,b] : f(x) = 0 \text{ 且 } f'(x) > 0\}.$$

(2) 设 $A = \{a_1, a_2, \cdots\}, B = \{b_1, b_2, \cdots\}$ 是两个自然数子列,若有
$$\lim_{n \to \infty} \frac{a_n}{b_n} = 0,$$
则称 B 是比 A 增长更快的数列.

现在,设 S 是由某些自然数子列构成的数列族,且对于任一自然数子列 A,均有 $B \in S$,使得 B 比 A 增长更快. 试证明 S 是不可数集.

(3) 设 $E_n \subset \mathbf{R} (n \in \mathbf{N})$,且 $E = \bigcup_{n=1}^{\infty} E_n$. 若 $x \in E'$,试问是否必有 n_0,使得 $x \in E'_{n_0}$?

(4) 试作 $\mathbf{R}^2$ 中的孤立点集 E,使得 $E' = [0,1]$. (注意,若 $E \subset \mathbf{R}$ 是孤立点集,则 E' 是可数集,不存在 $E \subset \mathbf{R}, E$ 有不可列个孤立点.)

(5) 试作 $E \subset \mathbf{R}^2, E' = \varnothing$,满足:对任给 $\varepsilon > 0$,存在 $x, y \in E$ 且 $0 < |x - y| < \varepsilon$.

解 (1) 设 $x_0 \in E$,则 $f(x_0) = 0$ 且 $f'(x_0) > 0$. 由 $f'(x)$ 的连续性,可知有 $\delta_0 > 0$,使得 $f'(x) > 0 (x_0 - \delta_0 < x < x_0 + \delta_0)$. 从而 $f(x)$ 在 $(x_0 - \delta_0, x_0 + \delta_0)$ 上严格递增. 因此我们有 $|f(x)| > f(x_0) (x_0 - \delta_0 < x < x_0 + \delta_0)$. 证毕.

(2) 反证法. 假定 S 是可数集,则不妨设 S 中的元素为:

$$a_{11}, a_{12}, \cdots, a_{1n}, \cdots$$
$$a_{21}, a_{22}, \cdots, a_{2n}, \cdots$$
$$\cdots\cdots\cdots\cdots\cdots$$
$$a_{n1}, a_{n2}, \cdots, a_{nn}, \cdots$$
$$\cdots\cdots\cdots\cdots\cdots$$

现在,作自然数子列 $A=\{b_n\}$: $b_1=a_{11}$, $b_2=\max\{a_{ij}: i,j=1,2\}$, $\cdots$, $b_n=\max\{a_{ij}: i,j=1,2,\cdots,n\}$, $\cdots$, 则 S 中不存在元素 B, 使得 B 比 A 增长更快, 矛盾.

(3) 不一定. 例如 $E_n=(1/(n+1),1/n]$, 则 $E=(0,1]$. 故 $x=0\in E'$, 但 $E'_n=[1/(n+1),1/n]$. 从而 $x=0\overline{\in}E'_n$ ($n\in \mathbf{N}$).

(4) 我们作点集列如下:
$$E_1=\{(x,1): x=k/2, k=0,1,2\},$$
$$E_2=\{(x,1/2): x=k/2^2, k=0,1,2,3,2^2\},$$
$$\cdots\cdots\cdots\cdots\cdots$$
$$E_n=\{(x,1/n): x=k/2^n, k=0,1,2,\cdots,2^n\},$$
$$\cdots\cdots\cdots\cdots\cdots$$

又记 $E=\bigcup\limits_{n=1}^{\infty}E_n$, 则 E 是可列集, 且 E 中每个点均为孤立点, 但 $E'=[0,1]$.

(5) 令 $E_1=\{(0,n)\}$, $E_2=\{(n,\mathrm{e}^{-n})\}$, 而 $E=E_1\bigcup E_2$.

1.2.2 $\mathbf{R}^n$ 中的基本点集: 闭集、开集

例 1 试证明下列命题:

(1) $\mathbf{R}^n$ 中开球 $B(x_0,r)$ 的闭包是闭球 $C(x_0,r)$:
$$\overline{B(x_0,r)}=\{x\in\mathbf{R}^n: |x-x_0|\leqslant r\}.$$

(2) 设 $E=\{\cos n\}$, 则 $\overline{E}=[-1,1]$.

(3) 设 $E\subset\mathbf{R}$ 是闭集, 则 E 是某个可数子集的闭包.

(4) 设 $E\subset(0,\infty)$, 且 $E\neq\varnothing$. 若有
$$x/2\in E, \quad \sqrt{x^2+y^2}\in E \quad (x,y\in E),$$
则 $\overline{E}=[0,\infty)$.

证明 (1) 记 $F=\{x\in\mathbf{R}^n: |x-x_0|\leqslant r\}$, 易知 F 是闭集, 因此 $\overline{B(x_0,r)}\subset F$. 反之, 若 $x\in F$, 则令 $x_k=x_0/k+(1-1/k)x$, 且有
$$|x_0-x_k|=(1-1/k)|x_0-x|\leqslant(1-1/k)r<r,$$
$$|x-x_k|=|x_0-x|/k\leqslant r/k.$$

这说明 $\{x_k\}\subset B(x_0,r)$, 且有 $x_k\to x$ ($k\to\infty$). 从而可知 $x\in\overline{B(x_0,r)}$,

即 $F \subset \overline{B(x_0, r)}$.

(2) 令 $A = \{n + 2m\pi : n, m \in \mathbf{Z}\}$,易知对任给 $t \in \mathbf{R}$ 以及 $\delta > 0$,存在 $a \in A$,使得 $|t - a| < \delta$(见例 4 之(4))。从而知 $\overline{A} = \mathbf{R}$. 现在设 $x \in [-1, 1]$,以及 $\varepsilon > 0$,则存在 $t \in \mathbf{R}$,使得 $\cos t = x$,且存在 $n, m \in \mathbf{Z}$,使得 $t < n + 2m\pi < t + \varepsilon$. 由此得

$$|x - \cos n| = |\cos t - \cos(n + 2m\pi)| \leqslant n + 2m\pi - t < \varepsilon.$$

(3) 若 E 包含有闭区间,则取此闭区间中的全体有理数;而对非闭区间的点集,则取其邻接区间的端点集。易知它们都是可数集.

(4) (i) 若 $x_0 \in E$,则依题设可推 $x_0 / 2^n \in E (n \in \mathbf{N})$. 由此知对任给 $\delta > 0$,均有 $E \cap (0, \delta) \neq \varnothing$.

(ii) 若 $x_0 \in E$,则易知 $\sqrt{2x_0^2} \in E$. 从而又有

$$\sqrt{x_0^2 + (\sqrt{2x_0^2})^2} = \sqrt{3x_0^2} \in E, \cdots, \sqrt{nx_0^2} \in E, \cdots,$$

即 $\sqrt{n} x_0 \in E (n \in \mathbf{N})$. 证毕.

例 2 试证明下列命题:

(1) 函数 $f(x, y) = \begin{cases} x\sin(1/y), & y \neq 0 \\ 0, & y = 0 \end{cases}$ 的不连续点集不是闭集.

(2) (i) $F \subset \mathbf{R}^n$ 是有界闭集,E 是 F 中一个无限子集,则 $E' \cap F \neq \varnothing$. (ii) 若 $F \subset \mathbf{R}^n$ 且对于 F 中任一无限子集 E,有 $E' \cap F \neq \varnothing$,则 F 是有界闭集.

(3) 设 $F \subset \mathbf{R}^n$ 是闭集,且 $r > 0$,则点集 $E = \{t \in \mathbf{R}^n : 存在 x \in F, |t - x| = r\}$ 是闭集.

(4) 设 $E \subset \mathbf{R}^2$,称 $E_y = \{x \in \mathbf{R} : (x, y) \in E\}$ 为 E 在 $\mathbf{R}$ 上的投影(集). 若 $F \subset \mathbf{R}^2$ 是闭集,则 F_y 也是闭集.

证明 (1) 由 $\lim\limits_{(x,y) \to (0,0)} f(x, y) = 0 = f(0, 0)$ 可知,函数 $f(x, y)$ 在 $(0, 0)$ 处连续. 又 $x \neq 0, y = 0$ 点不是 $f(x, y)$ 的连续点(注意 $y \to 0$ 时 $f(x, y)$ 无极限),而 $(0, 0)$ 是这些不连续点集的极限点. 证毕.

(2) (i) 因为 $E' \neq \varnothing$,且 $E' \subset F' = F$,所以 $E' \cap F \neq \varnothing$. (ii) 首先,指出 F 是闭集: 因为若有 $x_n \in F$ 且 $x_n \to x_0 (n \to \infty)$,则无限子集 $E = \{x_n\}$ 满足 $E' \cap F \neq \varnothing$,所以 $x_0 \in F$,即 F 是闭集. 其次,指出 F 是有界集: 反之,假定 F 是无上界集,则可取 F 的无限子集 $E = \{x_n\} : x_n \to$

$+\infty(n\to\infty)$. 从而 $E'=\varnothing$,与题设矛盾. 证毕.

(3) 设 t_0 是 E 的极限点,即存在 $t_n\in E$: $t_n\to t_0(n\to\infty)$. 现在假定 $|t_n-t_0|<\varepsilon$,因为由 E 的定义可知,存在 $x_n\in F(n\in \mathbf{N})$,使得 $|t_n-x_n|=r$,所以可得
$$|x_n-t_0|\leqslant |x_n-t_n|+|t_n-t_0|<2r \quad (n\in \mathbf{N}).$$
因此 $\{x_n\}$ 是有界点列,它有极限点(记为) $x_0\in F$,以及 $x_{n_k}\to x_0(k\to\infty)$. 由此又知,对任给 $\varepsilon>0$,存在 k_0,当 $k>k_0$ 时,有
$$|x_0-t_0|\leqslant |x_0-x_{n_k}|+|x_{n_k}-t_{n_k}|+|t_{n_k}-t_0|\leqslant r+2\varepsilon,$$
$$r=|x_{n_k}-t_{n_k}|\leqslant |x_{n_k}-x_0|+|x_0-t_0|+|t_0-t_{n_k}|$$
$$\leqslant |x_0-t_0|+2\varepsilon.$$
根据 ε 的任意性可知,$|t_0-x_0|=r$,即 $t_0\in E$,E 是闭集.

(4) 不妨假定 F 是有界的. 设 $x_n\in F_y(n\in \mathbf{N})$,且 $x_n\to x_0(n\to\infty)$,考查点集 $E=\{(x_n,y_n)\in F\}$,由 F 的有界性可知,存在 $(\bar{x},\bar{y})\in F$,使得
$$\lim_{k\to\infty}x_{n_k}=\bar{x}, \quad \lim_{k\to\infty}y_{n_k}=\bar{y}.$$
易知 $x_0=\bar{x}$,这说明 x_0 是点 $(\bar{x},\bar{y})$ 的投影,故 F_y 是闭集.

例3 解答下列问题:

(1) 设 E_1,E_2 是 $\mathbf{R}$ 中的非空点集,且 $E_2'\neq\varnothing$,试证明 $\overline{E_1}+E_2'\subset (E_1+E_2)'$.

(2) 设 A,B 是 $\mathbf{R}$ 中的点集,试证明 $(A\times B)'=(\overline{A}\times B')\cup(A'\times \overline{B})$.

(3) 设 A,B 是 $\mathbf{R}$ 中点集,试问: 等式 $\overline{A\cap B}=\overline{A}\cap \overline{B}$ 一定成立吗?

(4) 设 $E\subset \mathbf{R}^n$. 若 E 的任一子集均为闭集,试问: 是否 E 是有限点集?

(5) (i) 若 $E\subset \mathbf{R}$ 中的都是孤立点,试问 E 是闭集吗? (ii) 若 $E\subset \mathbf{R}$ 中不含有孤立点,试问 E 是闭、开集吗?

(6) 设 $\{a_n\}\subset \mathbf{R}$,作 $E=\{b\in \mathbf{R}: 存在 a_{n_k}\to b(k\to\infty)\}$,试证明 E 是闭集.

解 (1) 设 $P_0=x_0+y_0\in \overline{E_1}+E_2'$,即 $x_0\in \overline{E_1}$,$y_0\in E_2'$,则存在 $x_n\in E_1(n\in \mathbf{N},$ 可全同): $x_n\to x_0(n\to\infty)$;存在 $y_n\in E_2(n\in \mathbf{N})$: $y_n\to y_0(n\to\infty)$. 从而知

(i) 若$\{x_n+y_n\}$是互异点列,则$x_n+y_n\in E_1+E_2(n\in \mathbf{N})$,$x_n+y_n\to x_0+y_0\in(E_1+E_2)'(n\to\infty)$.

(ii) 若$\{x_n+y_n\}$是相同点列,则考查$\{x_n+y_{n+1}\}$即可.

(2) 证略.

(3) 不一定. 例如 $A=\{1/n\}$, $B=\{-1/n\}$, 则 $A\cap B=\varnothing$. 从而 $\overline{A\cap B}=\varnothing$. 但我们有

$\overline{A}=\{0,1,1/2,\cdots,1/n,\cdots\}$, $\overline{B}=\{0,-1,-1/2,\cdots,-1/n,\cdots\}$. 故 $\overline{A}\cap\overline{B}=\{0\}$.

(4) (i) 若 E 是无界点集,则 E 不一定是有限点集. 例如 $E=\{1,2,\cdots,n,\cdots\}$.

(ii) 若 E 是有界点集,则 E 必是有限点集. 这是因为否则在 E 中必有收敛点列$\{x_k\}$, 而这一点列的子集未必均为闭集,所以满足题设条件的有界点集 E 必为有限集.

(5) (i) 注意 $E=\left\{1,\dfrac{1}{2},\dfrac{1}{3},\cdots,\dfrac{1}{n},\cdots\right\}$. (ii) 注意 $E=\mathbf{Q}$.

(6) 设 $c\in E'$, 则存在 $b_m\in E(m\in\mathbf{N})$, 使得 $\lim\limits_{m\to\infty}b_m=c$. 依题设知存在子列 $\{a_{n_k}^{(m)}\}$ 使得 $a_{n_k}^{(m)}\to b_m(k\to\infty)$. 从而有 $\lim\limits_{k\to\infty}a_{n_k}^{(k)}=c$.

例 4 试证明下列命题:

(1) 点集 $E=\{\sqrt[3]{n}-\sqrt[3]{m}:n,m\in\mathbf{N}\}$ 在 $\mathbf{R}$ 中稠密.

(2) 设$\{E_n\}$是 $\mathbf{R}$ 中无处稠密集列,则 $\bigcup\limits_{n=1}^{\infty}E_n$ 是 $\mathbf{R}$ 中无处稠密集.

(3) 设正数列$\{a_n\}$: $a_1<a_2<\cdots<a_n<\cdots$满足
$$\lim_{n\to\infty}a_n=+\infty, \quad \lim_{n\to\infty}a_n/a_{n+1}=1,$$
则数集 $E=\{a_m/a_n:1\leqslant n\leqslant m\}$ 在$(1,\infty)$中稠密.

(4) 设 $a\overline{\in}\mathbf{Q}$, $E_a=\{p+aq:p,q\in\mathbf{Z}\}$, 则有 $\overline{E_a}=\mathbf{R}$.

(5) $\mathbf{R}$ 中存在着可列个互不相交的稠密可列集.

证明 (1) 对任意的区间$(a,b)\subset\mathbf{R}$, 因为 $\sqrt[3]{n+1}-\sqrt[3]{n}\to 0(n\to\infty)$, 所以存在 n_0, 使得 $\sqrt[3]{n+1}-\sqrt[3]{n}<b-a(n>n_0)$. 取 m_0: $\sqrt[3]{m_0}>\sqrt[3]{n_0}-a$, 并作数集
$$A=\{n\in\mathbf{N}:\sqrt[3]{n}-\sqrt[3]{m_0}\leqslant a\} \quad (n_0\in A, A\neq\varnothing),$$

易知 A 是有上界集. 又记 n_1 是 A 中最大值的自然数,且令 $n_2=n_1+1$,我们有
$$\sqrt[3]{n_2}-\sqrt[3]{m_0}>a, \quad \sqrt[3]{n_2}>a+\sqrt[3]{m_0}>\sqrt[3]{n_0}.$$
故得 $n_2>n_0$. 从而知
$$\sqrt[3]{n_2}<\sqrt[3]{n_1}+b-a\leqslant\sqrt[3]{m_0}+a+b-a,$$
即 $a<\sqrt[3]{n_2}-\sqrt[3]{m_0}<b$. 证毕.

(2) 证略.

(3) 反证法. 假定存在 $x_0>1$,以及 $\varepsilon_0>0$,使得
$$|a_m/a_n-x_0|\geqslant\varepsilon_0 \quad (1\leqslant n\leqslant m).$$
则由 $a_n/a_{n+1}\to 1(n\to\infty)$ 可知,对充分大的 k,存在 $n_k>k$,使得当 $m\leqslant n_k$ 时有 $a_m/a_k<x_0$,而当 $m>n_k$ 时有 $a_m/a_k>x_0$. 从而对每个 k 有
$$\frac{a_{n_k+1}}{a_k}-\frac{a_{n_k}}{a_k}\geqslant 2\varepsilon_0, \quad \frac{a_{n_k+1}}{a_{n_k}}-1\geqslant 2\varepsilon_0\frac{a_k}{a_{n_k}}>\frac{2\varepsilon_0}{x_0}>0.$$
再令 $k\to+\infty$,则得 $0>0$,矛盾,故结论得证.

(4) 对任意的 $x\in\mathbf{R},\delta>0$,取正整数 $m:10^{-m}<\delta$,从而在点集 $\{n\alpha:n=1,2,\cdots\}$ 中必有 $n_1\alpha$ 与 $n_2\alpha$,它们的前 m 个小数相同.

令 k 是数 $n_1\alpha-n_2\alpha$ 的整数部分,则
$$|n_1\alpha-n_2\alpha-k|<10^{-m}<\delta.$$
记 $|(n_1-n_2)\alpha-k|$ 为 $l_1\alpha+l_2(l_1,l_2\in\mathbf{Z})$,则 $0<l_2+l_1\alpha<\delta$. 因此,存在 $z\in\mathbf{Z}$,使得
$$x-\delta<z(l_2+l_1\alpha)<x+\delta.$$
现在,令 $p=l_2z,q=l_1z$,可知 $p+q\alpha\in(x-\delta,x+\delta)$. 证毕.

(5) 设 $\{p_n\}$ 是素数序列,且作数集 $E_n=\mathbf{Q}+\{\sqrt{p_n}\}(n\in\mathbf{N})$,易知 $E_n\cap E_m=\varnothing(n\neq m)$. 这是因为否则就有
$$r'+\sqrt{p_m}=r''+\sqrt{p_n} \quad (r',r''\in\mathbf{Q},r'\neq r'',m\neq n).$$
由此可知 $(r'-r'')^2=(\sqrt{p_n}-\sqrt{p_m})^2$,即
$$\sqrt{p_np_m}=[p_n+p_m-(r'-r'')^2]/2\in\mathbf{Q},$$
导致矛盾. 此外,易知每个 E_n 均为可数稠密集.

例5 试证明下列命题：

(1) 设 $E \subset \mathbf{R}^n$，则 $\bar{E}$ 是包含 E 的一切闭集 F 之交：$\bar{E} = \bigcap_{F \supset E} F$.

(2) 设 $F \subset \mathbf{R}^n$ 是无限闭集，则存在可数子集 E：$\bar{E} = F$.

(3) $\mathbf{R}$ 不可表示为可数个互不相交的闭区间之并.

(4) 开区间 (a,b) 不能表示成互不相交的闭集列之并.

(5) $\mathbf{R}^2$ 不能表示成可列个无公共内点的闭圆盘之并.

证明 (1) (i) 显然，$F \supset E$，故 $\bigcap_{F \supset E} F \supset E$. 因为 $\bigcap_{F \supset E} F$ 是闭集，所以 $\bigcap_{F \supset E} F \supset \bar{E}$. (ii) 由于 $\bar{E}$ 是闭集，故 $\bar{E} \supset \bigcap_{F \supset E} F$. 从而结论得证.

(2) (i) 对任意的 $k \in \mathbf{N}$，作开球列 $B_k = \{B(r, 1/k), r \in \mathbf{Q}\}(k \in \mathbf{N})$. 对 B_k 中的 $B = B(r, 1/k)$ 满足 $B \cap F \neq \varnothing$ 的球 B，取 $B \cap F$ 中的一个点，并记其全体为 A_k. 易知 A_k 是 F 的可数子集，$E \triangleq \bigcup_{k \geqslant 1} A_k$ 也是 F 的可数子集. 因为 F 是闭集，所以 $\bar{E} \subset F$.

(ii) 对任意的 $x \in F$，以及 $k \in \mathbf{N}$，使得 x 位于开球族 B_k 中的某个开球 B 内，且 B 必含有 A_k 中的一个点，也必含 E 中一个点. 从而 E 中某点距离点 x 小于 $2/k$. 由 k 的任意性可知 $x \in \bar{E}$，即 $F \subset \bar{E}$.

综合 (i), (ii)，即得所证.

(3) 反证法. 假定 $\mathbf{R} = \bigcup_{n=1}^{\infty} [a_n, b_n], [a_i, b_i] \cap [a_j, b_j] = \varnothing(i \neq j)$，则 $E = \{a_1, a_2, \cdots, a_n, \cdots\} \cup \{b_1, b_2, \cdots, b_n, \cdots\}$ 是可列闭集. 由此可知 E 中必有孤立点，这与假设不合. 证毕.

(4) 只需指出：对 $(a,b) = I$ 内的任一互不相交的非空闭集列 $\{F_n\}$，必有 $(a,b) \setminus \bigcup_{n=1}^{\infty} F_n \neq \varnothing$. 为此，令
$$a_1 = \inf\{x : x \in F_1\}, \quad b_1 = \sup\{x : x \in F_1\},$$
以及 $I_0 = (a, a_1)$，$I_1 = (b_1, b)$（均非空区间）. 显然，$(a, a_1) \cap \bigcup_{n=2}^{\infty} F_n$ 与 $(b_1, b) \cap \bigcup_{n=2}^{\infty} F_n$ 均非空集（否则已得证）. 从而不妨假定 $F_2^0 = F_2 \cap I_0 \neq \varnothing$，$F_2^1 = F_2 \cap I_1 \neq \varnothing$，易知均为闭集. 仿照上述对 (a,b) 与 F_1 之推理，

以 I_0, I_1 代 I, F_2^0, F_2^1 代 F_1, 又可得到 a_2, b_2, 以及

$$I_{00} = (a, a_2), \quad I_{01} = (a_2, a_1), \quad I_{10} = (b_1, b_2), \quad I_{11} = (b_2, b),$$

且对 F_3, 有 $F_3^{00}, F_3^{01}, F_3^{10}, F_3^{11}$ 等非空闭集. 继续这样做下去, 可得闭区间列 $\{[a_n, b_n]\}$ 以及开区间组列 $I_{\varepsilon_1 \varepsilon_2 \cdots \varepsilon_n}$ (其中 $\varepsilon_i = 0$ 或 1), 且有 $I_{\varepsilon_1 \varepsilon_2 \cdots \varepsilon_n} \cap \bigcup_{i=1}^{\infty} F_i = \varnothing$. 作点集

$$E_n = \bigcup_{\varepsilon_1 \varepsilon_2 \cdots \varepsilon_n \in \{0,1\}} I_{\varepsilon_1 \varepsilon_2 \cdots \varepsilon_n},$$

不难证明 $\bigcap_{n=1}^{\infty} E_n$ 的基数为 c.

(5) 反证法. 若结论成立, 则可在 $\mathbf{R}^2$ 上取一条直线, 它不通过所有闭圆盘之间的切点. 这样, $\mathbf{R}$ 就表成了一列互不相交闭集之并, 而与(4)矛盾. 证毕.

例 6 解答下列问题:

(1) 试在坐标平面 $\mathbf{R}^2$ 中作稠密点集 E, 使得平行于两轴的直线至多交 E 中一个点.

(2) 设 $F \subset \mathbf{R}^2$ 是闭集. 若 D 是包含 F 的闭圆盘, 且是任一包含 F 的闭圆盘的子集, 试证明 D 中的点均为 F 中两个点连线的中点.

证明 (1) $Q = \{r_n\}$ 为 $(-\infty, \infty)$ 中的有理数列, 且当 q 是有理数时, 定义 $\pi(q)$ 为 q 的十进位小数表达式中出现 1 的个数(非负正整数值), 并作点集 $E = \{(q, \sqrt{2}q + r_{\pi(q)}) : q \in Q\}$.

(i) 对 $(x, y) \in \mathbf{R}^2$ 以及 $\varepsilon > 0$, 则在区间 $I_\varepsilon = [x - \varepsilon, x + \varepsilon] \times [y - \varepsilon, y + \varepsilon]$ 中必有属于 E 的点. 这是因为取 $(x - \varepsilon, x + \varepsilon)$ 中有理数 q', 设其小数位为:

$$q' = .a_1 a_2 \cdots a_n \quad (a_n \neq 0),$$

则当 m 充分大时, 存在点 q'':

$$q'' = .a_1 a_2 \cdots a_n \overset{m\uparrow}{0 \cdots 0} 2 < x + \varepsilon, \quad q' < q''.$$

假定在 $a_1, a_2, \cdots, a_n$ 中有 k 个 1, 则当 y 取遍 $[q', q'']$ 中的有理数时, $r_{\pi(y)}$ 取遍 $r_k, r_{k+1}, \cdots$. 根据稠密性可知, $[q', q'']$ 中存在 $r_0 \in Q$, 使得

$$|\sqrt{2} r_0 + r_{\pi(r_0)} - y| < \varepsilon.$$

从而有$(r_0, \sqrt{2}r_0 + r_{\pi(r_0)}) \in I_\varepsilon \cap E$.

(ii) 显然,平行于 y 轴的直线至多交 E 于一点;对于平行于 x 轴的直线,如果存在有理数 q', q'': $q' \neq q''$,使得 $\sqrt{2}q' + r_{\pi(q')} = \sqrt{2}q'' + r_{\pi(q'')}$,那么 $\sqrt{2}(q' - q'') = r_{\pi(q')} - r_{\pi(q'')}$. 这导致矛盾,故平行于 x 轴的直线也至多交 E 于一点.

(2) (i) $\partial D \subset F$. 反证法. 假定有点 $P \in \partial D$ 且 $P \notin F$,那么由于 F 是闭集,故知存在以 $\varepsilon > 0$ 为半径的圆盘 S_1,使得 $S_1 \cap F = \varnothing$. 从而又存在圆盘 S_2: $S_2 \supset D \setminus S_1$. 易知 $S_2 \supset F, P \notin S_2$. 这与题设矛盾,因此 $F \supset \partial D$.

(ii) 显然,D 中任一点均是圆周上两点联成之弦的中点,当然也是 F 中两点之中点.

例 7 试证明下列命题:

(1) 设 $f(x)$ 定义在 $\mathbf{R}^n$ 上,则 $f \in C(\mathbf{R}^n)$ 的充分必要条件是:对任意的 $t \in \mathbf{R}$,点集
$$E_1 = \{x \in \mathbf{R}^n: f(x) \geq t\}, \quad E_2 = \{x \in \mathbf{R}^n: f(x) \leq t\}$$
都是闭集.

(2) 设 $f \in C(\mathbf{R})$,则 $F = \{(x, y): f(x) \geq y\}$ 是 $\mathbf{R}^2$ 中的闭集.

(3) 设 $F \subset (-\infty, \infty)$ 是有界闭集. 若 $f: F \to \mathbf{R}$ 满足
$$\lim_{\substack{x \to x_0 \\ x \in F}} f(x) = +\infty \quad (\text{任意 } x_0 \in F'),$$
则 F 是可数集.

证明 (1) **必要性** 以 E_1 为例,若有 $\{x_k\} \subset E_1$ 且 $x_k \to x_0 (k \to \infty)$,则由 $f(x_k) \geq t$ 以及 $f(x)$ 的连续性,可知
$$f(x_0) = \lim_{k \to \infty} f(x_k) \geq t,$$
即 $x_0 \in E_1$.

充分性 采用反证法. 假定存在 $x_0 \in \mathbf{R}^n$ 不是 $f(x)$ 的连续点,则有 $\varepsilon_0 > 0$ 以及点列 $\{x_k\}$: $x_k \to x_0 (k \to \infty)$,使得对每一个 k,有
$$f(x_k) \leq f(x_0) - \varepsilon_0 \quad \text{或} \quad f(x_k) \geq f(x_0) + \varepsilon_0.$$
不妨认定对一切 x_k,有 $f(x_k) \leq f(x_0) - \varepsilon_0$,那么取 $t = f(x_0) - \varepsilon_0$,可知 $x_k \in E_2$,但 $x_0 \notin E_2$,这与 E_2 是闭集矛盾.

(2) 设 $(x_n, y_n) \in F(n \in \mathbf{N})$，且满足

$$x_n \to x, \quad y_n \to y, \quad (x_n, y_n) \to (x, y) \quad (n \to \infty),$$

则由 $f(x_n) \geqslant y_n$ 可知，$f(x) \geqslant y$（注意 f 连续）。这说明 $(x, y) \in F$，即 F 是闭集。

(3) 作点集 $F_n = \{x \in F : f(x) \leqslant n\}(n \in \mathbf{N})$，易知 $F = \bigcup_{n=1}^{\infty} F_n$. 假定 F_{n_0} 是无限集，则存在 $x' \in F'_{n_0}$，且有 $\{x_k\} \subset F_{n_0}$，使得 $x_k \to x'(k \to \infty)$. 从而得

$$\lim_{k \to \infty} f(x_k) \leqslant n_0, \quad x' \in F'.$$

这与题设矛盾，故任一 F_n 均为有限集，即 F 是可数集。

例 8 解答下列问题：

(1) 设 $F \subset \mathbf{R}$ 是闭集，试作 $f: \mathbf{R} \to \mathbf{R}$，使得 $f(x)$ 的不连续点集是 F.

(2) 设 $f: \mathbf{R} \to \mathbf{R}$，且有 $f(x+y) = f(x) + f(y)(x, y \in \mathbf{R})$. 若 $f(x)$ 至少有一个不连续点，试证明其函数图形集

$$G_f = \{(x, f(x)) : x \in \mathbf{R}\}$$

在 $\mathbf{R}^2$ 中稠密。

(3) $f: \mathbf{R}^n \to \mathbf{R}$ 为连续函数的充分必要条件是：对任意的闭集 $F \subset \mathbf{R}$，$f^{-1}(F)$ 必为闭集。

(4) 试证明 $f: \mathbf{R}^n \to \mathbf{R}$ 是连续函数的充分必要条件是：对任意的 $E \subset \mathbf{R}^n$，均有 $f(\bar{E}) \subset \overline{f(E)}$.

解 (1) 取 F 中的一个可数子集 e，使得 $\bar{e}$，使得 $\bar{e} = F$（见例 5 第 (2) 题）并作函数 $f(x) = 1(x \in e); f(x) = 0(x \in \mathbf{R} \backslash e)$.

(2) 显然 $y = f(x)$ 不是线性函数，故存在 $x_0 \in \mathbf{R}$，使得 $f(x_0) \neq f(1)x_0$. 这一结论等价于：平面 $\mathbf{R}^2$ 上两个向量 $\boldsymbol{A} = (1, f(1))$，$\boldsymbol{B} = (x_0, f(x_0))$ 互相独立。因此，我们有 $\mathbf{R}^2 = \{\alpha \boldsymbol{A} + \beta \boldsymbol{B} : \alpha, \beta \in \mathbf{R}\}$，而 $\{r'\boldsymbol{A} + r''\boldsymbol{B} : r', r'' \in \mathbf{Q}\}$ 在 $\mathbf{R}^2$ 中稠密。因为对 $r \in \mathbf{Q}$，总有 $f(rx) = rf(x)$. 而对任意的 $r', r'' \in \mathbf{Q}$，有 $r'\boldsymbol{A} + r''\boldsymbol{B} \in G_f$. 证毕。

(3) 必要性 假定 f 连续，且设 F 为闭集，又令 $x_n \in f^{-1}(F), x_n \to x_0 \in (f^{-1}(F))' (n \to \infty)$. 由 $f(x_n) \in F$ 可知 $f(x_0) \in F$，即 $x_0 \in$

$f^{-1}(F)$, $f^{-1}(F)$ 是闭集.

充分性 设 $x_0 \in \mathbf{R}^n$, 对任给 $\varepsilon > 0$, 作开区间 $G = (f(x_0) - \varepsilon, f(x_0) + \varepsilon)$, 依题设知 $f^{-1}(G)$ 是开集. 因此, x_0 是 $f^{-1}(G)$ 的内点, 即存在 $\delta_0 > 0$, 使得 $B(x_0, \delta_0) \subset f^{-1}(G)$. 这说明 $f(x) \in G (x \in B(x_0, \delta_0))$, $f(x)$ 在 x_0 处连续.

(4) **必要性** 假定 f 连续, 则易知 $f^{-1}(\overline{f(E)})$ 是闭集. 而由 $f(E) \subset \overline{f(E)}$ 可知, $E \subset f^{-1}(\overline{f(E)})$. 因此, $\overline{E} \subset \overline{f^{-1}(\overline{f(E)})} = f^{-1}(\overline{f(E)})$.

充分性 对任一闭集 $F \subset \mathbf{R}$, 由题设知, $f(\overline{f^{-1}(F)}) \subset \overline{f(f^{-1}(F))} = \overline{F} = F$. 从而得 $f^{-1}(F)$ 是闭集, 故 f 连续.

例 9 试证明下列命题:

(1) 设 $f(x)$ 在 $\mathbf{R}$ 上具有介值性. 若对任意的 $r \in \mathbf{Q}$, 点集 $\{x \in \mathbf{R}: f(x) = r\}$ 必为闭集, 则 $f \in C(\mathbf{R})$.

(2) 设 $f: \mathbf{R}^n \to \mathbf{R}^n$, 且满足

(i) 若 $K \subset \mathbf{R}^n$ 是紧集, 则 $f(K)$ 是紧集;

(ii) 若 $\{K_i\}$ 是 $\mathbf{R}^n$ 中递减紧集列, 则 $f\left(\bigcap_{i=1}^{\infty} K_i\right) = \bigcap_{i=1}^{\infty} f(K_i)$,

则 $f \in C(\mathbf{R}^n)$.

(3) 设 $f: [a,b] \to \mathbf{R}$, 作图形集 $G_f = \{(x, f(x)): x \in [a,b]\}$. 若 G_f 是 $\mathbf{R}^2$ 中的紧集(有界闭集), 则 f 连续. (若 G_f 只是闭集, 则结论不真, 如 $f(x) = 1/x (x \neq 0), f(0) = 0$.)

(4) 设定义在 $\mathbf{R}^2$ 上的二元函数 $f(x, y)$ 满足:

(i) 任意固定 $y_0 \in \mathbf{R}, f(x, y_0)$ 是 $\mathbf{R}$ 上的连续函数;

(ii) 任意固定 $x_0 \in \mathbf{R}, f(x_0, y)$ 是 $\mathbf{R}$ 上的连续函数;

(iii) 对 $\mathbf{R}^2$ 中的任一紧集 $K, f(K)$ 是 $\mathbf{R}$ 中的紧集,

则 $f \in C(\mathbf{R}^2)$.

(5) 设 $I \subset \mathbf{R}$ 是一个区间(不论开、闭均可). 则 $f \in C(I)$ 的充分必要条件是:

(i) 对 I 中的任一子区间 $J, f(J)$ 是一个区间;

(ii) 对任意的 $y \in \mathbf{R}, f^{-1}(\{y\})$ 是闭集.

(6) 设定义在 $\mathbf{R}$ 上的函数 $f(x)$ 满足:

(i) 若 $E\subset \mathbf{R}$ 是有界集,则 $f(x)$ 在 E 上有界;

(ii) 若 $K\subset \mathbf{R}$ 是紧集,则 $f^{-1}(K)$ 是闭集,

则 $f\in C(\mathbf{R})$.

证明 (1) 反证法.假定 $x_0\in \mathbf{R}$ 是 $f(x)$ 的不连续点,即存在 $\varepsilon_0>0$ 以及 $x_n\to x_0(n\to\infty)$,使得

$$|f(x_n)-f(x_0)|>\varepsilon_0, \quad |x_n-x|<1/n.$$

不妨设 $f(x_0)<f(x_0)+\varepsilon_0<f(x_n)(n\in \mathbf{N})$,取 $r\in \mathbf{Q}: f(x_0)<r<f(x_0)+\varepsilon$,则由题设知,存在 ξ_n(位于 x_0 与 x_n 之间),使得 $f(\xi_n)=r$. 现在令 $n\to\infty$,根据点集 $\{x: f(x)=r\}$ 的闭集性,可知 $f(x_0)=r$. 这一矛盾说明 $f\in C(\mathbf{R})$.

(2) 对 $x_0\in \mathbf{R}^n, \varepsilon>0$,令 $B_0=B(f(x_0),\varepsilon)$ 以及

$$K_m=\overline{B(x_0,1/m)} \quad (m\in \mathbf{N}),$$

则由(ii)知 $\bigcap_{m=1}^{\infty}f(K_m)=\{f(x_0)\}$. 又由(i)知 $F_m=(\mathbf{R}^n\setminus B_0)\bigcap f(K_m)$ 是紧集,且 $\{F_m\}$ 是递减列,交集是空集.从而存在 m_0,使得 $F_{m_0}=\varnothing$. 即

$$|f(x)-f(x_0)|<\varepsilon, \quad |x-x_0|<1/m_0.$$

这说明 x_0 是 $f(x)$ 的连续点.证毕.

(3) 设 $x_n\in[a,b]$ 且 $x_n\to x_0(n\to\infty)$,则由 G_f 的有界性可知,存在 $\{x_{n_i}\}$,使得

$$\lim_{i\to\infty}f(x_{n_i})=\overline{\lim_{n\to\infty}}f(x_n)\triangleq y_0.$$

从而得 $\lim_{i\to\infty}(x_{n_i},f(x_{n_i}))=(x_0,y_0)$. 再由 G_f 的闭集性可知, $y_0=f(x_0)$. 同理可证 $\underline{\lim}_{n\to\infty}f(x_n)=f(x_0)$.

(4) 只需指出 f 在 $(0,0)$ 处连续,并假定 $f(0,0)=0$. 反证法. 若 f 在点 $(0,0)$ 处不连续,则存在 $\varepsilon_0>0$,以及点列 $\{(x_n,y_n)\}: x_n\to 0, y_n\to 0$ $(n\to\infty)$,使得 $|f(x_n,y_n)|\geqslant \varepsilon_0(n\in \mathbf{N})$. 由(i)知,存在 $\delta>0$,使得 $|f(x,0)|<\varepsilon_0/2(|x|<\delta)$. 由此知存在 N,使得

$$|f(x_n,0)|<\varepsilon_0/2 \quad (n>N, |x_n|<\delta).$$

然而,对每个 $n, f(x_n,y)$ 是 y 的连续函数,因此根据中值定理,存在 $y_n': 0<y_n'<y_n$,使得

$$|f(x_n,y_n')|=n\varepsilon_0/(n+1).$$

由于 $y_n \to 0 (n \to \infty)$,故 $y_n' \to 0 (n \to \infty)$,故点集
$$E = \{(x_n, y_n'): n \geqslant N\} \cup \{(0,0)\}$$
是紧集.依题设知 $f(E)$ 是紧集,可是我们有
$$f(E) = \{n\varepsilon_0/(n+1): n \geqslant N\} \cup \{0\},$$
且 ε_0 是 $f(E)$ 的极限点,而 $\varepsilon_0 \overline{\in} f(E)$,矛盾.证毕.

(5) **必要性** 显然.

充分性 反证法.假定 $x_0 \in I$ 是 f 的不连续点,则 $\varlimsup_{x \to x_0} f(x) < \varliminf_{x \to x_0} f(x)$. 取 y_0 满足

$$\varliminf_{x \to x_0} f(x) < y_0 < \varlimsup_{x \to x_0} f(x), \quad y_0 \neq f(x_0),$$

由此知存在 $\{x_n'\}: x_n' \to x_0 (n \to \infty)$,使得 $f(x_n') > y_0 (n \in \mathbf{N})$;同理有 $\{x_n''\}: x_n'' \to x_0 (n \to \infty)$,使得 $f(x_n'') < y_0 (n \in \mathbf{N})$.

记位于 x_n' 与 x_n'' 之间的 $f^{-1}(y_0)$ 之点集为 E_n(注意,以 x_n', x_n'' 为端点的区间之 f 的像集是一个区间),$E_n \neq \varnothing$.因此 x_0 必为 $\bigcup_{n=1}^{\infty} E_n$ 的极限点,而 $f(x_0) \neq y_0$,即 $f^{-1}(y_0)$ 不是闭集,矛盾.这说明 $f \in C(I)$.

(6) 只需指出:当 $F \subset \mathbf{R}$ 是闭集时,$f^{-1}(F)$ 是闭集即可.为此,设 $\{x_n\} \subset f^{-1}(F): x_n \to x_0 (n \to \infty)$,且令 $y_n = f(x_n)$,则 $\{y_n\} \subset F$,且由(i)知 $\{y_n\}$ 是有界列.从而存在子列 $\{y_{n_k}\}: y_{n_k} \to y_0 (k \to \infty)$,且 $y_0 \in F$.由此知 $K = \{y_0, y_{n_1}, y_{n_2}, \cdots\}$ 是紧集.因此由(ii)知 $f^{-1}(K)$ 是闭集.注意到 $\{y_{n_k} = f(x_{n_k})\}, \{x_{n_k}\} \subset f^{-1}(K)$,且 $x_{n_k} \to x_0 (k \to \infty)$,即知 $x_0 \in f^{-1}(K)$,随之有 $x_0 \in f^{-1}(F)$.这说明 $f^{-1}(F)$ 是闭集.

例 10 试证明下列命题:

(1) 设 $F \subset \mathbf{R}$ 是有界闭集,$f: F \to F$.若有
$$|f(x) - f(y)| < |x - y|, \quad x, y \in F,$$
则存在 $x_0 \in F$,使得 $f(x_0) = x_0$. (不动点)

(2) 设 $f \in C(\mathbf{R}), \{F_k\}$ 是 $\mathbf{R}$ 中的递减紧集列,则
$$f\left(\bigcap_{k=1}^{\infty} F_k\right) = \bigcap_{k=1}^{\infty} f(F_k).$$

(3) 设 $\{f_n(x)\}$ 是 $[0,1]$ 上非负连续函数列,且满足
$$f_1(x) \geqslant f_2(x) \geqslant \cdots \geqslant f_n(x) \geqslant \cdots, \quad x \in [0,1], \quad (*)$$
$f(x) = \lim_{n\to\infty} f_n(x)(0 \leqslant x \leqslant 1)$, $M = \sup\{f(x): 0 \leqslant x \leqslant 1\}$,
则存在 $x_0 \in [0,1]$,使得 $f(x_0) = M$.

证明 (1) 作函数 $g(x) = |x - f(x)|$,易知 $g \in C(F)$,从而问题归结为阐明存在 $x_0 \in F$,使得 $g(x_0) = 0$.

采用反证法. 假定 $g(x) > 0$ $(x \in F)$,则存在 $\xi \in F$,使得
$$0 < g(\xi) = l = \inf_{x \in F}\{g(x)\},$$
但我们有
$$g(f(\xi)) = |f(\xi) - f(f(\xi))| < |\xi - f(\xi)| = l,$$
其中 $f(\xi) \in F$. 这一矛盾说明 $f(x)$ 在 F 中存在不动点.

(2) 只需指出 $f\left(\bigcap_{k=1}^{\infty} F_k\right) \supset \bigcap_{k=1}^{\infty} f(F_k)$. 设 y 属于右端,则对任意的 k,有 $y \in f(F_k)$,或说有 $x_k \in F_k, y = f(x_k) (k \in \mathbf{N})$. 不妨设 $x_k \to x_0 (k \to \infty)$,则 $x_0 \in \bigcap_{k=1}^{\infty} F_k$. 根据 f 的连续性可知,$y = \lim_{n\to\infty} f(x_n) = f(x_0)$,这说明 $y \in f\left(\bigcap_{k=1}^{\infty} F_k\right)$.

(3) 对任给 $\varepsilon > 0$,作点集 $E_\varepsilon = \{x \in [0,1]: f(x) \geqslant M - \varepsilon\}$,则 $f(x) \geqslant M - \varepsilon$ 当且仅当对每个 n,均有 $f_n(x) \geqslant M - \varepsilon$. 故
$$E_\varepsilon = \bigcap_{n=1}^{\infty} f_n^{-1}([M-\varepsilon, \infty)),$$
即 E_ε 是非空闭集. 若 $\{\varepsilon_i\}$ 是有限多个正数,自然有 $\bigcap_{i \geqslant 1} E_{\varepsilon_i} = E_{\min\{\varepsilon_i\}} \neq \varnothing$. 从而知一切 E_ε 之交集非空. 令 x_0 属于此交集,我们有 $M \geqslant f(x_0) \geqslant M - \varepsilon$. 由 ε 的任意性,结论得证.

注 若将条件 $(*)$ 改为: 对 $x \in [0,1]$,均存在 n_x,使得 $f_n(x) \geqslant f_{n+1}(x) (n \geqslant n_x)$,则结论不真. 例如,取 $f_n(x) = \min\{nx, 1-x\}$.

例 11 试证明下列命题:

(1) 设 $E \subset \mathbf{R}^n$,则 $\overset{\circ}{E} = (\overline{E^c})^c, \partial E = \overline{E} \setminus \overset{\circ}{E}, \partial E^c = \partial E$.

(2) 开区间 $(0,1)$ 不是 $\mathbf{R}^2$ 中的开集.

(3) 试证明 $G \subset \mathbf{R}^n$ 是开集当且仅当 $G \cap \partial G = \varnothing$；$F \subset \mathbf{R}^n$ 是闭集当且仅当 $\partial F \subset F$.

(4) 设 $E \subset \mathbf{R}^n$. 若 $E \neq \varnothing, E \neq \mathbf{R}^n$，则 $\partial E \neq \varnothing$.

(5) 设 $E \subset \mathbf{R}^n$，则 $\{x \in \mathbf{R}^n : \omega_{\chi_E}(x) > 0\} = \partial E$.

证明 (1),(2) 证略.

(3) 后一结论证明如下：

必要性 若 $x_0 \in \partial F$，则对任一 $\delta > 0$，存在 $\{x_n\} \subset F$ 且 $x_n \in B(x_0, \delta)$. 由此知 $x_n \to x_0 (n \to \infty)$. 因为 F 是闭集，所以 $x_0 \in F$.

充分性 设 $x_0 \in F'$，则存在 $\{x_n\} \subset F$ 且 $x_n \to x_0 (n \to \infty)$. 易知 $x_0 \in F$，因为否则 $x_0 \in \partial F$，而 $\partial F \subset F$，所以 $x_0 \in F$. 矛盾. 证毕.

(4) 反证法. 若 $\partial E = \varnothing$，则 $\bar{E} = \mathring{E}$，即 E 既是闭集又是开集. 从而 $E = \varnothing$ 或 $E = \mathbf{R}^n$（否则，就有 $x' \in E, x'' \notin E$，作连接 x', x'' 之直线段，则在此直线段上有一点 x_0，使得线段 $x'x_0 \in E, x_0x'' \in E$. 而 x_0 既不能属于 E，又不能属于 E^c，矛盾），与题设矛盾.

(5) 设 $x_0 \in \partial E = \bar{E} \cap \overline{(\mathbf{R}^n \setminus E)}$，则对任意的 $\delta > 0, B(x_0, \delta)$ 必含 E 以及 $\mathbf{R}^n \setminus E$ 的点. 因此函数 $\chi_E(x)$ 在 $x = x_0$ 处的振幅 $\omega_{\chi_A}(x_0) = 1$. 这说明 $\{x \in \mathbf{R}^n : \omega_{\chi_E}(x) > 0\} \supset \partial E$.

又假设 $\omega_{\chi_E}(x_0) > 0$，即对任意的 $\delta > 0$，有
$$\sup\{|\chi_E(x_0) - \chi_E(x)| : x \in B(x_0, \delta)\} > 0.$$
因此，$B(x_0, \delta)$ 必含有 E 以及 $\mathbf{R}^n \setminus E$ 的点，即 $x_0 \in \partial E$.

例 12 试证明下列命题：

(1) 设 $G_1, G_2 \subset \mathbf{R}^n$ 是两个开集，且 $G_1 \cap G_2 = \varnothing$，则 $\bar{G}_1 \cap G_2 = \varnothing$.

(2) $G \subset \mathbf{R}^n$ 是开集当且仅当对任意的 $E \subset \mathbf{R}^n$，均有 $G \cap \bar{E} \subset \overline{G \cap E}$.

(3) 若 $E \subset \mathbf{R}^n$ 是孤立点集，则存在开集 G，闭集 F，使得 $E = G \cap F$.

(4) 设 $G \subset \mathbf{R}^n$ 是非空开集，$r_0 > 0$. 若对任意的 $x \in G$，作闭球 $\overline{B(x, r_0)}$，则 $A = \bigcup_{x \in G} \overline{B(x, r_0)}$ 是开集.

(5) 设 F 是 $\mathbf{R}^n$ 中有界闭集，G 是 $\mathbf{R}^n$ 中开集且 $F \subset G$，则存在 $\delta > 0$，使得当 $|x| < \delta$ 时，有
$$F + \{x\} \triangleq \{y + x : y \in F\} \subset G.$$

证明 (1) 反证法. 假定 $\overline{G}_1 \cap G_2 \neq \varnothing$,即存在 $x_0 \in \overline{G}_1 \cap G_2$,由于 $G_1 \cap G_2 = \varnothing$,故 $x_0 \in \overline{G}_1 \setminus G_1 \subset G_1'$. 但 x_0 是 G_2 之内点,因此存在 $\delta_0 > 0$,使得 $B(x_0, \delta_0) \subset G_2$,$B(x_0, \delta_0) \cap G_1 = \varnothing$. 从而得 $x_0 \overline{\in} G_1'$,导致矛盾,即得所证.

(2) **必要性** 设 G 是开集. 若 $x_0 \in G \cap \overline{E}$,则 $x_0 \in G$ 且 $x_0 \in \overline{E}$. 故存在 $\delta_0 > 0$,使得 $\overline{B(x_0, \delta_0)} \triangleq \overline{B_0} \subset G$. 如果 $x_0 \in E$,那么 $x_0 \in G \cap E \subset \overline{G \cap E}$,得证;如果 $x_0 \in E'$,那么存在 $\{x_n\} \subset E : x_n \to x_0 (n \to \infty)$. 从而知存在 $n_0, x_n \in \overline{B_0}(n \geq n_0)$,这说明 $x_0 \in \overline{G \cap E}$.

充分性 若对任意的 $E \subset \mathbf{R}^n$,有 $G \cap \overline{E} \subset \overline{G \cap E}$,则取 $E = \mathbf{R}^n \setminus G$,可得 $G \cap \overline{\mathbf{R}^n \setminus G} \subset \overline{G \cap (\mathbf{R}^n \setminus G)} = \varnothing$. 因此,如果 $x \in \overline{\mathbf{R}^n \setminus G}$,就有 $x \in \mathbf{R}^n \setminus G$. 这说明 $\mathbf{R}^n \setminus G$ 是闭集,而 G 是开集.

(3) 因为 $F \triangleq \overline{E}$ 是闭集,$G \triangleq (E')^c$ 是开集,又由题设知 $E \cap E' = \varnothing$,所以我们有
$$F \cap G = \overline{E} \cap (E')^c = (E \cap (E')^c) \cup (E' \cap (E')^c) = E.$$

(4) 设 $x_0 \in A$,则存在 $x' \in G$,使得 $x_0 \in \overline{B(x', r_0)}$. 注意到 G 是开集,故存在 $\delta' > 0$,使得 $B(x', \delta') \subset G$. 再取 $x'' \in B(x', \delta')$ 且 $x' \neq x''$ 以及 $|x'' - x_0| < r_0$,从而有 $x_0 \in B(x'', r_0) \subset A$. 由此易知,存在 $\delta_0 > 0$,使得 $B(x_0, \delta_0) \subset A$,即 A 是开集.

(5) 对于任意的 $y \in F$,由于 $y \in G$,故知存在 $\delta_y > 0$,使得 $B(y, \delta_y) \subset G$. 因为 $\{B(y, \delta_y / 2) : y \in F\}$ 组成 F 的一个开覆盖,所以根据有限子覆盖定理,存在 $y_1, y_2, \cdots, y_m \in F$,使得
$$F \subset \bigcup_{k=1}^m B\left(y_k, \frac{\delta_{y_k}}{2}\right).$$
于是,每一个 $y \in F$ 至少属于某个 $B(y_k, \delta_{y_k}/2)$,且 y 与 G^c 中的任一点 z 之间的距离为
$$|y - z| \geq |z - y_k| - |y_k - y| > \delta_{y_k} - \delta_{y_k}/2 = \delta_{y_k}/2.$$
现在取
$$\delta = \frac{1}{2} \min\{\delta_{y_1}, \delta_{y_2}, \cdots, \delta_{y_m}\},$$
则当 $|x| < \delta$ 时有 $y + x \in G$,即 $F + \{x\} \subset G$.

例 13 试证明下列命题:

(1) $\mathbf{R}^2$ 中的开集全体之基数是 c.

(2) 设 $\{F_\alpha: \alpha \in I = (0,1)\}$ 是一族闭区间,则点集 $E = \bigcup_{\alpha \in I} F_\alpha \setminus \bigcup_{\alpha \in I} \mathring{F}_\alpha$ 是可数集.

(3) 设 $\Gamma = \{[a_\alpha, b_\alpha]: \alpha \in I = [c,d]\}$. 若 Γ 中任两个元即两个闭区间必相交,则 $\bigcap_{\alpha \in I} [a_\alpha, b_\alpha] \neq \varnothing$.

(4) 设 $E \subset \mathbf{R}$. 若对任意的 $x,y \in E$,均有 $(x+y)/2 \in E$,且 $\mathring{E} \neq \varnothing$,则 E 是一个区间.

证明 (1) 已知 $\mathbf{R}^2$ 中的二进半开闭方体全体是可列集,而任一开集均与一列半开闭二进方体对应,即得所证.

(2) 因 $\bigcup_{\alpha \in I} \mathring{F}_\alpha$ 是开集,故可用构成区间表示为 $\bigcup_{\alpha \in I} \mathring{F}_\alpha = \bigcup_{n=1}^{\infty} (\alpha_n, \beta_n)$,其中 α_n, β_n 不属于 $\bigcup_{\alpha \in I} \mathring{F}_\alpha$. 现在,对任意的 $x \in E$,均存在 $\alpha \in I$,使得 $x \in F_\alpha, x \overline{\in} \mathring{F}_\alpha$. 我们取 n_0,使得 $\mathring{F}_\alpha \subset (\alpha_{n_0}, \beta_{n_0})$. 若 $F_\alpha \subset (\alpha_{n_0}, \beta_{n_0})$,则 $x \in F_\alpha$,矛盾. 因此, $x = \alpha_{n_0}$ 或 β_{n_0}. 从而有
$$\bigcup_{\alpha \in I} F_\alpha \setminus \bigcup_{\alpha \in I} \mathring{F}_\alpha \subset \bigcup_{n \geq 1} \{\alpha_n, \beta_n\}.$$
即得所证.

(3) 取定 $[a_{\alpha_0}, b_{\alpha_0}] \in \Gamma$,则对任意的 $\alpha \in I$,均有 $[a_\alpha, b_\alpha] \cap [a_{\alpha_0}, b_{\alpha_0}] \neq \varnothing$. 易知 $a_\alpha \leq b_{\alpha_0} (\alpha \in I)$,这说明 Γ 中所有的元(闭区间)的左端点全体形成一个有上界的点集. 现在记 $M = \sup\{a_\alpha: [a_\alpha, b_\alpha], \alpha \in I\}$,下面指出, $M \in \bigcap [a_\alpha, b_\alpha]$: 对任一闭区间 $[a_\alpha, b_\alpha]$,必有 $a_\alpha \leq M$. 如果存在 $[a_{\alpha'}, b_{\alpha'}] \in \Gamma$,使得 $b_{\alpha'} < M$,那么令 $M - b_{\alpha'} = \varepsilon > 0$,由 M 之定义可知,存在 $[a_{\alpha''}, b_{\alpha''}] \in \Gamma$,使得 $a_{\alpha''} > M - \varepsilon > b_{\alpha'}$. 从而我们有
$$[a_{\alpha'}, b_{\alpha'}] \cap [a_{\alpha''}, b_{\alpha''}] = \varnothing,$$
矛盾. 即得 $b_\alpha \geq M (\alpha \in I)$,证毕.

(4) (i) 应用归纳法可以推得: 若 $x, y \in E$ 且 $k = 0, 1, 2, \cdots, 2^n$,则得

$$kx/2^n + (1-k/2^n)y \in E \quad (n \in \mathbf{N}).$$

(ii) 由题设可以假定 $E \supset [p,q]$，且 $a \in E, a > p$。令 $c = \sup\{x: x > p$ 且 $[p,x] \subset E\}$，显然 $[p,c) \subset E$。若 $c < a$，则可取 $a_0 \in E$，使得 $c < a_0$ 以及 $(p+a_0)/2 < c$。从而得

$$E \supset \left\{ \frac{(x+a_0)}{2} : x \in (p,c) \right\} = \left(\frac{p+a_0}{2}, \frac{c+a_0}{2} \right).$$

因此，$E \supset [p, (c+a_0)/2)$，但 $c < (c+a_0)/2$，矛盾。故我们有 $a \leqslant c$，这说明 $E \supset [p,a]$，即 E 中比 p 大的点均落在以 p 为左端点的区间内。同理可证 E 中比 q 小的点均属于一个以 q 为右端点的区间。证毕。

例 14 试证明下列命题：

(1) 设 $f \in C(\mathbf{R})$，且当 $G \subset \mathbf{R}$ 是开集时，$f(G)$ 必是开集，则 $f(x)$ 是严格单调函数。

(2) 设 $f(x)$ 是定义在 $\mathbf{R}$ 上的单调上升函数，则点集
$$E = \{x: 对于任意的 \varepsilon > 0, 有 f(x+\varepsilon) - f(x-\varepsilon) > 0\}$$
是 $\mathbf{R}$ 中的闭集。

证明 (1) 考查开区间 $(a,b) \subset \mathbf{R}$。因为 $f((a,b))$ 是开集，所以 $f(x)$ 在 $[a,b]$ 上的最大、最小值必在端点 a,b 上取到。假定 $f(a) < f(b)$，则对于 $a < x < b$，必有 $f(a) < f(x) < f(b)$。

(2) 考查点集 $\mathbf{R} \setminus E = \{x \in \mathbf{R}: 存在 \varepsilon, f(x+\varepsilon) - f(x-\varepsilon) = 0\}$，易知若 $x_0 \in \mathbf{R} \setminus E$，则存在 $\varepsilon_0 > 0$，使得
$$f(x_0+\varepsilon_0) = f(x_0-\varepsilon_0) \leqslant f(x) \leqslant f(x_0+\varepsilon_0), \quad |x-x_0| \leqslant \varepsilon_0.$$
这说明 $f(x)$ 在 $(x_0-\varepsilon_0, x_0+\varepsilon_0)$ 上是一个常数，x_0 是内点，$\mathbf{R} \setminus E$ 是开集，即 E 是闭集。

例 15 试证明下列命题：

(1) 设 $f(x)$ 定义在 $\mathbf{R}^n$ 上，则 $f \in C(\mathbf{R}^n)$ 的充分必要条件是：对任意的 $t \in \mathbf{R}$，点集
$$E_1 = \{x \in \mathbf{R}^n: f(x) > t\}, \quad E_2 = \{x \in \mathbf{R}^n: f(x) < t\}$$
都是开集。

(2) 若 G 是 $\mathbf{R}^n$ 中的开集且 $f(x)$ 定义在 G 上，则对任意的 $t \in \mathbf{R}$，点集
$$H = \{x \in G: \omega_f(x) < t\}$$

是开集.

证明 (1) 证略.

(2) 不妨设 $H\neq\varnothing$. 对于 H 中的任一点 x_0,因为 $\omega_f(x_0)<t$,所以存在 $\delta_0>0$,使得 $B(x_0,\delta_0)\subset G$,且有
$$\sup\{|f(x')-f(x'')|:x',x''\in B(x_0,\delta_0)\}<t.$$
现在对于 $x\in B(x_0,\delta_0)$,可以选取 $\delta_1>0$,使得
$$B(x,\delta_1)\subset B(x_0,\delta_0).$$
显然有
$$\sup\{|f(x')-f(x'')|:x',x''\in B(x,\delta_1)\}<t.$$
从而可知 $\omega(x)<t$,即
$$B(x_0,\delta_0)\subset H.$$
这说明 H 中的点都是内点,H 是开集.

例 16 试证明下列命题:

(1) 设 $f(x)$ 在 $\mathbf{R}$ 上可微. 若对任意的 $\lambda\in\mathbf{R}$,点集 $F=\{x\in\mathbf{R}:f'(x)=\lambda\}$ 总是闭集,则 $f'(x)$ 是连续函数.

(2) 设 $f\in C(\mathbf{R})$. 若存在 $\lambda>0$,使得
$$|f(x)-f(y)|\geqslant\lambda|x-y|\quad(x,y\in\mathbf{R}),$$
则值域 $R(f)=\mathbf{R}$.

证明 (1) 由题设知点集
$$G=G_1\bigcup G_2\triangleq\{x\in\mathbf{R}:f'(x)>\lambda\}\bigcup\{x\in\mathbf{R}:f'(x)<\lambda\}$$
是开集,且根据 $f'(x)$ 具有中值性,故 G_1,G_2 均为开集,由此知 $f'(x)$ 是连续函数.

(2) (i) 设 $y_k=f(x_k)\to y_0(k\to\infty)$,则由
$$|f(x_n)-f(x_m)|\geqslant\lambda|x_n-x_m|\quad(x_n,x_m\in\mathbf{R})$$
可知,$\{x_k\}$ 是 Cauchy 列. 从而我们有 $\lim\limits_{k\to\infty}x_k=x_0$,即 $y_0=\lim\limits_{k\to\infty}f(x_k)=f(x_0)$. 这说明 $R(f)$ 是闭集.

(ii) 由题设知 f 是一一映射. 因此,$f(x)$ 是严格单调函数,且 $R(f)$ 是开集.

因为 $R(f)$ 既是闭集又是开集,故 $R(f)=\mathbf{R}$.

例 17 试证明下列命题：

(1) 设 $f\in C([0,\infty))$. 若有
$$\lim_{n\to\infty}f(nx)=0\quad(x\geqslant 0),$$
则 $\lim_{x\to+\infty}f(x)=0$.

(2) 设 $f\in C^{(1)}([a,b])$. 若不存在 $x\in[a,b]$, 使得 $f(x)=f'(x)=0$, 则存在 $g\in C^{(1)}([a,b])$, 使得
$$f(x)g'(x)-f'(x)g(x)>0\quad(a\leqslant x\leqslant b).$$

(3) 设 $f\in C(\mathbf{R})$ 且是一一映射, 又有 $x_0\in\mathbf{R}$, 使得 $f(x_0)=x_0$. 若成立等式
$$f(2x-f(x))=x\quad(x\in\mathbf{R}),$$
则 $f(x)\equiv x$.

证明 (1) 反证法. 假定结论不真, 则存在 $\delta>0$ 以及点列: $1<x_1<x_2<\cdots<x_k<\cdots\to+\infty(k\to\infty)$, 使得 $|f(x_k)|\geqslant 2\delta$. 由 f 的连续性可知, 存在充分小的 $\varepsilon_k>0$, 使得 $|f(x)|\geqslant\delta(x_k-\varepsilon_k\leqslant x\leqslant x_k+\varepsilon_k)$.

令 $E_n=\bigcup_{k=n}^{\infty}\bigcup_{m=-\infty}^{\infty}\left(\dfrac{m-\varepsilon_k}{x_k},\dfrac{m+\varepsilon_k}{x_k}\right)(n\in\mathbf{N})$, 则 E_n 是开集且在 $[0,\infty)$ 中稠密. 易知 $\bigcap_{n=1}^{\infty}E_n$ 也是稠密集, 故可取点 $x^*: x^*>1$ 且 $x^*\in E_n(n\in\mathbf{N})$. 从而存在整数 $k_n: k_n\geqslant n$ 以及 m_n, 满足
$$\left|x^*-\frac{m_n}{x_{k_n}}\right|<\frac{\varepsilon_{k_n}}{x_{k_n}}\quad(n\in\mathbf{N}).$$

注意到 $m_n\to+\infty(n\to+\infty)$, 上式两端分别乘以 $\dfrac{x_{k_n}}{x^*}$, 故又有
$$\left|x_{k_n}-\frac{m_n}{x^*}\right|<\frac{\varepsilon_{k_n}}{x^*}<\varepsilon_{k_n},$$

这说明 $|f(m_n/x^*)|\geqslant\delta$. 但此结论与 $n\to+\infty$ 时 $f(n/x^*)$ 趋于零矛盾. 证毕.

(2) 作点集 $E=\{x\in[a,b]:f(x)=0\}$, 若 E 是无穷点集, 则存在 $x_0\in E'$, 使得 $f(x_0)=f'(x_0)=0$. 这与题设矛盾, 故 E 是有限集. 由此知存在多项式 $P(x)$, 使得 $f'(x)P(x)=-1(x\in E)$. 从而有开集 $G\supset E$, 使得

$$f(x)P'(x)-f'(x)P(x)>0 \quad (x\in G).$$

对 $\lambda>0$,作函数 $g_\lambda(x)=xf(x)+\lambda P(x)(a\leqslant x\leqslant b)$,则
$$f(x)g'_\lambda(x)-f'(x)g_\lambda(x)$$
$$=f^2(x)+\lambda[f(x)P'(x)-f'(x)P(x)].$$

易知当 $x\in G$ 时,上述表示式是正值.因为 $f(x)P'(x)-f'(x)P(x)$ 在 $[a,b]$ 上是有界函数,所以对于充分小的 λ 值,$f(x)g'_\lambda(x)-f'(x)g_\lambda(x)$ 在 $[a,b]\backslash G$ 上是正值.

(3) 首先,作点集 $F=\{x\in \mathbf{R}: f(x)=x\}$,且假定 $F\neq \mathbf{R}$,则设 $t\in F$,则存在 $r\neq 0$,使得 $f(t)=t+r$. 因为 f 是一一映射,且有 $f[2x-f(x)]=x$,所以得到
$$f[2(t+r)-f(t+r)]=t+r=f(t),$$
$$2t+2r-f(t+r)=t, \quad f(t+r)=(t+r)+r.$$

假定对 $k\in \mathbf{N}$,有 $f(t+kr)=(t+kr)+r$,则根据
$$f[2(t+(k+1)r)-f(t+(k+1)r)]$$
$$=t+(k+1)r=f(t+kr)$$

可知(注意一一对应性质),
$$2t+2(k+1)r-f[t+(k+1)r]=t+kr,$$
$$f[t+(k+1)r]=t+(k+1)r+r.$$

依归纳法,这说明对任意的 n 均有
$$f(t+nr)=(t+nr)+r.$$

其次,因为 F 是闭集,所以可设 $x_0\in F$ 是 F 的边界点.如果存在 $x\in \mathbf{R}, f(x)\neq x$,那么令 $\varepsilon=|f(x)-x|>0$,存在 $\varepsilon/4\geqslant\delta>0$,使得
$$|f(s)-f(x)|<\varepsilon/4 \quad (|s-x|<\delta).$$
此外又存在 $\eta: 0<\eta<\delta$,使得 $|f(\omega)-f(x_0)|<\delta\, (|\omega-x_0|<\eta).$

现在取 $t\in(x_0-\eta, x_0+\eta)$,使得 $f(t)\neq t$,则有
$$0<|f(t)-t|\leqslant|f(t)-f(x_0)|+|f(x_0)-t|$$
$$=|f(t)-f(x_0)|+|x_0-t|<\delta+\eta<2\delta.$$

令 $r=f(t)-t$,由于 $0<|r|<2\delta$,故存在 n,使得 $t+nr\in(x-\delta,x+\delta)$. 但是 $f(t+nr)=(t+nr)+r$. 因此有
$$\varepsilon=|f(x)-x|\leqslant|f(x)-f(t+nr)|+|f(t+nr)-x|$$
$$<\varepsilon/4+|(t+nr)+r-x|\leqslant\varepsilon/4+|(t+nr)-x|+|r|$$
$$<\varepsilon/4+\delta+2\delta<\varepsilon/4+\varepsilon/4+\varepsilon/2=\varepsilon.$$

导致矛盾. 即必有 $f(x)\equiv x$.

例 18 试证明下列命题：

(1) 设闭集 $F\subset \mathbf{R}$ 是一族半开闭区间的并集：$F=\bigcup_{\lambda\in\Gamma}(a_\lambda,b_\lambda]$，则 F 是其中可数个半开闭区间之并.

(2) $\mathbf{R}^2$ 中的开圆 G 不能表示成可列个互不相重闭圆盘之并.

(3) 设有 $\mathbf{R}$ 中的闭集 F 以及开集列 $\{G_n\}$. 若对每个 n，$G_n\cap F$ 在 F 中稠密，则 $\left(\bigcap_{n=1}^{\infty} G_n\right)\cap F$ 在 F 中稠密.

证明 (1) 记 $G=\bigcup_{\lambda\in\Gamma}(a_\lambda,b_\lambda)$，由于 G 是开集，故 G 是可数个构成区间的并集，且每个构成区间均含于某个 (a_λ,b_λ) 之中. 从而存在 $\{\lambda_n\}$，使得 $G=\bigcup_{n\geqslant 1}(a_{\lambda_n},b_{\lambda_n})$.

记 $\Gamma_0=\{\lambda:b_\lambda\overline{\in}G\}$，若有 $(a_{\lambda'},b_{\lambda'}]\subset(a_\lambda,b_\lambda]$，则我们可将 $(a_{\lambda'},b_{\lambda'}]$ 从并集中舍去. 易知当 $\lambda',\lambda''\in\Gamma_0$ 且 $\lambda'\neq\lambda''$ 时，有 $(a_{\lambda'},b_{\lambda'}]\cap(a_{\lambda''},b_{\lambda''}]=\varnothing$(否则，$b_{\lambda'}$ 或 $b_{\lambda''}\in G$). 注意到不交区间是至多可列个，故 Γ_0 是可数集. 从而我们有
$$F=\left(\bigcup_{\lambda\in\Gamma_0}(a_\lambda,b_\lambda]\right)\cup\left(\bigcup_{n\geqslant 1}(a_{\lambda_n},b_{\lambda_n}]\right).$$

(2) 证略(类似命题前面已解过).

(3) 任取 $x\in F$，记 $I=(x-\delta,x+\delta)(\delta>0)$. 由于 $G_1\cap F$ 在 F 中稠密，故存在 $[a_1,b_1]$，使得
$$[a_1,b_1]\subset I\cap G_1, \quad (a_1,b_1)\cap F\neq\varnothing.$$

对 G_2 以及 (a_1,b_1)，同理可知存在 $[a_2,b_2]$，使得
$$[a_2,b_2]\subset(a_1,b_1)\cap G_2, \quad (a_2,b_2)\cap F\neq\varnothing.$$

依次对 $G_3,G_4,\cdots$ 做下去，可得闭区间列 $\{[a_n,b_n]\}$：
$$[a_n,b_n]\cap F\supset[a_{n+1},b_{n+1}]\cap F \quad (n=1,2,\cdots);$$
$$\varnothing\neq[a_n,b_n]\cap F\subset G_n \quad (n=1,2,\cdots).$$

根据闭区间套定理，可知存在 $\xi\in\bigcap_{n=1}^{\infty}[a_n,b_n]$，以及
$$\xi\in\overline{F}=F, \quad \xi\in I\cap\left(F\cap\bigcup_{n=1}^{\infty}G_n\right).$$

例 19 解答下列问题:

(1) 设在 $\mathbf{R}^n$ 中 $\{G_\alpha\}$ 是 E 的一个开覆盖,试问 $\{\overline{G}_\alpha\}$ 能覆盖 $\overline{E}$ 吗?

(2) 设 $K\subset\mathbf{R}^n$ 是紧集,$\{G_k\}$ 是 K 的开(球)覆盖,试证明存在 $\varepsilon_0>0$,使得对任意的 $x\in K$,$B(x,\varepsilon_0)$ 必含于某个 G_k 中.

(3) 设有递增开集列: $G_1\subset G_2\subset\cdots\subset G_k\subset\cdots\subset\mathbf{R}^n$,且 $G=\bigcup_{k=1}^{\infty}G_k$,试证明对任意的有界闭集 $F\subset G$,必存在 k_0,当 $k\geqslant k_0$ 时,有 $G_k\supset F$.

(4) 设 $E\subset\mathbf{R}^n$.若对任意的 $x\in E$,均存在开球 B_x,使得 $E\cap B_x$ 是可数集,试证明 E 是可数集.

解 (1) 不一定.例如 $E=\{(x,y)\in\mathbf{R}^2:x\in\mathbf{R},y>0\}$,用位于上半平面内(有理)开圆(以有理点为中心,正有理数为半径)全体 $\{G_k\}$ 加以覆盖 E,而 $\{\overline{G}_k\}$ 不能覆盖 $\overline{E}=\{(x,y):x\in\mathbf{R},y\geqslant 0\}$.这是因为每个 $\overline{G}_k$ 与 Ox 轴至多一个交点.

(2) 反证法.若结论不真,则对于 $n\in\mathbf{N}$,总存在 $x_n\in K$,使得开球 $B(x_n,1/n)$ 不含于任一 G_k 中.因为 K 是有界闭集,所以存在 $\{x_n\}$ 的极限点 $x_0\in K$.从而存在 k_0,$\varepsilon_0>0$,使得 $B(x_0,\varepsilon_0)\subset G_{k_0}$.现在令 N:$N>2/\varepsilon_0$,并取 $n>N$,使得 $|x_0-x_n|<\varepsilon_0/2$,即知

$$B(x_n,1/n)\subset B(x_0,\varepsilon_0)\subset G_{k_0}.$$

导致矛盾,因此命题结论成立.

(3) 直接应用有限覆盖定理.

(4) 作开球列 $\{G_k\}$(有理点为心,正有理数为半径),则对每一个 B_x,均存在 G_{k_x}:$x\in G_{k_x}\subset B_x$.我们选其中最小指标者,并仍记为 k_x,那么一切 G_{k_x}($x\in E$)全体为可数个,又 $G_{k_x}\cap E$ 为可数集,而 $\left(\bigcup_{x\in E}G_{k_x}\right)\cap E=E$.证毕.

例 20 试证明下列命题:

(1) 设 $\{F_\alpha\}$ 是 $\mathbf{R}^n$ 中的一族有界闭集,若任取其中有限个:F_{α_1},F_{α_2},$\cdots$,F_{α_m} 都有 $\bigcap_{i=1}^{m}F_{\alpha_i}\neq\varnothing$,则 $\bigcap_{\alpha}F_\alpha\neq\varnothing$.

(2) 设 $\{F_\alpha\}$ 是 $\mathbf{R}^n$ 中的有界闭集族,G 是开集且有 $\bigcap_{\alpha}F_\alpha\subset G$,则

$\{F_\alpha\}$ 中存在有限个: $F_{\alpha_1}, F_{\alpha_2}, \cdots, F_{\alpha_m}$, 使得 $\bigcap_{i=1}^{m} F_{\alpha_i} \subset G$.

(3) 设 $f_n \in C([0,1])(n \in \mathbf{N})$, 且有
$$\lim_{n \to \infty} f_n(x) = 0 \ (0 \leqslant x \leqslant 1), \quad f_n(x) \geqslant f_{n+1}(x) \ (n \in \mathbf{N}),$$
则 $\lim_{n \to \infty} f_n(x) = 0$(对 $x \in [0,1]$ 一致).

证明 (1) 反证法. 假定 $\bigcap_\alpha F_\alpha = \varnothing$, 则令 $G_\alpha = \mathbf{R}^n \backslash F_\alpha$(开集), 并取定一个 F_{α_0}, 注意到 $F_{\alpha_0} \cap \left(\bigcap_{\alpha \neq \alpha_0} F_\alpha \right) = \varnothing$, 易知 $\{G_\alpha\}$ 构成 F_{α_0} 的一个开覆盖. 根据有限覆盖定理可知, 存在有限个开集: $G_{\alpha_1}, G_{\alpha_2}, \cdots, G_{\alpha_m}$, 使得 $F_{\alpha_0} \subset \bigcup_{i=1}^{m} G_{\alpha_i}$. 由此知 $F_{\alpha_0} \cap F_{\alpha_1} \cap \cdots \cap F_{\alpha_m} = \varnothing$, 这与题设矛盾. 证毕.

(2) 因为我们有
$$\bigcap_\alpha (F_\alpha \cap G^c) = \left(\bigcap_\alpha F_\alpha \right) \cap G^c = \varnothing,$$
而 $F_\alpha \cap G^c$ 是有界闭集, 所以根据(1)可知, 存在有限个: $F_{\alpha_1} \cap G^c, F_{\alpha_2} \cap G^c, \cdots, F_{\alpha_m} \cap G^c$, 使得 $\bigcap_{i=1}^{m} (F_{\alpha_i} \cap G^c) = \varnothing$. 即 $\left(\bigcap_{i=1}^{m} F_{\alpha_i} \right) \cap G^c = \varnothing$. 这说明 $\bigcap_{i=1}^{m} F_{\alpha_i} \subset G$.

(3) 对 $\varepsilon > 0$ 作点集 $G_n = \{x \in [0,1]: f_n(x) < \varepsilon\} (n \in \mathbf{N})$, 则每个 G_n 皆为开集, 且 $G_n \subset G_{n+1} (n \in \mathbf{N})$, 以及 $\bigcup_{n=1}^{\infty} G_n = [0,1]$. 从而知存在有限个开集: $G_{m_1} \subset G_{m_2} \subset \cdots \subset G_{m_k}$, 它们包含 $[0,1]$, 或写成 $G_n = [0,1]$ $(n \geqslant m_k)$. 这说明
$$0 \leqslant f_n(x) < \varepsilon \quad (x \in [0,1], n \geqslant m_k).$$

例 21 试证明下列命题:

(1) 设 $E \subset \mathbf{R}^n$ 中每点都是 E 的孤立点, 试证明 E 是某开集和闭集的交集.

(2) 设 $F \subset \mathbf{R}^n$ 是有界闭集, $G_i \subset \mathbf{R}^n (i=1,2,\cdots,m)$ 是开集, 且有

49

$F \subset \bigcup_{i=1}^{m} G_i$,则存在闭集 $F_i (i=1,2,\cdots,m)$,使得 $F_i \subset G_i (i=1,2,\cdots,m)$,且有 $F = \bigcup_{i=1}^{m} F_i$.

(3) 设 $\{f_n(x)\}$ 是 **R** 上非负渐降连续函数列. 若在有界闭集 F 上 $f_n(x) \to 0 (n \to \infty)$,则 $f_n(x)$ 在 F 上一致收敛于零.

证明 (1) $E = \bar{E} \cap (E')^c$.

(2) 设 $x \in F$,则 $x \in G_{i_x}$. 从而存在 $\delta_x > 0$,使得 $\overline{B(x,\delta_x)} \subset G_{i_x}$. 注意到 $\{B(x,\delta_x)\}$ 是 F 的开覆盖,故存在有限个开球(记为):

$$B(x_i, \delta_{x_i}) \quad (i=1,2,\cdots,n_0),$$

$$F \subset \bigcup_{i=1}^{n_0} B(x_i, \delta_{x_i}).$$

现在,对每个 $k=1,2,\cdots,m$,记 H_k 是包含于 G_k 中的那些闭球 $\overline{B(x_i, \delta_{x_i})}$ 的并集,易知 H_k 是闭集,且有

$$H_k \subset G_k \ (k=1,2,\cdots,m), \quad \bigcup_{k=1}^{m} H_k \supset F.$$

再记 $F_k = H_k \cap F (k=1,2,\cdots,m)$,则 $F_k (k=1,2,\cdots,m)$ 是闭集. 从而我们得到

$$F = \bigcup_{k=1}^{m} F_k, \quad F_k \subset G_k \ (k=1,2,\cdots,m).$$

(3) 由题设可知,对任意的 $x \in F$ 以及 $\varepsilon > 0$,存在自然数指标 n,使得 $f_n(x) < \varepsilon$. 因为 $f(x)$ 是连续函数,所以存在 $\delta_x > 0$,使得 $f_n(t) < \varepsilon (t \in B(x, \delta_x))$. 注意到 $\{B(x, \delta_x)\}$ 是 F 的开覆盖,故存在有限个开球

$$B(x_i, \delta_{x_i}) \quad (i=1,2,\cdots,m),$$

$$F \subset \bigcup_{i=1}^{m} B(x_i, \delta_{x_i}).$$

记与 x_i 相应的自然数指标为 $n_i (i=1,2,\cdots,m)$,则令 $N = \max\{n_1, n_2, \cdots, n_m\}$,我们得到

$$f_n(x) < \varepsilon \quad (n > N, x \in F).$$

这说明 $\{f_n(x)\}$ 在 F 上一致收敛于 0.

例 22 设 $A \subset \mathbf{R}^n$,令 $E = \bigcup_{x \in A} \overline{B(x, \varepsilon_0)}(\varepsilon_0 > 0)$,试证明下列命题:

(1) 若 A 是开集,则 E 也是开集.

(2) 若 A 是闭集,则 E 也是闭集.

证明 (1) 设 $x_0 \in E$,则存在 $x \in A$,$x_0 \in \overline{B(x, \varepsilon_0)}$. 若 $x_0 \in B(x, \varepsilon_0)$,则 x_0 是 E 的内点;若 $x_0 \in \overline{B(x, \varepsilon_0)}$,则存在 $\varepsilon' < \varepsilon_0/2$,以及 $x' \in B(x, \varepsilon_0)$ 且 $|x_0 - x'| < \varepsilon'$. 由此知 $x_0 \in B(x', \varepsilon_0)$. 证毕.

(2) 设 $x_n \in E(n \in \mathbf{N})$ 且 $x_n \to x_0 (n \to \infty)$,则存在 $y_n \in A(n \in \mathbf{N})$,$|y_n - x_n| \leqslant \varepsilon_0$. 因为有 $M > 0$,使得
$$|y_n - x_0| \leqslant |y_n - x_n| + |x_n - x_0| \leqslant M,$$
所以存在 $\{y_{n_k}\}$:$y_{n_k} \to y_0 (k \to \infty)$. 从而又有 $|x_0 - y_0| \leqslant \varepsilon_0$,即 $x_0 \in E$,E 是闭集.

1.2.3 Borel 集、点集上的连续函数

例 1 试证明下列命题:

(1) **(函数连续点的结构)** 若 $f(x)$ 是定义在开集 $G \subset \mathbf{R}^n$ 上的实值函数,则 f 的连续点集是 G_δ 集.

(2) **(连续函数可微点集的结构)** 若 $f(x)$ 是 $\mathbf{R}$ 上的连续函数,则 f 的可微点集是 F_σ 集.

(3) 设 $f: \mathbf{R} \mapsto \mathbf{R}$,则点集 $E = \{x \in \mathbf{R}: \lim_{t \to x} f(t) \text{ 存在}\}$ 是 G_δ 集.

(4) 设 $E \subset \mathbf{R}$,则 $\chi_E(x)$ 是 $f_n \in C(\mathbf{R})(n \in \mathbf{N})$ 的极限之充分必要条件是: E 是 F_σ 集,也是 G_δ 集.

证明 (1) 令 $\omega_f(x)$ 为 f 在 x 点的振幅,易知 $f(x)$ 在 $x = x_0$ 处连续的充分且必要条件是 $\omega_f(x_0) = 0$,由此可知 $f(x)$ 的连续点集可表示为
$$\bigcap_{k=1}^{\infty} \left\{x \in G: \omega_f(x) < \frac{1}{k}\right\}.$$
因为 $\{x \in G: \omega_f(x) < 1/k\}$ 是开集,所以 $f(x)$ 的连续点集是 G_δ 集.

(2) 我们只需证明 f 的不可微点集是可列个 G_δ 集的并集. 引用上、下导数的概念,则其不可微点集就是下述三个集合的并集:
$$A = \left\{a: \varliminf_{x \to a} \frac{f(x) - f(a)}{x - a} < \varlimsup_{x \to a} \frac{f(x) - f(a)}{x - a}\right\};$$

$$B = \left\{a: \varlimsup_{x\to a}\frac{f(x)-f(a)}{x-a}=+\infty\right\};$$
$$C = \left\{a: \varlimsup_{x\to a}\frac{f(x)-f(a)}{x-a}=-\infty\right\}.$$

现在令 **Q** 是 **R** 中有理数集,则上述集合又可表示为

$$A = \bigcup_{r,R\in \mathbf{Q}}\left\{a: \varlimsup_{x\to a}\frac{f(x)-f(a)}{x-a}\leqslant r < R \leqslant \varlimsup_{x\to a}\frac{f(x)-f(a)}{x-a}\right\}$$

$$= \bigcup_{\substack{r,R\in \mathbf{Q}\\ R>r}}\left(\left\{a: \varlimsup_{x\to a}\frac{f(x)-f(a)}{x-a}\leqslant r\right\}\right.$$

$$\left.\bigcap\left\{a: \varlimsup_{x\to a}\frac{f(x)-f(a)}{x-a}\geqslant R\right\}\right);$$

$$B = \bigcap_{r\in \mathbf{Q}}\left\{a: \varlimsup_{x\to a}\frac{f(x)-f(a)}{x-a}\geqslant r\right\};$$

$$C = \bigcap_{r\in \mathbf{Q}}\left\{a: \varlimsup_{x\to a}\frac{f(x)-f(a)}{x-a}\leqslant r\right\}.$$

从而我们只需证明对任意的 $t\in \mathbf{R}$,点集

$$\left\{a: \varlimsup_{x\to a}\frac{f(x)-f(a)}{x-a}\geqslant t\right\}$$

是 G_δ 集即可;同理可证点集

$$\left\{a: \varlimsup_{x\to a}\frac{f(x)-f(a)}{x-a}\leqslant t\right\}$$

亦是 G_δ 集.

对于每个自然数 n 与 k,作集合

$$G_{n,k} = \left\{a: 存在满足 0<|x-a|<\frac{1}{n} 的 x,\right.$$
$$\left.使得\frac{f(x)-f(a)}{x-a}>t-\frac{1}{k}\right\},$$

则由 f 的连续性可知,$G_{n,k}$ 是开集. 易知

$$\bigcap_{n,k=1}^{\infty}G_{n,k} = \left\{a: \varlimsup_{x\to a}\frac{f(x)-f(a)}{x-a}\geqslant t\right\}.$$

(3) 记 $\omega_\delta(x) = \sup\{f(t): 0<|t-x|<\delta\} - \inf\{f(t): 0<|t-x|<\delta\}$,以及 $\omega(x) = \lim\limits_{\delta\to 0}\omega_\delta(x)$,则点集 $\{x\in \mathbf{R}: \omega(x)<1/n\} \triangleq$

$E_n(n\in \mathbf{N})$ 是开集. 我们有 $E = \{x\in \mathbf{R}: \omega(x) = 0\} = \bigcap_{n=1}^{\infty} E_n$. 证毕.

(4) **必要性** 只需注意等式
$$E = \bigcup_{m=1}^{\infty}\bigcap_{n=m}^{\infty}\{x\in \mathbf{R}: f_n(x) \geqslant 1/2\}$$
$$= \bigcap_{m=1}^{\infty}\bigcup_{n=m}^{\infty}\{x\in \mathbf{R}: f_n(x) > 1/2\}.$$

充分性 假定已有 $E = \bigcup_{n=1}^{\infty} F_n = \bigcap_{n=1}^{\infty} G_n$,其中,$F_1 \subset F_2 \subset \cdots$ 是闭集列,$G_1 \supset G_2 \supset \cdots$ 是开集列. 我们作 $f_n \in C(\mathbf{R})$ 如下:
$$f_n(x) = \begin{cases} 1, & x \in F_n, \\ 0, & x \in \mathbf{R}\setminus G_n, \end{cases} \quad 0 \leqslant f_n(x) \leqslant 1 \quad (n\in \mathbf{N}),$$
易知 $\lim_{n\to\infty} f_n(x) = \chi_E(x)(x\in \mathbf{R})$. (参阅 1.2.5)

例 2 试证明下列命题:

(1) 设 $f_n \in C(\mathbf{R})(n\in \mathbf{N})$,则 $E = \{x\in \mathbf{R}: \varliminf_{n\to\infty} f_n(x) > 0\}$ 是 F_σ 集.

(2) 设 $f_n \in C([a,b])(n\in \mathbf{N})$,且 $\lim_{n\to\infty} f_n(x) = f(x)(a\leqslant x\leqslant b)$. 则 $\{x\in [a,b]: f(x) < \lambda\} \triangleq E_\lambda(\lambda \in \mathbf{R})$ 是 F_σ 集.

(3) 设 $f_k \in C(\mathbf{R}^n)(k\in \mathbf{N})$,则 $E = \{x\in \mathbf{R}^n: \varlimsup_{k\to\infty}|f_k(x)| = +\infty\}$ 是 G_δ 集.

证明 (1) 令 $F_{k,n} = \{x\in \mathbf{R}: f_n(x) \geqslant 1/k\}$,则 $F_{k,n}$ 是闭集. 我们有
$$E = \bigcup_{k=1}^{\infty}\bigcup_{m=1}^{\infty}\bigcap_{n=m}^{\infty} F_{k,n}.$$

(2) 注意,$E_\lambda = \bigcup_{k=1}^{\infty}\bigcup_{m=1}^{\infty}\bigcap_{n=m}^{\infty}\{x\in [a,b]: f_n(x) \leqslant \lambda - 1/k\}$.

(3) 注意,$E = \bigcap_{k=1}^{\infty}\bigcap_{N=1}^{\infty}\bigcup_{m=N}^{\infty}\{x\in \mathbf{R}^n: |f_m(x)| > k\}$.

例 3 解答下列命题:

(1) 设 $G \subset \mathbf{R}$ 是 G_δ 集,试作 $f: \mathbf{R}\to \mathbf{R}$,使得 $f(x)$ 的连续点集就是 G.

(2) 设闭集 F 是 $\mathbf{R}^n$ 中的 G_δ 集，试作 $f \in C(\mathbf{R}^n)$，使得 $f^{-1}(0) = F$.

解 (1) 不妨假定 $G = \bigcap_{n=1}^{\infty} G_n$，其中 $G_n \supset G_{n+1} (n \in \mathbf{N})$，则作函数为

$$f(x) = \begin{cases} 0, & x \in G, \\ 1/n, & x \in (G_n \backslash G_{n+1}) \bigcap \mathbf{Q}, \\ -1/n, & x \in (G_n \backslash G_{n+1}) \bigcap (\mathbf{R} \backslash \mathbf{Q}). \end{cases}$$

(2) 不妨假定 $F = \bigcap_{k=1}^{\infty} G_k$，其中 $G_k \supset G_{k+1} (k \in \mathbf{N})$，且对每个 k，作函数 $f_k \in C(\mathbf{R}^n)$：

$$f_k(x) = \begin{cases} 0, & x \in F, \\ 1/k^2, & x \in \mathbf{R}^n \backslash G_k, \end{cases} \quad 0 \leqslant f_k(x) \leqslant 1/k^2 \quad (k \in \mathbf{N}),$$

我们令 $f(x) = \sum_{k=1}^{\infty} f_k(x)$ 即可. (参阅 1.2.5)

例 4 解答下列命题：

(1) 设 $A, B \subset \mathbf{R}$，且 $f \in C(A), f \in C(B)$.

(i) 若 A, B 都是开集，试证明 $f \in C(A \bigcup B)$.

(ii) 若 A, B 都是闭集，试证明 $f \in C(A \bigcap B)$.

(2) 设 $F_1, F_2 \subset \mathbf{R}$ 是闭集，$f(x)$ 在 F_1 以及 F_2 上都一致连续，试问 $f(x)$ 在 $F_1 \bigcup F_2$ 上一致连续吗？

(3) 设 $f(x)$ 是定义在 $E \subset \mathbf{R}^n$ 上的连续函数，对任意的 $t \in \mathbf{R}$，令 $E_t = \{x \in E: f(x) > t\}$，试证明存在 $\mathbf{R}^n$ 中包含 E_t 的开集 G_t，使得 $E_t = E \bigcap G_t$.

(4) 设 $\{f_n(x)\}$ 是定义在闭集 $F \subset \mathbf{R}$ 上的实值函数列. 若每个 $f_n(x)$ 的连续点集在 F 中稠密，试证明存在 $x_0 \in F$，使得每个 $f_n(x)$ 都在 $x = x_0$ 处连续.

解 (1) 证略. ((i) 对无穷多个开集亦真，(ii) 则不然)

(2) 不一定. 例如设 $F_1 = \mathbf{N}, F_2 = \{n + 1/n: n \in \mathbf{N}\}$，而

$$f(x) = \begin{cases} 1, & x \in F_1, \\ 2, & x \in F_2. \end{cases}$$

(3) 对任意的 $x \in E_t$，即 $f(x) > t$，根据 f 的连续性，可知存在 $\delta_x >$

0,使得当 $y \in E \cap B(x, \delta_x)$ 时,有 $f(y) > t$. 现在作开集
$$G_t = \bigcup_{x \in E_t} B(x, \delta_x),$$
因为 $G_t \supset E_t$,所以 $E \cap G_t \supset E_t$. 显然,对上述每个 $B(x, \delta_x)$ 来说,有
$$E \cap B(x, \delta_x) \subset E_t,$$
从而可知 $E \cap G_t \subset E_t$. 这就是说,$E_t = E \cap G_t$.

(4) (i) 若 x_0 是 F 的孤立点,则结论自然成立.

(ii) 设 F 无孤立点,且令 $\varepsilon_1 > \varepsilon_2 > \cdots > \varepsilon_n > \cdots \to 0 \ (n \to \infty)$. 首先,取 $a_1 \in F$ 是 $f_1(x)$ 的连续点,则存在 $\delta_1 > 0$,使得 $f_1(x)$ 在 $A_1 = [a_1 - \delta_1, a_1 + \delta_1] \cap F$ 上的振幅 $\omega_{A_1}(f) < \varepsilon_1$. 注意到 A_1 中存在 $f_1(x)$ 的连续点 b,故有 $\eta > 0$,使得 $f_1(x)$ 在 $B = [b - \eta, b + \eta] \cap F \subset A_1$ 上的振幅小于 ε_2. 其次,在 B 中取 $f_2(x)$ 的连续点 a_2,则存在 $\delta_2 > 0$,使得 $f_2(x)$ 在 $A_2 = [a_2 - \delta_2, a_2 + \delta_2] \cap F \subset B \subset A_1$ 上的振幅 $\omega_{A_2}(f_2) < \varepsilon_1$. 自然也有 $\omega_{A_2}(f_1) < \varepsilon_2$. 依次又有 a_3 及 δ_3,使 $f_3(x)$ 在 $A_3 = [a_3 - \delta_3, a_3 + \delta_3] \cap F \subset A_2$ 上的振幅 $\omega_{A_3}(f_3) < \varepsilon_1$,同时又有 $\omega_{A_3}(f_1) < \varepsilon_3, \omega_{A_3}(f_2) < \varepsilon_2$.

继续这一过程,可得一列有界闭集 $\{A_n\}$,在 A_n 上有
$$\omega_{A_n}(f_n) < \varepsilon_1, \ \omega_{A_n}(f_{n-1}) < \varepsilon_2, \cdots, \omega_{A_n}(f_1) < \varepsilon_n.$$
注意到 $\bigcap_{n=1}^{\infty} A_n$ 非空,易知每个 $f_n(x)$ 在 $x_0 \in \bigcap_{n=1}^{\infty} A_n$ 处连续.

例 5 试证明下列命题:

(1) $f \in C(\mathbf{R})$ 的充分必要条件是:对任意的 $K \subset \mathbf{R}$ 紧集,$f(K)$ 必是 $\mathbf{R}$ 中的紧集.

(2) 设 $f_n \in C(F)(n \in \mathbf{N}, F \subset \mathbf{R}$ 是闭集),则 $\{f_n(x)\}$ 的收敛点集 E 是 $F_{\sigma\delta}$ 型集.

证明 (1) 必要性显然. 现证充分性. 设 $x_0 \in \mathbf{R}, x_n \in \mathbf{R}(n \in \mathbf{N})$: $x_n \to x_0 (n \to \infty)$,则 $K = \{x_0, x_1, x_2, \cdots\}$ 是 $\mathbf{R}$ 中之紧集. 依题设知 $\{f(x_0), f(x_1), f(x_2), \cdots\}$ 是紧集,从而必有 $f(x_n) \to f(x_0)(n \to \infty)$,即 $f(x)$ 在 $x = x_0$ 处连续.

(2) 对自然数 m, n, k,作点集
$$E_{m,n}^{(k)} = \{x \in F: |f_m(x) - f_n(x)| \leqslant 1/k\},$$
则由题设知,$E_{m,n}^{(k)}$ 是闭集. 若记 $E_n^{(k)} = \bigcap_{m=n+1}^{\infty} E_{m,n}^{(k)}$,则 $E_n^{(k)}$ 是闭集. 令

$E^{(k)} = \bigcup_{n=1}^{\infty} E_n^{(k)}$,则 $E^{(k)}$ 是 F_σ 集.因为 $E = \bigcap_{k=1}^{\infty} E^{(k)}$,所以 E 是 $F_{\sigma\delta}$ 集.

例 6 试证明下列命题:

(1) 设 $E \subset \mathbf{R}^n$,则 $f \in C(E)$ 的充分必要条件是:对任意的 $A \subset E$,必有 $f(\overline{A}) \subset \overline{f(A)}$.

(2) 设 $E \subset (-\infty, \infty)$.若任意的 $f \in C(E)$ 都是有界函数,则 E 是紧集.

(3) 设 $E \subset \mathbf{R}^n$.若任意的 $f \in C(E)$ 均可在 E 上取到最大值,则 E 是紧集.

证明 (1) 必要性 假定 $f \in C(E)$,则对任意的 $A \subset E, B = f^{-1}(\overline{f(A)})$ 是闭集.从而可知
$$A \subset f^{-1}[f(A)] \subset f^{-1}[\overline{f(A)}] = B,$$
$$\overline{A} \subset B, \quad f(\overline{A}) \subset f(B) \subset \overline{f(A)}.$$

充分性 设 $F \subset \mathbf{R}^n$ 是闭集,令 $A = f^{-1}(F)$,则由 $f(\overline{A}) \subset \overline{f(A)}$ 可知,$f(\overline{A}) \subset \overline{F} = F$.从而得
$$\overline{A} \subset f^{-1}(F) = A, \quad A = \overline{A}.$$
即 A 是闭集,故 $f \in C(E)$.

(2) (i) 假定 $E \cap (0, \infty)$ 是无界集,则取 $f(x) = e^x (x \in E)$,易知 $f \in C(E)$ 但无界,因此 E 在 $(0, \infty)$ 内是有界的.对于 $E \cap (-\infty, 0)$ 是无界的情形,可取 $f(x) = e^{-x}$ 也可得出矛盾.从而得出 E 是有界集.

(ii) 设 $x_0 \in E'$.如果 $x_0 \overline{\in} E$,那么令 $f(x) = 1/|x - x_0|$,由此可知 $f \in C(E)$,但 $f(x)$ 无界,与题设矛盾.从而 E 是闭集.

(3) 参阅(2).

例 7 解答下列命题:

(1) 设 $F \subset \mathbf{R}$.若对任意的 $f \in C(F)$,必有 $g \in C(\mathbf{R})$,使得 $g(x) = f(x)(x \in F)$(即可连续延拓到 $\mathbf{R}$ 上),试证明 F 是闭集.

(2) 设 $E \subset \mathbf{R}, f(x)$ 在 E 上一致连续,试证明 f 可唯一地一致连续延拓到 $\overline{E}$ 上.

(3) 设 $E \subset [0,1], f \in C(E)$.试作 $[0,1]$ 上的函数 $g(x)$,它在 E 上连续.

解 (1) 反证法.假定有 $\{x_n\} \subset F, x_n \to x_0 (n \to \infty)$,而 $x_0 \overline{\in} F$,则作

$f(x)=1/|x-x_0|$ $(x\in F)$. 易知 $f\in C(F)$,但不存在 $g\in C(\mathbf{R})$,使得 $g(x)=f(x)(x\in F)$. 这是因为
$$g(x_0)=\lim_{n\to\infty}g(x_n)=\lim_{n\to\infty}f(x_n)=+\infty,$$
所以导致矛盾.

(2) 唯一性显然,下面指出存在连续延拓.

设 $x_0\in E'$ 且 $\{x_n\}\subset E, x_n\to x_0(n\to\infty)$,则对任给 $\varepsilon>0$,依题设知存在 $\delta>0$,当 $x',x''\in E$ 且 $|x'-x''|<\delta$ 时,就有 $|f(x')-f(x'')|<\varepsilon$. 这说明 $\{f(x_n)\}$ 是 Cauchy 列,故知 $f(x_n)\to y'\in\mathbf{R}(n\to\infty)$.

我们假定存在 $\{t_n\}\subset E$ 且 $t_n\to x_0$,使得 $\{f(t_n)\}$ 也是收敛列,且记为 $f(t_n)\to y''$,那么作数列
$$\{s_n\}:s_{2n}=x_n,\ s_{2n-1}=t_n\quad(n\in\mathbf{N}),$$
则得 $s_n\to x_0(n\to\infty)$. 由此又知存在极限 $\lim_{n\to\infty}s_n$,故 $y'=y''$. 这说明极限 $\lim_{n\to\infty}f(x_n)$ 在 $x_n\to x_0$ 情况下与特定的 $\{x_n\}$ 无关. 从而我们定义 $g:\overline{E}\to\mathbf{R}$ 如下:
$$g(x)=\begin{cases}f(x),&x\in E\setminus E',\\ \lim_{n\to\infty}f(x_n),&x\in E'\ (x_n\to x,x_n\in E).\end{cases}$$

现在来证明 $g(x)$ 是一致连续的. 对任给 $\varepsilon>0$,取 $\delta>0$,使得
$$|f(x)-f(t)|<\varepsilon\quad(x,t\in E,|x-t|<\delta).$$
若 $x,t\in E'$,且 $|x-t|<\delta$,则取 $\{x_n\},\{t_n\}:x_n\to x,t_n\to t(n\to\infty)$. 易知 $|x_n-t_n|\to|x-t|(n\to\infty)$,故可取 n_0,使得
$$|x_n-t_n|<\delta,\quad|f(x_n)-f(t_n)|<\varepsilon\quad(n>n_0).$$
由此我们有 $|g(x)-g(t)|\leq\varepsilon(|x-t|<\delta)$,即 $g(x)$ 在 $\overline{E}$ 上一致连续.

(3) 对 $x_0\in\overline{E}\setminus E$,记
$$\varliminf_{\substack{x\to x_0\\x\in E}}f(x)=l,\quad\varlimsup_{\substack{x\to x_0\\x\in E}}f(x)=L,$$
并取位于 l 与 L 间的任一值作为 $g(x_0)$ 的值.

对 $x_0\overline{\in}\overline{E}$,则取点 $x'\in\overline{E}$,使得 $|x'-x_0|$ 为最小值(参阅 §1.2.5),此时令值 $g(x_0)$ 为 $f(x')$.

对 $x_0\in E$,自然应令 $g(x_0)=f(x_0)$.

如此作出 $g(x)$ 后,下面指出 $x_0\in E$ 为 $g(x)$ 的连续点. 因为依题

设,对任给 $\varepsilon>0$,存在 $\delta>0$,有
$$|g(x)-g(x_0)|<\varepsilon/2 \quad (x\in E, |x-x_0|<\delta).$$
对满足 $|x^*-x_0|<\delta/2$ 之 x^*：若 $x^*\in E$,则 $|g(x^*)-g(x_0)|<\varepsilon/2$；若 $x^*\in\overline{E}\setminus E$,则由于
$$\varliminf_{\substack{x\to x^*\\x\to E}}f(x)\geqslant f(x_0)-\varepsilon/2, \quad \varlimsup_{\substack{x\to x^*\\x\to E}}f(x)\leqslant f(x_0)+\varepsilon/2,$$
故得 $|g(x^*)-g(x_0)|\leqslant\varepsilon/2<\varepsilon$；若 $x^*\in\overline{E}$,则存在 $x_1\in E$,使得
$$|x^*-x_1|<\delta/2, \quad g(x^*)=g(x_1).$$
而 $|x_1-x_0|<\delta$,故 $|g(x^*)-g(x_0)|\leqslant\varepsilon/2<\varepsilon$. 证毕.

例 8 设 $\{f_n(x)\}$ 定义在闭集 $F\subset\mathbf{R}$ 上,且每个 $f_n(x)$ 的连续点在 F 中稠密. 若 $f_n(x)$ 在 F 上一致收敛于 $f(x)$,试证明 $f(x)$ 的连续点在 F 中稠密.

证明 不妨假定 $x_0\in F$ 不是孤立点,下面指出,在任意的邻域 $I_\delta=[x_0-\delta,x_0+\delta]\cap F$ 中必有 $f(x)$ 的连续点：对任给 $\varepsilon>0$,存在 n_0,使得 $|f_{n_0}(x)-f(x)|<\varepsilon/3(x\in F)$. 因为 I_δ 是闭集,而且每个 $f_n(x)$ 的连续点集在 F 中稠密,所以根据例 4 之(4)可知,存在 $x_1\in I_\delta$,使得每个 $f_n(x)$ 均在 $x=x_1$ 处连续. 从而知对 $f_{n_0}(x)$,存在 $\eta=\eta(x_1,\varepsilon)>0$,使得
$$|f_{n_0}(x)-f_{n_0}(x_1)|<\varepsilon/3 \quad (x\in J_\eta=[x_1-\eta,x_1+\eta]\cap F).$$
因此,对 $x\in J_\eta$,我们有
$$|f(x_1)-f(x)|\leqslant|f(x_1)-f_{n_0}(x_1)|+|f_{n_0}(x_1)-f_{n_0}(x)|$$
$$+|f_{n_0}(x)-f(x)|<\varepsilon.$$
即得所证.

例 9 试证明下列命题：

(1) 设 $E\subset\mathbf{R}^n$,则 $\chi_E\in C(\mathbf{R}^n)$ 的充分必要条件是：E 是开集也是闭集.

(2) 设 $f(x)$ 是 $\mathbf{R}$ 上的非负函数,$F\subset\mathbf{R}^n$ 是闭集. 若视 $f(x)$ 是 F 上的函数是连续的,则函数 $g(x)=f(x)\cdot\chi_F(x)$ 是上半连续函数.

证明 (1) **充分性** 若 E 既开又闭,则 $\partial E=\varnothing$. 从而 $\chi_E(x)$ 是连续函数.

必要性 假设 $\chi_E(x)$ 连续,则易知 $\partial E=\varnothing$. 由此得 $\overline{E}\subset E$(否则,有 $x\in \overline{E}\backslash E\subset \mathbf{R}^n\backslash E\subset \overline{\mathbf{R}^n\backslash E}$,导致矛盾),即 E 是闭集. 类似地可推 $\mathbf{R}^n\backslash E$ 是闭集.

(2) 考查 $E_t=\{x\in \mathbf{R}: g(x)<t\in \mathbf{R}\}$.

(i) $t\leqslant 0$ 时, $E_t=\varnothing$,故 E_t 是开集.

(ii) $t>0$ 时, 对 $x_0\in E_t$, 存在 $\delta_0>0$, 使得
$$g(x)<t \quad (x\in (x_0-\delta_0, x_0+\delta_0)\cap F).$$
而 $g(x)=0<t(x\in F^c)$,故 $(x_0-\delta_0, x_0+\delta_0)\subset E_t$. 这说明 x_0 是内点, E_t 是开集.

例 10 试证明下列命题:

(1) 设 $E\subset \mathbf{R}^n$ 是可列集. 若 $\overline{E}=\mathbf{R}^n$,则 E 是 F_σ 集,且不是 G_δ 集.

(2) 设有 $\mathbf{R}$ 中的闭集 F,以及开集列 $\{G_k\}$. 若对每一个 k, $\overline{G_k\cap F}=F$,则 $\overline{G_0\cap F}=F$,其中 $G_0=\bigcap\limits_{k=1}^{\infty}G_k$.

(3) 设 $F\subset \mathbf{R}$ 是非空可数闭集,试证明 F 必含有孤立点.

证明 (1) 设 $E=\{x_1, x_2, \cdots, x_k, \cdots\}$,则因每个单点集 $\{x_k\}$ 是闭集,所以由 $E=\bigcup\limits_{k=1}^{\infty}\{x_k\}$ 是 F_σ 集. 但 E 不是 G_δ 集,否则就有开集 $G_1, G_2, \cdots, G_k, \cdots$,使得 $E=\bigcap\limits_{k=1}^{\infty}G_k$. 由于 $G_k\supset E(k\in \mathbf{N})$, 故 $G_k(k\in \mathbf{N})$ 在 $\mathbf{R}^n$ 中稠密. 从而 $\mathbf{R}^n\backslash G_k(k\in \mathbf{N})$ 是无内点之闭集. 但我们有
$$\mathbf{R}^n=(\mathbf{R}^n\backslash E)\cup E=\left(\bigcup_{k=1}^{\infty}(\mathbf{R}^n\backslash G_k)\right)\cup\left(\bigcup_{k=1}^{\infty}\{x_k\}\right),$$
且上式右端是可列个无内点闭集之并集,这与 Baire 定理矛盾.

(2) 设 $t\in F$ 且不属于 G_0,又 $\delta>0$,令 $I_\delta=(t-\delta, t+\delta)$,只需指出 $G_0\cap F\cap I_\delta\neq\varnothing$: 因为 $G_1\cap F$ 在 F 中稠密,所以存在 $x_1\in G_1\cap F\cap I_\delta$. 由此又知存在 $J_1\triangleq [x_1-\delta_1, x_1+\delta_1]\subset I_\delta\cap G_1$. 又由 $G_2\cap F$ 在 F 中稠密, 可知存在 $x_2\in G_2\cap F\cap J_1$, 还有 $J_2\triangleq [x_2-\delta_2, x_2+\delta_2]. J_2\subset J_1\cap G_2, \cdots$, 继续此过程,可得 $\{x_n\}: x_n\to x_0(n\to\infty), x_0\in G_0\cap F$. 证毕.

(3) 反证法. 假定 $F=\{x_1, x_2, \cdots, x_n, \cdots\}$ 中无孤立点,则对每个 x_n,点集 $(\mathbf{R}\backslash\{x_n\})\cap F$ 在 F 中稠密. 因为对每个 n, $\mathbf{R}\backslash\{x_n\}$ 是开集,所

以 $\left(\bigcap_{n=1}^{\infty}(\mathbf{R}\setminus\{x_n\})\cap F\right)$ 在 F 中也稠密. 但是 $\left(\bigcap_{n=1}^{\infty}(\mathbf{R}\setminus\{x_n\})\right)\cap F=\varnothing$, 矛盾. 即得所证.

例 11 试证明下列命题：

(1) 设 $\{F_k\}\subset\mathbf{R}^n$ 是闭集列，且 $\mathbf{R}^n=\bigcup_{k=1}^{\infty}F_k$，则 $\bigcup_{k=1}^{\infty}\mathring{F}_k$ 在 $\mathbf{R}^n$ 中稠密.

(2) $E\subset\mathbf{R}$ 是第一纲集的充分必要条件是：E^c 包含一个在 $\mathbf{R}$ 中稠密的 G_δ 集.

(3) 设 $G\subset[0,\infty)$ 是无界开集，作点集
$$D=\{x\in(0,\infty): 存在无穷多个自然数 n, nx\in G\},$$
则 $\overline{D}=[0,\infty)$，且 D 是 G_δ 集.

证明 (1) 设 $x_0\in\mathbf{R}^n$，对任意 $\delta>0$，我们有
$$J_\delta\triangleq[x_0-\delta,x_0+\delta]=\bigcup_{k=1}^{\infty}(J_\delta\cap F_k).$$
因为每个 $J_\delta\cap F_k$ 均为闭集，所以存在 $k_0\in\mathbf{N}$，使得 $F_{k_0}\cap J_\delta$ 有内点. 证毕.

(2) **必要性** 依题设知 $E=\bigcup_{n=1}^{\infty}E_n$，其中 E_n 是无处稠密集，故 $\mathbf{R}\setminus\overline{E_n}$ 是稠密开集. 从而可知 E 的补集包含 $\bigcap_{n=1}^{\infty}(\mathbf{R}\setminus\overline{E_n})$，后者是稠密 G_δ 型集.

充分性 依题设知, $(\mathbf{R}\setminus E)\supset\bigcap_{n=1}^{\infty}G_n$，其中 G_n 是稠密开集. 由此知 $E\subset\bigcup_{n=1}^{\infty}(\mathbf{R}\setminus G_n)$，其中 $\mathbf{R}\setminus G_n$ 是无处稠密集.

(3) 对 $m\in\mathbf{N}$，作点集 $E_m=\{x: mx\in G\}$，则有表示式 $D=\bigcap_{n=1}^{\infty}\bigcup_{m=n}^{\infty}E_m$，且 E_m 是开集. 下面指出：对任意的 $n\in\mathbf{N}$，开集 $\bigcup_{m=n}^{\infty}E_m$ 在 $[0,\infty)$ 中稠密. 采用反证法. 若存在 $n_0\in\mathbf{N}$，以及 $x_0: 0<x_0<\infty, h_0>0$，$(x_0-h_0,x+h_0)\subset(0,\infty)$，使得 $(x_0-h_0,x_0+h_0)\cap\bigcup_{m=n_0}^{\infty}E_m=\varnothing$，则取 $m_0: 1/m_0<h_0$. 如果 $m_1>\max\{n_0,m_0,(x_0-h_0)/2h_0\}$，那么就有

$$\bigcup_{m=n_0}^{\infty} m(x_0-h_0, x_0+h_0) = (m_1(x-h), \infty).$$

注意到 G 是无界开集,故存在 $m_2: m_2 > m_1$,以及 $x \in (x_0-h_0, x_0+h_0)$,使得 $m_2 x \in G$. 由此可得 $x \in E_{m_2} \subset \bigcup_{m=n_0}^{\infty} E_m$,导致矛盾. 因此,我们有

$$(x_0-h_0, x_0+h_0) \cap \bigcup_{m=n_0}^{\infty} E_m \neq \varnothing.$$

因为稠密开集之交集,仍为稠密集,所以 D 在 $[0,\infty)$ 中稠密.

例 12 解答下列命题:

(1) 若 $G \subset \mathbf{R}$ 是稠密开集,试证明 G^c 是无处稠密集(注意,在 G 非开集时结论不真);若 $\{E_k\} \subset \mathbf{R}^n$ 是无处稠密集合列,试证明 $\mathbf{R}^n \setminus \bigcup_{k=1}^{\infty} E_k$ 是处处稠密集.

(2) 试作 $\mathbf{R}$ 中稠密点集列 $\{E_k\}$,使得 $\bigcap_{k=1}^{\infty} E_k = \varnothing$.

(3) 记 $\mathbf{R}^2$ 中以 (x, r_x) 为中心的开圆为 B_x,其中 $x \in \mathbf{R}^2$,r_x 为正有理数,且令点集

$$A = \bigcup_{x \in \mathbf{Q}} B_x, \quad B = \bigcup_{x \in \mathbf{R} \setminus \mathbf{Q}} B_x.$$

试证明不论如何选择 r_x,总有 $A \cap B \neq \varnothing$.

解 (1) 证略.

(2) 记 $\mathbf{R}$ 中有理数为 $\mathbf{Q} = \{r_1, r_2, \cdots, r_n, \cdots\}$,且作

$$E_1 = \{r_1, r_2, \cdots, r_n, \cdots\},$$
$$E_2 = \{r_2, r_3, \cdots, r_n, \cdots\},$$
$$\cdots\cdots\cdots\cdots\cdots$$
$$E_k = \{r_k, r_{k+1}, \cdots, r_n, \cdots\},$$
$$\cdots\cdots\cdots\cdots\cdots$$

易知每个 E_n 均在 $\mathbf{R}$ 中稠密,但 $\bigcap_{k=1}^{\infty} E_k = \varnothing$.

(3) 令 $E_n = \{x \in \mathbf{R}^2 : x$ 是无理数,相应的 B_x 之半径 $r_x \geqslant 1/n\}$,则因 $\mathbf{R} \setminus \mathbf{Q}$ 是第二纲集,所以 $\bigcup_{n=1}^{\infty} E_n$ 是第二纲集. 由此知存在 n_0,使得 $\overline{E}_{n_0}$

含有区间 I. 从而当 $x\in I$,且 $0<y<2/n_0$ 时,有 $(x,y)\in B$,而当 $x\in I$ 且 $0<r_x\in \mathbf{Q}_+$ 时之任一圆 B_x,均含有 B 之点.

例 13 试证明下列命题:

(1) 不能定义在 $[0,1]$ 上的函数 $f(x)$,使其在 $\mathbf{Q}\cap[0,1]$ 上连续,而在 $[0,1]$ 中的无理点处不连续.

(2) 不存在满足下列条件的 $f\in C(\mathbf{R}^2)$:

(i) 在 $\mathbf{R}^2$ 中每一点 (x,y) 处,偏导数 $\dfrac{\partial}{\partial x}f(x,y),\dfrac{\partial}{\partial y}f(x,y)$ 均存在.

(ii) 在 $\mathbf{R}^2$ 中每一点 (x,y) 处,$f(x,y)$ 均不可微.

(3) 设 $F_n\subset\mathbf{R}(n\in\mathbf{N})$ 是无处稠密集,且 $E=\bigcup\limits_{n=1}^{\infty}F_n$ 无内点,则函数
$$f(x)=\sum_{n=1}^{\infty}2^{-n}\chi_{F_n}(x)$$
在 $x_0\in\mathbf{R}\backslash E$ 处连续,在 $x_0\in E$ 处不连续.

证明 (1) 注意,$f(x)$ 的连续点集是 G_δ 集.

(2) 因为 $\dfrac{\partial}{\partial x}f(x,y)=\lim\limits_{n\to\infty}n[f(x+1/n,y)-f(x,y)]$,所以 $\dfrac{\partial}{\partial x}f(x,y)$ 的连续点集 G_1 是 $\mathbf{R}^2$ 中的稠密 G_δ 集. 类似地可知 $\dfrac{\partial}{\partial y}f(x,y)$ 的连续点集 G_2 也是 $\mathbf{R}^2$ 中的稠密 G_δ 集,自然,$G_1\cap G_2$ 也是 $\mathbf{R}^2$ 中的稠密 G_δ 集. 因此,$\dfrac{\partial}{\partial x}f(x,y),\dfrac{\partial}{\partial y}f(x,y)$ 在 $G_1\cap G_2$ 上连续,而 $f(x,y)$ 就在 $G_1\cap G_2$ 上可微了.

(3) (i) 设 $x_0\in\mathbf{R}\backslash E$,则 $f(x_0)=0$,且对任给 $\varepsilon>0$,存在 $\delta_0>0$ 以及 $N:2^{-N}<\varepsilon$,使得区间 $(x_0-\delta_0,x_0+\delta_0)$ 内不含 $F_1,F_2,\cdots,F_N$ 的点. 从而我们有
$$f(x)=\sum_{n=N+1}^{\infty}2^{-n}\chi_{F_n}(x)\leqslant 2^{-N}<\varepsilon\quad(x_0-\delta<x<x_0+\delta).$$
这说明 $f(x)$ 在 $x=x_0$ 处连续.

(ii) 设 $x_0\in E$,则存在 n_0,使得 $x_0\in F_{n_0}$,且 $f(x_0)\geqslant 1/2^{n_0}$. 因为 x_0 不是 E 的内点,所以对任意的 $\delta>0$,总有
$$x\in(x_0-\delta,x_0+\delta)\cap E^c.$$

这说明 $f(x)=0$,即 $f(x)$ 在 $x=x_0$ 处不连续.

例 14 试证明下列命题：

(1) 设 $f(x)$ 在 $[a,b]$ 上可微,则 $f'(x)$ 的连续点集在 $[a,b]$ 中稠密.

(2) 设 $f\in C([0,1])$,且令
$$f_1'(x) = f(x), f_2'(x) = f_1(x), \cdots, f_n'(x) = f_{n-1}(x), \cdots.$$
若对每一个 $x\in[0,1]$,都存在自然数 k,使得 $f_k(x)=0$,则 $f(x)\equiv 0$.

证明 (1) 令 $F_n(x)=n[f(x+1/n)-f(x)](a<x<b,n\in\mathbf{N})$,则 $\lim\limits_{n\to\infty}F_n(x)=f'(x)(a<x<b)$. 注意到 $F_n\in C((a,b))(n\in\mathbf{N})$,故得所证.

(2) 只需指出 $f(x)$ 在 $[0,1]$ 中的一个稠密集上为 0 即可. 对此,我们在 $[0,1]$ 中任取一个闭子区间 I,并记
$$F_k = \{x\in I: f_k(x) = 0\} \quad (k=1,2,\cdots).$$
显然,每个 F_k 都是闭集,且 $I=\bigcup\limits_{k=1}^{\infty}F_k$. 根据 Baire 定理可知,存在 F_{k_0},它包含一个区间 (α,β). 因为在 (α,β) 上 $f_{k_0}(x)=0$,所以 $f(x)=0, x\in(\alpha,\beta)$. 注意到 $(\alpha,\beta)\subset I$,即得所证.

例 15 解答下列问题：

(1) 设 $f\in C((0,\infty))$. 若对任意的 $x>0$,总有 $f(x/n)\to 0(n\to\infty)$,试问是否成立 $\lim\limits_{x\to 0+}f(x)=0$?

(2) 设 $f\in C((0,\infty))$. 若对任意的 $x>0$,有 $f(nx)\to 0(n\to\infty)$,试证明 $f(x)\to 0(x\to+\infty)$.

(3) 设 $f(x,y)$ 在 $\mathbf{R}^2$ 上是单元连续的,且在 $\mathbf{R}^2$ 中的一个稠密集上 $f(x,y)=0$. 试证明 $f(x,y)\equiv 0$.

解 (1) $f(x)\to 0(x\to 0+)$ 成立. 对任给 $\varepsilon>0$,作
$$F_k = \{0\}\cup\bigcap_{n=k}^{\infty}\{x>0: |f(x/n)|\leqslant\varepsilon\} \quad (k\in\mathbf{N}),$$
则每个 F_k 均为闭集,且有 $\bigcup\limits_{k=1}^{\infty}F_k=[0,\infty)$. 根据 Baire 定理,可知存在 k_0,使得 F_{k_0} 有内点,从而又可得
$$(x_0-\delta_0, x_0+\delta_0)\subset F_{k_0} \quad (x_0>0, 0<\delta_0\leqslant x_0/k_0).$$
如果 $0<x\leqslant\delta_0$,而且 $n=[x_0/x]$(整数部分),那么

$$x_0 - \delta_0 \leqslant x_0 - x < nx \leqslant x_0 < x_0 + \delta_0 \quad (n \geqslant k_0).$$

因此，$nx \in F_{k_0}$，再注意到 F_{k_0} 之定义，我们有
$$f(x) = |f(nx/n)| \leqslant \varepsilon,$$
即 $f(x) \to 0 (x \to 0+)$.

(2) 反证法. 假定结论不真，则存在 $\varepsilon_0 > 0$ 以及递增列 $\{x_n\}$: $x_n \to +\infty (n \to \infty)$，使得 $|f(x_n)| \geqslant 2\varepsilon_0$. 因为 f 是连续的，所以对每个 n，存在 (a_n, b_n): $x_n \in (a_n, b_n)$，使得 $|f(x)| > \varepsilon_0 (a_n < x < b_n)$. 考查无上界开集 $G = \bigcup_{n=1}^{\infty} (a_n, b_n)$，并记 D 如例 13 之 (3) 所示，则 D 在 $[0, \infty)$ 中稠密，且对某个 x_0: $0 < x_0 \in D$，有无穷多个 n_k，使得 $n_k x_0 \in G$. 从而 $|f(n_k x_0)| > \varepsilon_0$，但是这与 $f(nx_0) \to 0 (n \to \infty)$ 矛盾. 证毕.

(3) 反证法. 假定存在 $(x_0, y_0) \in \mathbf{R}^2$，使得 $f(x_0, y_0) > 0$. 则存在 $\delta_0 > 0$，使得
$$f(x, y_0) \geqslant f(x_0, y_0)/2, \quad x \in J_0 \triangleq [x_0 - \delta, x_0 + \delta_0].$$

作闭集 $F_y = \{x: f(x, y) \geqslant f(x_0, y_0)/4\}$，且令
$$I_n = [y_0 - 1/n, y_0 + 1/n], \quad E_n = \bigcap_{y \in I_n} F_y,$$

根据 $f(x, y)$ 对 y 的连续性可知，$J_0 \subset \bigcup_{n=1}^{\infty} E_n$. 由于 E_n 是闭集，故由 Baire 定理可知，存在 n_0，使得 E_{n_0} 有内点，$E_{n_0} \times I_{n_0}$ 有内点. 但在 $(x, y) \in E_{n_0} \times I_{n_0}$ 时 $f(x, y) \neq 0$，这与题设矛盾. 证毕.

例 16 试证明下列命题：

(1) 设 $\boldsymbol{\Gamma}$ 是 $\mathbf{R}$ 上的一个连续函数族. 若对每一个 $x \in \mathbf{R}$，均存在 $M_x > 0$，使得
$$|f(x)| \leqslant M_x \quad (f \in \boldsymbol{\Gamma}).$$
则存在 $M > 0$，以及开集 $G \subset \mathbf{R}$，使得
$$|f(x)| \leqslant M \quad (f \in \boldsymbol{\Gamma}, x \in G).$$

(2) 设 $f \in C^{(\infty)}([0,1])$. 若对每个 $x \in [0,1]$，均存在 $n_x \in \mathbf{N}$，使得 $f^{(n_x)}(x) = 0$，则存在区间 $(a, b) \subset [0, 1]$，以及多项式 $P(x)$，使得
$$f(x) = P(x) \quad (x \in (a, b)).$$

证明 (1) 令 $F_n = \{x \in \mathbf{R}: f \in \boldsymbol{\Gamma}, |f(x)| \leqslant n\}$，则 $F_n (n \in \mathbf{N})$ 是闭

集,且有 $\mathbf{R} = \bigcup_{n=1}^{\infty} F_n$. 从而根据 Baire 定理可知,存在 n_0,使得 F_{n_0} 有内点. 记 $G = \overset{\circ}{F}_{n_0}$ (开集),则
$$|f(x)| \leqslant n_0 \quad (x \in G, f \in \mathbf{\Gamma}).$$

(2) 令 $E_n = \{x \in [0,1]: f^{(n)}(x) = 0\}$,易知若 $x \in [0,1]$,则存在 n_x,使得 $x \in E_{n_x}$. 注意到 $[0,1] = \bigcup_{n=0}^{\infty} E_n$ 以及 $E_n (n \in \mathbf{N})$ 是闭集,根据 Baire 定理,可知某个 E_{n_0} 包含开区间 (a,b): $f^{(n_0)}(x) = 0$ $(a < x < b)$.

对 $f^{(n_0)}(x)$ 迭次作积分,可得
$$f^{(n_0-1)}(x) = c_0, \quad f^{(n_0-2)}(x) = c_0 x + c_1, \quad \cdots \quad (a < x < b),$$
$$f(x) = \frac{c_0}{(n_0-1)!} x^{n_0-1} + \frac{c_1}{(n_0-2)!} x^{n_0-2}$$
$$+ \cdots + c_{n_0-1} \quad (a < x < b).$$

1.2.4 Cantor 集

例 1 解答下列问题:

(1) $[0,1]$ 中点 $x = 1/4, 1/13$ 属于 Cantor 集吗?

(2) 设 C 是 $[0,1]$ 中 Cantor 集,试证明对任意的 $[0,1]$ 中的子区间 $[a,b]$,必存在区间 $(a',b') \subset [a,b]$,(a',b') 不含 C 中点,但有 $b' - a' \geqslant (b-a)/5$.

(3) 试作 $\mathbf{R}$ 中的孤立点集 E,使 E' 是完全集.

(4) 试作 $\mathbf{R}$ 中由无理点构成的完全集.

(5) 设 $E \subset \mathbf{R}$ 是非空完全集,试证明对任意的 $x \in E$,存在 $y \in E$,使得 $x - y$ 为无理数.

(6) 设 $E \subset \mathbf{R}$. 若对 E 中任意两点 s,t: $s < t$,均存在 $w \in E$: $x < w < t$,试问 $\bar{E}$ 是否必有内点?

解 (1) 是的. $1/4 = 0.0202\cdots$; $1/13 = 0.002002\cdots$.

(2) 注意构作 Cantor 集的过程,其中第 n 步舍去 2^{n-1} 个长为 $1/3^n$ 的区间.

(3) 设 E 为 $[0,1] \setminus C$ 的可列个区间的中点全体,易知 $E' = C$.

(4) 设 $a, b (a < b)$ 为无理点,且令 $[a,b] \cap \mathbf{Q} = \{r_n\}$.

65

以$(a+b)/2$为中心作以无理数$a_1,b_1(a_1\neq a,b_1\neq b)$为端点之区间,使得$r_1\in(a_1,b_1)$.以类似的方法,在$[a,a_1]$中作$a_2,b_2:r_2\in(a_2,b_2)$(假定$r_2\in(a,a_1)$,以下类推),在$[b_1,b]$中作$a_3,b_3:r_3\in(a_3,b_3)$,$\cdots$,继续做下去,可得$\{(a_n,b_n)\}:r_n\in(a_n,b_n)(n\in\mathbf{N})$.令$G=\bigcup_{n=1}^{\infty}(a_n,b_n)$,则$E=[a,b]\backslash G$即为所求.

(5) 因为$\overline{E}=c$,所以对任意的$x_0\in E,\{x_0-y:y\in E\}$是不可数集.由此可知必存在$y_0\in E$,使得$x_0-y_0\overline{\in}\mathbf{Q}$.

(6) 否.例如$E=C\backslash\mathbf{Q}$.

例 2 试证明下列命题:

(1) 设$C\subset[0,1]$是 Cantor 集,则存在$x_0\in\mathbf{R}$,使得点集$C+\{x_0\}=\{x+x_0:x\in C\}$不含有理数.

(2) 设$F\subset\mathbf{R}^2$是非空真闭子集.若∂F不包含完全集,则F是可数集.

(3) $E\subset\mathbf{R}$是完全集的充分必要条件是$E=\left(\bigcup_{n\geqslant 1}(a_n,b_n)\right)^c$,其中$(a_i,b_i)$与$(a_j,b_j)(i\neq j)$无公共端点.

证明 (1) 已知C中点x有三进位小数表示,
$$x=\sum_{n=1}^{\infty}a_i/3^n,\quad a_i=0\text{ 或 }2.$$
作$x_0=-\sum_{n=1}^{\infty}1/3^{n^2}$.(见 Monthly,1996.)

(2) 由于∂F是闭集,故由$F=K\cup E$(K是完全集,E是可数集),可知∂F是可数集.

设$x\in F\backslash\partial F$,则存在$\delta_0>0$,使得$B(x,\delta_0)\subset F$.因为有$\mathbf{R}^2\backslash F\neq\varnothing$,$\mathbf{R}^2\backslash F$是开集,所以存在$t_0\in\mathbf{R}^2\backslash F$,以及$\delta_1>0,B(t_0,\delta_1)\subset\mathbf{R}^2\backslash F$.作平行于点$x$与$t_0$的联结直线且与$B(x,\delta_0),B(t_0,\delta_1)$相交之直线之全体为$S$,则$\overline{S}=\overline{\mathbf{R}}$.易知如此所作之直线均通过$\partial F$.故$\overline{\overline{\partial F}}=c$.矛盾.这说明$F\backslash\partial F=\varnothing$,即$F=\partial F,F$可数.

(3) 必要性 若E是完全集,则E是闭集.从而E^c是开集,它是E^c内构成区间的并集.这些构成区间相互之间是没有公共端点的,因

为否则 E 中就会有孤立点了,这是不可能的.

充分性 首先,由题设知 E 是闭集.其次,对任意的 $x \in E$,如果 $x \in E'$,那么存在 $\delta > 0$,使得 $(x-\delta, x+\delta) \cap E = \{x\}$. 这说明 x 是某两个开区间的端点,与假设矛盾.

例 3 试证明 **R** 中非空完全集 E 是不可数集.

证明 反证法.假定 $E = \{x_1, x_2, \cdots, x_n, \cdots\}$,则作闭区间 $I_1 : x_1$ 是 I_1 的内点.因为 x_1 不是孤立点,所以存在 E 中点 $y_2 : y_2$ 是 I_1 的内点.作以 y_2 为中心之闭区间 $I_2 : I_2 \subset I_1$ 且 $x_1 \overline{\in} I_2$. 同理,又有 $y_3 \in E$,且 y_3 是 I_2 的内点以及 $y_3 \neq x_2$. 再作以 y_3 为中心之闭区间 $I_3 : I_3 \subset I_2$ 且 $x_2 \overline{\in} I_3$. 易知 $I_3 \cap E \neq \varnothing$. 如此继续下去,可得闭区间套序列 $\{I_n\}$:

$$x_n \overline{\in} I_{n+1}, \quad I_n \cap E \neq \varnothing \quad (n \in \mathbf{N}).$$

现在,记 $K_n = I_n \cap E (n \in \mathbf{N})$,则 $\{K_n\}$ 是有界闭集列,且 $K_{n+1} \subset K_n$ $(n \in \mathbf{N})$. 因为每个 K_n 均为 E 的子集,且 $x_n \overline{\in} I_{n+1}$,所以 $\bigcap_{n=1}^{\infty} K_n = \varnothing$. 这与 E 是完全集矛盾. 证毕.

1.2.5 点集间的距离

例 1 试证明下列命题:

(1) 设 $E \subset \mathbf{R}^n$,则对任给 $t > 0$, $\{x \in \mathbf{R}^n : d(x, E) < t\}$ 是开集.

(2) 设 $G \subset \mathbf{R}^n$ 是开集,F 是 G 内的有界闭集,则存在 $r > 0$,使得 $\{x : d(x, F) \leqslant r\} \subset G$.

(3) 设 $E \subset \mathbf{R}^n$ 是一个非空点集. 若对任意的 $x \in E$,存在 $y \in E$,使得 $d(x, y) = d(x, E)$,则 E 是闭集.

(4) $\mathbf{R}^n$ 中任一闭集 F 皆为 G_δ 集,任一开集 G 皆为 F_σ 集.

证明 (1) 注意 $d(x, E)$ 是 x 的连续函数.

(2) 易知 G^c 是闭集,且有 $F \cap G^c = \varnothing$,故存在 $x_1 \in F, x_2 \in G^c$,使得 $d(x_1, x_2) = d(F, G^c) > 0$. 现在,取 $r = d(x_1, x_2)$,则当 $d(x, F) < r$ 时就有 $x \in G$. 因为否则就出现 $d(x, F) \geqslant d(G^c, F) = r$,矛盾. 这就说明

$$\{x : d(x, F) < r\} \subset G.$$

(3) 设 $x \in E' \subset \mathbf{R}^n$,则依题设知存在 $y \in E$,使得

$$d(x, y) = d(x, E).$$

但 $d(x,E)=0$,故 $x=y\in E$,即 E 是闭集.

(4) (i) 作开集 $G_k=\{x\in \mathbf{R}^n: d(x,F)<1/k\}$,易知 $F\subset \bigcap_{k=1}^{\infty}G_k$. 又若 $x\in \bigcap_{k=1}^{\infty}G_k$,则对任意的 k,有 $x\in G_k$,即 $d(x,F)<1/k$. 从而知 $d(x,F)=0$,注意到 F 是闭集,故存在 $y\in F$,使得 $d(x,y)=d(x,F)=0$. 由此又知 $x=y\in F$,这说明 $\bigcap_{k=1}^{\infty}G_k\subset F$. 综合之,有 $F=\bigcap_{k=1}^{\infty}G_k$.

(ii) 易知 $F\triangleq \mathbf{R}^n\setminus G$ 是闭集,且由(i)知 $F=\bigcap_{k=1}^{\infty}G_k$,$G_k(k\in \mathbf{N})$ 是开集. 由此又得 G_k^c 是闭集,且有

$$G=F^c=\left(\bigcap_{k=1}^{\infty}G_k\right)^c=\bigcup_{k=1}^{\infty}G_k^c,$$

即 G 是 F_σ 集.

例 2 解答下列问题:

(1) 设 $A=\{n+1/2: n=0,\pm 1,\cdots\}$,$B=\{m\sqrt{2}: m=0,\pm 1,\cdots\}$,试求 $d(A,B)$.

(2) 试作 $\mathbf{R}_+^2$ 中的点集 A,$\mathbf{R}$ 中点集 B,使得 $d(A,B)=0$.

(3) 试问:圆盘 $F=\{(x,y): x^2+y^2\leqslant 1\}$ 可表示为两个互不相交的闭集之并吗?

(4) 设 F_1,F_2 是 $\mathbf{R}^n$ 中互不相交的闭集,试证明存在开集 G_1,G_2,使得 $G_1\supset F_1$,$G_2\supset F_2$,且有 $G_1\cap G_2=\varnothing$.

(5) 设 $\{F_k\}$ 是 $\mathbf{R}^n$ 中的非空闭集列,$x_0\in \mathbf{R}^n$. 若有 $\lim_{k\to\infty}d(x_0,F_k)=+\infty$,试证明 $F=\bigcup_{k=1}^{\infty}F_k$ 是闭集.

解 (1) 对任给 $\varepsilon>0$,因为 $\sqrt{2}\in \mathbf{Q}$,所以存在自然数 p,q,整数 m: $q>|m|$,使得 $|\sqrt{2}-p/q|<\varepsilon/2|m|$. 注意到对 $m\neq 0$,有

$$|x-y|=|n+1/2-m\sqrt{2}|$$
$$=|m||(2n+1)/2m-\sqrt{2}|$$
$$(x\in A, y\in B),$$

可选 n, m, 使得 $|(2n+1)/2m - p/q| < \varepsilon/2|m|$. 从而知
$$|\sqrt{2} - (2n+1)/2m| < \varepsilon/|m|,$$
$$|m||(2n+1)/2m - \sqrt{2}| < \varepsilon.$$
这说明 $d(A, B) = 0$.

(2) 作 $A = \{(x, y): x \cdot y = 1\} \subset \mathbf{R}_+^2$, B 是 Ox 轴, 则 $d(A, B) = 0$.

(3) 否. 反证法. 假定结论成立, 即 $F = F_1 \cup F_2$, $F_1 \cap F_2 = \varnothing$, 其中 F_1 与 F_2 是闭集, 则知存在 $x_1 \in F_1$, $x_2 \in F_2$, 使得 $d(x_1, x_2) = d(F_1, F_2) > 0$. 注意到点 x_1 与 x_2 的联结直线段是属于 F 的, 矛盾.

(4) 作开集 G_1, G_2 如下:
$$G_1 = \{x \in \mathbf{R}^n: d(x, F_1) - d(x, F_2) < 0\},$$
$$G_2 = \{x \in \mathbf{R}^n: d(x, F_2) - d(x, F_1) < 0\},$$
易知 $G_1 \supset F_1$, $G_2 \supset F_2$, 且有 $G_1 \cap G_2 = \varnothing$.

(5) 设 $x_0 \in F'$, 则存在 $\{x_m\} \subset F$: $x_m \to x_0 (m \to \infty)$. 不妨假定 $|x_m - x_0| \leqslant M (m \in \mathbf{N})$, 则由题设知存在 N, 使得 $d(x_0, F_k) > M (k \geqslant N)$. 从而当 $k \geqslant N$ 时, $x_m \notin F_k$. $\{x_m\} \subset \bigcup_{k=1}^{N} F_k$. 因为 $\bigcup_{k=1}^{N} F_k$ 是闭集, 所以 $x_0 \in \bigcup_{k=1}^{N} F_k \subset F$, 即 F 是闭集.

例 3 解答下列问题:

(1) 设 F 是 $\mathbf{R}^n$ 中的闭集, 试作 $\mathbf{R}^n$ 上的连续函数序列 $\{g_k(x)\}$, 使得 $\lim_{k \to \infty} g_k(x) = \chi_F(x)$, $x \in \mathbf{R}^n$.

(2) 设 $f_n: \mathbf{R} \mapsto \mathbf{R}(n \in \mathbf{N})$, $G \subset \mathbf{R}$ 是开集, 试证明
$$\{x \in \mathbf{R}: \lim_{n \to \infty} f_n(x) \in G\}$$
$$= \bigcup_{m=1}^{\infty} \bigcup_{k=1}^{\infty} \bigcap_{n=k}^{\infty} \{x \in \mathbf{R}: d(f_n(x), G^c) > 1/m\}.$$

解 (1) $\chi_F(x) = \lim_{k \to \infty} \dfrac{1}{1 + k \cdot d(x, F)}$.

(2) 证略.

例 4 解答下列问题:

(1) 设 $F \subset \mathbf{R}^n$ 是闭集, 试作 $f \in C(\mathbf{R}^n)$, 使得 $F = \{x: f(x) = 0\}$.

(2) 设 $F \subset \mathbf{R}$ 是闭集,试作 $\mathbf{R}$ 上的连续可微的递增函数,使得 $F = \{x \in \mathbf{R}: f'(x) = 0\}$.

(3) 若 F_1, F_2 是 $\mathbf{R}^n$ 中两个互不相交的非空闭集,试作 $\mathbf{R}^n$ 上的连续函数 $f(x)$,使得

(i) $0 \leqslant f(x) \leqslant 1 (x \in \mathbf{R}^n)$;

(ii) $F_1 = \{x: f(x) = 1\}$,$F_2 = \{x: f(x) = 0\}$.

(4) 设 F_1, F_2, F_3 是 $\mathbf{R}^n$ 中三个互不相交的闭集,试作 $f \in C(\mathbf{R}^n)$,使得

(i) $0 \leqslant f(x) \leqslant 1$;

(ii) $f(x) = 0 (x \in F_1)$,$f(x) = 1/2 (x \in F_2)$,$f(x) = 1 (x \in F_3)$.

解 (1) $f(x) = d(x, F)$.

(2) $f(x) = \int_0^x d(t, F) \mathrm{d}t$,$f'(x) = d(x, F)$.

(3) 构造函数 $f(x)$:

$$f(x) = \frac{d(x, F_2)}{d(x, F_1) + d(x, F_2)}, \quad x \in \mathbf{R}^n$$

就是所求的函数.

(4) $f(x) = \dfrac{d(x, F_1 \bigcup F_2) + d(x, F_1 \bigcup F_3)}{d(x, F_1 \bigcup F_2) + 2d(x, F_1 \bigcup F_3) + d(x, F_2 \bigcup F_3)}$.

注 设 $F_1, F_2, \cdots, F_n$ 是互不相交的闭集,则令

$$f(x) = \begin{cases} a_i, & x \in F_i (i = 1, 2, \cdots, k), \\ \left(\sum_{i=1}^k a_i / d(x, F_i)\right) \Big/ \sum_{i=1}^k 1/d(x, F_i), & x \overline{\in} \bigcup_{i=1}^k F_i, \end{cases}$$

我们有 $f(x) = a_i (x \in F_i)(i = 1, 2, \cdots, k)$.

例5 试证明下列命题:

(1) 设 $f: \mathbf{R}^2 \to \mathbf{R}$. 若对 $\mathbf{R}^2$ 中一切非空子集 $A, B: d(A, B) = 0$,总有 $d(f(A), f(B)) = 0$,则 $f(x)$ 一致连续.

(2) 设映射 $f: \mathbf{R}^2 \to \mathbf{R}^2$ 满足:若 $x_1, x_2 \in \mathbf{R}^2$ 且 $d(x_1, x_2) \in \mathbf{Q}_+$ 时有 $d(f(x_1), f(x_2)) = d(x_1, x_2)$,则对一切 $x_1, x_2 \in \mathbf{R}^2$ 均有
$$d(f(x_1), f(x_2)) = d(x_1, x_2).$$

证明 (1) 反证法. 假定 f 不是一致连续的,则存在 $\varepsilon_0 > 0$,对任意的 $\delta > 0$,总存在 $x, y \in \mathbf{R}^2$,使得

$$|f(x)-f(y)|\geqslant 3\varepsilon_0 \quad (d(x,y)<\delta).$$

对任意的 $z\in \mathbf{R}^2$,作点集

$$S_z = \{s\in \mathbf{R}^2: |f(s)-f(z)|<\varepsilon_0\},$$
$$T_z = \{t: |f(t)-f(z)|\geqslant 2\varepsilon_0\},$$

若 $T_z\neq\varnothing$,则 $|f(S_z)-f(T_z)|\geqslant\varepsilon_0$,从而 $d(S_z,T_z)>0$.

选取正数列 $\{\delta_n\},\{x_n\},\{y_n\}$ 如下:

选 $\delta_1=1$. 取 x_1,y_1 使得 $d(x_1,y_1)<\delta_1, |f(x_1)-f(y_1)|\geqslant 3\varepsilon_0,\cdots$. 对 δ_n,x_n,y_n,选 $\delta_{n+1}>0$,且 $\delta_{n+1}<\min\{\delta_n/2, d(S_{x_n},T_{x_n}), d(S_{y_n},T_{y_n})\}$,取 x_{n+1},y_{n+1},使得

$$d(x_{n+1},y_{n+1})<\delta_{n+1}, \quad |f(x_{n+1})-f(y_{n+1})|\geqslant 3\varepsilon_0.$$

记 $A=\{x_n\},B=\{y_n\}$,由 $\delta_n\to 0(n\to\infty)$ 可知,$d(A,B)=0$,

现在设 $m<n$,且假定 $|f(x_n)-f(y_m)|<\varepsilon_0$,也即 $x_n\in S_{y_m}$. 由于

$$d(S_{y_m},T_{y_m})>\delta_n>d(x_n,y_n),$$

故 $y_n\overline{\in} T_{y_m}$,或者 $|f(y_n)-f(y_m)|<2\varepsilon_0$. 因此,我们有

$$|f(x_n)-f(y_n)|\leqslant |f(x_n)-f(y_m)|$$
$$+|f(y_m)-f(y_n)|$$
$$<3\varepsilon_0.$$

以及 $|f(x_n)-f(y_n)|\geqslant 3\varepsilon_0$. 对 $m>n$ 可类似地推理,而 $m=n$ 已证. 这说明 $d(f(A),f(B))\geqslant\varepsilon_0$,与题设矛盾,即得所证.

(2) 设 $x,y\in \mathbf{R}^2$,对任给 $\varepsilon>0$;$\varepsilon<d(x,y)$,取 $r\in \mathbf{Q}$,使得 $d(x,y)-\varepsilon<r<d(x,y)$. 再选 $r'\in \mathbf{Q}$: $r'<\varepsilon$,且 $r+r'>d(x,y)$. 从而知 $B(x,r)\cap B(y,r')\neq\varnothing$. 令 z 满足 $d(x,z)=r, d(y,z)=r'$,则

$$d(f(x),f(z))=r, \quad d(f(y),f(z))=r'.$$

由此可得

$$r-r' = d(f(x),f(z))-d(f(y),f(z))$$
$$\leqslant d(f(x),f(y))$$
$$\leqslant d(f(x),f(z))+d(f(y),f(z))$$
$$= r+r',$$
$$d(x,y)-2\varepsilon < d(f(x),f(y)) < d(x,y)+\varepsilon.$$

即得所证.

注 对 **R** 不真,作变换 $S: \mathbf{R} \to \mathbf{R}$,
$$S(x) = x \ (x \in \mathbf{Q}), \quad S(x) = x+1 \ (x \overline{\in} \mathbf{Q}),$$
而令 $d(0,\sqrt{2}) = \sqrt{2}$,但
$$d(S(0), S(\sqrt{2})) = d(0, \sqrt{2}+1) = \sqrt{2}+1.$$

第二章 Lebesgue 测度

§2.1 点集的 Lebesgue 外测度

例 1 试证明下列命题：

(1) $\mathbf{R}^n$ 中单点集的外测度为零，即 $x_0 \in \mathbf{R}^n$，则 $m^*(\{x_0\}) = 0$。

(2) 设 $I \subset \mathbf{R}^n$ 是开矩体，$\bar{I}$ 是闭矩体，则 $m^*(I) = m^*(\bar{I}) = |I|$ (I 的体积)。

(3) 若 $E \subset \mathbf{R}^n$ 是可数点集，则 $m^*(E) = 0$。

(4) $[0,1]$ 中的 Cantor 集 C 的外测度为 0。

(5) 设 $E \subset [a,b]$，$m^*(E) > 0$，$0 < c < m^*(E)$，则存在 E 的子集 A，使得 $m^*(A) = c$。

(6) (数乘的情形) 设 $E \subset \mathbf{R}$，对 $\lambda \in \mathbf{R}$，记 $\lambda E = \{\lambda x : x \in E\}$，则 $m^*(\lambda E) = |\lambda| m^*(E)$。

证明 (1),(2),(3) 证略。

(4) 事实上，因为

$$C = \bigcap_{n=1}^{\infty} F_n,$$

其中的 F_n (在构造 C 的过程中第 n 步所留存下来的) 是 2^n 个长度为 3^{-n} 的闭区间之并集，所以我们有

$$m^*(C) \leqslant m^*(F_n) \leqslant 2^n \cdot 3^{-n},$$

从而得知 $m^*(C) = 0$。

(5) 记 $f(x) = m^*([a,x] \cap E)$，$a \leqslant x \leqslant b$，则 $f(a) = 0$，$f(b) = m^*(E)$。考察 x 与 $x + \Delta x$，不妨设 $a \leqslant x < x + \Delta x \leqslant b$，则由

$$[a, x + \Delta x] \cap E = ([a,x] \cap E) \cup ([x, x+\Delta x] \cap E)$$

可知，$f(x + \Delta x) \leqslant f(x) + \Delta x$，即

$$f(x + \Delta x) - f(x) \leqslant \Delta x.$$

对 $\Delta x < 0$ 也可证得类似不等式. 总之,我们有
$$|f(x+\Delta x)-f(x)| \leqslant |\Delta x|, \quad a \leqslant x \leqslant b.$$
这说明 $f \in C([a,b])$,根据连续函数中值定理,对于 $f(a) < c < f(b)$,必存在 $\xi \in (a,b)$,使得 $f(\xi)=c$. 从而取 $A=[a,\xi) \bigcap E$,即得所证.

(6) 因为 $E \subset \bigcup_{n \geqslant 1}(a_n,b_n)$ 等价于 $\lambda E \subset \bigcup_{n \geqslant 1}\lambda(a_n,b_n)$, $m^*([a_n,b_n])$
$= m^*((a_n,b_n))$,且对任一区间 (α,β),有
$$m^*(\lambda(\alpha,\beta)) = |\lambda| m^*((\alpha,\beta)) = |\lambda|(\beta-\alpha),$$
所以按外测度定义可得 $m^*(\lambda E) = |\lambda| m^*(E)$.

例 2 试证明下列命题:

(1) 设 $A \subset \mathbf{R}^n$ 且 $m^*(A)=0$,则对任意的 $B \subset \mathbf{R}^n$,有
$$m^*(A \bigcup B) = m^*(B) = m^*(B \backslash A).$$

(2) 设 $A, B \subset \mathbf{R}^n$,且 $m^*(A), m^*(B) < \infty$,则
$$|m^*(A) - m^*(B)| \leqslant m^*(A \triangle B);$$

(3) 设 $A, B \subset \mathbf{R}^n$. 若 $m^*(A \triangle B)=0$,则 $m^*(A)=m^*(B)$.

(4) 设 A, B 与 C 是 $\mathbf{R}^n$ 中的点集,且有 $m^*(A \triangle B) = 0$, $m^*(B \triangle C) = 0$,则 $m^*(A \triangle C) = 0$.

(5) 设 $E \subset \mathbf{R}^n$. 若对任意的 $x \in E$,存在开球 $B(x,\delta_x)$,使得 $m^*(E \bigcap B(x,\delta_x))=0$,则 $m^*(E)=0$.

证明 (1) 注意,我们有不等式:
$$m^*(A \bigcup B) \leqslant m^*(A) + m^*(B) = m^*(B) \leqslant m^*(A \bigcup B),$$
$$m^*(B) \leqslant m^*(B \backslash A) + m^*(B \bigcap A)$$
$$\leqslant m^*(B \backslash A) + m^*(A) = m^*(B \backslash A) \leqslant m^*(B).$$

(2) 因为 $A \subset B \bigcup (A \triangle B)$,所以 $m^*(A) \leqslant m^*(B) + m^*(A \triangle B)$. 从而可知 $m^*(A) - m^*(B) \leqslant m^*(A \triangle B)$. 类似地,又可得 $m^*(B) - m^*(A) \leqslant m^*(A \triangle B)$. 综合此两结论,即得所证.

(3) 由 $m^*(A) \leqslant m^*(B) + m^*(A \triangle B) = m^*(B)$ 可知,$m^*(A) \leqslant m^*(B)$. 又由 $m^*(B) \leqslant m^*(A) + m^*(A \triangle B)$ 可得 $m^*(B) \leqslant m^*(A)$. 证毕.

(4) 注意到公式
$$(A \bigcup B \bigcup C) \backslash (A \bigcap B \bigcap C) = (A \triangle B) \bigcup (B \triangle C),$$

$$A \cap C \supset A \cap B \cap C, \quad A \cup C \subset A \cup B \cup C,$$

可知 $(A\cup C)\setminus(A\cap C) \subset (A\cup B\cup C)\setminus(A\cap B\cap C)$. 从而有

$$m^*(A\triangle C) \leqslant m^*(A\triangle B) + m^*(B\triangle C) = 0.$$

(5) 依题设可知,存在 E 的可数覆盖球列 $\{B_k \triangleq B(x_k, \delta_{x_k})\}$,使得 $E \subset \bigcup_{k=1}^{\infty} B_k$,且 $m^*(E\cap B_k) = 0$. 从而知

$$E = \bigcup_{k=1}^{\infty}(E\cap B_k), \quad m^*(E) \leqslant \sum_{k=1}^{\infty} m^*(E\cap B_k) = 0.$$

例 3 试证明下列命题:

(1) 设 $E \subset \mathbf{R}^n$, 试证明存在 G_δ 集 $\widetilde{G}: \widetilde{G} \supset E$ 且 $m^*(\widetilde{G}) = m^*(E)$.

(2) 设 $E_k \subset \mathbf{R}^n (k \in \mathbf{N})$. 若 $\sum_{k=1}^{\infty} m^*(E_k) < +\infty$, 则 $m\left(\overline{\lim_{k\to\infty}} E_k\right) = 0$.

证明 (1) 依定义,对 $k \in \mathbf{N}$,存在矩体列 $\{I_{k,i}\}$,使得 $\bigcup_{i=1}^{\infty} I_{k,i} \supset E$, 且有

$$\sum_{i=1}^{\infty} |I_{k,i}| \leqslant m^*(E) + 1/k \quad (k=1,2,\cdots).$$

令 $\widetilde{G}_k = \bigcup_{i=1}^{\infty} I_{k,i} (k \in \mathbf{N})$, $\widetilde{G} = \bigcap_{k=1}^{\infty} \widetilde{G}_k$, 易知 $\widetilde{G} \supset E$ 且 $\widetilde{G}$ 是 G_δ 集. 我们有(对 $k \in \mathbf{N}$)

$$m^*(E) \leqslant m^*(\widetilde{G}) \leqslant m^*(\widetilde{G}_k) \leqslant \sum_{i=1}^{\infty} |I_{k,i}| \leqslant m^*(E) + \frac{1}{k},$$

令 $k \to \infty$ 即得 $m^*(E) = m^*(\widetilde{G})$.

(2) 注意 $\overline{\lim_{k\to\infty}} E_k = \bigcap_{m=1}^{\infty} \bigcup_{k=m}^{\infty} E_k$, 且依题设知,对任给 $\varepsilon > 0$,存在 N,使得 $\sum_{k=N}^{\infty} m^*(E_k) < \varepsilon$. 从而对任意 $j \in \mathbf{N}$, 有

$$m^*\left(\overline{\lim_{k\to\infty}} E_k\right) \leqslant m^*\left(\bigcup_{k=j}^{\infty} E_k\right) \leqslant \sum_{k=j}^{\infty} m^*(E_k).$$

由此知 $m^*\left(\overline{\lim_{k\to\infty}} E_k\right) \leqslant \sum_{k=N}^{\infty} m^*(E_k) < \varepsilon$. 证毕.

§2.2 可测集与测度

例1 试证明下列命题：

(1) 设 $E\subset \mathbf{R}, 0\neq\lambda\in\mathbf{R}$. 记 $\lambda E=\{\lambda x: x\in E\}$. 若 $E\in\mathcal{M}$, 则 $\lambda E\in\mathcal{M}$.

(2) 设 $E\subset\mathbf{R}^n$. 若存在 $\mathbf{R}^n$ 中可测集 A, 使得 $m^*(E\triangle A)=0$, 则 $E\in\mathcal{M}$, 且有 $m(E)=m(A)$.

(3) 设 $E\subset\mathbf{R}^n$. 则 $E\in\mathcal{M}$ 的充分必要条件是：对任给 $\varepsilon>0$, 存在可测集 $A, B\subset\mathbf{R}^n: A\subset E\subset B$, 使得 $m(B\setminus A)<\varepsilon$.

(4) 设 $A_1, A_2\subset\mathbf{R}^n, A_1\subset A_2, A_1$ 是可测集且有 $m(A_1)=m^*(A_2)<\infty$, 则 A_2 是可测集.

(5) 设 $E\subset\mathbf{R}^n$. 若对任给 $\varepsilon>0$, 均存在 $A\in\mathcal{M}$, 使得 $m^*(E\triangle A)<\varepsilon$, 则 $E\in\mathcal{M}$.

证明 (1) 因为对任意的试验集 $T\subset\mathbf{R}$, 有
$$T\cap\lambda E=\lambda(\lambda^{-1}T\cap E), \quad T\cap(\lambda E)^c=\lambda(\lambda^{-1}T\cap E^c),$$
所以可得
$$m^*(T\cap\lambda E)+m^*(T\cap(\lambda E)^c)$$
$$=|\lambda|[m^*(\lambda^{-1}T\cap E)+m^*(\lambda^{-1}T\cap E^c)].$$
这说明 E 的可测性等价于 λE 的可测性.

(2) 注意, 依题设知 $m^*(E\setminus A)=m^*(A\setminus E)=0$, 而我们有 $E=[A\setminus (E\setminus A)]\cup(A\setminus E)$, 即得所证.

(3) 只需指出充分性成立即可：对任一试验集 $T\subset\mathbf{R}^n$, 我们有
$$m^*(T)\leqslant m^*(T\cap E)+m^*(T\cap E^c)$$
$$\leqslant m^*(T\cap B)+m^*(T\cap A^c)$$
$$\leqslant m^*(T\cap A)+m^*(T\cap(B\setminus A))+m^*(T\cap A^c)$$
$$=m^*(T)+m^*(T\cap(B\setminus A))\leqslant m^*(T)+\varepsilon.$$
令 $\varepsilon\to 0$, 可知 $m^*(T)=m^*(T\cap E)+m^*(T\cap E^c)$, 即 E 可测.

(4) 由题设知
$$m(A_1)=m^*(A_2)=m^*(A_1\cup(A_2\setminus A_1))$$
$$=m^*(A_1)+m^*(A_2\setminus A_1),$$
故可得 $m^*(A_2\setminus A_1)=0$. 从而 $A_2\setminus A_1$ 是可测集, 即 A_2 是可测集.

(5) 依题设知,对任给 $\varepsilon>0$,看 $\varepsilon/2^k(k\in\mathbf{N})$,存在可测集列 $\{A_k\}$,使得 $m^*(E\triangle A_k)<\varepsilon/2^k(k\in\mathbf{N})$,即有 $m^*(E\backslash A_k)<\varepsilon/2^k$,$m^*(A_k\backslash E)<\varepsilon/2^k(k\in\mathbf{N})$. 现在令 $A=\bigcup_{k=1}^{\infty}A_k$,则 A 是可测集,且有

$$E\backslash A=\bigcap_{k=1}^{\infty}(E\backslash A_k),\quad A\backslash E=\bigcup_{k=1}^{\infty}(A_k\backslash E),$$

$$m^*(E\backslash A)\leqslant m^*(E\backslash A_k)(k\in\mathbf{N}),\quad m^*(A\backslash E)\leqslant\sum_{k=1}^{\infty}m^*(A_k\backslash E),$$

$$m^*(E\backslash A)\leqslant\varepsilon/2^k(k\in\mathbf{N}),\quad m^*(A\backslash E)\leqslant\sum_{k=1}^{\infty}\frac{\varepsilon}{2^k}=\varepsilon.$$

由 ε 的任意性,可知 $m^*(E\backslash A)=0=m^*(A\backslash E)$,即 $m^*(E\triangle A)=0$. 根据题(2),E 是可测集.

例 2 试证明下列命题:

(1) 设 $A\in\mathscr{M}$,则对任意的 $B\subset\mathbf{R}^n$,必有
$$m^*(A\cup B)+m^*(A\cap B)=m^*(A)+m^*(B).$$

(2) 设 A,B,C 是 $\mathbf{R}^n$ 中的可测集. 若有 $m(A\triangle B)=0$,$m(B\triangle C)=0$,则 $m(A\triangle C)=0$.

(3) 设 $E\subset[0,1]$. 若 $m(E)=1$,试证明 $\overline{E}=[0,1]$;若 $m(E)=0$,则 $\overset{\circ}{E}=\varnothing$.

(4) 设 $E_1,E_2,\cdots,E_k$ 是 $[0,1]$ 中的可测集,且有 $\sum_{i=1}^{k}m(E_i)>k-1$,则 $m\Big(\bigcap_{i=1}^{k}E_i\Big)>0$.

证明 (1) 因为 A 可测,所以我们有(不妨假定 $m^*(A)<+\infty$)
$$m^*(B)=m^*(B\cap A)+m^*(B\cap A^c),$$
$$m^*(B\cup A)=m^*((B\cup A)\cap A)+m^*((B\cup A)\cap A^c)$$
$$=m^*(A)+m^*(B\cap A^c).$$

由此可知 $m^*(B\cap A^c)=m^*(B\cup A)-m^*(A)$,从而得
$$m^*(B)=m^*(B\cap A)+m^*(B\cup A)-m^*(A).$$

移项后即得所证.

(2) 注意 $A \setminus C = A \cap C^c \cap (B \cup B^c)$
$$= [A \cap (B \setminus C)] \cup [C^c \cap (A \setminus B)].$$

(3) 证略.

(4) 令 $A_i = [0,1] \setminus E_i (i=1,2,\cdots,k)$, 则可得
$$\bigcap_{i=1}^k E_i = [0,1] \setminus \bigcup_{i=1}^k A_i, \quad m\left(\bigcap_{i=1}^k E_i\right) = 1 - m\left(\bigcup_{i=1}^k A_i\right).$$

注意到
$$m\left(\bigcup_{i=1}^k A_i\right) \leqslant \sum_{i=1}^k m(A_i) = \sum_{i=1}^k (1 - m(E_i))$$
$$= k - \sum_{i=1}^k m(E_i) < k - (k-1) = 1,$$

即知 $m\left(\bigcap_{i=1}^k E_i\right) > 0$.

例3 解答下列命题:

(1) 设 $\{E_k\}$ 是 $\mathbf{R}^n$ 中的可测集列, 若 $m\left(\bigcup_{k=1}^\infty E_k\right) < \infty$, 试证明
$$m\left(\varlimsup_{k \to \infty} E_k\right) \geqslant \varlimsup_{k \to \infty} m(E_k).$$

(2) 设 $\{E_n\}$ 是 $[0,1]$ 中互不相同的可测集合列, 且存在 $\varepsilon > 0$, $m(E_n) \geqslant \varepsilon$ $(n=1,2,\cdots)$. 试问是否存在子列 $\{E_{n_i}\}$, 使得
$$m\left(\bigcap_{i=1}^\infty E_{n_i}\right) > 0?$$

(3) 设 $\{E_n\}$ 是 $[0,1]$ 中的可测集列, 且满足 $\varlimsup_{n \to \infty} m(E_n) = 1$, 试证明对任意的 $\alpha: 0 < \alpha < 1$, 必存在 $\{E_{n_k}\}$, 使得 $m\left(\bigcap_{k=1}^\infty E_{n_k}\right) > \alpha$.

(4) 设 $\{A_n\}$ 是互不相交的可测集列, $B_n \subset A_n (n=1,2,\cdots)$, 试证明
$$m^*\left(\bigcup_{n=1}^\infty B_n\right) = \sum_{n=1}^\infty m^*(B_n).$$

(5) 设有 $\mathbf{R}$ 中可测集列 $\{E_k\}$, 且当 $k \geqslant k_0$ 时, $E_k \subset [a,b]$. 若存在 $\lim_{k \to \infty} E_k = E$, 试证明: $m(E) = \lim_{k \to \infty} m(E_k)$.

解 (1) 因为我们有 $\varlimsup_{k \to \infty} E_k = \bigcap_{j=1}^\infty \bigcup_{k=j}^\infty E_k = \lim_{j \to \infty} \bigcup_{k=j}^\infty E_k$. 所以

$$m\left(\varlimsup_{k\to\infty} E_k\right) = \lim_{j\to\infty} m\left(\bigcup_{k=j}^{\infty} E_k\right) \geqslant \varlimsup_{k\to\infty} m(E_k).$$

注 (i) 令 $E_n = (0,2)$ (n 是奇数), $E_n = (1,3)$ (n 是偶数), 则 $\varliminf_{n\to\infty} E_n = (1,2]$, $\varlimsup_{n\to\infty} E_n = (0,3]$, 且有

$$m\left(\varliminf_{n\to\infty} E_n\right) < \varliminf_{n\to\infty} m(E_n), \quad m\left(\varlimsup_{n\to\infty} E_n\right) > \varlimsup_{n\to\infty} m(E_n).$$

(ii) 令 $E_n = (0, 1/n) \times [0, n]$ ($n \in \mathbf{N}$), 则有

$$\lim_{n\to\infty} E_n = \varnothing, \quad m(E_n) = 1, \quad \varliminf_{n\to\infty} m\left(\varlimsup_{n\to\infty} E_n\right) = 0,$$

$$m\left(\bigcup_{k \geqslant m} E_k\right) = 1 + \frac{1}{m+1} + \frac{1}{m+2} + \cdots = +\infty.$$

(2) 不一定. 例如作点集列: E_n ($n \in \mathbf{N}$),

$E_n = \{x \in [0,1]: x\ \text{的十进位小数表示式中, 第}\ n\ \text{位数字}\ \neq 0\}$,

易知 $m\left(\bigcap_{i=1}^{k} E_{n_i}\right) = (9/10)^k$.

(3) 由题设知, 对任意的 $k \in \mathbf{N}$, 存在 $\{n_k\}$, 使得

$$m(E_{n_k}) > 1 - (1-\alpha)/2^k \quad (k \in \mathbf{N}).$$

由此知 $1 - m(E_{n_k}) < (1-\alpha)/2^k$ ($k \in \mathbf{N}$). 从而得到

$$[0,1] \setminus \bigcap_{k=1}^{\infty} E_{n_k} = \bigcup_{k=1}^{\infty} ([0,1] \setminus E_{n_k}),$$

$$m\left([0,1] \setminus \bigcap_{k=1}^{\infty} E_{n_k}\right) \leqslant \sum_{k=1}^{\infty} m([0,1] \setminus E_{n_k})$$

$$= \sum_{k=1}^{\infty} (1 - m(E_{n_k})) \leqslant \sum_{k=1}^{\infty} (1-\alpha)/2^k = 1 - \alpha,$$

故有 $m\left(\bigcap_{k=1}^{\infty} E_{n_k}\right) > \alpha$.

(4) 只需指出左端大于等于右端. 在公式

$$\sum_{n=1}^{N} m^*(B_n) = m^*\left(\bigcup_{n=1}^{N} B_n\right) \leqslant m^*\left(\bigcup_{n=1}^{\infty} B_n\right)$$

中, 令 $N \to \infty$, 即得所证.

(5) $m\left(\varliminf_{k\to\infty} E_k\right) \geqslant \varlimsup_{k\to\infty} m(E_k) \geqslant \varliminf_{k\to\infty} m(E_k) \geqslant m\left(\varliminf_{k\to\infty} E_k\right)$.

例4 解答下列命题：

(1) 设 $\{E_k\}$ 是 $[0,1]$ 中的可测集列，$m(E_k)=1$ ($k=1,2,\cdots$)，试证明 $m\left(\bigcap_{k=1}^{\infty} E_k\right)=1$.

(2) 试作 $[0,1]$ 中的第二纲集 E：$m(E)=0$.

证明 (1) 由题设知 $m([0,1]\setminus E_k)=0$ ($k\in \mathbf{N}$)，又有

$$m\left([0,1]\setminus \bigcap_{k=1}^{\infty} E_k\right) = m\left(\bigcup_{k=1}^{\infty}([0,1]\setminus E_k)\right) \leqslant \sum_{k=1}^{\infty} m([0,1]\setminus E_k) = 0.$$

由此得 $m\left(\bigcap_{k=1}^{\infty} E_k\right)=1$.

(2) 令 $[0,1]\cap \mathbf{Q}=\{r_1,r_2,\cdots,r_n,\cdots\}$，以及

$$I_{n,k}=\left(r_n-\frac{1}{2^{n+k}},r_n+\frac{1}{2^{n+k}}\right) \quad (n,k\in \mathbf{N}),$$

则点集 $(-\infty,+\infty)\setminus \bigcup_{n,k=1}^{\infty} I_{n,k}$ 在 $\mathbf{R}$ 中无处稠密. 我们有

$$m\left(\bigcap_{k=1}^{\infty}\bigcup_{n=1}^{\infty} I_{n,k}\right) = 0,$$

$\bigcap_{k=1}^{\infty}\bigcup_{n=1}^{\infty} I_{n,k}$ 是第二纲集.

例5 解答下列问题：

(1) 将 $(0,1)$ 中的数用十进位小数展开，求下列点集 E 之测度 $m(E)$.

(i) 在指定小数位置上是数字 4 的点之全体 E.

(ii) 在指定两个小数位置上都是已给定的数字之全体 E.

(iii) 在两个指定小数位置上是不同的数字之全体 E.

(2) 将 $(0,1)$ 中的数用十进位小数展开，在表示式中总有数字"0"出现的数的全体为 E，求 $m(E)$.

(3) 在 $[0,1]$ 中作点集

$E=\{x\in[0,1]$：在十进位小数表示式 $x=0.a_1 a_2\cdots$ 中的所有 a_i 都不出现 10 个数字中的某一个$\}$，

试证明 E 是不可数集，且 $m(E)=0$.

(4) 将(0,1)中的点用十进位小数展开,令表示式中不超过 9 个数字的点的全体为 E,求 $\bar{E}$ 以及 $m(E)$.

(5) 将[0,1]中的点用十进位小数展开,令
$$E = \{x \in [0,1]: x \text{ 的任一位小数是 } 2 \text{ 或 } 7\},$$
试问:(i) E 是闭集?(ii) E 是开集?(iii) E 是可数集?(iv) $\bar{E} = [0,1]$?(v) E 是可测集?$m(E) = ?$

解 (1) (i) $m(E) = 1/10$. (ii) $m(E) = 1/100$.

(iii) $m(E) = 1/2$.

(2) 对任意的 $n \in \mathbf{N}$,作点集
$$E_n = \{x \in (0,1): x \text{ 的小数展开式中前 } n \text{ 位数字不出现 } 0\},$$
则
$$m(E) = \frac{1}{10} + \frac{9}{10^2} + \frac{9^2}{10^3} + \cdots = 1.$$

(3) 作点集(记 $k = 0, 1, 2, \cdots, 9$)
$$E_k = \{x \in [0,1]: \text{在十进位小数表示式}$$
$$x = 0.a_1 a_2 \cdots \text{ 中的所有 } a_i \text{ 都不出现数字 } k\},$$
易知,$E = \bigcup_{k=0}^{9} E_k, E_k \sim [0,1] \ (k = 0, 1, 2, \cdots, 9)$.

现在,首先把 $[0,1]$ 作 10 等分,并舍去其中的 $\left[\dfrac{k}{10}, \dfrac{k+1}{10}\right)$ $(k = 0, 1, 2, \cdots, 9)$,即舍去第 $k+1$ 个子区间,则在剩余区间中的点其十进位小数式中第一位小数就不会出现 k 了. 其次,把剩余的 9 个子区间中的每一个再作 10 等分,并再舍去第 $k+1$ 个,……如此进行下去,就得出 E_k. 易知,舍去的子区间之总长度为
$$\frac{1}{10} + \frac{9}{10^2} + \frac{9^2}{10^3} + \cdots = 1,$$
由此可得 $m(E_k) = 0$.

(4) 令 $E_j = \{x \in (0,1): x \text{ 的小数展开式中不含数字 } j\} (j = 0, 1, \cdots, 9)$,则 $E = \bigcup_{j=0}^{9} E_j$. 注意到把 $[0,1]$ 中的数以九进位小数展开时,就可知 E_j 与 $[0,1]$ 是对等的,即 $\bar{\bar{E}}_j = c (j = 0, 1, 2, \cdots, 9)$.

此外,将 $[0,1]$ 作 10 等分,并舍去区间 $[k/10, (k+1)/10) (k = 0, 1, 2, \cdots, 9)$ 的第 $j+1$ 个,则在余下的点的小数表示式中不出现(第一位)

j. 再将余下的区间又各 10 等分,又舍去第 $j+1$ 个,等等,留下了 E_j. 易知共舍去之区间总长为

$$\frac{1}{10} + \frac{9}{10^2} + \frac{9^2}{10^3} + \cdots = \frac{1}{10}\left(1 / \left(1 - \frac{9}{10}\right)\right) = 1,$$

即 $m(E_j) = 0, m(E) = 0$.

(5) (i) 设 $\{x_k\} \subset E$: $x_k \to x (k \to \infty)$, 且令

$$x = \sum_{n=1}^{\infty} b_n / 10^n, \quad \text{若 } |x_k - x| < 1/10^p, \text{ 则 } b_p = 2 \text{ 或 } 7.$$

故 $x \in E$, 即 E 是闭集.

(ii) 注意到(i)以及 $E \neq [0,1]$, 可知 E 不是开集.

(iii) $\overline{\overline{E}} = c, E$ 不是可数集.

(iv) 由 E 是闭集以及 $E \neq [0,1]$, 可知 E 不在 $[0,1]$ 中稠密.

(v) E 是可测集(见§2.3). $m(E) = 1 - 0.8 \times \sum_{m=0}^{\infty} (2/10)^m = 0$.

例 6 试证明下列命题:

(1) 设 $E \subset \mathbf{R}$, 且存在 $q: 0 < q < 1$, 使得对任一区间 (a, b), 都有开区间列 $\{I_n\}$:

$$E \cap (a, b) \subset \bigcup_{n=1}^{\infty} I_n, \quad \sum_{n=1}^{\infty} m(I_k) < (b-a)q.$$

则 $m(E) = 0$.

(2) 设 $\alpha > 2$, 作 $\mathbf{R}$ 中点集:

$$E = \{x: \text{存在无限个分数 } p/q, p \text{ 与 } q \text{ 是互素的自然数},$$
$$\text{使得 } |x - p/q| < 1/q^\alpha\},$$

则 $m(E) = 0$.

(3) 设 $E \subset [0, 1)$ 是可测集, 且 $m(E) > 0$, 令

$$A = \{x \in [0, 1): \text{存在 } n \in \mathbf{N} \text{ 以及 } t \in E, \text{使得 } x = \{nt\}\},$$

($\{nt\}$ 是 nt 的小数部分) 则 $m(A) = 1$.

证明 (1) 因为 $m^*(E) = m^*\left(E \cap \bigcup_{n=1}^{\infty} I_n\right) \leqslant \sum_{n=1}^{\infty} m^*(E \cap I_n)$,

所以只需指出对任意的 (a, b), 有 $m^*(E \cap (a, b)) = 0$. 由题设知, 存在 $I_n = (a_n, b_n) (n \in \mathbf{N})$, $\bigcup_{n=1}^{\infty} I_n \supset E \cap (a, b)$, 使得 $\sum_{n=1}^{\infty} (b_n - a_n) \leqslant q(b - a)$.

再对每个(a_n, b_n)作覆盖,其总长度小于$q(b_n - a_n)$. 依此程序继续作下去,可得(对任意$k \in \mathbf{N}$)
$$m^*(E \cap (a,b)) \leqslant q\sum_{n=1}^{\infty}(b_n - a_n) \leqslant q^2(b-a) \cdots \leqslant q^k(b-a),$$
由此易知 $m^*(E \cap (a,b)) = 0$.

(2) 只需指出 $m(E_1) = m(E \cap (0,1]) = 0$. 记在 p, q 固定时 E_1 中之点集为 $E_{p,q}$, 又记 $E_q = \bigcup_{p=1}^{q} E_{p,q}$, 注意到在 $x \in E_1$ 时,存在无穷多个 q, 使得 $x \in E_q$, 故有 $x \in \overline{\lim_{q \to \infty}} E_q$, 由此知 $E \subset \overline{\lim_{q \to \infty}} E_q$.

此外,由 $m(E_{p,q}) = 2/q^a$ 可知, $m(E_q) \leqslant 2q/q^a = 2/q^{a-1}$. 从而我们有 $\sum_{q=1}^{\infty} m(E_q) < +\infty$. 因此 $m\left(\overline{\lim_{q \to \infty}} E_q\right) = 0$, 也就有 $m(E) = 0$.

注 设 $a_n > 0 (n \in \mathbf{N}), \sum_{n=1}^{\infty} a_n < +\infty$, 作点集
$$E = \{x \in (0,1): \text{存在无限个既约分数 } p/q, p \text{ 与 } q$$
$$\text{是互素的自然数,使得 } |x - p/q| < a_q/q\},$$
则 $m(E) = 0$. (考查 $E_q = \bigcup_{p=0}^{q}((p-a_q)/q, (p+a_q)/q) (q \in \mathbf{N})$, 易知 $E \subset \bigcup_{q \geqslant m} E_q$ (任意 $m \in \mathbf{N}$).

(3) 依题设知,对任给 $\varepsilon > 0$, 存在开区间列 $\{I_k\}$, 使得 $\bigcup_{k=1}^{\infty} I_k \supset E$, $\sum_{k=1}^{\infty} m(I_k) < (1-\varepsilon/2)^{-1} m(E)$. 从而存在 I_{k_0},
$$m(I_{k_0} \cap E) > (1-\varepsilon/2) m(I_{k_0}).$$
取有理数 r_0, r_1, 使 $J \triangleq (r_0, r_1) \supset I_{k_0}$, 且 $m(J) < (1-\varepsilon/2)^{-1} m(I_{k_0})$, 则有
$$m(J \cap E) \geqslant m(I_{k_0} \cap E) > (1-\varepsilon) \cdot m(J).$$
令 $x_0 = a/n, x_1 = b/n, J_l = (l/n, (l+1)/n)$, 其中 l 满足: $a \leqslant l \leqslant b-1$, 使得 $m(J_l \cap E) \geqslant (1-\varepsilon) m(J_l)$. 因此,记 $H = \{x \in [0,1): x/n \in J_l \cap E\}$, 则 $m(H) \geqslant 1-\varepsilon$. 注意到 $H \subset A$, 故 $m(A) \geqslant 1-\varepsilon$. 由 ε 的任意性,知 $m(A) = 1$.

例 7 试证明下列命题:

(1) 设 $E \subset \mathbf{R}^n$ 是可测集, $x_0 \in \mathbf{R}^n$, 则 $E+\{x_0\}$ 是可测集, 且 $m(E+\{x_0\}) = m(E)$. (可测集的平移不变性)

(2) 设 $E \subset \mathbf{R}$ 是可测集, 且 $a \in \mathbf{R}, \delta > 0$. 若对于满足 $|t| < \delta$ 的 $t \in \mathbf{R}$, 均有 $a+t \in E$ 或 $a-t \in E$, 则 $m(E) \geqslant \delta$.

(3) 设 $E \subset [0,1]$ 是可测集, $m(E) > 0$, 则存在 n 个互不相交可测集 $E_i (i=1,2,\cdots,n)$, 使得
$$E = \bigcup_{i=1}^n E_i, \quad m(E_i) = m(E)/n \quad (i=1,2,\cdots,n).$$

(4) 设 $E \subset \mathbf{R}$ 是可测集, 且 $m(E) < +\infty$, 则
$$\lim_{x \to +\infty} m((E+\{x\}) \cap E) = 0.$$

证明 (1) 只需指出 $E+\{x_0\}$ 是可测集即可. 由外测度的平移不变性可知, 对任意 $T \subset \mathbf{R}^n$, 有
$$m^*(T) = m^*(T-\{x_0\}) = m^*((T-\{x_0\}) \cap E)$$
$$+ m^*((T-\{x_0\}) \cap E^c),$$
$$m^*((T-\{x_0\}) \cap E) = m^*(T \cap (E+\{x_0\})),$$
$$m^*((T-\{x_0\}) \cap E^c) = m^*(T \cap (E+\{x_0\})^c).$$

由此可得 $m^*(T) = m^*(T \cap (E+\{x_0\})) + m^*(T \cap (E+\{x_0\})^c)$. 这说明 $E+\{x_0\}$ 是可测集.

(2) 由题设知 $(-\delta, \delta) \subset (\{a\}-E) \cup (\{a\}+E)$, 再注意到平移不变性, 可得 $m(E) \geqslant \delta$.

(3) 注意 $f(x) = m(E \cap [0,x])$ 是连续函数.

(4) (i) 设 E 是有界可测集, 则易知存在 $x_0 > 0$, 使得 $(E+\{x_0\}) \cap E = \varnothing$, 结论自然成立.

(ii) 对一般可测集 E, 可作递增紧集列 $\{E_n\}$: $E_n \subset E (n \in \mathbf{N})$ 且 $m(E_n) \to m(E) (n \to \infty)$, 我们有
$$\lim_{x \to +\infty} m((E+\{x\}) \cap E)$$
$$= \lim_{x \to +\infty} m((E+\{x\}) \cap E) - \lim_{x \to +\infty} m((E_n+\{x\}) \cap E)$$
$$= \lim_{x \to +\infty} m\{((E+\{x\}) \cap E) \setminus ((E_n+\{x\}) \cap E)\}$$
$$\leqslant m(((E+\{x\}) \cap E) \setminus ((E_n+\{x\}) \cap E)).$$

由此即知(令 $n \to \infty$)
$$\lim_{x \to +\infty} m((E+\{x\}) \cap E) \leqslant \lim_{n \to \infty} m((E+\{x\}) \setminus (E_n+\{x\})) = 0.$$

例8 试证明下列命题：

(1) 设 $I=[0,1]\times[0,1]$，令
$$E = \left\{(x,y) \in I: \sin x < \frac{1}{2}, \cos(x+y) \text{ 是无理数}\right\},$$
则 $m(E)=\pi/6$.

(2) 设集合 $E \subset \mathbf{R}^n$. 若对任意的 $x \in E$，存在开球 $B(x,\delta_x)$，使得 $m(E \cap B(x,\delta_x))=0$，则 $m(E)=0$.

证明 (1) 记 $[0,1] \cap \mathbf{Q} = \{r_n\}$，且作点集
$$E_n = \{(x,y) \in I: \sin x < 1/2, \cos(x+y) = r_n\} \quad (n \in \mathbf{N}),$$
(或 $E_n = \{(x,y) \in I: 0 \leqslant x < \pi/6; 0 \leqslant y \leqslant 1, x+y = \arccos r_n\}(n \in \mathbf{N})$)
易知 $m(E_n)=0 (n \in \mathbf{N})$. 注意到
$$m(\{(x,y) \in I: \sin x < 1/2\})$$
$$= m(\{(x,y) \in I: 0 \leqslant x < \pi/6, 0 \leqslant y \leqslant 1\}) = \pi/6.$$
而 $E = \{(x,y) \in I: \sin x < 1/2\} \setminus \bigcup_{n=1}^{\infty} E_n$，故得 $m(E) = \pi/6$.

(2) 应用 Lindelöf 定理($\mathbf{R}^n$ 中的任一覆盖必存在可数覆盖).

§2.3 可测集与 Borel 集

例1 解答下列问题：

(1) 设 $E \subset \mathbf{R}$ 是可测集. 若对任意 $[a,b] \subset \mathbf{R}$，均有 $m(E \cap (a,b)) \leqslant (b-a)/2$，试证明 $m(E)=0$.

(2) 设 $G \subset \mathbf{R}$ 是开集，试问等式 $m(G)=m(\overline{G})$ 成立吗？

(3) 设 $E \subset \mathbf{R}$ 且 $m(E)>0$，试证明 $\overline{\overline{E}} = c$.

(4) 试问：是否存在闭集 $F \subset [a,b]$，$F \neq [a,b]$，而 $m(F)=b-a$？

解 (1) 反证法. 假定 $m(E) \neq 0$，则存在 $n \in \mathbf{Z}$，使得 $m(E_n) \neq 0$(令 $E_n = E \cap (n, n+1)$). 易知对 $0 < \varepsilon < m(E_n)$，存在开集 $G: G \subset (n, n+1)$，使得
$$E_n \subset G, \quad m(G) < m(E_n) + \varepsilon.$$

将 G 写成构成区间之并 $\bigcup_{i\geq 1}(a_i,b_i)$,我们有 $E_n=\bigcup_{i\geq 1}E\cap(a_i,b_i)$,以及

$$m(E_n)=\sum_{i\geq 1}m(E\cap(a_i,b_i))\leq \sum_{i\geq 1}(b_i-a_i)/2$$
$$=m(G)/2<(m(E_n)+\varepsilon)/2.$$

由此可知 $m(E_n)<\varepsilon$. 矛盾. 证毕.

(2) 不一定. 例如令 $\mathbf{Q}=\{r_k\}$,取 $G=\bigcup_{k=1}^{\infty}B(r_k,1/2^k)$.

(3) 取 E 中闭集 F,使得 $m(F)>0$. 由于 F 是不可数集,故有表示 $F=P\cup Z$,其中 P 是完全集,Z 是可数集,且 $\overline{P}=c$.

(4) 不存在. 因为 $F\neq[a,b]$,所以存在 $x_0\in(a,b)$,但 $x_0\overline{\in}F$. 注意到 F 是闭集,故存在 $\delta_0>0$,$(x_0-\delta_0,x_0+\delta_0)\cap F=\varnothing$ 且 $(x_0-\delta_0,x_0+\delta_0)\subset(a,b)$. 因此,$F\subset[a,b]\backslash(x_0-\delta_0,x_0+\delta_0)$,即 $m(F)<b-a$.

例 2 试证明下列命题:

(1) 设 $E\subset\mathbf{R}$,且 $0<\alpha<m(E)$,则存在 E 中有界闭集 F,使得 $m(F)=\alpha$.

(2) 设 $E\subset[a,b]$ 是可测集,$\{I_k\}$ 是一列开区间且满足 $m(E\cap I_k)\geq 2|I_k|/3(k\in\mathbf{N})$. 若令 $G=\bigcup_{k=1}^{\infty}I_k$,则 $m(E\cap G)\geq m(G)/3$.

证明 (1) 不妨设 $E\subset[-n,n]$,并作 E 中闭集 K,使得 $m(K)>\alpha$. 我们考查 $f(x)=m(K\cap[-n,x])$,易知 $f(x)$ 是 $\mathbf{R}$ 上的连续函数,且有 $f(-n)=0$,$f(n)>\alpha$. 从而知存在 $x_0\in(-n,n)$,使得 $f(x_0)=\alpha$. 令 $F=K\cap[-n,x_0]$,则 $F\subset E$ 且 $m(F)=\alpha$.

注 若上述操作是对 $E\backslash\mathbf{Q}$ 做的,则最后之闭集 F 是无内点的.

(2) 对任给 $\varepsilon>0$,可选 $I_{k_i}(i=1,2,\cdots,n)$,使得 $m\left(\bigcup_{i=1}^{n}I_{k_i}\right)>m(G)-\varepsilon$,且 $[a,b]$ 中不存在同时属于三个 I_{k_i} 之点. 从而我们有

$$m(E\cap G)\geq m\left(E\cap\bigcup_{i=1}^{n}I_{k_i}\right)=m\left(\bigcup_{i=1}^{n}(E\cap I_{k_i})\right)$$
$$\geq\frac{1}{2}\sum_{i=1}^{n}2|I_{k_i}|/3=\sum_{i=1}^{n}|I_{k_i}|/3\geq m(G)/3-\varepsilon.$$

令 $\varepsilon\to 0$,可知 $m(E\cap G)\geq m(G)/3$.

例 3　试证明下列命题:

(1) 设 $E\subset \mathbf{R}^n$. (i) 若对任给 $\varepsilon>0$, 存在开集 $G: G\supset E$ 且 $m^*(G\setminus E)<\varepsilon$, 则 E 是可测集. (ii) 若对任给 $\varepsilon>0$, 存在闭集 $F: F\subset E$ 且 $m^*(E\setminus F)<\varepsilon$, 则 E 是可测集.

(2) 设 $E\subset \mathbf{R}^n$ 且 $m^*(E)<+\infty$, 若有
$$m^*(E) = \sup\{m(F): F\subset E \text{ 是有界闭集}\},$$
则 E 是可测集.

(3) 设 $E_1, E_2\subset \mathbf{R}^n, E_1\bigcup E_2$ 是可测集且 $m(E_1\bigcup E_2)<+\infty$. 若有 $m(E_1\bigcup E_2)=m^*(E_1)+m^*(E_2)$, 则 E_1 与 E_2 皆可测.

(4) 设 $E\subset \mathbf{R}$ 是有界点集. 则 E 可测的充分必要条件是: 对任给 $\varepsilon>0$, 存在有限个互不相交的区间之并: $V=\bigcup_{i=1}^{N} I_i$, 使得 $m^*(E\triangle V)<\varepsilon$.

(5) 设 $E\subset \mathbf{R}^n$, 则 E 可测的充分必要条件是: 对任给 $\varepsilon>0$, 存在开集 $G_1, G_2: G_1\supset E, G_2\supset E^c$, 使得 $m(G_1\bigcap G_2)<\varepsilon$.

证明　(1) 依题设知, 对 $n\in \mathbf{N}$, 存在 $G_n: G_n\supset E, m^*(G_n\setminus E)<1/n$. 令 $H=\bigcap_{n=1}^{\infty} G_n$, 则 $H\supset E$ 且 $m^*(H\setminus E)\leqslant m^*(G_n\setminus E)<1/n$. 从而知 $m^*(H\setminus E)=0$, 而 $E=H\setminus (H\setminus E)$, 故 E 可测.

(2) 对任给 $\varepsilon>0$, 取开集 $G: G\supset E$, 且 $m(G)<m^*(E)+\varepsilon/2$. 此外, 又选闭集 $F: F\subset E$ 且 $m(F)>m^*(E)-\varepsilon/2$. 从而知存在 $F\subset E\subset G$, 且 $m(G\setminus F)<\varepsilon$, 即 E 是可测集.

(3) 作 E_1, E_2 的等测包 H_1, H_2, 我们有
$$m(H_1)+m(H_2) \geqslant m(H_1\bigcup H_2) \geqslant m(E_1\bigcup E_2)$$
$$= m^*(E_1)+m^*(E_2) = m(H_1)+m(H_2).$$
从而可知 $m(H_1\bigcap H_2)=0$, 且有 $m^*(H_1\setminus E_1)=0$. 注意到 $H_1=E_1\bigcup(H_1\setminus E_1)$, 即得 $E_1\in \mathcal{M}$. 同理有 $E_2\in \mathcal{M}$.

(4) **充分性**　取有界区间 $J: E\subset J, V\subset J$, 易知
$$(J\setminus E)\triangle (J\setminus V) = E\triangle V,$$
$$|m^*(J\setminus E)-m^*(J\setminus V)|\leqslant m^*(E\triangle V)<\varepsilon.$$
再注意到 $|m^*(E)-m^*(V)|\leqslant m^*(E\triangle V)<\varepsilon$, 以及
$$m(V)+m(J\setminus V) = m(J),$$

$$|m^*(E)+m^*(J\backslash E)-m^*(J)|<2\varepsilon.$$

令 $\varepsilon\to 0$, 我们有 $m^*(E)+m^*(J\backslash E)=m(J)$. 由(3)即得所证.

必要性 假定 E 是可测集, 则对任给 $\varepsilon>0$, 可作开集 G: $G=\bigcup\limits_{i\geqslant 1}I_i$ $\supset E$ ($\{I_i\}$ 是 G 的构成区间) 且有 $m(G\backslash E)<\varepsilon$. 从而又有 $m\Big(\bigcup\limits_{i=1}^{n_0}I_i\backslash E\Big)<\varepsilon$ $(n_0\in\mathbf{N})$. 此外, 由 $\Big(E\backslash\bigcup\limits_{i=1}^{n_0}I_i\Big)\subset\bigcup\limits_{n_0+1}^{\infty}I_i$ 可知 $m\Big(E\backslash\bigcup\limits_{i=1}^{n_0}I_i\Big)\leqslant m\Big(\bigcup\limits_{n_0+1}^{\infty}I_i\Big).$

因为存在 n_1: $n_1>n_0$, 使得 $m\Big(\bigcup\limits_{n_1+1}^{\infty}I_i\Big)<\varepsilon$, 所以我们有

$$m\Big(E\triangle\bigcup_{i=1}^{n_1}I_i\Big)\leqslant m\Big(E\backslash\bigcup_{i=1}^{n_1}I_i\Big)+m\Big(\bigcup_{i=1}^{n_1}I_i\backslash E\Big)<2\varepsilon.$$

(5) **必要性** 设 E 是可测集, 则对任给 $\varepsilon>0$, 存在包含 E 的开集 G_1 以及含于 E 的闭集 F, 使得

$$m(G_1\backslash E)<\varepsilon/2, \quad m(E\backslash F)<\varepsilon/2,$$
$$m(G_1\backslash F)\leqslant m(G_1\backslash E)+m(E\backslash F)<\varepsilon.$$

令 $G_2=F^c$, 易知 G_2 是开集且有 $G_2\supset E^c$, 我们有 $m(G_1\cap G_2)<\varepsilon$.

充分性 假定存在 $G_1\supset E$, $G_2\supset E^c$, 使得 $m(G_1\cap G_2)<\varepsilon$, 则令 $F=G_2^c$, 易知 $F\subset E$, 且有 $m(G_1\backslash F)<\varepsilon$. 从而可知 $m^*(G_1\backslash E)<\varepsilon$, 即 E 是可测集.

例4(Steinhaus) 设 $A,B\subset\mathbf{R}$ 是可测集, 且有 $m(A)<+\infty$, $m(B)<+\infty$, 试证明 $f(x)=m(A\cap(B+\{x\}))$ 在 $\mathbf{R}$ 上连续.

证明 (i) A,B 是区间的情形: 不妨设 $A=(a,b)$, $B=(c,d)$, 且 $a\leqslant c<d\leqslant b$, 我们有

$$A\cap(B+x)=\begin{cases}\varnothing, & x\leqslant a-d,\\ (a,d+x), & a-d\leqslant x\leqslant a-c,\\ (c+x,d+x), & a-c\leqslant x\leqslant b-d,\\ (c+x,b), & b-c\leqslant x.\end{cases}$$

显然 $f(x)$ 连续. 易知 A,B 是一般区间时, $f(x)$ 也连续.

(ii) A,B 是开集的情形: 不妨设 $A=\bigcup\limits_{n=1}^{\infty}I_n$, $B=\bigcup\limits_{m=1}^{\infty}J_m$ (I_n, J_m 是

开区间),且满足 $I_j \cap I_k = \varnothing, J_j \cap J_k = \varnothing (j \neq k)$,以及 $m(I_n) < +\infty$, $m(J_n) < +\infty$,则有

$$A \cap (B + \{x\}) = \left(\bigcup_{n=1}^{\infty} I_n\right) \cap \left(\bigcup_{m=1}^{\infty} (J_m + \{x\})\right)$$
$$= \bigcup_{n=1}^{\infty} \bigcup_{m=1}^{\infty} (I_n \cap (J_m + \{x\})).$$

从而知

$$m(A + (B + \{x\})) = \sum_{n,m=1}^{\infty} m(I_n \cap (J_m + \{x\})).$$

$\Big($注意,$m(I_n \cap (J_m + \{x\})) \leqslant |I_n|$,$\sum_{n=1}^{\infty} |I_n| = m(A) < +\infty$,故上式右端级数一致收敛。$\Big)$ 因为 $m(I_n \cap (J_m + \{x\}))$ 是 x 的连续函数,所以 $m(A \cap (B + \{x\}))$ 是 x 的连续函数。

(iii) A, B 是任意可测集的情形:取开集 G_A, G_B:$G_A \supset A, G_B \supset B$,且 $m(G_A \backslash A) < \varepsilon/2, m(G_B \backslash B) < \varepsilon/2$,我们有

$$G_A \cap (G_B + \{x\}) \subset (\{x\} + (G_B \backslash B))$$
$$\cup (G_A \backslash A) \cup ((\{x\} + B) \cap A),$$
$$(\{x\} + B) \cap A \subset ((\{x\} + G_B) \cap G_A) \cup (G_B \backslash B) \cup (G_A \backslash A).$$

从而可得

$$|m(G_A \cap (\{x\} + G_B)) - m((\{x\} + B) \cap A)|$$
$$\leqslant m(G_B \backslash B) + m(G_A \backslash A) < \varepsilon.$$

因为 $m(G_A \cap (G_B + \{x\}))$ 是 x 的连续函数,所以存在 $\delta > 0$,

$$|m(G_A \cap (G_B + \{x\})) - m(G_A \cap (G_B + \{y\}))| < \varepsilon,$$
$$|x - y| < \delta.$$

由此知对满足 $|x - y| < \delta$ 之 y,就有

$|m(A \cap (B + \{x\})) - m(A \cap (B + \{y\}))|$
$\leqslant |m(G_A \cap (G_B + \{x\})) - m(A \cap (B + \{x\}))|$
$+ |m(G_A \cap (G_B + \{x\})) - m(G_A \cap (G_B + \{y\}))|$
$+ |m(G_A \cap (G_B + \{y\})) - m(A \cap (B + \{y\}))| \leqslant 3\varepsilon.$

即得所证。

例 5 解答下列问题：

(1) 设 $E\subset \mathbf{R}^n$, $H\supset E$ 且 H 是可测集. 若 $H\setminus E$ 中任一可测子集皆为零测集, 试问 H 是 E 的等测包吗？

(2) 设 $m^*(E)<\infty$, 试证明存在 G_δ 型集 H：$H\supset E$, 使得对于任一可测集 A, 都有 $m^*(E\cap A)=m(H\cap A)$.

(3) 设 $\{E_k\}\subset \mathbf{R}^n$ 是递减可测集列, $S\subset \mathbf{R}^n$ 且 $m^*(S)<+\infty$, 试证明 $\lim\limits_{k\to\infty} m^*(E_k\cap S)=m^*(\lim\limits_{k\to\infty} E_k\cap S)$.

解 (1) 作 E 的等测包 G, 因为 $H\setminus G\subset H\setminus E$ 且 $H\setminus G$ 是可测集, 所以 $m(H\setminus G)=0$. 由此知 $m^*(E)=m(H)$, 即 H 是 E 的等测包.

(2) 作 E 的 G_δ 型的等测包 H, 且对任一集 $A\in \mathscr{M}$, 设 B 是 $(H\cap A)\setminus(E\cap A)$ 中的任一可测集, 则由

$$(H\cap A)\setminus(E\cap A)\subset H\setminus E$$

可知, $m(B)=0$. 从而根据(1)即得 $m(H\cap A)=m^*(E\cap A)$.

(3) 根据 $E_k(k\in \mathbf{N})$ 的可测性, 可知

$$m^*(S)=m^*(S\cap E_k)+m^*(S\cap E_k^c)\quad (k\in \mathbf{N}).$$

令 $k\to\infty$, 并注意到 $\{S\cap E_k^c\}$ 是递增集合列, 又得

$$m^*(S)=\lim_{k\to\infty} m^*(S\cap E_k)+m^*(S\cap (\lim_{k\to\infty} E_k)^c).$$

但因 $\lim\limits_{k\to\infty} E_k$ 是可测集, 所以应成立等式

$$m^*(S)=m^*(S\cap \lim_{k\to\infty} E_k)+m^*(S\cap (\lim_{k\to\infty} E_k)^c).$$

从而我们有(注意 $m^*(S)<+\infty$)

$$\lim_{k\to\infty} m^*(E_k\cap S)=m^*(\lim_{k\to\infty} E_k\cap S).$$

例 6 试证明下列命题：

(1) 设 $E_1, E_2\subset \mathbf{R}^n$, 则 $m^*(E_1\cup E_2)=m^*(E_1)+m^*(E_2)$ 的充分必要条件是: 存在可测集 M_1, M_2：$M_1\supset E_1$, $M_2\supset E_2$, 且 $m(M_1\cap M_2)=0$.

(2) 设 μ^* 是定义在 $\mathbf{R}^n$ 上的一种外测度, 若任一 Borel 集都是 μ^* 可测集, 则 μ^* 是距离外测度.

证明 (1) 充分性 不妨假定 $m^*(E_1\cup E_2)<+\infty$. 对任给 $\varepsilon>0$, 作开集 G, 使得

$$G\supset E_1\cup E_2, \quad m(G)<m^*(E_1\cup E_2)+\varepsilon.$$

因为 $E_1 \subset M_1 \cap G, E_2 \subset M_2 \cap G$,且 $m[(M_1 \cap G) \cap (M_2 \cap G)] = 0$,所以得到

$$m^*(E_1) + m^*(E_2) \leqslant m(M_1 \cap G) + m(M_2 \cap G)$$
$$= m((M_1 \cap G) \cup (M_2 \cap G))$$
$$\leqslant m(G) \leqslant m^*(E_1 \cup E_2) + \varepsilon.$$

由 ε 的任意性可知,$m^*(E_1 \cup E_2) = m^*(E_1) + m^*(E_2)$.

必要性 作 E_1, E_2 的等测包 $M_1, M_2: m(M_1) = m^*(E_1), m(M_2) = m^*(E_2)$. 如果 $m(M_1 \cap M_2) > 0$,那么就有

$$m^*(E_1 \cup E_2) = m^*(E_1) + m^*(E_2) = m(M_1) + m(M_2)$$
$$= m(M_1 \cup M_2) + m(M_1 \cap M_2) > m(M_1 \cup M_2)$$
$$\geqslant m^*(E_1 \cup E_2).$$

这导致矛盾,故 $m(M_1 \cap M_2) = 0$.

(2) 依题设知,开集是 μ^* 可测的. 现在设 E_1, E_2 是 $\mathbf{R}^n$ 中的两个点集,且 $d(E_1, E_2) > 0$,则可作开集 $G: G \supset E_1$ 且 $G \cap E_2 = \varnothing$. 从而得到

$$\mu^*(E_1 \cup E_2) = \mu^*((E_1 \cup E_2) \cap G) + \mu^*((E_1 \cup E_2) \cap G^c)$$
$$= \mu^*(E_1) + \mu^*(E_2).$$

即得所证.

例 7 解答下列问题:

(1) 试作 $[0,1]$ 上的函数 $f(x)$,使其不连续点集 D 满足:(i) $m(D) = 0$. (ii) 对任意的 $(\alpha, \beta) \subset [0,1]$,点集 $D \cap (\alpha, \beta)$ 不可数.

(2) 试作 $E \subset [0,1], m(E) = 0$,使得对任意的 $f \in R([0,1])$(Riemann 可积),E 中均有 $f(x)$ 的连续点.

(3) 设 $0 < \varepsilon_n < 1 (n \in \mathbf{N})$,则 $\varepsilon_n \to 0 (n \to \infty)$ 的充分必要条件是:存在 $E_n \subset [0,1]$ 且 $m(E_n) = \varepsilon_n (n \in \mathbf{N})$,使得 $\sum_{n=1}^{\infty} \chi_{E_n}(x) < +\infty, x \in [0,1] \setminus Z, m(Z) = 0$.

(4) 设 $F \subset \mathbf{R}^n$ 是无内点的闭集,且 $m(F) > 0$. 若有 $Z \subset \mathbf{R}^n$ 且 $m(Z) = 0$,则 $\chi_F \in C(Z^c)$. (但对任给 $\varepsilon > 0$,存在开集 $G \subset \mathbf{R}^n, m(G) < \varepsilon$,使得 $\chi_F \in C(G^c)$).

解 (1) (i) 记 $[0,1]$ 中的 Cantor 集为 C_1.

(ii) 在$[0,1]\setminus C_1$中的每个剩余邻接区间中,再类似于作 Cantor 集的三分手法,做出完全集,其全体记为$C_2,\cdots$,依此法继续做下去,可得$\{C_n\}$. 现在令$C=\bigcup\limits_{n=1}^{\infty}C_n$,且作函数如下:

$$f(x) = \begin{cases} 1/2^n, & x \in C_n \ (n \in \mathbf{N}), \\ 0, & x \overline{\in} C. \end{cases}$$

即得所求.

(2) 记$[0,1]\cap \mathbf{Q}=\{r_n\}$,且对每个$k$,我们作$(0,1)$中开区间列$\{I_k^{(n)}\}: r_n \in I_k^{(n)}$且$|I_k^{(n)}| \leqslant 2^{-(k+n)}$. 令$G_k=\bigcup\limits_{n=1}^{\infty}I_k^{(n)}$(开集),$G_k \supset \mathbf{Q}\cap[0,1]$且$m(G_k) \leqslant 2^{-k}$. 再令$E=\bigcap\limits_{k=1}^{\infty}G_k(G_\delta$集$)\subset[0,1]$,易知$m(E)=0$.

因为稠密的G_δ集的补集是第一纲集,所以E是第二纲集. 从而E必与每个稠密G_δ集有非空交集. 另一方面,$f(x)$是 Riemann 可积的,其连续点集是G_δ型集,必稠密,证毕.

(3) 必要性 令$E_n=[0,\varepsilon_n](n\in\mathbf{N})$,则$m(E_n)=\varepsilon_n \ (n \in \mathbf{N})$. 易知$\sum\limits_{n=1}^{\infty}\chi_{E_n}(x) < +\infty$, a.e. $x \in [0,1]$.

充分性 由$\sum\limits_{n=1}^{\infty}\chi_{E_n}(x) < +\infty$, a.e. $x\in[0,1]$可知,使$\sum\limits_{n=1}^{\infty}\chi_{E_n}(x)=+\infty$的点集是$[0,1]$中点属于$\{E_n\}$中无穷多个的$x$全体,即上限集$\overline{\lim\limits_{n\to\infty}}E_n$也是零测集. 由此可得$\lim\limits_{n\to\infty}m\left(\bigcup\limits_{k=n}^{\infty}E_k\right)=0$. 故$\lim\limits_{n\to\infty}\varepsilon_n=\lim\limits_{n\to\infty}m(E_n)=0$.

(4) 依题设知$Z^c \cap F \neq \varnothing$. 假定对$x_0 \in Z^c \cap F, \chi_F(x)$在$x=x_0$处关于$Z^c$是连续的,则存在$\delta_0>0$,使得

$$\chi_F(x) = 1 \quad (x \in B(x_0,\delta_0) \cap Z^c).$$

这说明$B(x_0,\delta_0)\cap Z^c \subset F$,但$m(Z)=0$,故$B(x_0,\delta_0)\cap Z^c$在$B(x_0,\delta_0)$中稠密. 矛盾.

§2.4 正测度集与矩体的关系

例 1 试证明下列命题：

(1) $[0,1]$ 中存在正测集 E，使得对于 $[0,1]$ 中任一开区间 I，有 $0<m(E\cap I)<m(I)$.

(2) 设 $\boldsymbol{\Gamma}=\{E_\alpha\}$ 是 $\mathbf{R}$ 中某些互不相交的正测集形成的集族，则 $\boldsymbol{\Gamma}$ 是可数的.

(3) 设 $E\subset\mathbf{R}$ 且 $m(E)>0$，则存在 $x_1,x_2\in E$，使得 $|x_1-x_2|$ 是有理数.

(4) 设 $E\subset[0,1]$ 是可测集且有
$$m(E)\geqslant\varepsilon>0,\quad x_i\in[0,1],\ i=1,2,\cdots,n,$$
其中 $n>2/\varepsilon$. 则 E 中存在两个点其距离等于 $\{x_1,x_2,\cdots,x_n\}$ 中某两个点之间的距离.

证明 (1) 首先在 $[0,1]$ 中作类 Cantor 集 $H_1: m(H_1)=1/2$. 其次在 $[0,1]$ 中 H_1 的邻接区间 $\{I_{1j}\}$ 的每个 I_{1j} 内再作类 Cantor 集 H_{1j}：$m(H_{1j})=|I_{1j}|/2^2$，并记 $H_2=\bigcup_{j=1}^{\infty}H_{1j}$. 然后，对 $H_1\cup H_2$ 的邻接区间 $\{I_{2j}\}$ 的每个 I_{2j}，又作类 Cantor 集 $H_{2j}: m(H_{2j})=|I_{2j}|/2^3$. 再记 $H_3=\bigcup_{j=1}^{\infty}H_{2j},\cdots$，依次继续进行，则可得 $\{H_m\}$. 令 $E=\bigcup_{n=1}^{\infty}H_n$，即可得证.

(2) 令 $I_n=[-n,n]\,(n=0,1,2,\cdots),E_\alpha^{(n)}=(I_{n+1}\setminus I_n)\cap E_\alpha\,(n=0,1,2,\cdots)$，对每个 n，在 $\boldsymbol{\Gamma}$ 中使得 $m(E_\alpha^{(n)})>0$ 的 $E_\alpha^{(n)}$ 只能有可数个. 从而 $\boldsymbol{\Gamma}$ 是可数的.

(3) 注意，存在 $\delta>0, E-E\supset(-\delta,\delta)$.

(4) 作 $E_i=E+\{x_i\}\,(i=1,2,\cdots,n)$，则由测度的平移不变性可知，$m(E_i)=m(E)\,(i=1,2,\cdots,n)$. 又因为有 $E_i\subset[0,2]\,(i=1,2,\cdots,n)$，所以如果 $\{E_i\}$ 之间互不相交，就有
$$\sum_{i=1}^{n}m(E_i)=n\cdot m(E)\leqslant 2,\quad n\leqslant 2/m(E)\leqslant 2/\varepsilon.$$
这与题设矛盾，故存在 $i_0,i_1: i_0\neq i_1$ 且 $1\leqslant i_0,i_1\leqslant n$，使得 $E_{i_0}\cap E_{i_1}\neq$

$\varnothing$. 即存在 $s,t\in E$, 使得 $s+x_{i_0}=t+x_{i_1}$. 从而有 $|s-t|=|x_{i_0}-x_{i_1}|$. 证毕.

例 2 试证明下列命题:

(1) 设 $A,B\subset \mathbf{R}$ 且 $m(A)>0, m(B)>0$, 又 $D\subset \mathbf{R}$ 在 $\mathbf{R}$ 中稠密, 则存在 $a\in A, b\in B$, 使得 $b-a\in D$.

(2) 设 $A,B\subset \mathbf{R}$ 且 $m(A)>0, m(B)>0$, 作点集 $E=\{|a-b|: a\in A, b\in B\}$, 则 E 包含一个区间.

(3) 设 $A,B\subset \mathbf{R}$ 且 $m(A)>0, m(B)>0$, 则 $A+B$ 包含一个区间.

(4) 存在 $A,B\subset \mathbf{R}$: $m(A)=m(B)=0$, 且 $m(A+B)>0$.

证明 (1) 由题设知存在区间 I_A, I_B, 使得
$$m(A\cap I_A)>3|I_A|/4,$$
$$|I_B|<|I_A|/2, \quad m(I_B\cap B)>3|I_B|/4.$$
把区间 I_A 等分, 则存在子区间 $\tilde{I}$, 使得 $m(\tilde{I}\cap A)>3|I_B|/4$. 由于 D 是稠密集, 可取 $d\in D$, 使得 $(I_B\cap B)+\{d\}\subset \tilde{I}$. 我们有
$$m(\tilde{I}\cap A)>3|I_B|/4,$$
$$m((I_B\cap B)+\{d\})=m(I_B\cap B)>3|I_B|/4.$$
从而得 $m(\tilde{I}\cap((A\cap B)+\{d\}))>0$, 即存在 $a\in A, b\in B$, 使得 $b-a\in D$.

(2) 令 $E^c=D$, 若 D 在 $\mathbf{R}$ 中稠密, 则由(1)可知, 存在 $a\in A, b\in B$, 使得 $b-a\in D$. 这与 D 的定义矛盾, 即 D 非稠密集. 因此 E 就包含一个区间了.

(3) 易知 $m(-B)=m(B)>0$, 而 $A+B=A-(-B)$ 就包含一个区间了.

(4) 取 $A=B=C$(Cantor 集), 则 $A+B=[0,2]$.

例 3 试证明下列命题:

(1) 设 $E\subset \mathbf{R}$ 且 $m(E)>0$, 则存在 $a>0$, 使得
$$(E+\{x\})\cap E\neq \varnothing \quad (|x|<a).$$

(2) 设 $E\subset \mathbf{R}^2$, 且 $m(E)>0$, 则存在 $x_0\in E$, 使得对任一圆 $B(x_0,\delta)\triangleq B$, 均有 $m(B\cap E)>0$.

(3) 设 $E\subset [0,1]$ 是可测集. 若存在 δ_0: $1>\delta_0>0$, 对任一区间 $(a,b)\subset [0,1]$, 均有 $m(E\cap(a,b))\geqslant \delta_0(b-a)$, 则 $m(E)=1$.

(4) 设 $I \subset \mathbf{R}$ 是开区间，$E \subset \mathbf{R}$ 是可测集. 若存在 $\lambda > 0$，使得 $m(E \cap I) > \lambda |I|$，则对 $n \in \mathbf{N}$，存在开区间 $J \subset I$：
$$|I| = n \cdot |J|, \quad m(E \cap J) > \lambda |J|.$$

证明 (1) 因为存在 $a > 0$，使得 $E - E \supset (-a, a)$. 所以当 $|x| < a$ 时，有 $x_1, x_2 \in E$，使得 $x = x_1 - x_2$. 即 $x + x_2 \in E$，也就是说
$$(E + \{x\}) \cap E \neq \varnothing \quad (|x| < a).$$

(2) 反证法. 应用 Linderöf 定理（可数覆盖）.

(3) 作点集 $[0,1] \setminus E = M$，则
$$m(E \cap (a,b)) + m(M \cap (a,b)) = b - a.$$
注意到 $m(E \cap (a,b)) \geq \delta_0 (b-a)$，故有
$$m(M \cap (a,b)) \leq (1-\delta_0)(b-a).$$
令 $\lambda = 1 - \delta_0$，注意到 $0 < \lambda < 1$，这也就是说，对任意 (a,b)，均有 $m(M \cap (a,b)) \leq \lambda(b-a)$. 但这只能是 $m(M) = 0$，即 $m(E) = 1$.

(4) 将 I 等分成 n 个互不相重的区间：$I_1, I_2, \cdots, I_n$，则
$$\sum_{i=1}^{n} \lambda \cdot |I_i| = \lambda |I| < m(E \cap I) = \sum_{i=1}^{n} m(E \cap I_i).$$
由此可知，存在 i_0，使得 $m(E \cap I_{i_0}) > \lambda \cdot |I_{i_0}|$. 从而取 J 为 I_{i_0} 即可.

例 4 试证明下列命题：

(1) (i) 设 $E \subset \mathbf{R}^2$ 且 $m(E) > 1$，则 E 中存在两点：$P_1 = (x_1, y_1)$，$P_2 = (x_2, y_2)$，其中 $x_2 - x_1 \in \mathbf{Z}, y_2 - y_1 \in \mathbf{Z}$（$\mathbf{Z}$ 是整数集）.

(ii) 设 $S \subset \mathbf{R}^2$ 是以原点 $(0,0)$ 为中心的对称凸集，且 $m(S) > 2^2$，则 S 包含整数格点 $P = (x, y) \neq (0, 0)$. 此外，又若存在 $n_0 \in \mathbf{N}$，使得 $m(S) > n_0 \cdot 2^2$，则 S 至少包含 $2n_0$ 个整数格点.

(2) 设 $A \subset [0,1]$ 且 $m(A) > 1/2$，则 A 包含一个子集 A_0：$m(A_0) > 0$，且 A_0 关于点 $x = 1/2$ 是对称的.

(3) 设有定义在 $\mathbf{R}$ 上的函数 $f(x)$，满足
$$f(x+y) = f(x) + f(y), \quad x, y \in \mathbf{R},$$
且在 $E \subset \mathbf{R}$ $(m(E) > 0)$ 上有界，则 $f(x) = cx$ $(x \in \mathbf{R})$，其中 $c = f(1)$.

证明 (1) (i) 将 $\mathbf{R}^2$ 分解为可列个以整数格点为顶点的正方形. 记 $L = (i, j)(i, j \in \mathbf{Z})$，作点集
$$I_L = \{L + P: P = (x, y) \in [0, 1) \times [0, 1)\},$$
$$E_L = \{\{x\} - L: x \in E \cap I_L\},$$

由 $\sum_L m(E_L) = \sum_L m(E \cap I_L) = m(E) > 1$,可知集合族$\{E_L\}$不能全部互不相交. 从而存在 $L_1, L_2 \in \mathbf{Z} \times \mathbf{Z}$,使得 $E_{L_1} \cap E_{L_2} \neq \emptyset$. 令 $\lambda \in E_{L_1} \cap E_{L_2}$,则

$$\lambda = P_1 - L_1 = P_1 - L_2 \quad (P_1, P_2 \in E).$$

因此,$0 \neq P_1 - P_2 = L_1 - L_2 \in \mathbf{Z} \times \mathbf{Z}$.

(ii) 考查点集 $E = \{x/2, x \in S\}$. 此外,用类似于(i)的推理,易知存在至少属于$\{E_L\}$中 $n_0 + 1$ 个集合的点. 从而 E 含有不同点 $L_1, L_2, \cdots, L_{n_0+1}$,使得 $L_k - L_j \in \mathbf{Z} \times \mathbf{Z}$. 注意指标 i,使得 L_i 不属于其余点组成的凸包,易推出 $\pm (L_k - L_i)(k \neq i)$ 是相异点组. 证毕.

(2) 考查 $-A$,并令 $-A + \{1\} = B$,则 $m(B) = m(A)$. 又记 $E = A \cap B$,由 $B \subset [0,1]$可知,$E \neq \emptyset$. 易知$m(E) > 0$(否则由 $m(A) + m(B) > 1$ 可知,$m(A \cup B) = m(A) + m(B) > 1$,矛盾).

现在,若有 $x \in E \cap [0, 1/2]$,则 $-x \in [-1/2, 0]$. 从而得$-x+1 \in [1/2, 1]$. 又,$x \in B$,则 $x = -y + 1(y \in A)$. 我们有

$$-x + 1 = y \in [1/2, 1], \quad x + y = 1.$$

即对称成立.

(3) (i) 首先,由题设知,对 $r \in \mathbf{Q}$,必有 $f(r) = rf(1)$.

(ii) 其次,由 $m(E) > 0$ 可知,存在区间 $I: I \subset E - E$. 不妨设 $|f(x)| \leqslant M$ $(x \in E)$,又对任意的 $x \in I$,有 $x', x'' \in E$,使得 $x = x' - x''$,则

$$|f(x)| = |f(x') - f(x'')| \leqslant |f(x')| + |f(x'')| \leqslant 2M.$$

记 $I = [a, b]$,并考察$[0, b-a]$. 若 $x \in [0, b-a]$,则 $x + a \in [a, b]$. 从而由 $f(x) = f(x+a) - f(a)$ 可知,$|f(x)| \leqslant 4M (x \in [0, b-a])$. 记 $b - a = c$,这说明

$$|f(x)| \leqslant 4M, \quad x \in [0, c].$$

易知$|f(x)| \leqslant 4M, x \in [-c, c]$.

已知对任意的 $x \in \mathbf{R}$ 以及自然数 n,均存在有理数 r,使得$|x - r| < c/n$. 因此我们得到

$$|f(x) - xf(1)| = |f(x-r) + rf(1) - xf(1)|$$
$$= |f(x-r) + (r-x)f(1)| \leqslant \frac{4M + c|f(1)|}{n}.$$

根据 n 的任意性(x 的任意性),即得 $f(x) = xf(1)$.

§2.5 不可测集

例1 解答下列问题:

(1) 设 $E \subset \mathbf{R}$ 且 $m(E) > 0$,试证明存在 E 中不可测集 W.

(2) 试问是否存在 $E \subset [0,1]$,使得对于任意的 $x \in \mathbf{R}$,存在 $y \in E$,有 $x - y \in \mathbf{Q}$?

(3) 试在 $[0,1]$ 中作一不可数集 W,使得 $W - W$ 无内点.

(4) 设有 $f:[a,b] \to \mathbf{R}$,若对于 $[a,b]$ 中任一可测集 E,$f(E)$ 必为 $\mathbf{R}$ 中的可测集,试证明:对于 $[a,b]$ 中任一零测集 Z,必有 $m(f(Z)) = 0$.

解 (1) 由 $E = \bigcup_{n=1}^{\infty}(E \cap [-n,n])$ 可知,存在 n_0,使得
$$m(E_0) > 0 \quad (E_0 = E \cap [-n_0, n_0]).$$

对 $x \in E_0$,作 $E_x = \{t \in E_0 : t - x \in \mathbf{Q}\}$,易知 $E_0 = \bigcup_{x \in E_0} E_x$.

设 $x_1, x_2 \in E_0$. 若 $x_1 - x_2 \in \mathbf{Q}$,则 $E_{x_1} = E_{x_2}$. 否则有 $E_{x_1} \cap E_{x_2} = \varnothing$. 从而知存在由不同的 E_x 中都取一个点组成点集 $W:W \subset E_0$. 现在记 $\{r_n\} = \mathbf{Q} \cap [-2n_0, 2n_0]$,则得
$$(W + \{r_k\}) \cap (W + \{r_j\}) = \varnothing \quad (r_k \neq r_j),$$
$$\bigcup_{n=1}^{\infty}(W + \{r_n\}) \subset [-3n_0, 3n_0], \quad E_0 \subset \bigcup_{n=1}^{\infty}(W + \{r_n\}).$$

假定 W 是可测集,那么每个 $W + \{r_n\}$ 是可测集,我们有
$$0 < m(E_0) \leq \sum_{n=1}^{\infty} m(W + \{r_n\}) = \sum_{n=1}^{\infty} m(W) \leq 6n_0. \quad (*)$$

在上式中:若 $m(W) = 0$,则 $m(E_0) = 0$,这导致矛盾;若 $m(W) > 0$,则 $\sum_{n=1}^{\infty} m(W) = +\infty > 6n_0$,也与 $(*)$ 矛盾. 这说明 W 是不可测集.

(2) 存在. 只需取 $[0,1]$ 中 E 为不可测集即可.

(3) 将 $[0,1]$ 中的一切点分解成许多等价类:当 $x, y \in [0,1]$ 且 $x - y \in \mathbf{Q}$ 时,x 与 y 属于同一类,然后在每一类中取一个点形成点集 W. 自然,W 是不可数集.

(i) 对 $x \in W, x - x = 0 \in W, 0 \bar{\in} \mathbf{Q} \setminus \{0\}$.

(ii) 对 $x \in W, y \in W$ 且 $x \neq y$, 则 $x - y \in \mathbf{Q}$. 从而
$$x - y \in (\mathbf{Q} \setminus \{0\})^c.$$

综合(i),(ii)结果,我们有 $W - W \subset (\mathbf{Q} \setminus \{0\})^c$, 故 $W - W$ 不含有内点.

(4) 反证法. 假定 $m(f(Z)) > 0$, 则 $f(Z)$ 内包含有不可测集 W. 但 $f^{-1}(W) \subset Z$ 且 $m(f^{-1}(W)) = 0$, 故由题设知 $f(f^{-1}(W)) = W$ 是可测集, 矛盾.

例 2 解答下列问题:

(1) 试问一族可测集的交集必是可测集吗?

(2) 设 $\boldsymbol{\Gamma}$ 是一族半开闭区间 $I(I = (a, b]$ 或 $[a, b))$ 之全体, 试证明 $\bigcup_{I \in \boldsymbol{\Gamma}} I$ 是可测集.

(3) 试作互不相交的点集列 $\{E_k\}$, 使得
$$m^*\left(\bigcup_{k=1}^{\infty} E_k\right) < \sum_{k=1}^{\infty} m^*(E_k).$$

(4) 试作递减集合列 $\{A_k\}$ 满足
$$m^*(A_k) < +\infty \ (k \in \mathbf{N}), \quad m^*(\lim_{k \to \infty} A_k) < \lim_{k \to \infty} m^*(A_k).$$

解 (1) 不. 例如记 W 是 $\mathbf{R}$ 中的不可测集, 则由 $\bigcap_{a \in W} \{a\}^c = \left(\bigcup_{a \in W} \{a\}\right)^c = W^c$ 可知 (可测集 $\{a\}^c = \mathbf{R} - \{a\}$) 对 $a \in W$, 作交是不可测集.

(2) 用等价关系: $I \sim J (I \cap J \neq \emptyset)$ 将 $\boldsymbol{\Gamma}$ 分解成由等价类形成的类族, 易知每个等价类中一切半开闭区间的并集是一个区间, 从而 $\bigcup_{I \in \boldsymbol{\Gamma}} I$ 是可测集.

(3) 设 $W \subset (0, 1)$ 是不可测集, 令 $\{r_k\} = \mathbf{Q} \cap (-1, 1)$, 以及 $E_k = W + \{r_k\} (k \in \mathbf{N})$, 即为所求.

(4) 采用(3)中之 $\{E_k\}$, 且令
$$A_k = (0, 1) \setminus \bigcup_{i=1}^{k} E_i \quad (k = 1, 2, \cdots),$$

易知 $\lim\limits_{k\to\infty} m^*(A_k) \geqslant m^*(\lim\limits_{k\to\infty} A_k) = 0.$

例3 试证明下列命题:

(1) 设 W 是不可测集，E 是可测集. 试证明 $E\triangle W$ 是不可测集.

(2) 设 $W \subset [0,1]$ 是不可测集，则存在 $\varepsilon_0: 0 < \varepsilon_0 < 1$，使得对 $[0,1]$ 中任一可测集 $E: m(E) \geqslant \varepsilon_0, E \cap W$ 均不可测.

证明 (1) 不妨设 $m(E) > 0$，用反证法. 假定 $E\triangle W$ 是可测集，则由

$$E \cup W = (E \cap W) \cup (E\triangle W),$$

易推出 $E \cap W$ 是不可测集(因为否则有 $E \cup W$ 可测. 从而当 $W\backslash E \neq \varnothing$ 时，$W\backslash E = (E \cup W)\backslash E$ 是可测集. 再根据假定，又知 $E\backslash W$ 是可测集. 由此就得到

$$W = (W\backslash E) \cup (W \cap E)$$

是可测集，与题设矛盾. 这说明 $E \cap W$ 不可测). 从而 $E\triangle W$ 就不可测.

(2) 反证法. 若对任给 $\varepsilon: 0 < \varepsilon < 1$，均存在 $E_\varepsilon \subset [0,1]: m(E_\varepsilon) \geqslant \varepsilon$，使得 $E_\varepsilon \cap W$ 是可测集，则对 $\varepsilon_n: 0 < \varepsilon_n < 1$ 且 $\varepsilon_n \to 1(n\to\infty)$，记 $E_n = E_{\varepsilon_n}$ $(n \in \mathbf{N})$，又作 $E = \bigcup\limits_{n=1}^{\infty} E_n$，可知

$$\varepsilon_n \leqslant m(E_n) \leqslant m(E) \leqslant 1 \quad (n \in \mathbf{N}).$$

现在令 $n\to\infty$，易知 $m(E) = 1$. 因为我们有

$$m(([0,1]\backslash E) \cap W) \leqslant m([0,1]\backslash E) = 0,$$

所以 $m(([0,1]\backslash E) \cap W) = 0$. 这说明 $([0,1]\backslash E) \cap W$ 可测. 但另一方面又有

$$W = (W \cap E) \cup (W \cap ([0,1]\backslash E))$$
$$= \left(\bigcup_{n=1}^{\infty}(W \cap E_n)\right) \cup (W \cap ([0,1]\backslash E)).$$

注意上式右端是可测集，从而推出 W 是可测集. 矛盾，证毕.

§2.6 连续变换与可测集

例1 试证明下列命题:

(1) 若 $T: \mathbf{R}^n \to \mathbf{R}^n$ 是线性变换，则 T 是连续变换.

(2) 若 $E \subset \mathbf{R}^2$ 是可测集,则将 E 作旋转变换后所成集为可测集,且测度不变.

(3) $\mathbf{R}^2$ 中三角形的测度等于它的面积.

(4) 圆盘 $D = \{(x,y): x^2 + y^2 \leqslant r^2\}$ 是 $\mathbf{R}^2$ 中可测集,且 $m(D) = \pi r^2$.

(5) 设 $E \subset (-\pi, \pi]$, $0 \leqslant a < b \leqslant +\infty$,令
$$S_E = S_E(a,b) = \{(r\cos\theta, r\sin\theta): a < r < b, \theta \in E\}.$$
大家知道,若 $E = (\alpha, \beta)$,则 S_E 就是通常所说的扇形,其面积为
$$(b^2 - a^2)(\beta - \alpha)/2.$$

(i) 对于一般点集 E,我们有 $m^*(S_E) \leqslant (b^2 - a^2) m^*(E)/2$. (注意,这里 $m^*(S_E)$ 是二维外测度,$m^*(E)$ 是一维外测度.)

(ii) 若 $E \subset (-\pi, \pi]$ 是可测集,则 S_E 是可测集.

证明 (1) 事实上,令 $e_i (i=1,2,\cdots,n)$ 是 $\mathbf{R}^n$ 中的一组基,则对 $\mathbf{R}^n$ 中任意的 $x = (\xi_1, \xi_2, \cdots, \xi_n)$,有
$$x = \xi_1 e_1 + \cdots + \xi_n e_n.$$
再令 $T(e_i) = x_i (i=1,2,\cdots,n)$,又有
$$T(x) = \xi_1 x_1 + \cdots + \xi_n x_n.$$
记 $M = \left(\sum\limits_{i=1}^{n} |x_i|^2 \right)^{1/2}$ 可得
$$|T(x)| \leqslant |\xi_1| |x_1| + \cdots + |\xi_n| |x_n|$$
$$\leqslant \left(\sum_{i=1}^{n} |x_i|^2 \right)^{1/2} \left(\sum_{i=1}^{n} |\xi_i|^2 \right)^{1/2} = M \cdot |x|.$$
由此可知
$$|T(y) - T(x)| = |T(y-x)| \leqslant M |y-x|.$$
这说明 T 是连续变换.

(2) 证略.

(3) 显然,$\mathbf{R}^2$ 中任一三角形都是可测集.由于测度的平移不变性,故不妨假定三角形的一个顶点在原点,且记此三角形为 A,其面积记为 $|A|$. 因为 $m(A) = m(-A)$,所以经平移后可得 $2m(A) = m(A) + m(-A) = m(P)$,其中 P 是平行四边形.再将 P 中的子三角形作旋转或平移,可使 P 转换为矩形 Q,且有 $m(P) = m(Q) = |P| = 2|A|$. 从而

得 $m(A)=|A|$.

(4) 记 P_n 与 Q_n 为 D 的内接与外切 n 边正多边形序列,由一切 P_n 与 Q_n 的可测性易知 D 是可测集,注意到 $P_n \subset D \subset Q_n$,以及

$$m(P_n) = \pi r^2 \frac{\sin(\pi/n)}{\pi/n} \cos \frac{\pi}{n} \to \pi r^2 \quad (n \to \infty),$$

$$m(Q_n) = \pi r^2 \frac{\tan(\pi/n)}{\pi/n} \to \pi r^2 \quad (n \to \infty)$$

可知 $m(D)=\pi r^2$.

(5) (i) (A) 设 $b<+\infty$. 此时,对任给 $\varepsilon>0$,存在开区间列 $\{I_n\}$:
$\bigcup_{n=1}^{\infty} I_n \supset E, \sum_{n=1}^{\infty} |I_n| < m^*(E)+\varepsilon$. 显然,$\bigcup_{n=1}^{\infty} S_{I_n} \supset S_E$,从而有

$$m^*(S_E) \leqslant m^*\left(\bigcup_{n=1}^{\infty} S_{I_n}\right) \leqslant \sum_{n=1}^{\infty} m^*(S_{I_n})$$

$$= (b^2-a^2) \sum_{n=1}^{\infty} |I_n|/2 \leqslant \frac{b^2-a^2}{2}(m^*(E)+\varepsilon),$$

由 ε 的任意性即得所证.

(B) 设 $b=+\infty, m^*(E)=0$. 此时,对 $n \geqslant 1$,由(i)知

$$m^*(S_E(a,n)) \leqslant (n^2-a^2)m^*(E)/2 = 0.$$

从而得到

$$m^*(S_E(a,\infty)) = \lim_{n \to \infty} m^*(S_E(n)) = 0.$$

(C) 设 $b=+\infty, m^*(E)>0$. 结论显然.

(ii) 由于 $S_E(a,b) = S_E(0,\infty) \bigcap S_{(-\pi,\pi]}(a,b)$,从而只需要指出 $S_E(0,\infty)$ 可测即可.

设 $I \subset (-\pi,\pi]$ 是开区间,记 $T = S_I(a,b)$ (开环扇形),$E^c = (-\pi,\pi] \setminus E$ 以及 $S_E = S_E(0,+\infty)$,我们有

$$m^*(T \bigcap S_E) + m^*(T \bigcap S_{E^c})$$

$$= m^*(S_{I \cap E}(a,b)) + m^*(S_{I \cap E^c}(a,b))$$

$$\leqslant \frac{b^2-a^2}{2}\{m^*(I \bigcap E) + m^*(I \bigcap E^c)\}$$

$$= \frac{b^2-a^2}{2}|I| = m(T) \quad (\text{开环扇形面积}).$$

设 R 是一个开矩形,易知它可由互不相重的可列个开环扇形 T_n

组成,至多差一零测集(边界).因此(注意,开环扇形可测)得到
$$m^*(R \cap S_E) + m^*(R \cap S_{E^c})$$
$$\leqslant \sum_{n=1}^{\infty} m^*(T_n \cap S_E) + \sum_{n=1}^{\infty} m^*(T_n \cap S_{E^c})$$
$$\leqslant \sum_{n=1}^{\infty} m(T_n) = m(\bigcup_{n=1}^{\infty} T_n) = m(R).$$
这说明,对任一矩形 R,有
$$m(R) = m^*(R \cap S_E) + m^*(R \cap S_{E^c}).$$
而 S_{E^c} 就是 S_E 的补集(除原点外),也就是说 S_E 是可测集.

例 2 试证明下列命题:

(1) 试证明 $\mathbf{R}^2$ 上的 Lebesgue 测度是旋转不变的.

(2) 设 $T: \mathbf{R}^n \to \mathbf{R}^n$ 是一一映射,且保持点集的外测度不变,则对于可测集 E, $T(E)$ 必是可测集.

(3) 设 $T: \mathbf{R}^n \mapsto \mathbf{R}^n$ 是一一映射. 若对任意的矩体 $I \subset \mathbf{R}^n$,均有 $|I| \geqslant m^*(T(I))$, $|I| \geqslant m^*(T^{-1}(I))$,则 T 是保测映射.

证明 (1) $\mathbf{R}^2$ 上的旋转变换是可由矩阵
$$T = \begin{bmatrix} \cos\theta & \sin\theta \\ -\sin\theta & \cos\theta \end{bmatrix} \quad (TT' = T'T = I)$$
表示的线性变换,其中 θ 表示旋转角.从而对 $E \subset \mathbf{R}^2$,我们有
$$m(T(E)) = |\det E| \cdot m(E) = m(E).$$

(2) 对任意的 $A \subset \mathbf{R}^n$,我们有
$$m^*(T^{-1}(A)) = m^*(T^{-1}(A) \cap E) + m^*(T^{-1}(A) \cap E^c).$$
从而由题设知
$$m^*(A) = m^*(A \cap T(E)) + m^*(A \cap (T(E))^c).$$
这说明 $T(E)$ 是可测集.

(3) 设 $E \subset \mathbf{R}^n$. 对任给 ε,作 $G = \bigcup_{i \geqslant 1} I_i$ (I_i 是矩体): $G \supset E$,且 $m^*(E) > m(G) - \varepsilon = \sum_{i \geqslant 1} |I_i| - \varepsilon$,我们有
$$T(E) \subset \bigcup_{i \geqslant 1} T(I_i),$$
$$m^*(T(E)) \leqslant \sum_{i \geqslant 1} m^*(T(I_i)) \leqslant \sum_{i \geqslant 1} |I_i| < m^*(E) + \varepsilon.$$

此外,对任给 $\varepsilon>0$,又作 $H=\bigcup\limits_{k\geqslant 1} J_k$: $H\supset T(E)$,而且 $m^*(T(E))$
$>\sum\limits_{k\geqslant 1}|J_k|-\varepsilon$. 我们有(类似的推理)
$$E\subset \bigcup_{k\geqslant 1}T^{-1}(J_k),\quad m^*(E)<m^*(T(E))+\varepsilon.$$
由 ε 的任意性,可知 $m^*(T(E))=m^*(E)$. 根据(2)即得所证.

第三章 可测函数

§3.1 可测函数的定义及其性质

例1 试证明下列命题：

(1) 设 $f(x)$ 是定义在区间 $[a,b]$ 上的单调函数，则 $f(x)$ 是 $[a,b]$ 上的可测函数．

(2) 若 $E \in \mathcal{M}$，则 $\chi_E(x)$ 是 $\mathbf{R}^n$ 上的可测函数．

(3) 设 $E \subset \mathbf{R}^n$ 是可测集．若 $f \in C(E)$，则 $f(x)$ 是 E 上的可测函数．

(4) 设 $f(x), g(x)$ 是 $\mathbf{R}^n$ 上的实值可测函数．

(i) 则 $M(x) = \max\{f(x), g(x)\}, m(x) = \min\{f(x), g(x)\}$ 是可测函数．

(ii) 若 $f(x) > 0$，则 $f(x)^{g(x)}$ 是可测函数．

证明 (1) 事实上，对于任意的 $t \in \mathbf{R}$，点集 $\{x \in [a,b]: f(x) > t\}$ 定属于下述三种情况之一：区间，单点集或空集．从而可知
$$\{x \in [a,b]: f(x) > t\}$$
是可测集．这说明 $f(x)$ 是 $[a,b]$ 上的可测函数．

(2) 令 $A_t = \{x \in \mathbf{R}^n : \chi_E(x) > t\}$，我们有
$$A_t = \begin{cases} \varnothing, & t \geq 1, \\ E, & 1 > t \geq 0, \\ \mathbf{R}^n, & 0 > t. \end{cases}$$

(3) 参阅 1.2.3 中例 4 之 (3)．

(4) (i) 注意 $M(x) = [f(x) + g(x) + |f(x) - g(x)|]/2$，以及 $m(x) = [f(x) + g(x) - |f(x) - g(x)|]/2$．

(ii) 注意，由 $\{x: \ln f(x) > t\} = \{x: f(x) > e^t\}$ 可知 $\ln f(x)$ 是可测函数．而经指对数变换后对 $f(x)^{g(x)}$ 的可测性，只需看 $g(x) \cdot \ln f(x)$

的可测性.

例2 试证明下列命题：

(1) 设 $f(x)$ 定义在可测集 $E\subset \mathbf{R}^n$ 上. 若 $f^2(x)$ 在 E 上可测, 且 $\{x\in E: f(x)>0\}$ 是可测集, 则 $f(x)$ 在 E 上可测.

(2) 设 $\{E_k\}\subset \mathbf{R}^n$ 是互不相交的可测集列. 若 $f(x)$ 在 $E_k(k=1,2,\cdots)$ 上是可测的, 则 $f(x)$ 在 $\bigcup_1^\infty E_k$ 上也是可测的.

(3) 记 $\mathscr{F}$ 为 $(0,1)$ 上的一个连续函数族, 则函数 $(0<x<1)$
$$\Phi(x)=\sup_{f\in\mathscr{F}}\{f(x)\}, \quad \Psi(x)=\inf_{f\in\mathscr{F}}\{f(x)\}$$
是 $(0,1)$ 上的可测函数.

证明 (1) 令 $A=\{x\in E: f(x)>0\}$, $B=\{x\in E: f(x)\leqslant 0\}$, 则 $f(x)=|f(x)|(\chi_A(x)-\chi_B(x))(x\in E)$. 注意, 由 $f^2(x)$ 的可测性知, $|f(x)|$ 可测. (看 $\{x\in E: |f(x)|>t\}(t\geqslant 0)$ 以及 $\{x\in E: f^2(x)>t^2\}$)

(2) 证略.

(3) 对 $\Phi(x)$, 设 $t\in\mathbf{R}$. 若 $x_0\in\{x\in(0,1): \Phi(x)>t\}\triangleq E_t$, 则存在 $f\in\mathscr{F}: f(x_0)>t$. 因为 $f(x)$ 连续, 所以存在 $\delta_0>0$, 使得
$$f(x)>t \quad (x_0-\delta_0<x<x_0+\delta_0).$$
由此又知 $\Phi(x)>t(x_0-\delta_0<x<x_0+\delta_0)$. 这说明 x_0 是点集 E_t 之内点, 即 E_t 是开集, $\Phi(x)$ 是可测函数.

类似地可推出 $\Psi(x)$ 是可测函数.

例3 试证明下列命题：

(1) 设 $f(x)$ 是 (a,b) 上的实值函数, 则
$$\overline{D}f(x)=\overline{\lim_{y\to x}}\frac{f(y)-f(x)}{y-x}, \quad \underline{D}f(x)=\underline{\lim_{y\to x}}\frac{f(y)-f(x)}{y-x}$$
是 (a,b) 上的可测函数.

(2) 设 $f(x)$ 在 $[a,b]$ 上存在右导数, 则右导函数 $f'_+(x)$ 是 $[a,b]$ 上的可测函数.

(3) 存在 $(0,1)$ 上的函数 $f(x)$, 其 $D^+f(x)$ 在 $(0,1)$ 上不是可测函数 (若 $f\in C((0,1))$ 且递增, 则 $D^+f(x)$ 在 $(0,1)$ 上可测).

(4) 设 $f(x)$ 是 (a,b) 上的实值函数, $D\subset(a,b)$ 是 $f(x)$ 的可微点集, 则 $f'(x)$ 在 D 上可测.

证明 (1) 以 $\overline{D}f(x)$ 为例,考察点集(假设非空)
$$D = \{x \in (a,b): \overline{D}f(x) > t\}, t \in \mathbf{R}.$$
设对 m,n,作区间 $[x_1,x_2] \subset (a,b)$,使得
$$|x_2 - x_1| < \frac{1}{m}, \quad \frac{f(x_2) - f(x_1)}{x_2 - x_1} > t + \frac{1}{n},$$
且记一切如此的区间的并集为 $E_{m,n}$. 下面指出
$$E \triangleq \bigcup_{n=1}^{\infty} \bigcap_{m=1}^{\infty} E_{m,n} = D.$$

(i) 若 $x \in D$,则存在 $n_0, \overline{D}f(x) > t + 1/n_0$. 从而对每个 m,有 $y \in (a,b)$,使得
$$0 < |y-x| < \frac{1}{m}, \quad \frac{f(y)-f(x)}{y-x} > t + \frac{1}{n_0}.$$
这说明 $x \in E_{m,n_0}$(一切 m),即 $x \in E$.

(ii) 若 $x \in E$,则存在 $n_0, x \in \bigcap_{m=1}^{\infty} E_{m,n_0}$,即对每个 m,存在 $[x_1,x_2]$, $x_1 \leqslant x \leqslant x_2$,使得
$$|x_2 - x_1| < \frac{1}{m}, \quad \frac{f(x_2) - f(x_1)}{x_2 - x_1} > t + \frac{1}{n_0}.$$
这说明我们有
$$\frac{f(x_1)-f(x)}{x_1-x} > t + \frac{1}{n_0} \text{ 或 } \frac{f(x_2)-f(x)}{x_2-x} > t + \frac{1}{n_0},$$
或说存在 $y \in (a,b)$,使得
$$0 < |y-x| < \frac{1}{m}, \quad \frac{f(y)-f(x)}{y-x} > t + \frac{1}{n_0},$$
即 $\overline{D}f(x) > t, x \in D$.

(2) 依题设知,$f(x)$ 是几乎处处连续的,因此是可测函数,自然 $f(x+1/n)$ 也是可测的. 再根据
$$\lim_{n \to \infty} n[f(x+1/n) - f(x)] = f'_+(x),$$
即得所证.

(3) 设 W 是 $(0,1)$ 中不含有理点的不可测集,作
$$f(x) = \begin{cases} 0, & x \in W, \\ 1, & x \in (0,1) \backslash W. \end{cases}$$

若 $x_0 \in W$，我们有（取 $x \in \mathbf{Q}$）

$$\frac{f(x)-f(x_0)}{x-x_0} = \frac{1-0}{x-x_0} \to D^+ f(x_0) = +\infty (x \to x_0^+).$$

若 $x_0 \in (0,1) \setminus W$，我们有

$$D^+ f(x_0) = \lim_{\delta \to 0} \sup_{0 < x-x_0 < \delta} \frac{f(x)-f(x_0)}{x-x_0} = \overline{\lim_{x \to x_0^+}} \frac{1-1}{x-x_0} = 0.$$

由此即得所证。$\Big(\{x \in (0,1): D^+ f(x) \geqslant t\} = \bigcap_{i,k=1}^{\infty} \{x \in (0,1): 存在$

$0 < h < 1/i, [f(x+h) - f(x)]/h > t - 1/k\}\Big)$

(4) 令 $C = \{x \in (a,b): f(x) 在 x 处连续\}$，则 $C \supset D$ 且 C 是 G_δ 型集。对 $\varepsilon > 0, \delta > 0$，点集 $E_{\varepsilon,\delta} = \Big\{x \in C: 存在 y \in (a,b): 0 < |x-y| < \delta$ 且 $\frac{f(y)-f(x)}{y-x} > \varepsilon\Big\}$ 是 Borel 集（是 C 与某开集之交集），且有

$$\{x \in C: D^+ f(x) > 0\} = \bigcup_{\substack{\varepsilon \in \mathbf{Q} \\ \varepsilon > 0}} \bigcap_{\substack{\delta \in \mathbf{Q} \\ \delta > 0}} E_{\varepsilon,\delta},$$

从而知 $\{x \in C: D^+ f(x) > 0\}$ 是 Borel 集。将此推理应用于 $f(x) - \alpha x$ 以及 $\alpha x - f(x)$，可知对任意的 α，点集

$$\{x \in C: D^+ f(x) > \alpha\}, \quad \{x \in C: D^- f(x) < \alpha\}$$

都是 Borel 集。注意到

$$C \setminus D = \Big(\bigcup_{r \in \mathbf{Q}} \{x \in C: D^+ f(x) > r, D^- f(x) < r\}\Big)$$

$$\cup \Big(\bigcap_{r \in \mathbf{Q}} (\{x \in C: D^+ f(x) > r\}\Big)$$

$$\cup \Big(\bigcap_{r \in \mathbf{Q}} \{x \in C: D^- f(x) < r\}\Big),$$

以及 D 是 Borel 集，$\{x \in D: f'(x) > r\} = D \cap \{x \in C: D^+ f(x) > r\}$，可知 $\{x \in D: f'(x) > r\}$ 是 Borel 集，$f'(x)$ 在 D 上可测。

例 4　试证明下列命题：

(1) 设 $f(x)$ 在 $E \subset \mathbf{R}$ 上可测，G 和 F 各为 $\mathbf{R}$ 中的开集和闭集，则点集

$$E_1 = \{x \in E: f(x) \in G\}, \quad E_2 = \{x \in E: f(x) \in F\}$$

是可测集.

(2) 若 $\{f_k(x)\}$ 是 $E \subset \mathbf{R}^n$ 上的可测函数列,则 $f_k(x)$ 在 E 上收敛的点集是可测集.

证明 (1) 不妨假定 $G = \bigcup\limits_{n \geq 1}(a_n, b_n)$,则由

$$\{x \in E : f(x) \in G\} = \bigcup_{n \geq 1}(\{x \in E : f(x) > a_n\}$$

$$\bigcap \{x \in E : f(x) < b_n\})$$

可知,上式左端是可测集. 对于闭集 F,只需注意

$$\{x \in E : f(x) \in F\} = E \setminus \{x \in E : f(x) \in F^c\}$$

即可.

(2) 注意不收敛点集的结构(参见周民强编的《实变函数论》(第 3 版)第一章 §1.2 中的例题).

例 5 解答下列问题:

(1) 设 $f(x)$ 是 $E \subset \mathbf{R}^n$ 上几乎处处有限的可测函数,$m(E) < +\infty$,试证明对任意的 $\varepsilon > 0$,存在 E 上的有界可测函数 $g(x)$,使得

$$m(\{x \in E : |f(x) - g(x)| > 0\}) < \varepsilon.$$

(2) (局部有界化) 设 $0 < m(A) < +\infty$,$f(x)$ 是 $A \subset \mathbf{R}^n$ 上的可测函数,且有 $0 < f(x) < +\infty$ (a.e. $x \in A$),试证明对任给的 δ:$0 < \delta < m(A)$,存在 $B \subset A$ 以及自然数 k_0,使得

$$m(A \setminus B) < \delta, \quad \frac{1}{k_0} \leq f(x) \leq k_0, \quad x \in B.$$

(3) 设 $f(x)$ 是可测集 $E \subset \mathbf{R}$ 上的连续函数,试作 $\mathbf{R}$ 上可测函数列 $\{\varphi_k(x)\}$,$\lim\limits_{k \to \infty} \varphi_k(x) = f(x) (x \in E)$.

解 (1) 作点集 $E_k = \{x \in E : |f(x)| > k\}$ $(k \in \mathbf{N})$,$X = \{x \in E : |f(x)| = +\infty\}$,则

$$m(X) = 0, \quad E_k \supset E_{k+1}(k \in \mathbf{N}), \quad X = \bigcap_{k=1}^{\infty} E_k.$$

由此知 $m(E_k) \to m(X) = 0 (k \to \infty)$,故对任给 $\varepsilon > 0$,存在 E_{k_0}:$m(E_{k_0}) < \varepsilon$. 我们作函数

$$g(x) = \begin{cases} f(x), & x \in E \setminus E_{k_0}, \\ 0, & x \in E_{k_0}, \end{cases} \quad |g(x)| \leq k_0,$$

易知 $\{x \in E: f(x) \neq g(x)\} \subset E_{k_0}$,证毕.

(2) 记 $A_k = \{x \in A: 1/k \leqslant f(x) \leqslant k\}$ $(k=1,2,\cdots)$,$Z_1 = \{x \in A: f(x)=0\}$,$Z_2 = \{x \in A: f(x)=+\infty\}$,易知 $m(Z_1) = m(Z_2) = 0$,且有

$$A = \left(\bigcup_{k=1}^{\infty} A_k\right) \cup Z_1 \cup Z_2,$$

$$A_k \subset A_{k+1} \quad (k=1,2,\cdots).$$

由此可知 $m(A_k) \to m(A)$ $(k \to \infty)$. 从而存在 k_0,使 $m(A \setminus A_{k_0}) < \delta$. 取 $B = A_{k_0}$,即得所证.

(3) 对每个 $k \in \mathbf{N}$,作闭集 $F_k \subset E$,满足 $m(E \setminus F_k) < 1/2^k$,从而存在 $g_k \in C(\mathbf{R})$,使得 $g_k(x) = f(x)$ $(x \in F_k, k \in \mathbf{N})$(见周民强编著《实变函数论》(第 3 版)§1.6 中的定理 1.27). 现令 $\varphi_k(x) = g_k(x)\chi_E(x)$ $(k \in \mathbf{N})$,易知 $m(\varlimsup_{k \to \infty}(E \setminus F_k)) = 0$,每个 $\varphi_k(x)$ 均可测,且有 $\lim_{k \to \infty} \varphi_k(x) = f(x)$.

例 6 解答下列问题:

(1) 设 $f \in C([a,b])$. 若有定义在 $[a,b]$ 上的函数 $g(x)$: $g(x) = f(x)$,a.e. $x \in [a,b]$,试问 $g(x)$ 在 $[a,b]$ 上必是几乎处处连续的吗?

(2) 设 $f(x)$ 是 $\mathbf{R}$ 上几乎处处连续的函数,试问是否存在 $g \in C(\mathbf{R})$,使得 $g(x) = f(x)$,a.e. $x \in \mathbf{R}$.

(3) 试作 $\mathbf{R}$ 上的单调函数 $f(x)$,它在任一开区间上都不对等于一个连续函数.

(4) 试作 $[0,1]$ 上无处连续的函数 $f(x)$,使得改变其在任一零测集上的函数值,$f(x)$ 仍无处连续.

解 (1) 不. 例如 $f(x) = 0$ $(0 \leqslant x \leqslant 1)$,$g(x)$ 是 Dirichlet 函数,易知 $f(x) = g(x)$,a.e. $x \in [0,1]$,但 $g(x)$ 无处连续.

(2) 不一定. 例如 $f(x) = \chi_{[1,\infty)}(x)$ 在 $\mathbf{R}$ 上几乎处处连续,但不存在 $g \in C(\mathbf{R})$,使得 $f(x) = g(x)$,a.e. $x \in \mathbf{R}$. (注意点 $x_0 = 1$ 的附近)

(3) 令 $\mathbf{Q} = \{r_n\}$,$\varphi(x) = \chi_{[0,\infty)}(x)$,$f(x) = \sum_{n=1}^{\infty} \varphi(x - r_n)/2^n$.

(4) 取点集 $E \subset [0,1]$,使得对任一开区间 $I \subset [0,1]$,有 $m(E \cap I) > 0$,$m(I \cap ([0,1] \setminus E)) > 0$(参阅§2.3 中例 8 之(3)),并作函数

$$f(x) = \begin{cases} 1, & x \in E, \\ 0, & x \in [0,1] \backslash E. \end{cases}$$

例 7 解答下列问题:

(1) 设有指标集 I,$\{f_\alpha(x): \alpha \in I\}$ 是 $\mathbf{R}^n$ 上可测函数族,试问函数 $S(x) = \sup\{f_\alpha(x): \alpha \in I\}$ 在 $\mathbf{R}^n$ 上是可测的吗?

(2) 在 $(0,1]$ 上定义函数 $f(x)$ 如下:若 $x \in (0,1]$ 在十进位小数表示式(采用无穷位小数表示)为

$$x = 0.a_1 a_2 \cdots a_k \cdots,$$

则令 $f(x) = \max\{a_k: k \in \mathbf{N}\}$,试证明 $f(x)$ 在 $(0,1]$ 上可测.

解 (1) 不一定. 例如令 $W \subset [0,1]$ 是不可测集,对 $\alpha \in W$,作函数

$$f_\alpha(x) = \begin{cases} 1, & x = \alpha, \\ 0, & x \neq \alpha, \end{cases} \quad x \in [0,1],$$

则 $S(x) = \chi_W(x)$ 即可得证.

(2) 对每个 $k \in \mathbf{N}$,作函数 $f_k(x) = a_k$(如 $f_1(x): f_1(x) = 0$($0 < x \leq 0.1$),$f_1(x) = 1$($0.1 < x \leq 0.2$),$\cdots$,$f_1(x) = 9$($0.9 < x < 1$)),易知 $f_k(x)$($k \in \mathbf{N}$)是简单函数,且有

$$f(x) = \sup\{f_k(x): k \in \mathbf{N}\}, \quad x \in (0,1].$$

例 8 解答下列问题:

(1) 设 $f(x)$ 在 $\mathbf{R}$ 上可测. 若有 $f(x+1) = f(x)$,a.e. $x \in \mathbf{R}$,试作 $\mathbf{R}$ 上函数 $g(x): g(x) = f(x)$,a.e. $x \in \mathbf{R}$,$g(x) = g(x+1)$($x \in \mathbf{R}$).

(2) 设 $E \times [0,1]$ 上 $f(x,y)$ 满足:$f(x,y)$ 是 $x \in E$ 上的可测函数,且 $f(x,y)$ 是 $y \in [0,1]$ 上的连续函数,试证明:

(i) $f(x,y)$ 是 $E \times [0,1]$ 上可测函数.

(ii) $M(x) = \max\{f(x,y): 0 \leq y \leq 1\}$ 是 E 上的可测函数.

(3) 设 $E \subset \mathbf{R}$ 是可测集,定义在 $E \times (0,1)$ 上的 $f(x,y)$ 满足:$f(x,y)$ 是 E 上(y 固定)的可测函数,又是 $(0,1)$ 上($x \in E$ 固定)的连续函数,试证明:

$$H(x) = \overline{\lim_{y \to 0+}} f(x,y), \quad h(x) = \underline{\lim_{y \to 0+}} f(x,y)$$

均在 E 上可测.

(4) 定义在 $(0,1] \times (0,1]$ 上的 $f(x,y)$ 满足:$f(x,y)$ 是 x 的(y 固定)可测函数,又是 y 在 $(0,1]$ 上(x 固定)的递增函数,试证明 $f(x,y)$

在$(0,1]\times(0,1]$上可测.

解 (1) 作点集 $E=\{x\in\mathbf{R}: f(x)\neq f(x+1)\}$,且令 $\widetilde{E}=\bigcup_{n=-\infty}^{\infty}(E+\{n\})$,再作函数

$$g(x)=\begin{cases}f(x), & x\in\widetilde{E},\\ 0, & x\in\widetilde{E},\end{cases}$$

即为所求.

(2) (i) 将 $[0,1]$ 2^n 等分:分点 $k/2^n (k=0,1,2,\cdots,2^n)$,作
$$f_n(x,y)=f(x,k/2^n)$$
$(k/2^n\leqslant y<(k+1)/2^n, k=0,1,2,\cdots,2^n-1)$,

则由 f 对 y 的连续性可知,$f_n(x,y)\to f(x,y)(n\to\infty)$,而 $f_n(x,y)$ 在 $E\times[0,1]$ 上可测.

(ii) 记 $[0,1]$ 中的有理数为 $\{r_n\}$,则 $M(x)\geqslant\sup_n\{f(x,r_n)\}$. 又存在 $y_x\in[0,1]$,使得 $M(x)=f(x,y_x)(x\in E)$.

对任给 $\varepsilon>0$,存在 $\delta>0$,使得当 $|y_x-y|<\delta$ 时,有
$$f(x,y_x)<f(x,y)+\varepsilon\leqslant\sup_{n\geqslant 1}\{f(x,r_n)\}+\varepsilon.$$

由此又得 $M(x)\leqslant\sup_{n\geqslant 1}\{f(x,r_n)\}$.

总之,我们有 $M(x)=\sup_{n\geqslant 1}\{f(x,r_n)\}$. 根据 $f(x,r_n)$ 在 E 上的可测性可知,$M(x)$ 在 E 上可测.

(3) 令 $H_n(x)=\sup_{0<y<1/n}\{f(x,y)\}$,我们有
$$H_n(x)\geqslant H_{n+1}(x)(n\in\mathbf{N}),\quad \lim_{n\to\infty}H_n(x)=\varlimsup_{y\to 0+}f(x,y).$$

令 $\{r_k\}$ 是 $(0,1/n)$ 中的有理数全体,则得
$$H_n(x)=\sup_{k\geqslant 1}\{f(x,r_k)\}=\sup_{0<y<1/n}\{f(x,y)\}.$$

由此知 $H_n(x)$ 在 E 上可测,因此 $H(x)$ 在 E 上可测.

类似地可证 $h(x)$ 在 E 上可测.

(4) 对每个 $n\in\mathbf{N}, t\in\mathbf{R}$,作点集 $(k=1,2,\cdots,2^n)$
$$E_k(t)=\left\{x\in(0,1]: f\left(x,\frac{k-1}{2^n}\right)<t\leqslant f\left(x,\frac{k}{2^n}\right)\right\},$$

易知 $E_k(t)$ 是可测集,且 $E_i(t)\cap E_j(t)=\varnothing(i\neq j)$,$\bigcup_{k=1}^{2^n}E_k(t)\subset(0,1]$.

又令
$$A_n(t) = \bigcup_{k=1}^{2^n} \left(\left\{x \in (0,1]: f\left(x, \frac{k}{2^n}\right) < t\right\} \times \left(\frac{k-1}{2^n}, \frac{k}{2^n}\right]\right),$$
$$B_n(t) = \bigcup_{k=1}^{2^n} \left(\left\{x \in (0,1]: f\left(x, \frac{k-1}{2^n}\right) < t\right\} \times \left(\frac{k-1}{2^n}, \frac{k}{2^n}\right]\right),$$
从而对 $(x,y) \in B_n(t) \setminus A_n(t)$,则只有唯一的 k,使得 $x \in E_k(t)$, $f(x, (k-1)/2^n) < t$,且由 f 对 y 的递增性可知,$y \leqslant k/2^n$. 又因 $(x,y) \notin A_n(t)$,$f(x, k/2^n) \geqslant t$,$y > (k-1)/2^n$,所以 $(x,y) \in E_k(t) \times ((k-1)/2^n, k/2^n]$. 这说明
$$B_n(t) \setminus A_n(t) \subset \bigcup_{k=1}^{2^n} \left(E_k(t) \times \left(\frac{k-1}{2^n}, \frac{k}{2^n}\right]\right),$$
$$m(B_n(t) \setminus A_n(t)) \leqslant \sum_{k=1}^{2^n} m(E_k(t)) \cdot \frac{1}{2^n} = \frac{1}{2^n} m\left(\bigcup_{k=1}^{2^n} E_k(t)\right) \leqslant \frac{1}{2^n},$$
$$m(B(t) \setminus A(t)) = \lim_{n \to \infty} m(B_n(t) \setminus A_n(t)) = 0.$$
令 $\widetilde{E}(t) = \{(x,y): f(x,y) < t\}$,则由
$$A_n(t) \subset \widetilde{E}(t) \subset B_n(t) \quad (n \in \mathbf{N}, t \in \mathbf{R}),$$
即得所证.

例 9 设 $\{f_k(x)\}$ 是 $[a,b]$ 上的实值可测函数列,试证明存在正数列 $\{a_k\}$,使得
$$\lim_{k \to \infty} a_k \cdot f_k(x) = 0, \quad \text{a. e. } x \in [a,b].$$

证明 选数列 $\{b_n\}$,且令 $E_n = \{x \in [a,b]: |f_n(x)| \leqslant b_n\}$,还满足 $m([a,b] \setminus E_n) < 1/2^{n+1}$. 令 $a_n = 1/(nb_n) (n \in \mathbf{N})$,并考查 $\varliminf_{n \to \infty} E_n$.

对 $x_0 \in \varliminf_{n \to \infty} E_n$,存在 N,使得
$$x_0 \in E_n, \quad |f_n(x_0)| \leqslant b_n \quad (n \geqslant N).$$
从而知 $|a_n f_n(x_0)| \leqslant 1/n \to 0 (n \to \infty)$,又有
$$m([a,b] \setminus \varliminf_{n \to \infty} E_n) = m(\varlimsup_{n \to \infty} ([a,b] \setminus E_n))$$
$$\leqslant \sum_{n=k}^{\infty} m([a,b] \setminus E_n) \leqslant 1/2^k \to 0 \quad (k \to \infty).$$

例 10 试证明下列命题:

(1) 设 $f: (0,\infty) \to \mathbf{R}$ 可测，$0<\lambda<1$. 若对任意的 $x, y>0$，有
$$f(x+y) = \lambda f(x) + (1-\lambda)f(y),$$
则 $f(x) = C$(常数).

(2) 设 $f(x)$ 是 $(0,\infty)$ 上的可测函数，则 $F(x,y) = f(y/x)$ 在 $(0,\infty) \times (0,\infty)$ 上可测.

证明 (1) 反证法. 假定存在 $0<x_1, x_2<+\infty$，使得 $f(x_1)=a_1<f(x_2)=a_2$，我们对 $y>0$，作点集
$$E_1(y) = \{x \in (0,\infty): 0<x<y, f(x) \leqslant a_1\},$$
$$E_2(y) = \{x \in (0,\infty): 0<x<y, f(x) \geqslant a_2\}.$$

若 $x \in (0, x_1/2) \setminus E_1(x_1/2)$，则 $f(x_1)=a_1$ 位于 $f(x)$ 与 $f(x_1-x)$ 之间，且 $x_1-x \in E_1(x_1)$. 从而知
$$E_1(x_1) \supset E_1(x_1/2) \cup (\{x_1\} - [(0, x_1/2) \setminus E_1(x_1/2)]).$$
由此又得 $m(E_1(x_1)) \geqslant x_1/2$. 由题设易知 $f(rx) = f(x)$ (r 是正有理数). 因此，对任意的 $y>0$ 以及正有理数 $r: r<y/x_1$，有 $E_1(y) \supset r \cdot E_1(x_1)$. 这说明 $m(E_1(y)) \geqslant y/2$.

类似地可推出 $m(E_2(y)) \geqslant y/2$. 注意到 $E_1(y) \cap E_2(y) = \varnothing$，可知只能"="号成立. 应用公式
$$m(E_1(1) \cap A) = m(A)/2 \quad (A \text{ 是 } (0,1) \text{ 中任一可测集}),$$
并取 $A = E_1(1)$，导致矛盾，证毕.

(2) 不妨假定 $f(x)$ 是实值函数. 令 $g(\theta) = f(\tan\theta)$ ($0<\theta<\pi/2$)，注意到 $\tan\theta$ 的反函数是绝对连续的(见第五章)，故 $g(\theta)$ 在 $(0,\pi/2)$ 上可测. 从而 $E = \{\theta \in (0,\pi/2): g(\theta)>t\}$ ($t \in \mathbf{R}$) 是可测集. 因为点集(参见周民强编著的《实变函数论》(第 3 版)§ 2.6 中的内容)
$$\{(x,y) \in (0,\infty) \times (0,\infty): F(x,y)>t\}$$
$$= \{(r\cos\theta, r\sin\theta): 0<r<+\infty, \theta \in E\} = S_E(0,\infty)$$
是可测集，所以 $F(x,y)$ 在 $(0,\infty) \times (0,\infty)$ 上是可测函数.

§3.2 可测函数列的收敛

例 1 试证明下列命题：
(1) 设 $\{f_k(x)\}$ 是 $E \subset \mathbf{R}$ 上的实值可测函数列，$m(E) < \infty$，则
$$\lim_{k \to \infty} f_k(x) = 0, \quad \text{a.e. } x \in E$$
的充分且必要条件是：对任意的 $\varepsilon > 0$，有
$$\lim_{j \to \infty} m(\{x \in E : \sup_{k \geqslant j}\{|f_k(x)|\} \geqslant \varepsilon\}) = 0.$$
(2) 设 $\{f_n(x)\}$ 是 $I = [0,1]$ 上的实值可测函数列，则下列命题等价：
(i) 存在 $\{f_{n_k}(x)\}$：$\lim_{k \to \infty} f_{n_k}(x) = 0$，a.e. $x \in I$.
(ii) 存在数列 $\{t_n\}$，$\overline{\lim\limits_{n \to \infty}}|t_n| > 0$，$\sum_{n=1}^{\infty} t_n f_n(x)$ 在 I 上 a.e. 收敛.
(iii) 存在数列 $\{t_n\}$：$\sum_{n=1}^{\infty}|t_n| = +\infty$，使得 $\sum_{n=1}^{\infty} t_n f_n(x)$ 在 I 上几乎处处绝对收敛.
(3) 设 $f(x), f_k(x) (k \in \mathbf{N})$ 是 $\mathbf{R}$ 上的实值函数. 则 $\lim_{k \to \infty} f_k(x) = f(x)$, a.e. $x \in \mathbf{R}$ 的充分必要条件是：对任给 $\varepsilon > 0$，存在可测集 $E \subset \mathbf{R}$：$m(E) < \varepsilon$，使得对 $x \in E$，存在 K，有
$$|f_k(x) - f(x)| < \varepsilon \quad (k > K).$$

证明 记 $S_j^{(n)} = \{x \in E : \sup_{k \geqslant j}|f_k(x)| \geqslant 1/n\}$.

(1) **充分性** 依题设知，对任给 $\delta > 0$，存在 $k_0 \in \mathbf{N}$，使得 $m(S_{k_0}^{(n)}) < \delta$. 因为对任意的 n，有
$$\bigcap_{m=1}^{\infty} \bigcup_{k=m}^{\infty} \{x \in E : |f_k(x)| > 1/n\}$$
$$\subset \bigcup_{k=k_0}^{\infty} \{x \in E : |f_k(x)| > 1/n\} \subset S_{k_0}^{(n)}.$$

注意到 $m(S_{k_0}^{(n)}) < \delta$，以及 δ 的任意性，所以 $f_k(x)$ 不收敛到零的点集之测度为零：

$$m\left(\bigcup_{n=1}^{\infty}\bigcap_{m=1}^{\infty}\bigcup_{k=m}^{\infty}\{x\in E: |f_k(x)|>1/n\}\right)=0.$$

必要性 令 $S=\{x\in E: \lim_{k\to\infty}f_k(x)=0\}$，依题设知 $m(E\setminus S)=0$. 注意到 $S_j^{(n)}\supset S_{j+1}^{(n)}$，以及 $\bigcap_{j=1}^{\infty}S_j^{(n)}\subset(E\setminus S)$，故得 $\lim_{j\to\infty}m(S_j^{(n)})=m\left(\bigcap_{j=1}^{\infty}S_j^{(n)}\right)$ $\leqslant m(E\setminus S)=0$. 这说明对任给 $\varepsilon>0$，有 $\lim_{j\to\infty}m(S_j^{(1/\varepsilon)})=0$，证毕.

(2) (i)⇒(ii),(iii). 不妨就假定 $f_n(x)\to 0(n\to\infty)$, a.e. $x\in I$，则由 Eroров 定理可知，存在 $E_1\subset E_2\subset\cdots: m(I\setminus E_k)<1/k(k\in\mathbf{N})$，使得 $f_n(x)$ 在 E_k 上一致收敛于零. 从而存在指标：$n_1<n_2<\cdots$，使得 $|f_n(x)|\leqslant 2^{-k}(x\in E_k, n\geqslant n_k)$. 令 $E=\bigcup_{k=1}^{\infty}E_k$，则 $m(I\setminus E)=0$. 现在取 $t_n=0$ $(n\neq n_k), t_n=1(n=n_k)$. 因此，$\sum_{n\geqslant 1}t_nf_n(x)=\sum_{k=1}^{\infty}f_{n_k}(x)(x\in E)$，且有
$$|f_{n_k}(x)|<2^{-k} \quad (x\in E, k\geqslant k_0).$$
选 k_0 使 $x\in E_{k_0}$，则(ii),(iii)皆真.

(ii)⇒(i). 依题设知，存在 $\lambda>0$，以及严格递增的自然数子列 $\{n_k\}$，使得 $|t_{n_k}|>\lambda(k\in\mathbf{N})$. 若 $\sum_{n=1}^{\infty}t_nf_n(x)$ 几乎处处收敛，则有
$$\lim_{k\to\infty}t_{n_k}f_{n_k}(x)=0, \quad \lim_{k\to\infty}f_{n_k}(x)=0, \quad \text{a.e. } x\in I.$$

(iii)⇒(i). 令 $g(x)=\sum_{n=1}^{\infty}|t_nf_n(x)|<+\infty(\text{a.e. } x\in I)$，以及 $E_k=\{x\in I: g(x)\leqslant k\}(k\in\mathbf{N}), E\triangleq\bigcup_{k=1}^{\infty}E_k$，则易知 $m(I\setminus E)=0$. 我们有（参阅周民强编著《实变函数论》(第3版)第四章中的定理4.6)
$$\sum_{n=1}^{\infty}|t_n|\int_{E_k}|f_n(x)|\mathrm{d}x=\int_{E_k}g(x)\mathrm{d}x<+\infty.$$
因为 $\sum_{n=1}^{\infty}|t_n|=+\infty$，所以 $\lim_{n\to\infty}\int_{E_k}|f_n(x)|\mathrm{d}x=0$. 从而存在 $n_1<n_2<\cdots$，使得 $\int_{E_k}|f_{n_i}(x)|\mathrm{d}x<2^{-i}$. 因此，对任意的 $k\in\mathbf{N}$，均有 $\sum_{i=1}^{\infty}\int_{E_k}|f_{n_i}(x)|\mathrm{d}x<+\infty$. 注意到 $E_{k_2}\supset E_{k_1}(k_2\geqslant k_1)$，故知 $\sum_{i=1}^{\infty}f_{n_i}(x)$ 对 a.e. $x\in E_k$ 是

收敛的。由此又得 $\lim_{i\to\infty} f_{n_i}(x) = 0$, a.e. $x \in E_k$. 也有 $f_{n_i}(x) \to 0 (i \to \infty)$, a.e. $x \in E$.

(3) 只需证明充分性成立。由题设知,对任给 $1 > \varepsilon > 0$, 任意的 $n \in \mathbf{N}$, 存在 $E_n \subset \mathbf{R}$: $m(E_n) < \varepsilon/2^n$, 使得对 $x \overline{\in} E_n$, 存在 K, 有 $|f_k(x) - f(x)| < \varepsilon/2^n (k > K)$. 令 $E = \bigcup_{n=1}^{\infty} E_n$, 则 $m(E) < \sum_{n=1}^{\infty} m(E_n) = \varepsilon$. 因为 $x \overline{\in} E$, 所以对每个 n, 均存在 K, 使得

$$|f_k(x) - f(x)| < \varepsilon/2^n < 1/2^n \quad (k > K).$$

从而对一切 $x \overline{\in} E$, 均有 $f_k(x) \to f(x) (k \to \infty)$.

现在令 B 是 $f_k(x)$ 不收敛于 $f(x)$ 的点集,易知 $B \subset E, m(B) < \varepsilon$, 由 ε 的任意性,可知 $m(B) = 0$.

例 2 试证明下列命题:

(1) 设 $E \subset \mathbf{R}$ 是可测集, $f_n(x) (n \in \mathbf{N})$ 是 E 上几乎处处有限的可测函数,则对任给 $\varepsilon > 0$, 存在 $M > 0, E_0 \subset E$: $m(E \setminus E_0) < \varepsilon$, 使得 $|f_n(x)| \leqslant M (n \in \mathbf{N}, x \in E_0)$.

(2) 设 $f(x), f_n(x) (n \in \mathbf{N})$ 是 $(0,1)$ 上几乎处处有限的可测函数,则存在 $\{\varepsilon_n\}: \varepsilon_n \to 0 (n \to \infty)$, 以及 $(0,1)$ 上的可测函数 $F(x)$, 使得

$$|f_n(x) - f(x)| \leqslant \varepsilon_n F(x), \quad \text{a.e. } x \in (0,1).$$

证明 (1) 不妨假定 E 是有界集,且 $f_n(x) (n \in \mathbf{N})$ 皆为实值。因为

$$E = \bigcup_{k=1}^{\infty} \{x \in E: \sup_{n \geqslant 1} |f_n(x)| \leqslant k\},$$

$$\lim_{k \to \infty} m(\{x \in E: \sup_{n \geqslant 1} |f_n(x)| \leqslant k\}) = m(E),$$

所以存在 k_0, 使得 $m(\{x \in E: \sup_{n \geqslant 1} |f_n(x)| \leqslant k_0\}) > m(E) - \varepsilon$. 从而令

$$E_0 = \{x \in E: \sup_{n \geqslant 1} |f_n(x)| \leqslant k_0\}, \quad M = k_0,$$

则 $m(E \setminus E_0) < \varepsilon, |f_n(x)| \leqslant M (n \in \mathbf{N}, x \in E_0)$.

(2) 易知存在 $\{a_n\}: a_n \to +\infty (n \to \infty)$, 使得

$$\lim_n a_n [f_n(x) - f(x)] = 0, \quad \text{a.e. } x \in (0,1).$$

从而取 $F(x) = \sup_{n \geqslant 1} \{|a_n[f_n(x) - f(x)]|\}$ 即满足要求.

例 3 解答下列问题:

(1) 试问,Егоров 定理中的 E_δ 可以是零测集吗?

(2) 试问,Eroroв 定理中,$E\setminus E_\delta$ 可以改成区间吗?

解 (1) 在 Eroroв 定理中,若 $m(E_\delta)=0$,则结论不一定成立了. 例如[0,1]上的函数列

$$f_n(x) = \begin{cases} 1/n, & 1/n < x \leqslant 1, \\ n, & 0 < x \leqslant 1/n, \\ 0, & x = 0 \end{cases} \quad (n \in \mathbf{N}).$$

则 $\lim\limits_{n\to\infty} f_n(x) = 0\,(0 \leqslant x \leqslant 1)$. 但对任意的 $E_\delta \subset [0,1]$: $m(E_\delta) = 0$, 均有 $\sup\{f_n(x): x \in [0,1]\setminus E_\delta\} = n$, 故在 $[0,1]\setminus E_\delta$ 上, $f_n(x)$ 不一致收敛于 0.

(2) 不可以. 例如对 $m = 1, 2, \cdots$, 令

$$D_m = \{(2k-1)/2^m : k = 1, 2, \cdots, 2^{m-1}\},$$

$$f_n(x) = \begin{cases} 0, & x = 0, x = a \in D_m, \\ f_n([a, a+1/2^n]) = [0, 1/2^m], & a \in D_m, 1 \leqslant m \leqslant n. \end{cases}$$

假定区间 I 满足 $|I| > 1/2^{m-1}$, 则 $f_n(x) \geqslant 1/2^m (n \geqslant m, x \in I)$. 若 $x > 0$ 且不属于 D_m, 则对任给 $\varepsilon > 0$, 存在 m_0: $1/2^{m_0} < \varepsilon$. $x \in (a, a+1/2^{m_0})$ (某个 $a \in D_{m_0}$), $f_n(x) > \varepsilon (n \geqslant m_0)$.

例4 试证明下列命题:

(1) 设 $f(x), f_1(x), \cdots, f_k(x), \cdots$ 是 $[a,b]$ 上几乎处处有限的可测函数,且有 $\lim\limits_{k\to\infty} f_k(x) = f(x)$, a.e. $x \in [a,b]$, 则存在 $E_n \subset [a,b]$ ($n = 1, 2, \cdots$), 使得

$$m\left([a,b] \setminus \bigcup_{n=1}^{\infty} E_n\right) = 0,$$

而 $\{f_k(x)\}$ 在每个 E_n 上一致收敛于 $f(x)$.

(2) $f_n(x)$ 在 $E \subset \mathbf{R}$ 上近乎一致收敛于 $f(x)$ 的充分必要条件是: 对任给 $\delta > 0$, 有

$$\lim_{k\to\infty} m(E_k(\delta)) = 0,$$

其中 $E_k(\delta) = \bigcup_{n=k}^{\infty} \{x \in E : |f_n(x) - f(x)| > \delta\}$.

(3) $f_n(x)$ 在 $E \subset \mathbf{R}$ 上近乎一致收敛于 $f(x)$, 则 $f_n(x)$ 在 E 上几乎处处收敛于 $f(x)$.

(4) 设 $\{f_n(x)\}$ 是 $[0,1]$ 上的实值可测函数列. 若对任给 $\varepsilon>0$, 存在 N, 使得
$$m(\{x\in[0,1]:|f_n(x)|<\varepsilon,n>N\})=1.$$
则存在 $E\subset[0,1]$ 且 $m(E)=1$, 使得 $\{f_n(x)\}$ 在 E 上一致收敛于零.

证明 (1) 令 $\varepsilon_n=1/n$, 存在 $E_n\subset I\triangleq[a,b]$ $(n\in\mathbf{N})$, 使得 $m(I\setminus E_n)<1/n$, $f_n(x)$ 在 E_n 上一致收敛于 $f(x)$. 又易知 $m\left(I\setminus\bigcup_{n=1}^{\infty}E_n\right)=0$.

(2) 必要性 依题设知, 对任给 $\varepsilon>0$, 存在 $e_\varepsilon\subset E: m(e_\varepsilon)<\varepsilon$, 使得 $f_n(x)$ 在 $E\setminus e_\varepsilon$ 上一致收敛于 $f(x)$. 因此, 对任给 $\delta>0$, 存在 K, 使得 $E_K(\delta)\subset e_\varepsilon$. 故 $m(E_K(\delta))<\varepsilon$. 这说明 $\lim\limits_{k\to\infty}m(E_k(\delta))=0$.

充分性 对任给 $\varepsilon>0$, $k\in\mathbf{N}$, 存在 n_k, 使得 $m(E_{n_k}(1/k))<\varepsilon/2^k$. 令 $A_\varepsilon=\bigcup_{k=1}^{\infty}E_{n_k}(1/k)$, 则 $m(A_\varepsilon)<\varepsilon$. 若 $j\geq n_k$, 则
$$|f_j(x)-f(x)|\leq 1/k \quad (\text{一切 } x\in E_{n_k}(1/k)). \tag{*}$$
从而当 $x\in A_\varepsilon$ 时, 式 $(*)$ 成立 $(j\geq n_k)$, 即 $f_n(x)$ 在 $E\setminus A_\varepsilon$ 上一致收敛于 $f(x)$, 证毕.

(3) 证略.

(4) 对 $k\in\mathbf{N}$, 存在严格递增自然数子列 $\{n_k\}$, 使得
$$m\left(\bigcup_{n=n_k+1}^{\infty}\{x\in[0,1]:|f_n(x)|<1/k\}\right)=1.$$
由此知
$$m\left(\bigcap_{n>n_k}\{x\in[0,1]:|f_n(x)|\geq 1/k\}\right)=0.$$
令 $E^c=\bigcup_{k=1}^{\infty}\bigcap_{n=n_k}^{\infty}\{x\in[0,1]:|f_n(x)|\geq 1/k\}$, 则 $m(E^c)=0$. 现在对任给 $\varepsilon>0$, 取 $k:1/k<\varepsilon$, 则知 $f_n(x)$ 在 E 上一致收敛于零.

例 5 试证明下列命题:

(1) 设 $f(x)$ 是 $\mathbf{R}$ 上的有界函数. 则 $f(x)$ 在 $\mathbf{R}$ 上几乎处处等于一个几乎处处连续的函数当且仅当存在 $Z\subset\mathbf{R}: m(Z)=0$, 且 $f(x)$ 在 $\mathbf{R}\setminus Z$ 上连续.

(2) 设 $\{f_{m,n}(x)\}$ 是 $[0,1]$ 上的双指标可测函数列,且有
(i) $\lim\limits_{n\to\infty} f_{m,n}(x) = g_m(x)$, a.e. $x \in [0,1]$;
(ii) $\lim\limits_{m\to\infty} g_m(x) = h(x)$, a.e. $x \in [0,1]$,
则存在子列 $\{f_{m_k,n_k}(x)\}$,使得 $\lim\limits_{k\to\infty} f_{m_k,n_k}(x) = h(x)$, a.e. $x \in [0,1]$.

证明 (1) 必要性显然. 为证充分性,作函数
$$g(x) = \lim_{0 < \delta \to 0} \sup\{f(y) : y \in \mathbf{R}\backslash Z, |y-x| < \delta\},$$
显然 $f(x) = g(x), x \in \mathbf{R}\backslash Z$. 对 $x \in \mathbf{R}\backslash Z$,任给 $\varepsilon > 0$,存在 $\delta > 0$,使得
$$f(x) - \varepsilon \leqslant f(y) \leqslant f(x) + \varepsilon, \quad y \in \mathbf{R}\backslash Z \text{ 且 } |y-x| < \delta.$$
而对 x': $|x-x'| < \delta$,有 $y \in \mathbf{R}\backslash Z$ 且 $|y-x| < \delta$,使得
$$|y - x'| < \delta' = \delta - |x - x'|.$$
由此知 $g(x) - \varepsilon \leqslant g(x') \leqslant g(x) + \varepsilon$.

(2) 如果题中的收敛是在 $E \subset [0,1]$ 上一致收敛,则存在 $\{m_k\}$, $\{n_k\}$. 使得
$$|h(x) - g_{m_k}(x)| < \frac{1}{k}, \quad |g_{m_k}(x) - f_{m_k,n_k}(x)| < \frac{1}{k}, \quad x \in E.$$
从而有 $|h(x) - f_{m_k,n_k}(x)| < 2/k, x \in E$. 对于非一致收敛情形. 考虑用 Егоров 定理,并采用对角线法.

例 6 解答下列问题:
(1) 设 $\{f_n(x)\}$ 是 $[a,b]$ 上的可测函数列,$f(x)$ 是 $[a,b]$ 上的实值函数. 若对任给的 $\varepsilon > 0$,都有
$$\lim_{n\to\infty} m^*(\{x \in [a,b] : |f_n(x) - f(x)| > \varepsilon\}) = 0,$$
试问 $f(x)$ 是 $[a,b]$ 上的可测函数吗?

(2) 设 $f: \mathbf{R}^n \to \mathbf{R}$,且对任意的 $\varepsilon > 0$,存在开集 $G \subset \mathbf{R}^n$, $m(G) < \varepsilon$,使得 $f \in C(\mathbf{R}^n\backslash G)$,试证明 $f(x)$ 是 $\mathbf{R}^n$ 上的可测函数.

解 (1) 是的. 依题设知,对任意的 $k \in \mathbf{N}$,存在 $\{n_k\}$,有
$$m^*(E_k) < 1/2^k, \quad E_k = \{x \in [a,b] : |f_{n_k}(x) - f(x)| > 1/2^k\}.$$
由此得 $m^*\left(\bigcap\limits_{N=1}^{\infty} \bigcup\limits_{k=N}^{\infty} E_k\right) = 0$,故对 a.e. $x \in [a,b]$,有 $x \in \bigcup\limits_{N=1}^{\infty} \bigcap\limits_{k=N}^{\infty} E_k^c$. 从而又知存在 N_0,当 $k \geqslant N_0$ 时,有 $x \in E_k^c$. 这说明
$$|f_{n_k}(x) - f(x)| \leqslant 1/2^k, \quad \lim_{k\to\infty} f_{n_k}(x) = f(x), \quad \text{a.e. } x \in [a,b],$$

故 $f(x)$ 在 $[a,b]$ 上可测.

(2) 取 $\varepsilon_k = 1/k$,则存在开集列 $\{G_k\}$:$m(G_k)<1/k(k\in \mathbf{N})$,且 $f\in C(\mathbf{R}^n \backslash G_k)(k\in \mathbf{N})$. 令 $f_k(x)=f(x)\cdot \chi_{\mathbf{R}^n \backslash G_k}(x)$,则对任给 $\varepsilon>0$,我们有
$$m^*(\{x\in \mathbf{R}^n: |f_k(x)-f(x)|\geqslant \varepsilon\})$$
$$= m^*(\{x\in G_k: |f(x)|\geqslant \varepsilon\}) < 1/k.$$
令 $k\to \infty$ 即知 $f_k(x)$ 在 $\mathbf{R}^n$ 上依测度收敛于 $f(x)$. 故 $f(x)$ 在 $\mathbf{R}^n$ 上可测.

例 7 解答下列问题:

(1) 试问:$f_n(x)=(\cos x)^n$ 在 $[0,\pi]$ 上依测度收敛于 0 吗?又函数列
$$g_n(x)=\begin{cases} 0, & x\in [0,1/n]\cup [2/n,1], \\ n, & x\in (1/n,2/n) \end{cases}$$
在 $[0,1]$ 上依测度收敛于 0 吗?

(2) 设 $f(x),f_k(x)$ $(k=1,2,\cdots)$ 是 E 上实值可测函数. 若对任给 $\varepsilon>0$,以及 $\delta>0$,存在 E 中可测子集 e 以及 K,使得 $m(E\backslash e)<\delta$,且有
$$|f_k(x)-f(x)|<\varepsilon \quad (k>K, x\in e).$$
试问这是哪种意义下的收敛?

(3) 设 $f_k(x)$ 在 E 上依测度收敛于 0,试问极限
$$\lim_{k\to \infty} m(\{x\in E: |f_k(x)|>0\}) = 0$$
成立吗?

(4) 设 $E_k (k=1,2,\cdots)$ 是 $\mathbf{R}^n$ 中的可测集. 试证明

(i) $\chi_{E_k}(x)$ 在 $\mathbf{R}^n$ 上依测度收敛到 0 当且仅当 $m(E_k)\to 0(k\to \infty)$;

(ii) $\chi_{E_k}(x)$ 在 $\mathbf{R}^n$ 上几乎处处收敛到 0 当且仅当 $m(\overline{\lim_{k\to \infty}} E_k)=0$.

解 (1) 注意 $\{f_n(x)\},\{g_n(x)\}$ 都是几乎处处收敛于 0 的.

(2) 依题设知,对任给 $\varepsilon>0,\delta>0$,当 $k>K$ 时,均有
$$m(\{x\in E: |f_k(x)-f(x)|\geqslant \varepsilon\})<\delta,$$
故这是依测度收敛.

(3) 不一定. 例如在 $[0,1]$ 上定义 $f_k(x)=1/k(k\in \mathbf{N})$,易知 $f_k(x)$ 在 $[0,1]$ 上依测度收敛于 0,但我们有
$$m(\{x\in [0,1]: |f_k(x)|>0\}) = 1.$$

(4) (i) 注意 $m(\{x\in \mathbf{R}^n: \chi_{E_k}(x)>\varepsilon\})=m(E_k)$.

(ii) $\lim_{k\to\infty}\chi_{E_k}(x)=0$, a.e. $x\in \mathbf{R}^n$ 相当于 x 属于无穷多个 E_k 的全体是零测集.

例 8 解答下列问题：

(1) 设在可测集 $E\subset \mathbf{R}$ 上, $f_n(x)(n=1,2,\cdots)$ 几乎处处收敛于 $f(x)$, 且依测度收敛于 $g(x)$, 试问是否有关系式
$$g(x)=f(x), \quad \text{a.e.} x\in E?$$

(2) 设 $f(x), f_1(x), f_2(x), \cdots, f_k(x), \cdots$ 是 E 上几乎处处有限的可测函数，且 $m(E)<\infty$. 若在 $\{f_k(x)\}$ 的任一子列 $\{f_{k_i}(x)\}$ 中均存在几乎处处收敛于 $f(x)$ 的子列 $\{f_{k_{i_j}}(x)\}$, 试证明 $\{f_k(x)\}$ 在 E 上依测度收敛于 $f(x)$.

(3) 设 $\{f_k(x)\}$ 是 $E\subset \mathbf{R}$ 上正值可测函数列. 若 $f_k(x)$ 在 E 上依测度收敛于 $f(x)$, 试证明对 $p>0$, $f_k^p(x)$ 在 E 上依测度收敛于 $f^p(x)$.

(4) 设 $E\subset \mathbf{R}$ 上可测函数列 $\{f_k(x)\}$ 满足
$$f_k(x)\geq f_{k+1}(x) \quad (k=1,2,\cdots).$$
若 $f_k(x)$ 在 E 上依测度收敛到 0, 试问 $f_k(x)$ 在 E 上是否几乎处处收敛于 0?

证明 (1) 是的. 依题设知, 存在 $\{n_k\}$, 使得 $f_{n_k}(x)$ 在 E 上几乎处处收敛于 $g(x)$. 从而有关系: $g(x)=f(x)$, a.e. $x\in E$.

(2) 反证法. 假定 $f_k(x)$ 在 E 上不是依测度收敛于 $f(x)$ 的, 则存在 $\varepsilon_0>0, \sigma_0>0$ 以及 $\{k_i\}$, 使得
$$m(\{x\in E: |f_{k_i}(x)-f(x)|>\varepsilon_0\})\geq \sigma_0. \qquad (*)$$
但依题设知存在 $\{k_{i_j}\}$, 使得
$$\lim_{j\to\infty} f_{k_{i_j}}(x)=f(x), \quad \text{a.e.} x\in E.$$
由此又知 $f_{k_{i_j}}(x)$ 在 E 上依测度收敛于 $f(x)$, 而这与 $(*)$ 式矛盾. 证毕.

(3) (i) 若 $0<p\leq 1$, 则由不等式
$$|f_n^p(x)-f^p(x)|\leq |f_n(x)-f(x)|^p \quad (n\in \mathbf{N}, x\in E)$$
可直接得证.

(ii) 若 $p>1$, 则由微分中值公式可知,
$$|f^p(x)-f_n^p(x)|\leq p[\max\{f(x), f_n(x)\}]^{p-1}|f(x)-f_n(x)|.$$

从而对 $\sigma>0, M>0$，我们有
$$m(\{x\in E: |f^p(x)-f_n^p(x)|>\sigma\})$$
$$\leqslant m(\{x\in E: |f(x)-f_n(x)|>\sigma/(pM^{p-1})\})$$
$$+m(\{x\in E: \max\{f(x),f_n(x)\}>M\}).$$
注意到，如果 $\max\{f(x),f_n(x)\}>M$，那么就有
$$f(x)>M/2 \quad \text{或} \quad |f(x)-f_n(x)|>M/2.$$
（否则 $f_n(x)=f(x)+[f_n(x)-f(x)]\leqslant M/2+M/2=M$）因此得到
$$m(\{x\in E: |f^p(x)-f_n^p(x)|>\sigma\})$$
$$< m(\{x\in E: |f(x)-f_n(x)|>\sigma/(pM^{p-1})\})$$
$$+m(\{x\in E: |f(x)-f_n(x)|>M/2\})$$
$$+m(\{x\in E: f(x)>M/2\}).$$
由此知 $\overline{\lim\limits_{n\to\infty}} m(\{x\in E: |f^p(x)-f_n^p(x)|>\sigma\})\leqslant m(\{x\in E: f(x)>M/2\})$. 因为 $\lim\limits_{M\to+\infty} m(\{x\in E: f(x)>M/2\})=0$，所以得证.

(4) 依题设知，存在 $\{k_i\}$，使得
$$\lim_{i\to\infty} f_{k_i}(x)=0, \quad \text{a.e. } x\in E,$$
从而根据 $f_k(x)\geqslant f_{k+1}(x)(k\in\mathbf{N})$，即知
$$\lim_{k\to\infty} f_k(x)=0, \quad \text{a.e. } x\in E.$$

例 9 试证明下列命题：

(1) 设 $\{E_k\}\subset\mathbf{R}^n$ 是可测集合列，则 $\{\chi_{E_k}(x)\}$ 是依测度 Cauchy 列的充分必要条件是：$\lim\limits_{k,j\to\infty} m(E_k\triangle E_j)=0$.

(2) 设 $m(E)<\infty, f(x), f_1(x), f_2(x), \cdots, f_k(x), \cdots$ 是 E 上几乎处处有限的可测函数，则 $\{f_k(x)\}$ 在 E 上依测度收敛于 $f(x)$ 的充分且必要条件是：
$$\lim_{k\to\infty}\inf_{\alpha>0}\{\alpha+m(\{x\in E: |f_k(x)-f(x)|>\alpha\})\}=0.$$

证明 (1) 注意，对任给 $\varepsilon: 1>\varepsilon>0$，点集 $|\chi_{E_k}(x)-\chi_{E_j}(x)|>\varepsilon$ 就是 $E_k\setminus E_j$ 与 $E_j\setminus E_k$ 的并集.

(2) **必要性** 依题设知，对任给 $\varepsilon>0, \alpha<\varepsilon/2$，存在 N，使得
$$m(\{x\in E: |f_k(x)-f(x)|>\alpha\})<\varepsilon/2 \quad (k\geqslant N).$$
从而得 $\alpha+m(\{x\in E: |f_k(x)-f(x)|>\alpha\})<\varepsilon(k\geqslant N)$. 对 α 取下确界

更成立,再令 $k\to\infty$ 也然. 由此即得所证.

充分性 记 $E_k(\alpha) = \{x \in E : |f_k(x) - f(x)| > \alpha\}$,由假设知,对任给 $\varepsilon > 0$,存在 N,当 $k \geqslant N$ 时有 $\inf\limits_{\alpha > 0}\{\alpha + m(E_k(\alpha))\} < \varepsilon$. 从而对每个 $k: k \geqslant N$,可取 $\alpha_k > 0$,使得 $\alpha_k + m(E_k(\alpha_k)) < \varepsilon$. 自然有 $\alpha_k < \varepsilon (k \geqslant N)$. 现在令 $\alpha_\varepsilon = \sup\limits_{k \geqslant N}\{\alpha_k\}$,则 $\alpha_\varepsilon \leqslant \varepsilon (k \geqslant N)$. 因此,对任给 $\varepsilon > 0, 0 < \delta < \varepsilon$,存在 N,使得
$$m(\{x \in E : |f_k(x) - f(x)| > \delta\}) < \varepsilon \quad (k \geqslant N).$$
这说明 $f_k(x)$ 在 E 上依测度收敛于 $f(x)$.

例 10 试证明下列命题:

(1) 若 $\{f_n(x)\}$ 是 $E \subset \mathbf{R}$ 上依测度收敛列,且有
$$|f_n(x') - f_n(x'')| \leqslant M|x' - x''|, \quad x', x'' \in E,$$
则 $\{f_n(x)\}$ 是 E 上几乎处处收敛列.

(2) 设 $E \subset \mathbf{R}$ 且 $m(E) < +\infty$,$\{f_n(x)\}$ 是 E 上实值可测函数列,则 $f_n(x)$ 在 E 上依测度收敛于 $f(x)$ 的充分必要条件是:
$$\lim_{n\to\infty} F_n(x) = \lim_{n\to\infty} \frac{|f_n(x) - f(x)|}{1 + |f_n(x) - f(x)|} = 0, \quad \text{a.e. } x \in E.$$

证明 (1) 由依测度收敛知,对 $\varepsilon > 0, \sigma > 0$,存在 N,使得
$$m(\{x \in E : |f_n(x) - f_m(x)| \geqslant \varepsilon/3\}) < \sigma \quad (n, m \geqslant N).$$
假定 $x_0 \in E$ 满足:
$$m(E \bigcap (x_0 - \varepsilon/3M, x_0 + \varepsilon/3M)) = 2\sigma > 0.$$
从而知存在点 $x_{n,m} \in E \bigcap (x_0 - \varepsilon/3M, x_0 + \varepsilon/3M)$,以及 n_i, m_i,使得 $|f_{n_i}(x_{n,m}) - f_{m_i}(x_{n,m})| < \varepsilon/3$. 因此,当 $n, m \geqslant N$ 时,有
$$|f_n(x_0) - f_m(x_0)| \leqslant |f_n(x_0) - f_{n_i}(x_{n,m})|$$
$$+ |f_{n_i}(x_{n,m}) - f_{m_i}(x_{n,m})|$$
$$+ |f_{m_i}(x_{n,m}) - f_m(x_0)|$$
$$< 2M|x_0 - x_{n,m}| + \varepsilon/3$$
$$< 2\varepsilon/3 + \varepsilon/3 = \varepsilon.$$
这说明 $f_n(x)$ 在 $x = x_0$ 处收敛.

若对 $x_0 \in E$,存在 $\delta_0 > 0$,使得 $m(E \bigcap (x_0 - \delta_0, x_0 + \delta_0)) = 0$,则 $f_n(x)$ 不一定在 $x = x_0$ 处收敛. 由此易知命题结论成立.

(2) **必要性** 依题设知,对任给 $\varepsilon>0, \sigma>0$,存在 N,当 $n \geqslant N$ 时有 $m(\{x\in E: |f_n(x)-f(x)|\geqslant\varepsilon\})<\sigma$. 因为在点 $x\in E$ 满足 $|f_n(x)-f(x)|<\varepsilon$ 时,必有 $0\leqslant F_n(x)<\varepsilon$,所以 $\lim\limits_{n\to\infty} F_n(x)=0$, a.e. $x\in E$.

充分性 由题设知,对任给 $\delta>0, \varepsilon>0$,存在 $E_\delta\subset E$ 以及 N,使得
$$m(E\backslash E_\delta)<\delta, \quad |F_n(x)|<\varepsilon \ (n\geqslant N, x\in E_\delta).$$
由此易知 $f_n(x)$ 在 E 上依测度收敛于 $f(x)$.

例 11 试证明下列命题:

(1) 设 $F(x), f_n(x)(n\in\mathbf{N})$ 是 $\mathbf{R}$ 上的可测函数,且有 $|f_n(x)|\leqslant F(x)$, a.e. $x\in\mathbf{R}$;又对任给 $\varepsilon>0$,均有
$$m(\{x\in\mathbf{R}: F(x)>\varepsilon\})<+\infty.$$
若 $f_n(x)$ 在 $\mathbf{R}$ 上几乎处处收敛于 0,则 $f_n(x)$ 在 $\mathbf{R}$ 上依测度收敛于 0.

(2) 设有定义在 $E\subset\mathbf{R}$ 上的可测函数列:$f_1(x)\leqslant f_2(x)\leqslant\cdots\leqslant f_n(x)\leqslant\cdots$. 若 $f_n(x)$ 在 E 上依测度收敛于 $f(x)$,则 $f_n(x)$ 在 E 上几乎处处收敛于 $f(x)$.

(3) 设 $f_n(x)$ 是 $[0,1]$ 上的递增函数 $(n=1,2,\cdots)$,且 $f_n(x)$ 在 $[0,1]$ 上依测度收敛于 $f(x)$,则在 $f(x)$ 的连续点 $x=x_0$ 上,必有
$$f_n(x_0)\to f(x_0) \quad (n\to\infty).$$

证明 (1) 注意 $\{x\in\mathbf{R}: |f_n(x)|\geqslant\varepsilon\}\subset\{x\in\mathbf{R}: F(x)>\varepsilon\}$,因此,其推理可在有穷测度点集上进行.

(2) 依题设知,存在 $\{n_k\}$,使得
$$\lim_{k\to\infty} f_{n_k}(x)=f(x), \quad \text{a.e.} \ x\in E.$$
从而根据 $\{f_n(x)\}$ 的渐升性,立即可知结论成立.

(3) 反证法. 假定 $f_n(x_0)$ 当 $n\to\infty$ 时不收敛于 $f(x_0)$,则存在 $\varepsilon_0>0$,以及 $\{f_{n_k}(x_0)\}$,使得
$$f_{n_k}(x_0)\geqslant f(x_0)+\varepsilon_0 \quad \text{或} \quad f_{n_k}(x_0)\leqslant f(x_0)-\varepsilon_0.$$
若前一情形成立,则由 x_0 是 f 的连续点可知,存在 $\delta>0$,使得
$$f(x)<f(x_0)+\varepsilon_0/2 \quad (x_0\leqslant x<x_0+\delta).$$
由于 $f_{n_k}(x)\geqslant f_{n_k}(x_0)\geqslant f(x_0)+\varepsilon_0>f(x)$,故得
$$m(\{x\in[0,1]: f_{n_k}(x)>f(x)\})\geqslant\delta \quad (k\in\mathbf{N}).$$
但这与 $f_n(x)$ 在 $[0,1]$ 上依测度收敛于 $f(x)$ 矛盾.

对后一种情形,证略.

例 12 试证明下列命题：

(1) 设 $\{f_k(x)\}$ 在 $E \subset \mathbf{R}^n$ 上依测度收敛于 $f(x)$，$\{g_k(x)\}$ 在 E 上依测度收敛于 $g(x)$. 则 $\{f_k(x)+g_k(x)\}$ 在 E 上依测度收敛于 $f(x)+g(x)$.

(2) 设 $m(E)<\infty$，$\{f_k(x)\}$ 在 E 上依测度收敛于 $f(x)$，$\{g_k(x)\}$ 在 E 上依测度收敛于 $g(x)$，则 $\{f_k(x) \cdot g_k(x)\}$ 在 E 上依测度收敛于 $f(x) \cdot g(x)$. 若 $m(E)=+\infty$，则结论不一定真.

(3) 设 $E \subset \mathbf{R}^n$. 若 $\{f_k(x)\}$ 在 E 上依测度收敛于 0，$\{g_k(x)\}$ 在 E 上依测度收敛于 0，则 $\{f_k(x)g_k(x)\}$ 在 E 上依测度收敛于 0.

(4) 设 $E \subset \mathbf{R}^n$ 且 $m(E)<+\infty$. 若 $f_k(x)$ 在 E 上依测度收敛于 $f(x)$，且 $f(x)\ne 0$，$f_k(x)\ne 0$，a.e. $x\in E(k\in \mathbf{N})$，则 $1/f_k(x)$ 在 E 上依测度收敛于 $1/f(x)$.

证明 (1) 注意包含关系：
$$\{x\in E: |(f_k(x)+g_k(x))-(f(x)+g(x))|>\sigma\}$$
$$\subset \{x\in E: |f_k(x)-f(x)|>\sigma/2\}$$
$$\cup \{x\in E: |g_k(x)-g(x)|>\sigma/2\}.$$

(2) 对任一子列 $\{f_{k_i}(x)g_{k_i}(x)\}$，由题设知，存在 $f_{k_{i_j}}(x)$ 在 E 上 a.e. 收敛于 $f(x)$，也存在 $g_{k_{i_{j_l}}}(x)$ 在 E 上 a.e. 收敛于 $g(x)$. 从而知 $f_{k_{i_{j_l}}}(x)g_{k_{i_{j_l}}}(x)$ 在 E 上 a.e. 收敛于 $f(x)g(x)$. 这说明命题结论成立.

在 $m(E)=+\infty$ 时，举例如下：设 $E=[0,\infty)$，作函数
$$f_n(x)=\begin{cases} 0, & x\in[0,n),\\ 1/x, & x\in[n,\infty), \end{cases}$$
$$g_n(x)=x\ (n\in\mathbf{N}),$$
则 $f_n(x),g_n(x)$ 在 E 上各依测度收敛于 $f(x)\equiv 0$，$g(x)\equiv x$. 然而 $[f_n(x)+g_n(x)]^2$ 并不依测度收敛于 $[f(x)+g(x)]^2$，$f_n(x)g_n(x)$ 在 E 上也不依测度收敛于 $f(x)g(x)=0$，这是因为 $\{x\in E: |f_n(x)g_n(x)|\geq 1\}=[n,\infty)$.

(3) 注意下述包含关系：（对 $\varepsilon>0$）
$$\{x\in E: |f_k(x)g_k(x)|\geq \varepsilon\}\subset \{x\in E: |f_k(x)|\geq \sqrt{\varepsilon}\}$$
$$\cup \{x\in E: |g_k(x)|\geq \sqrt{\varepsilon}\}.$$

(4) 不妨假定 $f_k(x)(k\in \mathbf{N})$ 与 $f(x)$ 皆不为 0. 依题设知,对任一子列 $\{f_{k_i}(x)\}$,均存在子列 $\{f_{k_{i_j}}(x)\}$ 几乎处处收敛于 $f(x)$. 也就是说,对任一子列 $\{1/f_{k_i}(x)\}$,均存在子列 $\{1/f_{k_{i_j}}(x)\}$ 几乎处处收敛于 $1/f(x)$. 这说明命题结论成立.

§3.3 可测函数与连续函数的关系

例1 解答下列问题:

(1) 试作定义在 $[0,1]$ 上的实值可测函数 $f(x)$,对于 $[0,1]$ 中的任一零测集 Z, $f(x)$ 均不在 $[0,1]\setminus Z$ 上连续.

(2) 设 $f(x)$ 是 $\mathbf{R}$ 上的实值可测函数,试问是否存在 $g\in C(\mathbf{R})$,使得
$$m(\{x\in \mathbf{R}: |f(x)-g(x)|>0\})=0?$$

解 (1) 在 $[0,1]$ 中作类 Cantor 集 H: $m(H)=1/2$,令函数
$$f(x)=\begin{cases} 1, & x\in H, \\ -1, & x\in [0,1]\setminus H, \end{cases}$$
易知 $([0,1]\setminus Z)\bigcap H\neq \varnothing$,故知对任意的 $x_0\in ([0,1]\setminus Z)\bigcap H$,在 $(x_0-\delta, x_0+\delta)$ 内总有 $[0,1]\setminus (Z\bigcup H)$ 之点. 这说明 $f(x)$ 在 $x=x_0$ 处不连续.

(2) 不一定. 例如 $f(x)=\begin{cases} -1, & x\in [0,1/2), \\ +1, & x\in [1/2,1], \end{cases}$ 则对任意的 $g\in C([0,1])$: $g(1/2)=\lambda>0$,存在 $\delta_0>0$,使得当 $x\in (1/2-\delta_0, 1/2+\delta_0)$ 时, $g(x)>\lambda/2$. 类似地讨论 $\lambda<0, \lambda=0$,即可得证.

例2 试证明下列命题:

(1) 若 $f(x)$ 是 $\mathbf{R}$ 上的实值可测函数,且有
$$f(x+y)=f(x)+f(y) \quad (x,y\in \mathbf{R}),$$
则 $f(x)$ 是连续函数.

(2) 设 $f(x)$ 是 $I=(a,b)$ 上的实值可测函数. 若 $f(x)$ 具有中值(下)凸性质:
$$f\left(\frac{x+y}{2}\right)\leqslant \frac{f(x)+f(y)}{2}, \quad x,y\in I,$$
则 $f\in C(I)$.

证明 (1) 因为 $f(x+h)-f(x)=f(h)$ 以及 $f(0)=0$，所以只需证明 $f(x)$ 在 $x=0$ 处连续即可. 根据 Лузин 定理，可作有界闭集 F: $m(F)>0$，使 $f(x)$ 在 F 上（一致）连续，即对任意的 $\varepsilon>0$，存在 $\delta_1>0$，有

$$|f(x)-f(y)|<\varepsilon, \quad |x-y|<\delta_1, \quad x,y\in F.$$

现在研究 $F-F$，由 Steinhaus 定理（参见周民强编著《实变函数论》(第 3 版) §2.4)知道,存在 $\delta_2>0$，使得 $F-F\supset[-\delta_2,\delta_2]$. 取 $\delta=\min\{\delta_1,\delta_2\}$，则当 $z\in[-\delta,\delta]$ 时，由于存在 $x,y\in F$，使得 $z=x-y$，故可得

$$|f(z)|=|f(x-y)|=|f(x)-f(y)|<\varepsilon.$$

这说明 $f(x)$ 在 $x=0$ 处是连续的.

(2) 根据数学分析的理论可知,如果 $f(x)$ 是 I 上的有界函数,那么 $f\in C(I)$.

对此,假定 $f(x)$ 在 $x=x_0\in I$ 处附近无界,且考查区间 $[x_0-2\delta, x_0+2\delta]\subset I$，其中存在 $\{\xi_k\}$:

$$\xi_k\in(x_0-\delta,x_0+\delta), \quad f(\xi_k)\geqslant k \quad (k=1,2,\cdots).$$

对于任意的 $x\in(\xi_k-\delta,\xi_k+\delta)$，显然有

$$x_0-2\delta\leqslant x\leqslant x_0+2\delta, \ x_0-2\delta\leqslant x'\triangleq 2\xi_k-x\leqslant x_0+2\delta.$$

由 $2\xi_k=x'+x$，可知 $2f(\xi_k)\leqslant f(x)+f(x')$. 从而必有 $f(x)\geqslant k$ 或者 $f(x')\geqslant k$. 这说明

$$m(\{x\in(\xi_k-\delta,\xi_k+\delta): f(x)\geqslant k\})\geqslant\delta.$$

也就是说,对于任意大的自然数 k，均有

$$m(\{x_0-2\delta\leqslant x\leqslant x_0+2\delta: f(x)\geqslant k\})\geqslant\delta.$$

从而导致 $f(x_0)=+\infty$，矛盾. 即得所证.

例 3 试证明下列命题:

(1) 设 $f(x)$ 在 $[a,b]$ 上可测,则存在多项式列 $\{P_n(x)\}$，使得 $\lim\limits_{n\to\infty}P_n(x)=f(x)$，a.e. $x\in[a,b]$.

(2) 设 $f(x)$ 是 $[0,1]$ 上的递增函数,则存在 $f_n\in C([0,1])(n\in\mathbf{N})$，使得 $\lim\limits_{n\to\infty}f_n(x)=f(x)(0\leqslant x\leqslant 1)$.

证明 (1) 根据 Лузин 定理,对任意的 $n\in\mathbf{N}$，存在闭集 $F_n\subset[a,b](n\in\mathbf{N})$，使得 $F_n\subset F_{n+1}, m([a,b]\setminus F_n)<1/n$，且 $f\in C(F_n)(n\in\mathbf{N})$.

从而知存在 $g\in C([a,b])$,使得 $g(x)=f(x)(x\in F_n,n\in \mathbf{N})$.由此又知存在多项式 $P_n(x)$,使得
$$|g(x)-P_n(x)|<1/n \quad (n\in \mathbf{N}, x\in [a,b]),$$
即 $|f(x)-P_n(x)|<1/n(x\in F_n,n\in \mathbf{N})$.

令 $F=\bigcup_{n=1}^{\infty}F_n$,则 $m([a,b]\setminus F)=0$. 对 $x_0\in F$,则存在 $n_0,x_0\in F_n(n\geqslant n_0)$. 从而对任给 $\varepsilon>0$,取 $n_1>n_0$,且 $1/n_1<\varepsilon$,则有
$$|f(x_0)-P_n(x_0)|<1/n<\varepsilon \quad (n>n_1),$$
即得所证.

(2) 不妨假定 $f(0)=0,f(1)=1$. 作函数 $(n\in \mathbf{N})$
$$g_n(x)=\sum_{k=0}^{n-2}\frac{k}{n}\chi_{f^{-1}(k/n,(k+1)/n]}(x)+\frac{n-1}{n}\chi_{f^{-1}(((n-1)/n,1])}(x),$$
则 $\max_{[0,1]}|g_n(x)-f(x)|\leqslant 1/n(n\in \mathbf{N})$. 而由
$$|g_{2^{k+1}}(x)-g_{2^k}(x)|\leqslant |g_{2^{k+1}}(x)-f(x)|$$
$$+|g_{2^k}(x)-f(x)|\leqslant 1/2^{k-1},$$

可知 $\sum_{k=1}^{\infty}[g_{2^{k+1}}(x)-g_{2^k}(x)]=f(x)-g_2(x)$ 是连续列的点极限.

例4 试证明下列命题:

(1) 设 $f(x)$ 是 $(0,1)$ 上的实值可测函数,则存在数列 $\{h_n\}:h_n\to 0$ $(n\to \infty)$,使得
$$\lim_{n\to\infty}f(x+h_n)=f(x), \quad \text{a.e.} \ x\in(0,1).$$

(2) 设 $E\subset \mathbf{R}$ 是可测集,$f:E\to \mathbf{R}$. 若存在 $M>0$,使得对任意的 $x\in E$,都有 $\delta>0$,以及
$$|f(y)-f(x)|<M(y-x), \quad y\in E\cap(x,x+\delta),$$
则 $m^*(f(E))\leqslant M\cdot m(E)$.

证明 (1) 根据 Лузин 定理,可作闭集 $F_n\subset(0,1): m(F_n)>1-1/n^2, f(x)$ 在 F_n 上连续,从而有 $\eta_n\to 0(n\to\infty)$,使得
$$|f(x+h)-f(x)|<1/n, \quad x,x+h\in F_n, |h|<\eta_n.$$

取 $h_n: |h_n|<\eta_n(n\in \mathbf{N})$. 易知 $m(\{x\in F_n: x+h\in F_n\})<1/n^2$ $(n\in \mathbf{N})$. 由此知存在 $E_n\subset F_n, m(E_n)>1-2/n^2$,使得

$$|f(x+h_n)-f(x)|<1/n, \quad x\in E_n.$$

再考查 $\{E_n\}$ 的下限集，$m(\varliminf_{n\to\infty} E_n)=1$，即得所证.

(2) 令 $S_n=\{x\in E: |f(y)-f(x)|\leqslant M(y-x)$，一切 $y\in E\cap (x,x+1/n)\}$，注意到 $x\in \overline{S_n}\cap E$ 是单调列 $\{x_n\}\subset S_n(n\in \mathbf{N})$：$\lim_{n\to\infty} f(x_n)=f(x)$，$\overline{S_n}\cap E=S_n$，故 S_n 是可测集. 显然有

$$S_1\subset S_2\subset\cdots, \quad \bigcup_{n\geqslant 1} S_n=E.$$

记 $E_1=S_1, E_2=S_2\setminus S_1,\cdots$，因为

$$m^*(f(E))=m^*\Big(\bigcup_{n\geqslant 1} f(E_n)\Big)\leqslant \sum_{n\geqslant 1} m^*(f(E_n)),$$

以及 $m(E)=\sum_{n\geqslant 1} m(E_n)$，所以只需指出

$$m^*(f(E_n))\leqslant M\cdot m(E_n) \quad (n\in \mathbf{N}).$$

换句话说，我们可以假定

$$|f(y)-f(x)|\leqslant M|y-x| \quad (x\in E, y\in E\cap(x,x+1/n)),$$

而分解 E 为 $E_n(n\in \mathbf{N})$ 之并，E_n 的直径小于 $1/n$. 从而不妨设 E 的直径小于 $1/n$，$|f(y)-f(x)|\leqslant M|x-y|(x,y\in E)$.

对任给 $\varepsilon>0$，取开集 $G: G\supset E, m(G)\leqslant m(E)+\varepsilon$，且令 $I_k(k\in \mathbf{N})$ 是 G 的构成区间，我们有

$$|f(y)-f(x)|\leqslant M|x-y|\leqslant M\cdot |I_k| \quad (x,y\in E\cap I_k).$$

因此，$f(E\cap I_k)$ 含于一闭区间中长度至多为 $M\cdot |I_k|$. 从而

$$m^*(f(E\cap I_k))\leqslant M\cdot |I_k|,$$

$$m^*(f(E))\leqslant \sum_{k\geqslant 1} m^*(f(E\cap I_k))\leqslant M\cdot m(G)\leqslant M\cdot m(E)+\varepsilon.$$

即得所证.

§3.4 复合函数的可测性

例 1 解答下列问题：

(1) 令（斜坡函数）

$$\varphi_n(x)=\begin{cases} -n, & x\leqslant -n, \\ x, & -n<x<n, \quad (n\in \mathbf{N}). \\ n, & n\leqslant x \end{cases}$$

并设 $f(x)$ 是 **R** 上的实值函数,若对一切 $n, \psi_n(x) = \varphi_n[f(x)]$ 在 **R** 上连续,试证明 $f \in C(\mathbf{R})$.

(2) 试作 $g \in C(\mathbf{R})$, $f(x)$ 在 **R** 上可测,但 $f[g(x)]$ 不是可测函数.

(3) 设 $f(x)$ 在 $E \subset \mathbf{R}$ 上可测,试证明对 **R** 中任一闭集 F, $f^{-1}(F)$ 是可测集.

(4) 设 $f(x)$ 在 $[a,b]$ 上可测,且 $m \leqslant f(x) \leqslant M$, $g(x)$ 在 $[m,M]$ 上单调,试证明 $g[f(x)]$ 在 $[a,b]$ 上可测.

解 (1) 只需指出:对任一区间 (a,b), $f^{-1}((a,b))$ 是开集. 我们取 $n: n > \max\{|a|, |b|\}$,易知
$$\varphi_n^{-1}((a,b)) = (a,b),$$
$$f^{-1}((a,b)) = f^{-1}[\varphi_n^{-1}((a,b))] = \psi_n^{-1}((a,b)).$$

(2) 设 $\Phi(x)$ 是 $[0,1]$ 上的 Cantor 函数,令
$$\Psi(x) = \frac{x + \Phi(x)}{2} \quad (0 \leqslant x \leqslant 1),$$
则 $\Psi(x)$ 是 $[0,1]$ 上的严格单调上升的连续函数. 记 C 是 $[0,1]$ 中的 Cantor 集, W 是 $\Psi(C)$ 中的不可测子集.

现在令 $f(x)$ 是点集 $\Psi^{-1}(W)$ 上的特征函数,作
$$g(x) = \Psi^{-1}(x), \quad x \in [0,1].$$
显然, $f(x) = 0$, a.e. $x \in [0,1]$, $g(x)$ 是 $[0,1]$ 上的严格单调上升的连续函数. 易知 $f[g(x)]$ 在 $[0,1]$ 上不是可测函数.

(3) 注意 $(f^{-1}(F))^c = f^{-1}(F^c)$.

(4) 证略.

例 2 试证明下列命题:

(1) 若 $f(x)$ 是 $\mathbf{R}^n$ 上的可测函数,则 $f(x-y)$ 是 $\mathbf{R}^n \times \mathbf{R}^n$ 上的可测函数.

(2) 设 $f \in C(\mathbf{R})$, $g(x)$ 是 **R** 上的可测函数. 若对任意的零测集 Z, $f^{-1}(Z)$ 是可测集,则 $g[f(x)]$ 是可测函数.

(3) 设 $z = f(u,v)$ 是 $\mathbf{R}^2$ 上的连续函数, $g_1(x), g_2(x)$ 是 $I = [a,b] \subset \mathbf{R}$ 上的实值可测函数,则 $F(x) = f(g_1(x), g_2(x))$ 是 $[a,b]$ 上的可测函数.

(4) 设 $f(x)$ 是定义在 $(0,1]$ 上的实值函数,则必存在可测函数

$g(x)$ 与 $h(x)$,使得
$$f(x) = g[h(x)], \quad x \in (0,1].$$

证明 (1)(i) 记 $F(x,y) = f(x)$ $((x,y) \in \mathbf{R}^n \times \mathbf{R}^n)$,则因为对于 $t \in \mathbf{R}$,有
$$\{(x,y): F(x,y) > t\} = \{(x,y): f(x) > t, y \in \mathbf{R}^n\},$$
所以 $F(x,y)$ 是 $\mathbf{R}^n \times \mathbf{R}^n$ 上的可测函数.

(ii) 作 $\mathbf{R}^n \times \mathbf{R}^n$ 到 $\mathbf{R}^n \times \mathbf{R}^n$ 的非奇异线性变换 T:
$$\begin{cases} x = \xi - \eta, \\ y = \xi + \eta, \end{cases} (\xi, \eta) \in \mathbf{R}^n \times \mathbf{R}^n,$$
易知在变换 T 下,$F(x,y)$ 变为 $F(\xi-\eta, \xi+\eta) = f(\xi-\eta)$,从而 $f(\xi-\eta)$ 是 $\mathbf{R}^n \times \mathbf{R}^n$ 上的可测函数.

(2) 设 $G \subset \mathbf{R}$ 是开集,则 $(g \circ f)^{-1}(G) = f^{-1}[g^{-1}(G)]$. 因为 $g^{-1}(G)$ 是可测集,所以存在零测集 Z_1, Z_2,以及 Borel 集 H,使得
$$g^{-1}(G) = (H \backslash Z_1) \bigcup Z_2, \quad Z_1 \subset H, H \bigcap Z_2 = \varnothing.$$
从而我们有 $f^{-1}[g^{-1}(G)] = (f^{-1}(H) \backslash f^{-1}(Z_1)) \bigcup f^{-1}(Z_2)$. 注意到 $f(x)$ 的连续性,可知 $f^{-1}(H)$ 是 Borel 集. 又由 $f^{-1}(Z_1), f^{-1}(Z_2)$ 是可测集,可知 $f^{-1}[g^{-1}(G)]$ 是可测集,即得所证.

(3) 对任意 $t \in \mathbf{R}$,令 $G_t = \{(u,v): F(u,v) > t\} = F^{-1}((t, \infty))$,则
$$\{x \in I: F(x) > t\} = \{x \in I: (f(x), g(x)) \in G_t\}.$$
若 G_t 是开矩形: $G_t = (a_1, b_1) \times (c_1, d_1)$,则
$$\{x \in I: F(x) > t\} = \{x \in I: g_1(x) \in (a_1, b_1), g_2(x) \in (c_1, d_1)\}$$
$$= \{x \in I: g_1(x) \in (a_1, b_1)\} \bigcap \{x \in I: g_2(x) \in (c_1, d_1)\}.$$

对开集 G_t,将其分解为可数个开矩形之并集: $G_t = \bigcup_{n \geq 1} J_n$, $J_n = (a_n, b_n) \times (c_n, d_n)$,我们有
$$\{x \in I: F(x) > t\} = \bigcup_{n=1}^{\infty} (\{x \in I: f(x) \in (a_n, b_n)\}$$
$$\bigcap \{x \in I: g(x) \in (c_n, d_n)\}).$$
由此知 $F(x)$ 在 I 上可测.

(4) 把 $(0,1]$ 中的点作二进位无尽小数表示: $x \in (0,1]$,
$$x = \sum_{n=1}^{\infty} \frac{a_n}{2^n}, \quad a_n = \begin{cases} 0, \\ 1, \end{cases}$$

并定义
$$h(x) = \sum_{n=1}^{\infty} \frac{2a_n}{3^n}, \quad h(0) = 0,$$
则 $h(x)$ 在 $(0,1]$ 上严格递增. 易知 $h((0,1])$ 是 Cantor 集的子集, $m(h((0,1]))=0$.

现在,再定义函数
$$g(x) = \begin{cases} f(h^{-1}(x)), & x \in h((0,1]), \\ 0, & \text{其他}, \end{cases}$$
则 $f(x)=g(h(x))$,其中 $g(x),h(x)$ 是 $(0,1]$ 上的 L-可测函数.

例 3 试证明下列命题:

(1) 设 $f(x), f_n(x)(n \in \mathbf{N})$ 在 $\mathbf{R}$ 上可测, $g \in C(\mathbf{R})$, 若 $\lim_{n \to \infty} f_n(x) = f(x)$, a.e. $x \in \mathbf{R}$, 则 $\lim_{n \to \infty} g[f_n(x)] = g[f(x)]$, a.e. $x \in \mathbf{R}$.

(2) 设 $f_n(x)$ 在 $[a,b]$ 上依测度收敛于 $f(x)$, 且 $g \in C(\mathbf{R})$, 则 $g[f_n(x)]$ 在 $[a,b]$ 上依测度收敛于 $g[f(x)]$.

证明 (1) 依题设可知,存在 $Z \subset \mathbf{R}$: $m(Z)=0$,使得 $f_n(x) \to f(x)$ $(n \to \infty, x \in \mathbf{R} \setminus Z)$. 因为 $g \in C(\mathbf{R})$,所以 $\lim_{n \to \infty} g[f_n(x)] = g[f(x)]$ $(x \in \mathbf{R} \setminus Z)$,即得所证.

(2) 首先,易知 $g[f(x)], g[f_n(x)](n \in \mathbf{N})$ 皆为可测函数. 其次, 对任一子列 $\{g[f_{k_i}(x)]\}$, 由题设知 $f_{k_i}(x)$ 在 $[a,b]$ 上依测度收敛于 $f(x)$, 故存在子列 $f_{k_{i_j}}(x)$ 在 $[a,b]$ 上几乎处处收敛于 $f(x)$. 由此知, $g[f_{k_{i_j}}(x)]$ 在 $[a,b]$ 上几乎处处收敛于 $g[f(x)]$. 这说明命题结论成立.

§3.5 等可测函数

例 1 解答下列问题:

(1) 求下列函数在 $[0, 2\pi]$ 上的分布函数 $F(t)$:

(i) $\sin x$; (ii) $\sin(3x/2)$; (iii) $\sin(2x - \pi/4)$.

(2) 设 $f(x)$ 是 $[0,1]$ 上的可测函数,记 $F(t)$ 为其分布函数. 求下列函数在 $[0,1]$ 上的分布函数:

(i) $f(x)+c$; (ii) $cf(x)(c>0)$; (iii) $f^3(x)$.

(3) 试问 $\sin x$ 与 $\sin(nx+a)(n\in \mathbf{N}, a\in \mathbf{R})$ 在

(i) $[0,2\pi]$; (ii) $[0,\pi]$

上是等可测函数吗?

(4) 设 $f(x)$ 是 (a,b) 上的可测函数,试问何时其分布函数 $F(t)$ 在 $t_0\in(a,b)$ 处连续?

解 (1) (i),(ii),(iii) 分布函数均为:
$$F(t)=\begin{cases}\pi+2\arcsin t, & |t|\leqslant 1,\\ 0, & t<-1,\\ 2\pi, & t>1.\end{cases}$$

(2) (i) $F(t-c)$;(ii) $F(t/c)$;(iii) $F(\sqrt[3]{t})$.

(3) (i) 是;(ii) 不是.

(4) $F(t)$ 在 $x_0\in(a,b)$ 上连续当且仅当
$$m(\{x\in(a,b): f(x)=t_0\})=0.$$

例2 试证明下列命题:

(1) 设有数列 $\{\theta_n\},\{p_n\}:\lim\limits_{n\to\infty}p_n=+\infty$,且令
$$f_n(x)=|\sin(nx+\theta_n)|^{p_n}\quad(x\in(0,2\pi)),$$
则 $f_n(x)$ 在 $(0,2\pi)$ 上依测度收敛于 0.

(2) 试作 $I=[0,4\pi]$ 上的递减函数 $g(x)$,使得对任意的 $t\in\mathbf{R}$,有
$$m(\{x\in I: \sin x>t\})=m(\{x\in I: g(x)>t\}).$$

证明 (1) 因为 $|\sin(nx+\theta_n)|$ 与 $|\sin x|$ 等可测,所以
$$m(\{x\in(0,2\pi): |\sin(nx+\theta_n)|^{p_n}>t\})$$
$$=m(\{x\in(0,2\pi): |\sin x|>t^{1/p_n}\})\to 0\quad(n\to\infty).$$

(2) 令 $E_t=\{x\in I: \sin x>t\},f(t)=m(E_t)$,则 $f(t)$ 递减,且有 $f([-1,1])=f(\mathbf{R})=[0,4\pi],f(t)$ 在 $[-1,1]$ 上是一一映射.现在令 $g=f^{-1}$,则 $g(x)$ 在 $[0,4\pi]$ 上递减,且 $g(x)>t$ 当且仅当 $x<f(t)$.

例3 解答下列问题:

(1) 设 $f(x)$ 是 $E\subset\mathbf{R}^n$ 上的可测函数,定义
$$f^*(\tau)=\inf\{t\in\mathbf{R}: m(\{x\in\mathbf{R}: f(x)>t\})\leqslant\tau\}$$
$$(0\leqslant\tau\leqslant m(E)),$$

称 f^* 为 f 的非升重排(函数),试证明 f 与 f^* 是等可测的.

(2) 试求下列函数在指定区间上的非升重排:

(i) $\sin x, x \in [0, 2\pi]$;　　(ii) $\sin x/2, x \in [0, 2\pi]$;

(iii) $\tan x, x \in (0, \pi)$.

(3) 试求 $f(x,y) = x^2 + y^2$ 在 $x^2 + y^2 \leqslant 1$ 上的非升重排.

解 (1) 证略.

(2) (i) $\sin\left(\dfrac{\pi - \tau}{2}\right)$ $(0 \leqslant \tau \leqslant 2\pi)$; (ii) $\cos \dfrac{\tau}{4}$ $(0 \leqslant \tau \leqslant 2\pi)$.

(iii) $\cot \tau (0 < \tau < \pi)$.

(3) $f^*(\tau) = \sqrt{1 - \tau/\pi}$ $(0 \leqslant \tau \leqslant \pi)$.

例 4 试解答下列问题:

(1) 设 $f(x)$ 在 $I = (0, 1)$ 上实值可测,则存在唯一的 $t_0 \in \mathbf{R}$,使得

(i) $m(\{x \in I : f(x) \geqslant t_0\}) \geqslant 1/2$.

(ii) 对任给 $\varepsilon > 0$, $m(\{x \in I : f(x) \geqslant t_0 + \varepsilon\}) < 1/2$.

(2) 设 $f(x)$ 是 $E \subset \mathbf{R}$ 上的实值可测函数. 若存在 $M \in \mathbf{R}$,使得
$$m(\{x \in E : f(x) \geqslant M\}) \geqslant 1/2,$$
$$m(\{x \in E : f(x) \leqslant M\}) \geqslant 1/2,$$
则称 M 为 f 的分布函数的中点. 试问中点是唯一的吗?

解 (1) 令 $g(t) = m(\{x \in I : f(x) \geqslant t\})$,则 $g(t)$ 递减左连续,且 $g(-\infty) = 1, g(+\infty) = 0$. 考查 $E = \{t \in \mathbf{R} : g(t) \geqslant 1/2\}$, E 是有上界的点集. 我们记 $\sup\{t : t \in E\} = t_0$,则 $t_0 \in E$ 即为所求.

(2) 不一定.

第四章 Lebesgue 积分

§4.1 非负可测函数的积分

例1 解答下列问题:
(1) 试作 $\mathbf{R}$ 上正值可测函数 $f(x)$,它在任一区间上都不可积.
(2) 设 $f(x), g(x)$ 是 $E \subset \mathbf{R}^n$ 上的非负可测函数. 若 $f(x) = g(x)$, a.e. $x \in E$,试证明 $\int_E f(x) \mathrm{d}x = \int_E g(x) \mathrm{d}x$.
(3) 设 $f_1(x), \cdots, f_m(x)$ 是 E 上非负可积函数,试证明
(i) $F(x) = \left(\sum_{k=1}^m [f_k(x)]^2 \right)^{1/2}$ 在 E 上可积;
(ii) $G(x) = \sum_{1 \leqslant i, k \leqslant m} (f_i(x) f_k(x))^{1/2}$ 在 E 上可积.
(4) 试问 $f(x) = [1 + (1+x) \mathrm{e}^{-x}]/(1+x^2)$ 在 $[0, \infty)$ 上可积吗?
(5) 设 $f(x)$ 是 $E \subset \mathbf{R}^n$ 上几乎处处大于零的可测函数,且满足 $\int_E f(x) \mathrm{d}x = 0$,试证明 $m(E) = 0$.

解 (1) 令 $\mathbf{Q} = \{r_n\}$,且作

$$g(x) = \begin{cases} x^{-1/2}, & 0 < |x| \leqslant 1, \\ 0, & |x| > 1, \\ 0, & |x| = 0, \end{cases} \quad h(x) = \sum_{n=1}^\infty 2^{-n} g(x - r_n),$$

$$f(x) = \sum_{n=1}^\infty 2^{-n} g^2(x - r_n),$$

则 $h(x) < +\infty$, a.e. $x \in \mathbf{R}$, $f(x)$ 满足要求.

(2) 令 $E_1 = \{x \in E : f(x) \neq g(x)\}, E_2 = E \setminus E_1, m(E_1) = 0$. 我们有
$$\int_E f(x) \mathrm{d}x = \int_E f(x) [\chi_{E_1}(x) + \chi_{E_2}(x)] \mathrm{d}x$$
$$= \int_{E_1} f(x) \mathrm{d}x + \int_{E_2} f(x) \mathrm{d}x$$
$$= \int_{E_1} g(x) \mathrm{d}x + \int_{E_2} g(x) \mathrm{d}x = \int_E g(x) \mathrm{d}x.$$

(3) (i) 注意不等式
$$F(x) \leq (mf_1^2(x))^{1/2} + (mf_2^2(x))^{1/2} + \cdots + (mf_m^2(x))^{1/2}$$
$$\leq \sqrt{m}(f_1(x) + f_2(x) + \cdots + f_m(x)).$$

(ii) $G(x) \leq \sum_{1 \leq i, k \leq m} [f_i(x) + f_k(x)]/2.$

(4) 注意到 $(1+x)e^{-x} \to 0(x \to +\infty)$,故存在 $X>0$,使得
$$0 < f(x) \leq F(x) \xrightarrow{\text{记为}} 2/(1+x^2) \quad (x \geq X).$$
而 $F(x)$ 在 $[0,\infty)$ 上非负可积,因此 $f(x)$ 在 $[0,\infty)$ 上可积.

(5) 反证法. 假定 $m(E)>0$,则存在 $F \subset E$: $m(F)>\delta_0>0$,以及 $k_0 \in \mathbf{N}$: $f(x) \geq 1/k_0 (x \in F)$. 从而知
$$0 = \int_E f(x) dx \geq \int_F f(x) dx \geq m(F)/k_0 > \delta_0/k_0,$$
这导致矛盾. 证毕.

例 2 试证明下列命题:

(1) 设 $f^3(x)$ 是 $E(m(E)<\infty)$ 上非负可积函数,则 $f^2(x)$ 在 E 上可积.

(2) 设 $f(x)$ 在 $[0,\infty)$ 上非负可积, $f(0)=0$ 且 $f'(0)$ 存在,则存在积分
$$\int_{[0,\infty)} \frac{f(x)}{x} dx.$$

(3) 若 $E_1, E_2, \cdots, E_n$ 是 $[0,1]$ 中的可测集,$[0,1]$ 中每一点至少属于上述集合中的 k 个 $(k \leq n)$,则在 $E_1, E_2, \cdots, E_n$ 中必有一个点集的测度大于或等于 k/n.

(4) 设 $f(x)$ 在 $\mathbf{R}$ 上可测,$\varphi: (0,\infty) \to (a,\infty)(a>0)$ 且是递增函数,则
$$m(\{x \in \mathbf{R}: |f(x)| \geq a\}) \leq \frac{1}{\varphi(a)} \int_\mathbf{R} \varphi[|f(x)|] dx.$$

证明 (1) 注意,在 $A = \{x \in E: f(x) \leq 1\}$ 上 $f^2(x)$ 可积,在 $E \setminus A$ 上有 $f^2(x) \leq f^3(x)$.

(2) 因为我们有 $\lim_{x \to 0^+} f(x)/x = \lim_{x \to 0^+} [f(x) - f(0)]/(x-0) = f'(0)$,所以对任给 $\varepsilon > 0$,存在 $\delta > 0$,使得

$$0 \leqslant f(x)/x < f'(0) + \varepsilon \quad (0 < x < \delta).$$

由此知 $f(x)/x$ 在 $[0,\delta]$ 上可积,且从不等式

$$\int_\delta^{+\infty} \frac{f(x)}{x} dx \leqslant \frac{1}{\delta} \int_\delta^{+\infty} f(x) dx < +\infty,$$

可知 $f(x)/x$ 在 $[\delta,\infty)$ 上可积,证毕.

(3) 因为当 $x \in [0,1]$ 时,有

$$\sum_{i=1}^n \chi_{E_i}(x) \geqslant k,$$

所以

$$\sum_{i=1}^n m(E_i) = \sum_{i=1}^n \int_{[0,1]} \chi_{E_i}(x) dx = \int_{[0,1]} \sum_{i=1}^n \chi_{E_i}(x) dx \geqslant k.$$

若每一个 $m(E_i)$ 皆小于 k/n,则

$$\sum_{i=1}^n m(E_i) < \frac{k}{n} \cdot n = k.$$

这与前式矛盾,故存在 i_0,使得 $m(E_{i_0}) \geqslant k/n$.

(4) 注意不等式

$$\int_{\mathbf{R}} \varphi[|f(x)|] dx \geqslant \int_{\{x \in \mathbf{R}: |f(x)| \geqslant a\}} \varphi[|f(x)|] dx.$$

$$\geqslant \int_{\{x \in \mathbf{R}: |f(x)| \geqslant a\}} a \, dx = a \cdot m(\{x \in \mathbf{R}: |f(x)| \geqslant a\}).$$

例 3 试证明下列命题:

(1) 设 $f(x)$ 与 $g(x)$ 是 $E \subset \mathbf{R}$ 上非负可测函数,且 $m(E)=1$. 若有 $f(x)g(x) \geqslant 1, x \in E$,则

$$\left(\int_E f(x) dx\right)\left(\int_E g(x) dx\right) \geqslant 1.$$

(2) 设 $f(x)$ 是 $\mathbf{R}$ 上非负可积函数,令

$$F(x) = \int_{(-\infty,x)} f(t) dt, \quad x \in \mathbf{R}.$$

若 $F \in L(\mathbf{R})$,则 $\int_{\mathbf{R}} f(x) dx = 0$.

(3) 设 $f(x)$ 是 $[0,1]$ 上非负递增函数,则对 $[0,1]$ 中的可测集 E: $m(E)=e$,有

$$\int_0^e f(x) dx \leqslant \int_E f(x) dx.$$

证明 (1) 不妨设 $f(x), g(x)$ 在 E 上可积,我们有

$$\left(\int_E f(x)dx\right)^{1/2} \left(\int_E g(x)dx\right)^{1/2} \geqslant \int_E \sqrt{f(x)g(x)}dx \geqslant m(E) = 1.$$

由此即得所证.

(2) 注意,非负函数 $F(x)$ 随 x 增大而递增,且有

$$\lim_{x \to +\infty} F(x) = \int_{-\infty}^{+\infty} f(x)dx.$$

由此可知,若极限 $\lim\limits_{x \to +\infty} F(x) \neq 0$,则 $F(x)$ 在 $\mathbf{R}$ 上不可积,证毕.

(3) 令 $E_1 = E \cap [0, e], E_2 = [0, e] \setminus E, E_3 = E \cap [e, 1]$,则 $E_1 \cup E_2 = [0, e], E_1 \cup E_3 = E, m(E_2) = m(E_3)$. 我们有

$$\int_0^e f(x)dx = \int_{E_1} f(x)dx + \int_{E_2} f(x)dx$$

$$\leqslant \int_{E_1} f(x)dx + f(e) \cdot m(E_2) = \int_{E_1} f(x)dx + \int_{E_3} f(e)dx$$

$$\leqslant \int_{E_1} f(x)dx + \int_{E_3} f(x)dx = \int_E f(x)dx.$$

例 4 试证明下列命题:

(1) 设 $\{f_k(x)\}$ 是 E 上可测函数列,且

$$\lim_{k \to \infty} f_k(x) = f(x), \quad \text{a.e. } x \in E.$$

若有 E 上非负可积函数 $g(x)$,使 $|f_k(x)| \leqslant g(x)$ $(k=1,2,\cdots)$,则对任给 $\varepsilon > 0$,有

$$\lim_{j \to \infty} m\left(\bigcup_{k \geqslant j} \{x \in E: |f_k(x) - f(x)| > \varepsilon\}\right) = 0.$$

(2) 设 $f(x)$ 是 $[a, b]$ 上的正值可积函数,令 $0 < q \leqslant b - a$,记 $\Gamma = \{E \subset [a, b]: m(E) \geqslant q\}$,则

$$\inf_{E \in \Gamma} \left\{\int_E f(x)dx\right\} > 0.$$

(3) 设 $f(x)$ 在 $[0, 1]$ 上非负可测,且有

$$\int_0^1 f^n(x)dx = \lambda \quad (n = 1, 2, \cdots),$$

则存在 $[0, 1]$ 中的可测集 E,使得 $f(x) = \chi_E(x)$, a.e. $x \in [0, 1]$.

(4) 设 $f \in L(E)$ 且 $f(x) > 0$ $(x \in E)$,则
$$\lim_{k \to \infty} \int_E [f(x)]^{1/k} \mathrm{d}x = m(E).$$

证明 (1) 与教材中的引理 3.11 相比,本命题的区别在于没有条件 $m(E) < +\infty$,使得从 $m(\overline{\lim_{k \to \infty}} E_k(\varepsilon)) = 0$ 推出 $m\left(\bigcup_{k=N}^{\infty} E_k(\varepsilon)\right) = 0$ 缺乏根据 $(E_k(\varepsilon) = \{x \in E : |f_k(x) - f(x)| > \varepsilon\})$. 但从条件 $|f_k(x)| \leqslant g(x)$ $(k \in \mathbf{N})$ 以及 $g(x)$ 的可积性,可知对一切 $k \in \mathbf{N}$,有
$$\{x \in E : |f_k(x) - f(x)| > \varepsilon\} \subset \{x \in E : g(x) > \varepsilon/2\},$$
$$\int_{\{x \in E : g(x) > \varepsilon/2\}} g(x) \mathrm{d}x \leqslant \int_E g(x) \mathrm{d}x < +\infty.$$
从而得到
$$m\left(\bigcup_{k=1}^{\infty} E_k(\varepsilon)\right) \leqslant m(\{x \in E : g(x) > \varepsilon/2\})$$
$$\leqslant \frac{2}{\varepsilon} \int_{\{x \in E : g(x) > \varepsilon/2\}} g(x) \mathrm{d}x < +\infty,$$
这就解决了上述困难. 证毕.

(2) 反证法. 假定 $\inf_{E \in \Gamma} \left\{ \int_E f(x) \mathrm{d}x \right\} = 0$,则对任意的 $k \in \mathbf{N}$,存在 $E_k \subset [a,b]$:$m(E_k) \geqslant q$,使得 $\int_{E_k} f(x) \mathrm{d}x < 1/2^k$ $(k \in \mathbf{N})$. 令 $S = \bigcap_{n=1}^{\infty} \bigcup_{k=n}^{\infty} E_k$,易知 $m(S) \geqslant q$.
$$\int_S f(x) \mathrm{d}x = \int_a^b f(x) \chi_S(x) \mathrm{d}x \leqslant \int_a^b f(x) \chi_{\bigcup_{k=n}^{\infty} E_k}(x) \mathrm{d}x$$
$$\leqslant \sum_{k=n}^{\infty} \int_{E_k} f(x) \mathrm{d}x \leqslant \sum_{k=n}^{\infty} \frac{1}{2^k} = \frac{1}{2^{n+1}} \quad (n \in \mathbf{N}).$$
由此又得(令 $n \to \infty$) $\int_S f(x) \mathrm{d}x = 0$,即知 $f(x) = 0$, a.e. $x \in S$. 这与题设矛盾,证毕.

(3) (i) 因为对任意的 $k \in \mathbf{N}$,有
$$m\left(\left\{x \in [0,1] : f(x) \geqslant 1 + \frac{1}{k}\right\}\right)\left(1 + \frac{1}{k}\right)^n$$
$$\leqslant \int_0^1 f^n(x) \mathrm{d}x = \lambda \quad (n \in \mathbf{N}),$$

所以必有 $m(\{x\in[0,1]: f(x)\geqslant 1+1/k\})=0 (k\in\mathbf{N})$. 由此知 $m(\{x\in[0,1]: f(x)>1\})=0$, 即 $f(x)\leqslant 1$, a. e. $x\in[0,1]$. 从而又有
$$\lim_{n\to\infty}f^n(x)=\begin{cases}1, & f(x)=1,\\ 0, & f(x)<1.\end{cases}$$
故令 $E=\{x\in[0,1]: f(x)=1\}$, 从而知
$$m(E)=\int_0^1\chi_E(x)\mathrm{d}x=\int_0^1\lim_{n\to\infty}f^n(x)\mathrm{d}x=\lim_{n\to\infty}\int_0^1 f^n(x)\mathrm{d}x=\lambda.$$
即得所证.

注 上述命题中, 若 $f(x)$ 不是非负函数, 则结论改为 $f^2(x)=\chi_E(x)$, a. e. $x\in[0,1]$. 这只需注意公式
$$\int_0^1[f^2(x)]^n\mathrm{d}x=\int_0^1 f^{2n}(x)\mathrm{d}x=\lambda \quad(n=1,2,\cdots).$$

(4) 令 $E_1=\{x\in E: f(x)<1\}$, 则
$$\lim_{k\to\infty}\int_E f^{1/k}(x)\mathrm{d}x=\lim_{k\to\infty}\int_{E_1}f^{1/k}(x)\mathrm{d}x+\lim_{k\to\infty}\int_{E\setminus E_1}f^{1/k}(x)\mathrm{d}x$$
$$=\int_{E_1}\lim_{k\to\infty}f^{1/k}(x)\mathrm{d}x+\int_{E\setminus E_1}\lim_{k\to\infty}f^{1/k}(x)\mathrm{d}x$$
$$=\int_{E_1}1\mathrm{d}x+\int_{E\setminus E_1}1\mathrm{d}x=m(E).$$

例 5 试证明下列命题:

(1) 设 $\{E_k\}$ 是 $\mathbf{R}^n$ 中递增可测集列, 且 $E_k\to E (k\to\infty)$. 若 $f(x)$ 是 E 上非负可测函数, 则
$$\int_E f(x)\mathrm{d}x=\lim_{k\to\infty}\int_{E_k}f(x)\mathrm{d}x.$$

(2) 设 $0\leqslant f_1(x)\leqslant f_2(x)\leqslant\cdots\leqslant f_k(x)\leqslant\cdots (x\in E)$. 若 $f_k(x)$ 在 E 上依测度收敛于 $f(x)$, 则
$$\lim_{k\to\infty}\int_E f_k(x)\mathrm{d}x=\int_E f(x)\mathrm{d}x.$$

(3) 设 $f(x)$ 是 E 上非负可积函数, 则对任给 $\varepsilon>0$, 存在 $N>0$, 使得
$$\int_E f(x)\chi_{\{x\in E: f(x)>N\}}(x)\mathrm{d}x<\varepsilon.$$

(4) 设 $f_k(x) (k=1,2,\cdots)$ 是 $\mathbf{R}^n$ 上非负可积函数列, 若对任一可测集 $E\subset\mathbf{R}^n$, 都有

$$\int_E f_k(x)\mathrm{d}x \leqslant \int_E f_{k+1}(x)\mathrm{d}x \quad (k=1,2,\cdots),$$

则

$$\lim_{k\to\infty}\int_E f_k(x)\mathrm{d}x = \int_E \lim_{k\to\infty} f_k(x)\mathrm{d}x.$$

证明 (1) 注意到 $f(x)\chi_{E_k}(x) \leqslant f(x)\cdot\chi_{E_{k+1}}(x)(x\in\mathbf{R}^n)$,我们有(Beppo Levi 定理)

$$\lim_{k\to\infty}\int_{E_k} f(x)\mathrm{d}x = \lim_{k\to\infty}\int_{\mathbf{R}^n} f(x)\chi_{E_k}(x)\mathrm{d}x$$

$$= \int_{\mathbf{R}^n} f(x)\cdot\lim_{k\to\infty}\chi_{E_k}(x)\mathrm{d}x = \int_{\mathbf{R}^n} f(x)\chi_E(x)\mathrm{d}x = \int_E f(x)\mathrm{d}x.$$

(2) 由题设知,存在 $\{k_i\}$,使得 $\lim\limits_{i\to\infty} f_{k_i}(x)=f(x)$, a.e. $x\in E$. 由此又知 $f_k(x)\to f(x)$, a.e. $x\in E$. 从而结论成立.

(3) 注意 $f(x)\chi_{\{x\in E:\ f(x)>N\}}(x)\geqslant f(x)\chi_{\{x\in E:\ f(x)>N+1\}}(x)(x\in E)$.

(4) 依题设知 $\int_E [f_{k+1}(x)-f_k(x)]\mathrm{d}x \geqslant 0$,注意到这是对任一可测集 E 都成立的,故必有

$$f_{k+1}(x)-f_k(x)\geqslant 0, \quad f_{k+1}(x)\geqslant f_k(x), \quad \text{a.e. } x\in\mathbf{R}^n.$$

由此知结论成立.

例6 试证明下列命题:

(1) $\lim\limits_{n\to\infty} n(x^{1/n}-1) = \ln x \ (1<x<+\infty)$.

(2) $\lim\limits_{n\to\infty}\int_0^n \left(1+\dfrac{x}{n}\right)^n e^{-2x}\mathrm{d}x = \int_0^{+\infty} e^{-x}\mathrm{d}x$.

(3) 设 $f(x)$ 在 $\mathbf{R}$ 上非负可积,且有

$$\int_{\mathbf{R}} |x|^n f(x)\mathrm{d}x \leqslant 1 \quad (n\in\mathbf{N}).$$

若令 $I=(-\infty,-1]\cup[1,\infty)$,则 $f(x)=0$, a.e. $x\in I$.

证明 (1) 令 $f_n(t)=t^{1/n-1}(1<t<x)$,则对 $n\in\mathbf{N}$,

$$\int_1^x f_n(t)\mathrm{d}t = n(x^{1/n}-1), \quad f_n(t)\geqslant f_{n+1}(t) \ (1<t<x).$$

注意到 $f_1(t)=1, f_n(t)\geqslant 0(n\in\mathbf{N})$,我们有

$$\lim_{n\to\infty} n(x^{1/n}-1) = \lim_{n\to\infty}\int_1^x f_n(t)\mathrm{d}t = \int_1^x \lim_{n\to\infty} f_n(t)\mathrm{d}t$$

$$= \int_1^x \frac{1}{t} dt = \ln x \quad (1 < x < +\infty).$$

(2) 令 $f_n(x) = (1+x/n)^n e^{-2x} \chi_{[0,n]}(x) (n \in \mathbf{N})$，则
$$\lim_{n\to\infty} f_n(x) = e^{-x}, \quad f_n(x) \leqslant f_{n+1}(x) \quad (x \in \mathbf{N}).$$

由此即知
$$\lim_{n\to\infty} \int_0^n \left(1+\frac{x}{n}\right)^n e^{-2x} dx = \lim_{n\to\infty} \int_0^{+\infty} f_n(x) dx = \int_0^{+\infty} e^{-x} dx = 1.$$

(3) 反证法. 假定存在 $E \subset I: m(E) = \delta > 0$，使得 $f(x) \neq 0 (x \in E)$. 不妨设 $1 \in E$，我们有
$$|x|^n f(x) < |x|^{n+1} f(x) \quad (n \in \mathbf{N}),$$
$$\lim_{n\to\infty} |x|^n f(x) = +\infty, \text{ a. e. } x \in E,$$
$$\lim_{n\to\infty} \int_E |x|^n f(x) dx = \int_E \lim_{n\to\infty} |x|^n f(x) dx = +\infty.$$

这与题设矛盾，证毕.

例 7 试求下列积分之值：

(1) $I = \int_0^1 \frac{x^{m-1}}{1+x^n} dx$； (2) $I = \int_0^1 \left(\frac{\ln x}{1-x}\right)^2 dx$；

(3) $I = \int_0^{+\infty} \frac{x dx}{e^x - 1}$； (4) $I = \int_0^1 \frac{\ln(1-x)}{x} dx$；

(5) $\int_0^1 \frac{1}{x} \ln\left(\frac{1+x}{1-x}\right) dx.$

解 (1) 注意到 $x^{m-1}/(1+x^n)$ 在 $[0,1]$ 上连续，且有
$$x^{m-1}(1+x^n)^{-1} = x^{m-1}(1 - x^n + x^{2n} - x^{3n} + \cdots)$$
$$= x^{m-1}(1-x^n)(1+x^{2n}+\cdots) = (1-x^n) \sum_{k=0}^{\infty} x^{m-1+2kn},$$

以及 $(1-x^n)x^{m-1-2nk} \geqslant 0 \ (0 \leqslant x \leqslant 1)$，故得（逐项积分）
$$I = \sum_{k=0}^{\infty} \int_0^1 (1-x^n) x^{m-1+2kn} dx = \sum_{k=0}^{\infty} \left(\frac{1}{m+2nk} - \frac{1}{m+(2k+1)n}\right)$$
$$= \frac{1}{m} - \frac{1}{m+n} + \frac{1}{m+2n} - \frac{1}{m+3n} + \cdots.$$

(2) 注意到 $1/(1-x)^2 = \sum_{n=1}^{\infty} n x^{n-1} (0 < x < 1)$，且有

$$\int_0^1 x^{n-1}(\ln x)^2 \mathrm{d}x = \frac{2}{n^3} \quad (n \in \mathbf{N}),$$

故得

$$I = \int_0^1 \sum_{n=1}^\infty n x^{n-1}(\ln x)^2 \mathrm{d}x = \sum_{n=1}^\infty n \int_0^1 x^{n-1}(\ln x)^2 \mathrm{d}x$$

$$= \sum_{n=1}^\infty n \cdot \frac{2}{n^3} = \sum_{n=1}^\infty \frac{2}{n^2} = 2\sum_{n=1}^\infty \frac{1}{n^2} = 2 \frac{\pi^2}{6} = \frac{\pi^2}{3}.$$

(3) 注意到 $\dfrac{x}{e^x - 1} = x \dfrac{e^{-x}}{1 - e^{-x}} = \sum_{n=1}^\infty x e^{-nx}$,且有

$$\int_0^{+\infty} x e^{-nx} \mathrm{d}x = x \left(-\frac{1}{n}\right) e^{-nx} \bigg|_0^{+\infty} - \left(\frac{1}{n}\right) \int_0^{+\infty} e^{-nx} \mathrm{d}x = \frac{1}{n^2},$$

故得 $I = \pi^2/6$.

(4) 注意到 $\ln(1-x) = -(x + x^2/2 + \cdots + x^n/n + \cdots)(-1 \leqslant x < 1)$,以及

$$\int_0^1 \sum_{n=1}^\infty \frac{x^{n-1}}{n} \mathrm{d}x = \sum_{n=1}^\infty \frac{1}{n} \int_0^1 x^{n-1} \mathrm{d}x = \sum_{n=1}^\infty \frac{1}{n^2} = \frac{\pi^2}{6},$$

我们有 $I = -\pi^2/6$.

(5) 注意到 $\ln\left(\dfrac{1+x}{1-x}\right) = 2\sum_{n=1}^\infty \dfrac{x^{2n-1}}{2n-1}(-1 < x < 1)$,故

$$I = \int_0^1 \frac{2}{x} \sum_{n=1}^\infty \frac{x^{2n-1}}{2n-1} \mathrm{d}x = 2\int_0^1 \sum_{n=1}^\infty \frac{x^{2n-2}}{2n-1} \mathrm{d}x$$

$$= 2\sum_{n=1}^\infty \int_0^1 \frac{x^{2n-2}}{2n-1} \mathrm{d}x = 2\sum_{n=1}^\infty \frac{1}{(2n-1)^2} = \frac{\pi^2}{4}.$$

例8 试证明下列命题:

(1) $f(x) = \sum_{n=0}^\infty n^\alpha x^n (\alpha < 0)$ 在 $[0,1]$ 上可积.

(2) $\sum_{n=1}^\infty (-1)^{n+1}/n = \ln 2$.

(3) $x^\alpha e^{-\beta x}(\alpha > -1, \beta > 0)$ 在 $(0, \infty)$ 上可积.

(4) $\dfrac{1}{\Gamma(\alpha)} \int_0^{+\infty} \dfrac{x^{\alpha-1} \mathrm{d}x}{e^x - 1} = \sum_{n=1}^\infty n^{-\alpha}(\alpha > 1)$.

(5) $I = \sum_{m=1}^{\infty}\Big(\sum_{n=1}^{\infty}\frac{1}{n^2+m^2}\Big) = +\infty$.

(6) 设 $\{r_k\} \subset [0,1] \cap \mathbf{Q}$，且令 $f(x) = \sum_{k=1}^{\infty} k^{-2}/|x-r_k|^{1/2}$，则 $f(x) < +\infty$, a. e. $x \in [0,1]$.

证明 (1) 因为我们有
$$\int_0^1 n^a x^n \mathrm{d}x = n^a \int_0^1 x^n \mathrm{d}x = \frac{n^a}{n+1},$$
所以得到
$$\int_0^1 f(x) \mathrm{d}x = \sum_{n=0}^{\infty} \int_0^1 n^a x^n \mathrm{d}x = \sum_{n=0}^{\infty} \frac{n^a}{n+1} < +\infty.$$

(2) 因为我们有（Taylor 展式）
$$\frac{1}{2}\ln\Big(\frac{1+x}{1-x}\Big) = \frac{1}{2}[\ln(1+x) - \ln(1-x)]$$
$$= \sum_{n=0}^{\infty} \frac{x^{2n+1}}{2n+1} \quad (0 \leqslant x \leqslant 1),$$
所以得到
$$\int_0^1 \frac{1}{2}\ln\Big(\frac{1+x}{1-x}\Big)\mathrm{d}x = \sum_{n=0}^{\infty}\int_0^1 \frac{x^{2n+1}}{2n+1}\mathrm{d}x = \sum_{n=0}^{\infty}\frac{1}{(2n+1)(2n+2)}.$$
上式左端 $= 2\ln 2$；对于右端，可知
$$\sum_{n=0}^m \frac{1}{(2n+1)(2n+2)} = \sum_{n=0}^m \Big(\frac{1}{2n+1} - \frac{1}{2n+2}\Big)$$
$$= 1 - \frac{1}{2} + \frac{1}{3} - \frac{1}{4} + \cdots + \frac{1}{2m+1} - \frac{1}{2m+2} = \sum_{n=1}^{2m+2}(-1)^{n+1}/n.$$
令 $m \to \infty$，即得所证.

(3) 因为我们有
$$\mathrm{e}^{\beta x} = \sum_{k=0}^{\infty} \frac{(\beta x)^k}{k!} \geqslant \frac{(\beta x)^n}{n!} \quad (n \in \mathbf{N}),$$
所以 $\mathrm{e}^{-\beta x} \leqslant n!x^{-n}/\beta^n \ (n \in \mathbf{N})$. 作分解
$$x^a \mathrm{e}^{-\beta x} = x^a \mathrm{e}^{-\beta x}\chi_{[0,1)}(x) + x^a \mathrm{e}^{-\beta x}\chi_{[1,\infty)}(x) \triangleq f_1(x) + f_2(x),$$
则当 $a > -1$ 时，$f_1(x)$ 在 $[0,1)$ 上非负可积；对于 $f_2(x)$，有 $f_2(x) \leqslant \frac{n!}{\beta^n} x^{a-n}\chi_{[1,\infty)}(x)$，取 n 使得 $a-n < -1$，则知 $f_2(x)$ 在 $[1,\infty)$ 上非负可

积,证毕.

注 由本题可知,$x^{t-1}\mathrm{e}^{-x}(t>0)$ 在 $[0,\infty)$ 上非负可积,且记为 $\int_0^{+\infty} x^{t-1}\mathrm{e}^{-x}\mathrm{d}x$ $(t>0)=\Gamma(t)$,称为伽马函数.

(4) 注意到 $\dfrac{x^{a-1}}{\mathrm{e}^x-1}=\mathrm{e}^{-x}\dfrac{x^{a-1}}{1-\mathrm{e}^{-x}}=\sum_{n=1}^{\infty} x^{a-1}\mathrm{e}^{-nx}\ (x>0)$,根据非负可测函数逐项积分定理,可得

$$\int_0^{+\infty}\frac{x^{a-1}\mathrm{d}x}{\mathrm{e}^x-1}=\sum_{n=1}^{\infty}\int_0^{+\infty}x^{a-1}\mathrm{e}^{-nx}\mathrm{d}x\quad(\diamondsuit\ x=t/n)$$

$$=\sum_{n=1}^{\infty}n^{-a}\int_0^{+\infty}t^{a-1}\mathrm{e}^{-t}\mathrm{d}t=\Gamma(a)\sum_{n=1}^{\infty}n^{-a}\quad(a>1).$$

(5) 注意到 $\dfrac{1}{n^2+m^2}\geqslant\int_n^{n+1}\dfrac{\mathrm{d}x}{m^2+x^2}$,我们有

$$I\geqslant\sum_{m=1}^{\infty}\Big(\sum_{n=1}^{\infty}\int_n^{n+1}\frac{\mathrm{d}x}{m^2+x^2}\Big)=\sum_{m=1}^{\infty}\int_1^{+\infty}\frac{\mathrm{d}x}{m^2+x^2}$$

$$\geqslant\sum_{m=1}^{\infty}\int_1^{+\infty}\Big(\int_m^{m+1}\frac{\mathrm{d}y}{x^2+y^2}\Big)\mathrm{d}x=\int_1^{+\infty}\Big(\sum_{m=1}^{\infty}\int_m^{m+1}\frac{\mathrm{d}y}{y^2+x^2}\Big)\mathrm{d}x$$

$$=\int_1^{+\infty}\Big(\int_1^{+\infty}\frac{\mathrm{d}y}{y^2+x^2}\Big)\mathrm{d}x\geqslant\int_1^{+\infty}\frac{\mathrm{d}x}{x}=+\infty.$$

(6) 注意到 $\int_0^1 |x-r_k|^{-1/2}\mathrm{d}x=2(\sqrt{r_k}+\sqrt{1-r_k})$,我们有

$$\int_0^1 f(x)\mathrm{d}x=\sum_{k=1}^{\infty}2k^{-2}(\sqrt{r_k}+\sqrt{1-r_k})\leqslant 4\sum_{k=1}^{\infty}k^{-2}<+\infty.$$

注 $f(x)$ 无处连续,且在任一小区间上均无界.

例 9 试证明下列命题:

(1) 设 $0<\varepsilon_n<1\ (n=1,2,\cdots)$,试证明级数 $\sum_{n=1}^{\infty}\varepsilon_n$ 收敛的充分必要条件是:对任意的 $E_n\subset[0,1](m(E_n)=\varepsilon_n(n=1,2,\cdots))$,必有

$$\sum_{n=1}^{\infty}\chi_{E_n}(x)<+\infty,\quad \text{a.e. }x\in[0,1].$$

(2) 设 $E_n\subset[a,b]:m(E_n)\geqslant\delta>0(n\in\mathbf{N}),\{a_n\}$ 是数列.若 $f(x)=\sum_{n=1}^{\infty}|a_n|\chi_{E_n}(x)<+\infty$,a.e. $x\in[a,b]$,则 $\sum_{n=1}^{\infty}|a_n|<+\infty$.

(3) 设 $f(x)$ 在 $(-\infty,\infty)$ 上非负可测. 若 $F(x) = \sum_{n=-\infty}^{\infty} f(x+n)$ 在 $(-\infty,\infty)$ 上可积,则 $f(x)=0$, a. e. $x \in \mathbf{R}$.

证明 (1) 必要性　只需注意公式

$$\int_0^1 \sum_{n=1}^{\infty} \chi_{E_n}(x)\mathrm{d}x = \sum_{n=1}^{\infty} \int_0^1 \chi_{E_n}(x)\mathrm{d}x = \sum_{n=1}^{\infty} \varepsilon_n < +\infty.$$

充分性　反证法. 假定 $\sum_{n=1}^{\infty} \varepsilon_n = +\infty$,则存在 $\{n_k\}$,使得 $\sum_{n=n_k}^{n_{k+1}} \varepsilon_i > 1$ $(k \in \mathbf{N})$. 在 $[0,1]$ 中作子区间:

$$E_{n_k+1}, E_{n_k+2}, \cdots, E_{n_{k+1}}; \quad \bigcup_{n_k+1}^{n_{k+1}} E_i = [0,1];$$

$$m(E_i) = \varepsilon_i, \quad n_k+1 \leqslant i \leqslant n_{k+1}, \quad k=1,2,\cdots.$$

易知, $\sum_{i=1}^{\infty} \chi_{E_i}(x) = +\infty$ $(0 \leqslant x \leqslant 1)$. 矛盾.

(2) 令 $A_k = \{x \in [a,b]: f(x) > k\}$ $(k \in \mathbf{N})$,则 $m(A_k) \to 0 (k \to \infty)$. 取 k_0 充分大,使得对 $n \in \mathbf{N}$ 均有

$$m(E_n \cap A_{k_0}) < \delta/2, \quad m(E_n \setminus A_{k_0}) \geqslant \delta/2.$$

从而当 $x \in [a,b] \setminus A_{k_0}$ 时,就有 $\sum_{n=1}^{\infty} |a_n| \chi_{E_n}(x) \leqslant k_0$,

$$\frac{\delta}{2} \sum_{n=1}^{\infty} |a_n| \leqslant \sum_{n=1}^{\infty} |a_n| m(E_n \setminus A_{k_0})$$

$$= \int_{[a,b] \setminus A_{k_0}} \sum_{n=1}^{\infty} |a_n| \chi_{E_n}(x) \mathrm{d}x \leqslant k_0(b-a).$$

(3) 由题设知,级数 $\sum_{n=-\infty}^{\infty} f(x+n)$ 在 $(-\infty,\infty)$ 上几乎处处收敛. 故对任给 $\varepsilon > 0$,存在 N,当 $n \geqslant N$ 或 $n \leqslant -N$ 时,有 $f(x \pm n) < \varepsilon$. 现在假定对区间 $[a,b]$,其结论不真,则有 $\varepsilon_0 > 0, \delta > 0$,使得 $m(\{x \in [a,b]: f(x) > \varepsilon_0\}) = \delta > 0$. 为此,我们取 $\varepsilon: \varepsilon < \varepsilon_0$,则当 $a \leqslant x+n \leqslant b$ 即 $a-n \leqslant x \leqslant b-n$ 且 $n \geqslant N$ 时,有 $f(x) < \varepsilon < \varepsilon_0$. 注意到 $n \geqslant N$ 时此种点集是可数集,故必有一正测度集移入 $[a,b]$. 矛盾.

例 10　解答下列问题:

(1) 试举例说明 Fatou 引理中的不等号是可以成立的.

(2) 设 $f_n(x)(n\in \mathbf{N})$ 是 E 上非负可测函数. 若 $\lim\limits_{n\to\infty}f_n(x)=f(x)$, a. e. $x\in E$, 且 $\sup\limits_{n\geqslant 1}\left\{\int_E f_n(x)\mathrm{d}x\right\}<+\infty$, 则 $f(x)$ 在 E 上可积.

(3) 设 $0\leqslant f_n\in C([0,1])(n\in \mathbf{N})$, 且 $\lim\limits_{n\to\infty}f_n(x)=0(n\to\infty, 0\leqslant x\leqslant 1)$. 若存在 $M>0$, 使得
$$\left|\int_0^1 f_n(x)\mathrm{d}x\right|\leqslant M \quad (n\in \mathbf{N}),$$
试问是否成立 $\lim\limits_{n\to\infty}\int_0^1 f_n(x)\mathrm{d}x=0$?

解 (1) 在 $[0,1]$ 上作非负可测函数列:
$$f_n(x)=\begin{cases} 0, & x=0, \\ n, & 0<x<\dfrac{1}{n}, \\ 0, & \dfrac{1}{n}\leqslant x\leqslant 1 \end{cases} \quad (n=1,2,\cdots).$$

显然, $\lim\limits_{n\to\infty}f_n(x)=0\ (x\in[0,1])$, 因此我们有
$$\int_{[0,1]}\lim_{n\to\infty}f_n(x)\mathrm{d}x=0<1=\lim_{n\to\infty}\int_{[0,1]}f_n(x)\mathrm{d}x.$$

(2) 只需注意不等式 (根据 Fatou 引理)
$$\int_E f(x)\mathrm{d}x=\int_E \lim_{n\to\infty}f_n(x)\mathrm{d}x\leqslant \lim_{n\to\infty}\int_E f_n(x)<+\infty.$$

(3) 看(1)中例.

例 11 试证明下列命题:

(1) 设 $f(x)$ 是 $[0,1]$ 上的正值可测函数, $\{E_n\}\subset[0,1]$ 是可测点集列. 若有 $\lim\limits_{n\to\infty}\int_{E_n}f(x)\mathrm{d}x=0$, 则 $m\left(\lim\limits_{n\to\infty}E_n\right)=0$.

(2) 设 $\{f_k(x)\}$ 是 E 上非负可测函数列. 若有
$$\lim_{k\to\infty}f_k(x)=f(x),\quad f_k(x)\leqslant f(x)\quad (x\in E, k=1,2,\cdots),$$
则对 E 中任一可测子集 e, 有
$$\lim_{k\to\infty}\int_e f_k(x)\mathrm{d}x=\int_e f(x)\mathrm{d}x.$$

(3) 设 $f(x)$ 是 $E\subset \mathbf{R}^n$ 上非负可测函数. 若存在 $E_k\subset E, m(E\backslash E_k)$

$<1/k(k\in \mathbf{N})$,使得极限 $\lim\limits_{k\to\infty}\int_{E_k}f(x)\mathrm{d}x$ 存在,则 $f(x)$ 在 E 上可积.

(4) 设 $E_i\subset(0,1)$:$m(E_i)\geqslant\lambda(i\in\mathbf{N})$,令 $f_n(x)=\sum\limits_{i=1}^{n}\dfrac{\chi_{E_i}(x)}{n}(0<x<1)$,则存在 $A\subset(0,1)$:$m(A)>0$,使得

$$\varlimsup_{n\to\infty}f_n(x)\triangleq f(x)\geqslant\lambda \quad (x\in A).$$

证明 (1) 根据 Fatou 引理,可知

$$0=\lim_{n\to\infty}\int_{E_n}f(x)\mathrm{d}n=\lim_{n\to\infty}\int_0^1 f(x)\chi_{E_n}(x)\mathrm{d}x$$

$$\geqslant\int_0^1 f(x)\varliminf_{n\to\infty}\chi_{E_n}(x)\mathrm{d}x=\int_0^1 f(x)\chi_{\varliminf\limits_{n\to\infty}E_n}(x)\mathrm{d}x.$$

注意到 $f(x)>0(0\leqslant x\leqslant 1)$,故 $m(\varliminf\limits_{n\to\infty}E_n)=0$.

(2) (i) 因为由题设可知 $\int_e f_n(x)\mathrm{d}x\leqslant\int_e f(x)\mathrm{d}x$,所以

$$\varlimsup_{n\to\infty}\int_e f_n(x)\mathrm{d}x\leqslant\int_e f(x)\mathrm{d}x.$$

(ii) 另一方面,我们又有

$$\int_e f(x)\mathrm{d}x=\int_e\varlimsup_{n\to\infty}f_n(x)\mathrm{d}x\leqslant\varlimsup_{n\to\infty}\int_e f_n(x)\mathrm{d}x.$$

即得所证.

(3) 由题设知 $m(E\setminus E_{2^i})<1/2^i$,由此又得 $m(\varlimsup\limits_{i\to\infty}(E\setminus E_{2^i}))=0$. 从而我们有

$$\int_E f(x)\mathrm{d}x=\int_{\mathbf{R}^n}f(x)\chi_E(x)\mathrm{d}x$$

$$=\int_{\mathbf{R}^n}f(x)(\chi_{E\setminus E_k}(x)+\chi_{E_k}(x))\mathrm{d}x$$

$$=\int_{\mathbf{R}^n}f(x)\lim_{k\to\infty}(\chi_{E\setminus E_k}(x)+\chi_{E_k}(x))\mathrm{d}x$$

$$\leqslant\int_{\mathbf{R}^n}\left[f(x)\varlimsup_{k\to\infty}\chi_{E\setminus E_k}(x)+f(x)\varlimsup_{k\to\infty}\chi_{E_k}(x)\right]\mathrm{d}x$$

$$=\int_{\mathbf{R}^n}f(x)\chi_{\varlimsup\limits_{k\to\infty}(E\setminus E_k)}(x)\mathrm{d}x+\int_{\mathbf{R}^n}f(x)\varlimsup_{k\to\infty}\chi_{E_k}(x)\mathrm{d}x$$

$$\leqslant 0+\varlimsup_{k\to\infty}\int_{\mathbf{R}^n}f(x)\chi_{E_k}(x)\mathrm{d}x=\varlimsup_{k\to\infty}\int_{E_k}f(x)\mathrm{d}x<+\infty.$$

(4) 反证法. 假定 $f(x)<\lambda$, a. e. $x\in(0,1)$, 则由 $\int_0^1 f_n(x)\mathrm{d}x = \sum_{i=1}^n m(E_i)/n \geqslant \lambda$ 可知

$$\lambda > \int_0^1 f(x)\mathrm{d}x = \int_0^1 \varliminf_{n\to\infty} f_n(x)\mathrm{d}x \geqslant \varliminf_{n\to\infty}\int_0^1 f_n(x)\mathrm{d}x \geqslant \lambda.$$

这导致矛盾. 证毕.

例 12 试证明下列命题:

(1) 设 $f(x)$ 是 $[a,b]$ 上非负实值可测函数, 则 $f^2(x)$ 在 $[a,b]$ 上可积当且仅当

$$\sum_{n=1}^\infty n\cdot m(\{x\in[a,b]: f(x)\geqslant n\}) < +\infty.$$

(2) 设 $f(x)$ 在 $[a,b]$ 上非负可测, 则 $f^3(x)$ 在 $[a,b]$ 上可积当且仅当

$$\sum_{n=1}^\infty n^2\cdot m(\{x\in[a,b]: f(x)\geqslant n\}) < +\infty.$$

证明 (1) (i) 首先, 若 $f^2(x)$ 在 $[a,b]$ 上可积, 则易知 $f(x)$ 在 $[a,b]$ 上可积. 若令

$$E_n = \{x\in[a,b]: n\leqslant f(x) < n+1\}, \quad n\in \mathbf{N},$$

则 $\bigcup_{n=0}^\infty E_n = b-a$, 且有

$$\sum_{n=0}^\infty n\cdot m(E_n) \leqslant \sum_{n=0}^\infty \int_{E_n} f(x)\mathrm{d}x = \int_{[a,b]} f(x)\mathrm{d}x$$

$$\leqslant \sum_{n=0}^\infty (n+1)m(E_n) = \sum_{n=0}^\infty nm(E_n) + (b-a);$$

$$\sum_{n=0}^\infty n^2 m(E_n) \leqslant \sum_{n=0}^\infty \int_{E_n} f^2(x)\mathrm{d}x \leqslant \sum_{n=0}^\infty (n+1)^2 m(E_n)$$

$$= \sum_{n=0}^\infty n^2 m(E_n) + 2\sum_{n=0}^\infty nm(E_n) + (b-a).$$

这就是说, $f^2(x)$ 在 $[a,b]$ 上可积当且仅当

$$\sum_{n=0}^\infty n^2 m(E_n) < +\infty, \quad \sum_{n=0}^\infty nm(E_n) < +\infty.$$

(ii) 注意到等式

$$\frac{1}{2}\sum_{n=1}^{\infty} n \cdot m(E_n) + \frac{1}{2}\sum_{n=1}^{\infty} n^2 m(E_n)$$

$$= \sum_{n=1}^{\infty} \frac{n(n+1)}{2} m(E_n) = \sum_{n=1}^{\infty} \sum_{k=1}^{n} k \cdot m(E_n)$$

$$= \sum_{k=1}^{\infty} k \sum_{n=k}^{\infty} m(E_n) = \sum_{k=1}^{\infty} k \cdot m(\{x \in [a,b]: f(x) \geq k\}),$$

即得所证.

(2) 令 $E_n = \{x \in [a,b]: n \leq f(x) < n+1\}$ $(n \in \mathbf{N})$, 则

(i) $\sum_{n=0}^{\infty} n \cdot m(E_n) \leq \int_a^b f(x)\mathrm{d}x \leq \sum_{n=0}^{\infty} n \cdot m(E_n) + (b-a),$

$$\sum_{n=0}^{\infty} n^2 m(E_n) \leq \int_a^b f^2(x)\mathrm{d}x \leq \sum_{n=0}^{\infty} (n+1)^2 m(E_n)$$

$$= \sum_{n=1}^{\infty} n^2 \cdot m(E_n) + 2\sum_{n=0}^{\infty} n \cdot m(E_n) + (b-a).$$

(ii) $\sum_{n=0}^{\infty} n^3 \cdot m(E_n) \leq \int_a^b f^3(x)\mathrm{d}x \leq \sum_{n=0}^{\infty} (n^3 + 3n^2 + 3n + 1)m(E_n)$

$$= \sum_{n=1}^{\infty} n^3 \cdot m(E_n) + 3\sum_{n=1}^{\infty} n^2 \cdot m(E_n)$$

$$+ 3\sum_{n=1}^{\infty} n \cdot m(E_n) + (b-a).$$

从而即得: $f^3(x)$ 在 $[a,b]$ 上可积当且仅当 $\sum_{n=1}^{\infty} n^3 \cdot m(E_n) < +\infty$.

(iii) 因为 $\sum_{k=1}^{n} k^2 = [n(n+1)(2n+1)]/6 = n^3/3 + n^2/2 + n/6$, 所以

$$\frac{1}{3}\sum_{n=1}^{\infty} n^3 \cdot m(E_n) + \frac{1}{2}\sum_{n=1}^{\infty} n^2 \cdot m(E_n) + \frac{1}{6}\sum_{n=1}^{\infty} n \cdot m(E_n)$$

$$= \sum_{n=1}^{\infty} \left(\sum_{k=1}^{n} k^2\right) m(E_n) = \sum_{k=1}^{\infty} \left(k^2 \sum_{n=k}^{\infty} m(E_n)\right)$$

$$= \sum_{k=1}^{\infty} k^2 \cdot m(\{x \in [a,b]: f(x) \geq k\}).$$

由此即得所证.

例 13 试证明下列命题：

(1) 设 $f(x)$ 是 $I=[0,1]$ 上的非负可测函数．则 $f(x)$ 在 I 上可积的充分必要条件是：
$$\sum_{n=0}^{\infty} 2^n m(\{x \in I: f(x) \geqslant 2^n\}) < +\infty.$$

(2) 设 $f(x)$ 是 $I=[0,\infty)$ 上非负有界可测函数．则 $f(x)$ 在 I 上可积的充分必要条件是：
$$\sum_{n=0}^{\infty} \frac{1}{2^n} m\left(\left\{x \in I: f(x) > \frac{1}{2^n}\right\}\right) < +\infty.$$

(3) 设 $f(x)$ 是 E 上正值可测函数，$a>1$，则 $a^{f(x)}$ 在 E 上可积的充分必要条件是：$\sum_{n=1}^{\infty} a^n \cdot m(\{x \in E: f(x) \geqslant n\})$．

证明 (1) 令 $E_n = \{x \in I: 2^n \leqslant f(x) < 2^{n+1}\}$ ($n=0,1,2,\cdots$)，以及 $\widetilde{E}_n = \{x \in I: f(x) \geqslant 2^n\}$，易知 $E_n = \widetilde{E}_n \setminus \widetilde{E}_{n+1}$ ($n=0,1,2,\cdots$)．又不妨假定 $f(x)$ 是实值函数，且记 $e = \{x \in I: f(x) < 1\}$，则 $I = e \cup \bigcup_{n=0}^{\infty} E_n$．

充分性 假定 $\sum_{n=0}^{\infty} 2^n \cdot m(\widetilde{E}_n) < +\infty$，则 $\sum_{n=0}^{\infty} 2^{n+1} \cdot m(\widetilde{E}_{n+1}) < +\infty$．

由此知 $\sum_{n=0}^{\infty} 2^{n+1}(m(\widetilde{E}_n) - m(\widetilde{E}_{n+1})) = \sum_{n=0}^{\infty} 2^{n+1} m(E_n) < +\infty$．因为
$$\int_{I \setminus e} f(x) \mathrm{d}x = \int_{\bigcup_{n=0}^{\infty} E_n} f(x) \mathrm{d}x = \sum_{n=0}^{\infty} \int_{E_n} f(x) \mathrm{d}x \leqslant \sum_{n=0}^{\infty} 2^{n+1} \cdot m(E_n),$$
所以 $f(x)$ 在 I 上可积（易知 $f(x)$ 在 e 上必可积）．

必要性 假定 $f(x)$ 在 I 上可积，则
$$+\infty > \int_I f(x) \mathrm{d}x \geqslant \int_{\bigcup_{n=0}^{\infty} E_n} f(x) \mathrm{d}x = \sum_{n=0}^{\infty} \int_{E_n} f(x) \mathrm{d}x$$
$$\geqslant \sum_{n=0}^{\infty} 2^n \cdot m(E_n)$$
$$= \sum_{n=1}^{\infty} (1 + 2^0 + 2^1 + \cdots + 2^{n-1}) m(E_n) + m(E_0)$$
$$= m(E_0) + \sum_{n=0}^{\infty} 2^n \cdot m(\widetilde{E}_n).$$

(2) 证略.

(3) 令 $E_n=\{x\in E: f(x)\geqslant n\}$,我们有

$$a^{n-1}\cdot m(E_{n-1}\setminus E_n)\leqslant \int_{E_{n-1}\setminus E_n}a^{f(x)}\,\mathrm{d}x\leqslant a^n\cdot m(E_{n-1}\setminus E_n),$$

$$\sum_{n=1}^{\infty}a^{n-1}\cdot m(E_{n-1}\setminus E_n)\leqslant \int_E a^{f(x)}\,\mathrm{d}x\leqslant \sum_{n=1}^{\infty}a^n\cdot m(E_{n-1}\setminus E_n).$$

再对不等式两端的级数应用 Abel 求和法即可证得.

§4.2 一般可测函数的积分

例 1 解答下列问题:

(1) 设 $f(x)$ 在 E 上可测. 若有

$$\left|\int_E f(x)\,\mathrm{d}x\right|=\int_E |f(x)|\,\mathrm{d}x, \tag{$*$}$$

试证明或 $f(x)\geqslant 0$, a.e. $x\in E$, 或 $f(x)\leqslant 0$, a.e. $x\in E$.

(2) 设有定义在 $E=[0,1]\times[0,1]$ 上的二元函数:

$$f(x,y)=\begin{cases}1, & x\cdot y \text{ 为无理数},\\ 2, & x\cdot y \text{ 为有理数}.\end{cases}$$

试求积分 $\int_E f(x,y)\,\mathrm{d}x\mathrm{d}y$ 的值.

(3) 设有函数 $f(x)=\begin{cases}\sin x, & \cos x \text{ 是有理数},\\ \cos^2 x, & \cos x \text{ 是无理数},\end{cases}$ 试求积分 $\int_0^{\pi/2}f(x)\,\mathrm{d}x$ 之值.

(4) 设 $f\in C([0,1])$, $f(0)=0$ 且存在 $f'(0)$, 试证明 $g(x)=f(x)/x^{3/2}$ 在 $[0,1]$ 上可积.

(5) 试作定义在 $\mathbf{R}$ 上的可微函数 $f(x)$, 使得 $f'\overline{\in}L([0,1])$, 但存在 $\lim_{\varepsilon\to 0}\int_\varepsilon^1 f'(x)\,\mathrm{d}x$.

(6) 试作 $\mathbf{R}$ 上两个具有紧支集的可积函数: $f(x)$, $g(x)$, 使得 $g[f(x)]$ 在 $\mathbf{R}$ 上不可积,

解 (1) 改写(*)式为

$$\left|\int_E f^+(x)\mathrm{d}x - \int_E f^-(x)\mathrm{d}x\right| = \int_E f^+(x)\mathrm{d}x + \int_E f^-(x)\mathrm{d}x,$$

由此即知上式右端的两个积分必须有一个为 0.

(2) 记 $\mathbf{Q} \cap (0,1] = \{r_n\}$,注意到曲线 $x \cdot y = r_n$ 或 $y = x/r_n$ ($n \in \mathbf{N}$) 只有可列条,故其全体是 $\mathbf{R}^2$ 中的零测集. 从而知

$$\int_E f(x,y)\mathrm{d}x\mathrm{d}y = 1.$$

(3) 记 $\mathbf{Q} \cap [0,1] = \{r_n\}$,注意到 $\cos x = r_n$ 的点 x 全体为可列集,故是零测集,由此知

$$\int_0^{\pi/2} f(x)\mathrm{d}x = \int_0^{\pi/2} \cos^2 x\mathrm{d}x = \frac{\pi}{4}.$$

(4) 由题设知,存在 $\delta: 0 < \delta < 1$,使得当 $0 < x < \delta$ 时有

$$\left|\frac{f(x)}{x}\right| = \left|\frac{f(x) - f(0)}{x - 0}\right| \leqslant |f'(0)| + 1 \triangleq M.$$

从而有 $|f(x)/x^{3/2}| \leqslant M/\sqrt{x}$ ($0 < x < \delta$),而 $g(x)$ 在 $[\delta,1]$ 上是连续函数,自然是可积的. 因此 $g \in L([0,1])$.

(5) 作 $f(x) = x^2 \sin(1/x^2)$ ($x \neq 0$);$f(0) = 0$,则对任给 $\varepsilon > 0$,$f'(x)$ 在 $[\varepsilon,1]$ 上连续,且易知存在 $\lim\limits_{\varepsilon \to 0} \int_\varepsilon^1 f'(x)\mathrm{d}x$. 然而,由

$$f'(x) = \begin{cases} 2x\sin\dfrac{1}{x^2} - \dfrac{2}{x}\cos\dfrac{1}{x^2}, & x \neq 0, \\ 0, & x = 0, \end{cases}$$

并注意到 $\sin t \geqslant 2t/\pi$ ($0 \leqslant t \leqslant \pi/2$),可知

$$\sin x^2 \geqslant 2x^2/\pi \quad (0 < x^2 \leqslant \pi/2).$$

又有 $\sin(1/x^2) \geqslant 2/(\pi x^2)$ ($2/\pi \leqslant x^2 < +\infty$),从而得

$$|2x\sin(1/x^2)| \geqslant 4/(\pi x), \quad |-(2/x)\cos(1/x^2)| \leqslant 2/|x|.$$

于是我们有 $|f'(x)| \geqslant (2 - 4/\pi)/|x|$,$f' \overline{\in} L([0,1])$.

(6) 作函数 $f(x) = \chi_{\{0\}}(x)$,$g(x) = \chi_{\{0,1\}}(x)$,则 $g[f(x)] \equiv 1$.

例 2 试证明下列命题:

(1) 若 $f \in L(\mathbf{R}^n)$,$g \in L(\mathbf{R}^n)$,则函数

$$m(x) = \min_{x \in \mathbf{R}^n}\{f(x), g(x)\}, \quad M(x) = \max_{x \in \mathbf{R}^n}\{f(x), g(x)\}$$

在 $\mathbf{R}^n$ 上可积.

(2) 设 $f\in L(\mathbf{R}^n), g\in C(\mathbf{R}^n)$ 且 $g(x)\geqslant 0 (x\in \mathbf{R}^n)$, 则 $\varphi(x)=\min\{f(x),g(x)\}$ 在 $\mathbf{R}^n$ 上可积.

(3) 设 $f(x)$ 是 $[0,1]$ 上的可测函数, 且有
$$\int_{[0,1]} |f(x)|\ln(1+|f(x)|)\mathrm{d}x < \infty,$$
则 $f\in L([0,1])$.

证明 (1) 注意等式
$$m(x)=\frac{f(x)+g(x)-|f(x)-g(x)|}{2},$$
$$M(x)=\frac{f(x)+g(x)+|f(x)-g(x)|}{2}$$
对 a.e. $x\in \mathbf{R}^n$ 成立.

(2) 作点集: $E_1=\{x\in \mathbf{R}^n: f(x)\leqslant 0\}$, 以及
$$E_2=\{x\in \mathbf{R}^n: g(x)\leqslant f(x)\},\quad E_3=\{x\in \mathbf{R}^n: f(x)<g(x)\},$$
则易知 $\varphi(x)=f(x)(x\in E_1), \varphi(x)=g(x)(x\in E_2), \varphi(x)=f(x)(x\in E_3)$, 且有 $\mathbf{R}^n=E_1\bigcup E_2\bigcup E_3$. 显然可得 $\varphi\in L(E_1), \varphi\in L(E_3)$, 而由 $\varphi(x)=g(x)\leqslant f(x)(x\in E_2)$ 又知 $\varphi\in L(E_2)$, 证毕.

(3) 为了阐明 $f\in L([0,1])$, 自然想到去寻求可积的控制函数. 题设告诉我们 $|f(x)|\ln(1+|f(x)|)$ 是 $[0,1]$ 上的可积函数, 难道它能控制 $|f(x)|$ 吗? 显然, 这只是在 $\ln(1+|f(x)|)\geqslant 1$ 或 $|f(x)|\geqslant \mathrm{e}-1$ 时才行. 但注意到 $|f(x)|<\mathrm{e}-1$ 时, 由于区间 $[0,1]$ 的测度是有限的, 故常数 $\mathrm{e}-1$ 本身就是控制函数. 也就是说, 可在不同的定义区域寻求不同的控制函数.

为此, 作点集
$$E_1=\{x\in[0,1]: |f(x)|\leqslant \mathrm{e}\},\quad E_2=[0,1]\setminus E_1,$$
则我们有
$$|f(x)|\leqslant \mathrm{e},\quad x\in E_1;$$
$$|f(x)|\leqslant |f(x)|\ln(1+|f(x)|),\quad x\in E_2.$$
这就是说 $f\in L(E_1)$ 且 $f\in L(E_2)$, 从而
$$f\in L(E_1\bigcup E_2)=L([0,1]).$$

例 3 试证明下列命题:

(1) 设 $f(x)$ 是 E 上可测函数. 若存在 $\varphi \in L(E), \psi \in L(E)$, 使得 $\varphi(x) \leqslant f(x) \leqslant \psi(x) (x \in E)$, 则 $f \in L(E)$.

(2) 设 $f(x), g(x)$ 是 E 上可测函数. 若有
$$f(x) \leqslant g(x) \ (x \in E), \quad \int_E f(x) dx > -\infty,$$
则
$$\int_E f(x) dx \leqslant \int_E g(x) dx.$$

(3) 存在 $f \in L([0,1])$, 而没有 $g \in C([0,1])$, 能使得 $f(x) = g(x)$, a.e. $x \in [0,1]$.

(4) 存在定义于 **R** 上的实值可测函数, 使得对任一区间 $[a,b]$, 有
$$\int_a^b f(x) dx = +\infty.$$

证明 (1) 注意 $f^+(x) \leqslant \psi^+(x), f^-(x) \leqslant \varphi^-(x) (x \in E)$.

(2) 注意 $f^+(x) \leqslant g^+(x), f^-(x) \geqslant g^-(x) (x \in E)$, 故知
$$\int_E f^+(x) dx \leqslant \int_E g^+(x) dx, \quad \int_E g^-(x) dx \leqslant \int_E f^-(x) dx < +\infty,$$
$$\int_E f(x) dx = \int_E f^+(x) dx - \int_E f^-(x) dx$$
$$\leqslant \int_E g^+(x) dx - \int_E g^-(x) dx = \int_E g(x) dx.$$

(3) 作 $[0,1]$ 中类 Cantor 集 H: $m(H) = \delta > 0$. 因为点集 $[0,1] \setminus H$ 在 $[0,1]$ 中稠密, 且有 $\chi_H(x) = 0 (x \in [0,1] \setminus H)$, 所以如果存在 $g \in C([0,1])$, 使得 $g(x) = \chi_H(x)$, a.e. $x \in [0,1]$, 那么 $g(x) \equiv 0$. 但这是不可能的 ($\chi_H(x) = 1 (x \in H)$, 且 $m(H) = \delta > 0, \chi_H \in L([0,1])$), 证毕.

(4) 在 $[n, n+1] (n \in \mathbf{N})$ 中作类 Cantor 集 $H_n (n \in \mathbf{N})$, 使得 $\sum_{n=-\infty}^{\infty} m(H_n) = 1$. 若 $H \subset [a,b]$ 是类 Cantor 集, 记其相应之类 Cantor 函数 $\varphi_H(x)$, 它是递增的且将 H 映射到 $[0,1]$ 上. 令
$$\psi_H(x) = \tan[\pi \varphi_H(x)/2] \quad (a \leqslant x \leqslant b),$$
它把点集 $H \cap (a,b)$ 映射于 $(0, \infty)$ 上. 作

$$f(x) = \begin{cases} \psi_{H_n}(x), & x \in H_n (n \in \mathbf{N}), \\ 0, & \text{其他}, \end{cases}$$

则 $\int_a^b f(x)\,dx = +\infty$.

例 4 试证明下列命题：

(1) 设 $f \in L(\mathbf{R})$，且对任意的区间 I，记

$$f_I = \frac{1}{|I|}\int_I f(x)\,dx, \quad E_I = \{x \in I : f(x) > f_I\},$$

则

$$\int_I |f(x) - f_I|\,dx = 2\int_{E_I}[f(x) - f_I]\,dx.$$

(2) 设 $f \in L([a, \infty))$，令 $F(x) = \int_a^x f(t)\,dt$. 若 $F(x)$ 在 $[a, \infty)$ 上递增，则 $f(x) \geq 0$, a. e. $x \in [0, \infty)$.

(3) 设 $f(x)$ 是 $[0,1]$ 上且 $f(x) \geq 1$ 的可测函数，则

$$\int_0^1 f(x)\ln f(x)\,dx \geq \left(\int_0^1 f(x)\,dx\right)\left(\int_0^1 \ln f(x)\,dx\right).$$

证明 (1) 注意到 E_I 的定义，我们有

$$\int_I |f(x) - f_I|\,dx = \int_{E_I}(f(x) - f_I)\,dx + \int_{I\setminus E_I}(f_I - f(x))\,dx$$

$$= J_1 + J_2,$$

$$J_2 = f_I(|I| - m(E_I)) - f_I \cdot |I| + \int_{E_I} f(x)\,dx$$

$$= \int_{E_I} f(x)\,dx - \int_{E_I} f_I\,dx = \int_{E_I}(f(x) - f_I)\,dx.$$

由此即得所证.

(2) 不妨假定 $f(x)$ 是实值函数. 由题设可知，对开集 $G \subset [a, \infty)$，必有 $\int_G f(x)\,dx \geq 0$. 从而对 $[a, \infty)$ 中的 G_δ 型集 H，也有 $\int_H f(x)\,dx \geq 0$. 这就导致对 $[a, \infty)$ 中的任一可测集 E，有 $\int_E f(x)\,dx \geq 0$. 现在令

$$E_n = \{x \in [a, \infty) : f(x) < -1/n\} \quad (n \in \mathbf{N}),$$

$$E = \{x \in [a, \infty) : f(x) < 0\},$$

$$0 \leq \int_{E_n} f(x)\,dx \leq -\frac{1}{n} \cdot m(E_n) \leq 0, \quad m(E_n) = 0 \quad (n \in \mathbf{N}).$$

易知 $E = \bigcup_{n=1}^{\infty} E_n$, 而且 $m(E) = 0$, 即得所证.

(3) (i) 设 $\int_0^1 f(x) dx = 1$, 则由 $x\ln x \geqslant \ln x (x > 0)$ 可知

$$\int_0^1 f(x) \ln f(x) dx \geqslant \int_0^1 \ln f(x) dx.$$

(ii) 假定 $\int_0^1 f(x) dx = l \neq 1$, 令 $g(x) = f(x)/l$, 则 $g(x) > 0 (0 \leqslant x \leqslant 1)$, 且 $\int_0^1 g(x) dx = 1$. 从而可得

$$\int_0^1 g(x) \ln g(x) dx \geqslant \int_0^1 \ln g(x) dx,$$

$$\int_0^1 \frac{f(x)[\ln f(x) - \ln l]}{l} dx \geqslant \int_0^1 \ln\left(\frac{f(x)}{l}\right) dx,$$

$$\frac{1}{l} \int_0^1 f(x) \ln f(x) dx - \ln l \geqslant \int_0^1 \ln f(x) - \ln l,$$

$$\int_0^1 f(x) \ln f(x) dx \geqslant l \cdot \int_0^1 \ln f(x) dx.$$

例 5 试证明下列命题:

(1) 设 $\{f_k(x)\}$ 是 E 上的可测函数渐升列. 若 $\int_E f_1(x) dx > -\infty$, 则

$$\lim_{k \to \infty} \int_E f_k(x) dx = \int_E \lim_{k \to \infty} f_k(x) dx > -\infty.$$

(2) 设 $\{f_k(x)\}$ 是 E 上的可测函数渐降列. 若 $\int_E f_1(x) dx < +\infty$, 则

$$\int_E \lim_{k \to \infty} f_k(x) dx = \lim_{k \to \infty} \int_E f_k(x) dx < +\infty.$$

(3) 设 $\{f_k(x)\}$ 是 E 上的可测函数列, $F \in L(E)$ 且 $F(x) > 0 (x \in E)$. 若 $f_k(x) \geqslant -F(x) (x \in E)$, 则

$$\int_E \varliminf_{k \to \infty} f_k(x) dx \leqslant \varliminf_{k \to \infty} \int_E f_k(x) dx.$$

证明 (1) 令 $\lim_{k \to \infty} f_k(x) = f(x) (x \in E)$, 则易知

$$f_1^+(x) \leqslant f_2^+(x) \leqslant \cdots \leqslant f_k^+(x) \leqslant \cdots, \quad \lim_{k\to\infty} f_k^+(x) = f^+(x),$$

$$f_1^-(x) \geqslant f_2^-(x) \geqslant \cdots \geqslant f_k^-(x) \geqslant \cdots, \quad \lim_{k\to\infty} f_k^-(x) = f^-(x).$$

从而得 $\lim\limits_{k\to\infty}\int_E f_k^+(x)\mathrm{d}x = \int_E \lim\limits_{k\to\infty} f_k^+(x)\mathrm{d}x$. 又因 $\int_E f_1^-(x)\mathrm{d}x < +\infty$, 所以又得 $\int_E f^-(x)\mathrm{d}x = \lim\limits_{k\to\infty}\int_E f_k^-(x)\mathrm{d}x$. 于是我们有

$$\lim_{k\to\infty}\int_E f_k(x)\mathrm{d}x = \int_E f(x)\mathrm{d}x > -\infty.$$

(2) 对 $\{-f_k(x)\}$ 作类似于(1)中的推理.

(3) 因为我们有 $f_k(x) + F(x) \geqslant 0 (x \in E)$, 所以

$$\int_E \varliminf_{k\to\infty}(f_k(x) + F(x))\mathrm{d}x \leqslant \varliminf_{k\to\infty}\int_E (f_k(x) + F(x))\mathrm{d}x.$$

注意到 $F \in L(E)$, 可知

$$\int_E \varliminf_{k\to\infty} f_k(x) + \int_E F(x)\mathrm{d}x \leqslant \varliminf_{k\to\infty}\int_E f_k(x)\mathrm{d}x + \int_E F(x)\mathrm{d}x.$$

由此即得所证.

例 6 试证明下列命题:

(1) 若 $f \in L(E)$, 则有

$$m(\{x \in E : |f(x)| > k\}) = O(1/k) \quad (k \to \infty).$$

(2) 设 $f \in L((0,\infty))$, 令 $f_n(x) = f(x)\chi_{(0,n)}(x)$ $(n = 1, 2, \cdots)$, 则 $f_n(x)$ 在 $(0,\infty)$ 上依测度收敛于 $f(x)$.

(3) 设 $f \in L(\mathbf{R})$, 则对 $\alpha > 0$ 有

$$m\Big(\Big\{x \in \mathbf{R} : |f(x)| \geqslant \alpha \int_{\mathbf{R}} |f(x)|\mathrm{d}x\Big\}\Big) \leqslant \frac{1}{\alpha}.$$

(4) 设 $\varphi(x)$ 是 $[0,\infty)$ 上的递增函数, $f(x)$ 以及 $f_k(x) (k \in \mathbf{N})$ 是 $E \subset \mathbf{R}^n$ 上实值可测函数. 若有

$$\lim_{k\to\infty}\int_E \varphi(|f_k(x) - f(x)|)\mathrm{d}x = 0,$$

则 $f_k(x)$ 在 E 上依测度收敛于 $f(x)$.

证明 (1) 令 $E_k = \{x \in E : |f(x)| > k\}$, 并注意不等式

$$k \cdot m(E_k) \leqslant \int_{E_k} |f(x)|\mathrm{d}x \leqslant \int_E |f(x)|\mathrm{d}x < +\infty.$$

(2) 对任给 $\sigma > 0$, 令 $E_n = \{x \in (0,\infty) : |f_n(x)| \geqslant \sigma\}$ $(n \in \mathbf{N})$, 则

$$m(E_n) \cdot \sigma \leqslant \int_{E_n} |f_n(x)| dx \leqslant \int_0^{+\infty} |f(x) \chi_{[n,\infty)}(x)| dx$$
$$= \int_n^{+\infty} |f(x)| dx \to 0 \quad (n \to \infty).$$

(3) 令 $l = \int_{\mathbf{R}} |f(x)| dx, E_a = \{x \in \mathbf{R}: |f(x)| \geqslant al\}$, 我们有

$$l \geqslant \int_{E_a} |f(x)| dx \geqslant al \cdot m(E_a).$$

由此即得所证.

(4) 由题设可知,对任给 $\sigma > 0$, 有

$$\varphi(\sigma) m(\{x \in E: |f_k(x) - f(x)| > \sigma\}) \leqslant \int_E \varphi(|f_k(x) - f(x)|) dx.$$

由此即得所证.

例7 试证明下列命题:

(1) 设 $f(x)$ 在 E 上非负可测,则点集
$$Y = \{y \in \mathbf{R}: m(\{x \in E: f(x) = y\}) \neq 0\}$$
是可数集.

(2) 设 $f \in L([0,1])$, 且是周期为 1 的周期函数. 令 $S_k(x) = \frac{1}{2^k} \sum_{i=1}^{2^k} f\left(x + \frac{i}{2^k}\right) (k \in \mathbf{N})$, 则

$$\lim_{k \to \infty} S_k(x) = \int_0^1 f(t) dt, \quad \text{a.e. } x \in [0,1].$$

注 对于 $g_k(x) = \frac{1}{k} \sum_{i=1}^k f\left(x + \frac{i}{k}\right)$, 极限 $\lim_{k \to \infty} g_k(x)$ 可以几乎处处不存在.

(3) 设 $m(E) < +\infty$, $f(x)$ 是 E 上的可测函数,且有 $0 \leqslant f(x) < M(x \in E)$. 对分划 $\Delta: 0 = t_0 < t_1 < t_2 < \cdots < t_n = M$, 作 $E_j = \{x \in E: f(x) \geqslant t_j\} (j=1,2,\cdots,n-1)$, 且记 $S_\Delta = \sum_{j=1}^{n-1} (t_j - t_{j-1}) m(E_j)$, 则

$$\sup_\Delta \{S_\Delta\} = \int_E f(x) dx.$$

(4) 设 $f(x)$ 是 $\mathbf{R}$ 上具有正周期 T 的可测函数,且 $\int_0^T |f(x)| dx <$

∞,则
$$\lim_{x \to +\infty} \frac{1}{2x} \int_{-x}^{x} f(t) \mathrm{d}t = \frac{1}{T} \int_{0}^{T} f(x) \mathrm{d}x.$$

证明 (1) (i) 假定 $f \in L(E)$,且令
$$Y_{\varepsilon,\eta} = \{y > \eta : m(\{x \in E : f(x) = y\}) > \varepsilon\},$$
对 $t_1, t_2, \cdots, t_N \in Y_{\varepsilon,\eta}$,我们有
$$N\varepsilon\eta \leqslant \sum_{i=1}^{N} t_i \cdot m(\{x \in E : f(x) = t_i\}) \leqslant \int_{E} f(x) \mathrm{d}x.$$
这说明 $Y_{\varepsilon,\eta}$ 是有限集,$Y \triangleq \bigcup_{k,j \in \mathbf{N}} Y_{1/k, 1/j}$ 是可数集.

(ii) 若 $f(x)$ 在 E 上不可积,则对 $m \in \mathbf{N}$,考查 $\min\{f(x), m\}$.

(2) 证略.

(3) 对分划 Δ,作简单函数($E_n = \varnothing$)
$$f_\Delta(x) = \sum_{i=1}^{n-1} t_i \chi_{E_i \setminus E_{i+1}}(x) \quad (x \in E),$$
则 $0 \leqslant f_\Delta(x) \leqslant f(x) (x \in E)$. 从而知
$$\int_{E} f(x) \mathrm{d}x \geqslant \int_{E} f_\Delta(x) \mathrm{d}x = \sum_{i=1}^{n-1} t_i (m(E_i) - m(E_{i+1}))$$
$$= \sum_{i=1}^{n-1} (t_i - t_{i-1}) m(E_i) = S_\Delta.$$
此外,对任给 $\varepsilon > 0$,作分划 Δ,使得
$$\max_{1 \leqslant i \leqslant n} |t_i - t_{i-1}| < \varepsilon, \quad f(x) - \varepsilon < f_\Delta(x) \leqslant f(x) \quad (x \in E).$$
由积分定义知 $\int_{E} f(x) \mathrm{d}x - \varepsilon \cdot m(E) \leqslant S_\Delta \leqslant \int_{E} f(x) \mathrm{d}x$. 根据 ε 的任意性,即得所证.

(4) 对 $\varepsilon > 0$,取 n_0,使得 $\frac{1}{n_0 T} < \frac{\varepsilon}{2M}$,其中 $M = \int_{0}^{T} |f(x)| \mathrm{d}x$,则当 $n_0 T < x \leqslant (n_0 + 1)T$ 时,有
$$\left| \frac{1}{x} \int_{0}^{x} f(t) \mathrm{d}t - \frac{1}{T} \int_{0}^{T} f(t) \mathrm{d}t \right| = \left| \frac{1}{x} \int_{0}^{x} f(t) \mathrm{d}t - \frac{1}{n_0 T} \int_{0}^{n_0 T} f(t) \mathrm{d}t \right|$$
$$\leqslant \frac{1}{x} \int_{n_0 T}^{x} |f(t)| \mathrm{d}t + \int_{0}^{T} |f(t)| \mathrm{d}t \cdot n_0 \left| \frac{x - n_0 T}{x n_0 T} \right|$$
$$\leqslant \frac{M}{x} + M \frac{x - n_0 T}{xT} < \frac{\varepsilon}{2} + M \frac{T}{xT} < \varepsilon.$$

例 8 试证明下列命题：

(1) 设 $E \subset \mathbf{R}$ 且 $m(E) = 1$, $f(x)$ 在 E 上正值可积，且记 $A = \int_E f(x) \mathrm{d}x$，则

$$\sqrt{1+A^2} \leqslant \int_E \sqrt{1+f^2(x)} \mathrm{d}x \leqslant 1+A.$$

(2) 设 $f(x)$ 在 $[a,b]$ 上非负可积，则

(i) $\left(\dfrac{1}{b-a} \int_a^b f(x) \mathrm{d}x \right)^\lambda \geqslant \dfrac{1}{b-a} \int_a^b f^\lambda(x) \mathrm{d}x \ (0 < \lambda < 1).$

(ii) $\left(\dfrac{1}{b-a} \int_a^b f(x) \mathrm{d}x \right)^\lambda \leqslant \dfrac{1}{b-a} \int_a^b f^\lambda(x) \mathrm{d}x \ (\lambda > 1; \lambda < 0).$

(3) 设 $f \in L([0,1])$. 若 $\mathrm{e}^{\int_0^1 f(x) \mathrm{d}x} = \int_0^1 \mathrm{e}^{f(x)} \mathrm{d}x$，则 $f(x) = a$(常数)，a. e. $x \in [0,1]$.

(4) 设 $f(x), g(x)$ 是 $[0,\infty)$ 上非负递增函数, $\varphi(x), \psi(x)$ 是 $[0,\infty)$ 上非负可测函数，则对 $a<b$，有

$$\left(\int_a^b f[\varphi(t)] g[\varphi(t)] \psi(t) \mathrm{d}t \right) \left(\int_a^b \psi(t) \mathrm{d}t \right)$$
$$\geqslant \left(\int_a^b f[\varphi(t)] \psi(t) \mathrm{d}t \right) \left(\int_a^b g[\varphi(t)] \psi(t) \mathrm{d}t \right).$$

(5) 设 $f(x)$ 是 $[0,\infty)$ 上正值可积函数，则

$$I = \int_0^{+\infty} [f(x)]^{1-1/x} \mathrm{d}x < +\infty.$$

证明 (1) 实际上，考查 $\varphi(x) = (1+x^2)^{1/2}$，易知 $\varphi(x)$ 是(下)凸函数. 根据 Jensen 不等式 ($w(x) \equiv 1$)，有 $\left(A^2 \leqslant \int_E f^2(x) \mathrm{d}x \right)$

$$\sqrt{1+A^2} \leqslant \left(1 + \int_E f^2(x) \mathrm{d}x \right)^{1/2} = \left(\int_E [1+f^2(x)] \mathrm{d}x \right)^{1/2}$$
$$\leqslant \int_E \sqrt{1+f^2(x)} \mathrm{d}x \leqslant \int_E [1+f(x)] \mathrm{d}x = 1+A.$$

(2) 令 $\varphi(t) = t^\lambda$，则 $\varphi''(t) = \lambda(\lambda-1)t^{\lambda-2}$. 注意在 $t \geqslant 0$ 时，有 $\varphi''(t) < 0 (0 < \lambda < 1); \varphi''(t) > 0 (\lambda > 1; \lambda < 0)$.

(3) 注意 $\mathrm{e}^a(x-a) + \mathrm{e}^a \leqslant \mathrm{e}^x$，且等号成立当且仅当 $x=a$. 我们采用

反证法. 假定结论不真, 令 $a = \int_0^1 f(x)\mathrm{d}x$, 则存在 $E \subset [0,1]$: $m(E) > 0$, 使得

$$\mathrm{e}^a[f(x) - a] + \mathrm{e}^a < \mathrm{e}^{f(x)} \quad (x \in E),$$
$$\mathrm{e}^a \int_0^1 [f(x) - a]\mathrm{d}x + \mathrm{e}^a < \int_0^1 \mathrm{e}^{f(x)}\mathrm{d}x.$$

注意到 $\int_0^1 [f(x) - a]\mathrm{d}x = 0$, 故由上式可知

$$\mathrm{e}^{\int_0^1 f(x)\mathrm{d}x} = \mathrm{e}^a < \int_0^1 \mathrm{e}^{f(x)}\mathrm{d}x.$$

这与题设矛盾. 证毕.

(4) 记 $\mathrm{d}\mu = \psi(t)\mathrm{d}t$, 注意到 $f(x)$ 是非负递增函数, 它可用阶梯函数逼近, 因此只需考查特定情况:

$$f(x) = \begin{cases} 0, & x \leqslant l_1, \\ 1, & x > l_1. \end{cases}$$

令 $A = \{t \in [a,b]: \varphi(t) \leqslant l_1\}$, $B = \{t \in [a,b]: \varphi(t) > l_1\}$, 则问题归结为指出

$$\left(\int_B g[\varphi(t)]\mathrm{d}\mu\right)\left(\int_a^b \mathrm{d}\mu\right) \geqslant \left(\int_a^b \mathrm{d}\mu\right)\left(\int_a^b g[\varphi(t)]\mathrm{d}\mu\right). \quad (*)$$

类似地, 为证 $(*)$ 式, 也只需考查 $g(x) = \begin{cases} 0, & x \leqslant l_2, \\ 1, & x > l_2 \end{cases}$ 的情形. 令 $C = \{t \in [a,b]: \varphi(t) \leqslant l_2\}$, $D = \{t \in [a,b]: \varphi(t) > l_2\}$, 则在 $l_2 \leqslant l_1$ 时, 式 $(*)$ 成为

$$\left(\int_B \mathrm{d}\mu\right)\left(\int_a^b \mathrm{d}\mu\right) \geqslant \left(\int_B \mathrm{d}\mu\right)\left(\int_D \mathrm{d}\mu\right),$$

这显然成立. 当 $l_2 \geqslant l_1$ 时, 只需换 f 为 g, 即可得证.

特例 $f(x) = x^2$, $g(x) = x$, $\psi(x) \equiv 1$, 我们有

$$\frac{\int_a^b \varphi^2(t)\varphi(t)\mathrm{d}t}{\int_a^b \varphi(t)\mathrm{d}t} \geqslant \frac{\int_a^b \varphi^2(t)\mathrm{d}t}{(b-a)}.$$

(5) 令 $E_1 = \{x \in [0,\infty): f(x) \geqslant 2^{-x}\}$, $E_2 = [0,\infty) \setminus E_1$, 则

$$\int_{E_1} [f(x)]^{1-1/x}\mathrm{d}x \leqslant 2\int_{E_1} f(x)\mathrm{d}x \leqslant 2\int_0^{+\infty} f(x)\mathrm{d}x < +\infty,$$

$$\int_{E_2} [f(x)]^{1-1/x} dx \leqslant 2\int_{E_2} 2^{-x} dx \leqslant 2\int_0^{+\infty} 2^{-x} dx < +\infty.$$

由此有

$$I = \left(\int_{E_1} + \int_{E_2}\right) [f(x)]^{1-1/x} dx < +\infty.$$

例 9 试证明下列命题:

(1) 设 $f \in L(\mathbf{R})$. 若对 $\mathbf{R}$ 上任意的有界可测函数 $\varphi(x)$, 都有

$$\int_{\mathbf{R}} f(x)\varphi(x) dx = 0,$$

则 $f(x) = 0$, a.e. $x \in \mathbf{R}$.

(2) 设 $f \in L(E)(E \subset \mathbf{R})$, 且 $0 < A = \int_E f(x) dx < +\infty$, 则存在 E 中可测子集 e, 使得

$$\int_e f(x) dx = \frac{A}{3}.$$

(3) 设 $f \in L([0,\infty))$, $g(x)$ 在 $[0,\infty)$ 上可测. 若存在 $M > 0$, 使得 $|g(x)/x| \leqslant M (0 < x < +\infty)$, 则

$$\lim_{x \to +\infty} \frac{1}{x} \int_1^x f(t) g(t) dt = 0.$$

证明 (1) 依题设知, 对任一有界可测集 $E \subset \mathbf{R}$: $m(E) > 0$, 均有 $\int_E f(x) dx = 0$. 由此不难得知结论成立.

(2) 设 $E_t = E \cap (-\infty, t)$, $t \in \mathbf{R}$, 并记

$$g(t) = \int_{E_t} f(x) dx,$$

则由积分绝对连续性可知, 对任给的 $\varepsilon > 0$, 存在 $\delta > 0$, 只要 $|\Delta t| < \delta$, 就有

$$|g(t + \Delta t) - g(t)| \leqslant \int_{E \cap [t, t+\Delta t]} |f(x)| dx$$

$$\leqslant \int_{[t, t+\Delta t]} |f(x)| dx < \varepsilon.$$

这说明 $g \in C(\mathbf{R})$. 因为 $g(x)$ 是递增函数, 且有

$$\lim_{t \to -\infty} g(t) = 0, \quad \lim_{t \to +\infty} g(t) = A,$$

而 $0<A/3<A$，所以根据连续函数中值定理可知，存在 $t_0: -\infty < t_0 < +\infty$，使得 $g(t_0) = A/3$：
$$g(t_0) = \int_{E\cap(-\infty,t_0)} f(x)\,\mathrm{d}x = \frac{A}{3}.$$

令 $e = E\cap(-\infty, t_0)$，即得所证。

(3) 由题设知，对任给 $\varepsilon > 0$，存在 N_1，使得 $\int_{N_1}^{+\infty} |f(x)|\,\mathrm{d}x < \varepsilon/2M$. 又存在 N_2，使得
$$\frac{1}{x}MN_1 \cdot \int_1^{N_1} |f(t)|\,\mathrm{d}t < \frac{\varepsilon}{2} \quad (x > N_2).$$

从而当 $x > \max\{N_1, N_2\}$ 时，就有
$$\left|\int_1^x f(t)g(t)\,\mathrm{d}t\right| \leqslant M\int_1^x t|f(t)|\,\mathrm{d}t$$
$$\leqslant MN_1 \int_1^{N_1} |f(t)|\,\mathrm{d}t + Mx\int_{N_1}^x |f(t)|\,\mathrm{d}t,$$
$$\frac{1}{x}\left|\int_1^x f(t)g(t)\,\mathrm{d}t\right| \leqslant \frac{MN_1}{x}\int_1^{N_1} |f(t)|\,\mathrm{d}t + M\int_{N_1}^{+\infty} |f(t)|\,\mathrm{d}t$$
$$\leqslant \frac{\varepsilon}{2} + \frac{\varepsilon}{2} = \varepsilon.$$

证毕。

例 10 试证明下列命题：

(1) 设 $g(x)$ 是 E 上的可测函数，若对任意的 $f\in L(E)$，都有 $f\cdot g\in L(E)$，则除一个零测集 Z 外，$g(x)$ 是 $E\backslash Z$ 上的有界函数。

(2) 设函数 $f(x)\in L([a,b])$. 若对任意的 $c\in[a,b]$ 有 $\int_{[a,c]} f(x)\,\mathrm{d}x = 0$，则 $f(x) = 0$, a.e. $x\in[a,b]$。

(3) 设 $f\in L([a,b])$，$I_k\subset[a,b]$ $(k\in\mathbf{N})$ 是区间列. 若存在 $\lambda > 0$，使得
$$\int_{I_k} |f(x)|\,\mathrm{d}x \leqslant \lambda|I_k| \quad (k\in\mathbf{N}),$$

则
$$\int_{\bigcup_{k=1}^\infty I_k} |f(x)| \leqslant 2\lambda\left|\bigcup_{k=1}^\infty I_k\right|.$$

证明 (1) 事实上,如果结论不成立,那么一定存在自然数子列 $\{k_i\}$,使得
$$m(\{x \in E: k_i \leqslant |g(x)| < k_{i+1}\}) = m(E_i) > 0 \ (i = 1, 2, \cdots).$$

现在作函数
$$f(x) = \begin{cases} \dfrac{\operatorname{sign} g(x)}{i^{1+(1/2)} \cdot m(E_i)}, & x \in E_i, \\ 0, & x \overline{\in} E_i. \end{cases} \quad (i = 1, 2, \cdots)$$

因为
$$\int_E |f(x)| \mathrm{d}x = \sum_{i=1}^{\infty} \int_{E_i} |f(x)| \mathrm{d}x$$
$$= \sum_{i=1}^{\infty} \frac{1}{i^{1+(1/2)} \cdot m(E_i)} m(E_i) < +\infty,$$

所以 $f \in L^1(E)$,但我们有
$$\int_E f(x) g(x) \mathrm{d}x \geqslant \sum_{i=1}^{\infty} \frac{k_i}{i^{1+(1/2)} \cdot m(E_i)} m(E_i) = \infty,$$

这说明 $f \cdot g \overline{\in} L(E)$,矛盾.

(2) 若结论不成立,则存在 $E \subset [a,b], m(E) > 0$ 且 $f(x)$ 在 E 上的值不等于零. 不妨假定在 E 上 $f(x) > 0$. 作闭集 $F, F \subset E$ 且 $m(F) > 0$,并令 $G = (a,b) \setminus F$,我们有
$$\int_G f(x) \mathrm{d}x + \int_F f(x) \mathrm{d}x = \int_a^b f(x) \mathrm{d}x = 0.$$

因为 $\int_F f(x) \mathrm{d}x > 0$,所以
$$\sum_{n \geqslant 1} \int_{[a_n, b_n]} f(x) \mathrm{d}x = \int_G f(x) \mathrm{d}x \neq 0,$$

其中 $\{(a_n, b_n)\}$ 为开集 G 的构成区间,从而存在 n_0,使得
$$\int_{[a_{n_0}, b_{n_0}]} f(x) \mathrm{d}x \neq 0.$$

由此可知
$$\int_{[a, a_{n_0}]} f(x) \mathrm{d}x \neq 0 \quad 或 \quad \int_{[a, b_{n_0}]} f(x) \mathrm{d}x \neq 0,$$

这与假设矛盾,从而结论成立.

(3) 由积分的绝对连续性可知,对任给 $\varepsilon > 0$,存在 $\delta > 0$,当 $e \subset$

$[a,b]$ 且 $m(e)<\delta$ 时,有 $\int_e |f(x)|\,\mathrm{d}x < \varepsilon$.

现在,选取 $I_1, I_2, \cdots, I_{n_0}$,使得
$$m\left(\bigcup_{k=1}^{n_0} I_k\right) \geqslant m\left(\bigcup_{k=1}^{\infty} I_k\right) - \delta,$$

且要求$[a,b]$中不存在点同时属于 $I_i (i=1,2,\cdots,n_0)$ 中的三个. 从而我们有

$$\int_{\bigcup_{k=1}^{\infty} I_k} |f(x)|\mathrm{d}x = \int_{\left(\bigcup_{k=1}^{\infty} I_k\right) \setminus \left(\bigcup_{k=1}^{n_0} I_k\right)} |f(x)|\mathrm{d}x + \int_{\bigcup_{k=1}^{n_0} I_k} |f(x)|\mathrm{d}x$$

$$\leqslant \varepsilon + \sum_{k=1}^{n_0} \int_{I_k} |f(x)|\mathrm{d}x \leqslant \varepsilon + \lambda \sum_{k=1}^{n_0} |I_k| \leqslant \varepsilon + 2\lambda \cdot m\left(\bigcup_{k=1}^{\infty} I_k\right).$$

令 $\varepsilon \to \infty$ 即得所证.

例 11 试证明下列命题:

(1) 设 $f \in L([0,1])$,且有 $\int_0^1 f(x)\mathrm{d}x \neq 0$,则存在$[0,1]$上的可测函数 $g(x)$,使得
$$\int_0^1 |f(x)g(x)|\mathrm{d}x < +\infty, \quad \int_0^1 |f(x)g^2(x)|\mathrm{d}x = +\infty.$$

(2) 设 $f \in C^{(1)}([0,1]), g \in C^{(1)}([0,1])$. 若有 $m(f^{-1}(0))=0$, $g(x) \geqslant 0 (0 \leqslant x \leqslant 1)$,则
$$I = \int_0^1 g(x)(|f(x)|)'\mathrm{d}x = -\int_0^1 |f(x)|g'(x)\mathrm{d}x.$$

证明 (1) 在$[0,1]$中选取互不相交闭区间列$\{I_n\}$,并令
$$\int_{I_n} |f(x)|\mathrm{d}x = a_n > 0 \quad (n \in \mathbf{N}),$$

易知 $\sum_{n=1}^{\infty} a_n < +\infty$. 不妨假定 $\sum_{n=1}^{\infty} \sqrt{a_n} < +\infty$(否则可取子列),且作
$g(x) = \sum_{n=1}^{\infty} a_n^{-1/2} \cdot \chi_{I_n}(x)$,我们有

$$\int_0^1 |f(x)g(x)|\mathrm{d}x = \sum_{n=1}^{\infty} \int_{I_n} |f(x)|\mathrm{d}x \cdot \frac{1}{\sqrt{a_n}} = \sum_{n=1}^{\infty} \sqrt{a_n} < +\infty,$$

$$\int_0^1 |f(x)|g^2(x)\mathrm{d}x = \sum_{n=1}^{\infty} \int_{I_n} |f(x)|\mathrm{d}x \cdot \frac{1}{a_n} = \sum_{n=1}^{\infty} 1 = +\infty.$$

(2) 令 $(0,1)\setminus f^{-1}(0)=G$，易知 G 是开集，故可令 $G=\bigcup_{n\geqslant 1}(a_n,b_n)$ (构成区间之并). 我们有

$$I=\left(\int_{f^{-1}(0)}+\sum_{n\geqslant 1}\int_{a_n}^{b_n}\right)g(x)(|f(x)|)'\mathrm{d}x$$

$$=\sum_{n\geqslant 1}\int_{a_n}^{b_n}g(x)(|f(x)|)'\mathrm{d}x.$$

记 $c_n=(a_n+b_n)/2(n\in\mathbf{N})$，并注意到对每个 n，有 $f(x)\neq 0(a_n<x<b_n)$，故 $f(x)$ 或为正值或为负值，因此可写成

$$(|f(x)|)'=\mathrm{sign}f(c_n)\cdot f'(x)\quad(a_n<x<b_n).$$

从而推出(注意 $f(a_n)=f(b_n)=0$)

$$I=\sum_{n\geqslant 1}\mathrm{sign}f(c_n)\cdot\int_{a_n}^{b_n}g(x)f'(x)\mathrm{d}x$$

$$=-\sum_{n\geqslant 1}\mathrm{sign}f(c_n)\int_{a_n}^{b_n}f(x)g'(x)\mathrm{d}x$$

$$=-\sum_{n\geqslant 1}\int_{a_n}^{b_n}|f(x)|g'(x)\mathrm{d}x=-\int_0^1|f(x)|g'(x)\mathrm{d}x.$$

例 12 试证明下列命题：

(1) 设 $f\in L([0,\infty))$，则 $\lim_{n\to\infty}f(x+n)=0$, a.e. $x\in\mathbf{R}$.

(2) 设 $I\subset\mathbf{R}$ 是区间，$f\in L(I)$，$a\neq 0$. 若令

$$J=\{x/a:x\in I\}=I/a,\quad g(x)=f(ax)\quad(x\in J),$$

则 $g\in L(J)$，且有 $\int_I f(x)\mathrm{d}x=|a|\int_J f(ax)\mathrm{d}x$.

证明 (1) 因为 $f(x+n)=f(x+1+(n-1))$，所以只需考查 $[0,1]$ 中的点即可. 为证此，又只需指出级数 $\sum_{n=1}^{\infty}|f(x+n)|$ 在 $[0,1]$ 几乎处处收敛即可. 应用积分的手段，由于

$$\int_{[0,1]}\sum_{n=1}^{\infty}|f(x+n)|\mathrm{d}x=\sum_{n=1}^{\infty}\int_{[0,1]}|f(x+n)|\mathrm{d}x$$

$$=\sum_{n=1}^{\infty}\int_{[n,n+1]}|f(x)|\mathrm{d}x=\int_{[1,\infty)}|f(x)|\mathrm{d}x<+\infty,$$

可知 $\sum_{n=1}^{\infty}|f(x+n)|$ 作为 x 的函数是在 $[0,1]$ 上可积的，因而是几乎处

处有限的,即级数是几乎处处收敛的.

(2) (i) 若 $f(x)=\chi_E(x)$, E 是 I 中的可测集,则 $a^{-1}E\subset J$. 由于 $\chi_E(ax)=\chi_{a^{-1}E}(x)$,故有

$$\int_J g(x)\mathrm{d}x = \frac{1}{|a|}m(E) = \frac{1}{|a|}\int_I f(x)\mathrm{d}x.$$

由此可知当 $f(x)$ 是简单可测函数时,结论也真.

(ii) 对 $f\in L(I)$,设简单可测函数列 $\{\varphi_n(x)\}$,使得 $\varphi_n(x)\to f(x)$ $(n\to\infty, x\in I)$,且 $|\varphi_n(x)|\leqslant |f(x)|$ $(n=1,2,\cdots,x\in I)$,则令 $\psi_n(x)=\varphi_n(ax)(x\in J, n=1,2,\cdots)$,$\psi_n(x)\to g(x)(n\to\infty, x\in J)$,我们有

$$|a|\int_J g(x)\mathrm{d}x = |a|\lim_{n\to\infty}\int_J \psi_n(x)\mathrm{d}x$$
$$= \lim_{n\to\infty}\int_I \varphi_n(x)\mathrm{d}x = \int_I f(x)\mathrm{d}x.$$

例 13 解答下列问题:

(1) 设 $f\in L(\mathbf{R}), g\in L(\mathbf{R})$,且有 $\int_{\mathbf{R}} f(x)\mathrm{d}x = \int_{\mathbf{R}} g(x)\mathrm{d}x = 1$,试证明对任意的 $r\in(0,1)$,存在 $\mathbf{R}$ 中可测集 E,使得

$$\int_E f(x)\mathrm{d}x = \int_E g(x)\mathrm{d}x = r.$$

(2) 试求 $f\in L([0,1])$,它满足条件:对于 $[0,1]$ 中任一满足 $m(E)=1/2$ 的可测集 E,都有 $\int_E f(x)\mathrm{d}x = \frac{1}{2}$.

(3) 设 $f(x)$ 在 $(0,\infty)$ 上可测. 若对 $(0,\infty)$ 中任意的满足 $m(E)=1$ 与 $m(E)=\sqrt{2}$ 的可测集,均有 $\int_E f(x)\mathrm{d}x = 0$,则 $f(x)=0$, a. e. $x\in(0,\infty)$.

证明 (1) 令 $A=\{x\in\mathbf{R}: f(x)>g(x)\}$, $B=\mathbf{R}\setminus A$,以及 $A_t=(-\infty,t)\cap A$, $B_t=(-\infty,t)\cap B$,又记

$$\varphi(t) = \int_{A_t}[f(x)-g(x)]\mathrm{d}x, \quad \psi(t) = \int_{B_t}[g(x)-f(x)]\mathrm{d}x,$$

易知 $\varphi(x), \psi(t)$ 是 $\mathbf{R}$ 上的非负连续函数,且有

$$\lim_{t\to-\infty}\varphi(t) = \lim_{t\to-\infty}\psi(t), \quad \lim_{t\to+\infty}\varphi(t) = \lim_{t\to+\infty}\psi(t).$$

从而对 $t\in\mathbf{R}$,存在 $\lambda=\lambda(t)$,使得 $\varphi(t)=\psi(\lambda)$. 又令 $C_t=A_t\cup B_t(t\in\mathbf{R})$,

则 $C_t \subset C_s (t \leqslant s)$,且有
$$\lim_{s \to t^+} m(C_s) = m(C_t).$$

因此,$h(t) \triangleq \int_{C_t} f(x)\mathrm{d}x = \int_{C_t} g(x)\mathrm{d}x$ 是 $\mathbf{R}$ 上连续函数. 由 $\lim_{t \to -\infty} C_t = \varnothing$, $\lim_{t \to +\infty} C_t = \mathbf{R}$,可知 $h(t)$ 含有从 0 到 1 的所有数值. 这说明对 $r \in (0, 1)$,存在 $t_0 \in \mathbf{R}$,使得 $h(t_0) = r, E = C_{t_0}$.

(2) (i) 对满足 $m(E_1) = m(E_2) \leqslant 1/2$ 的 $[0,1]$ 中可测子集 E_1, E_2,因为有
$$m(([0,1] \setminus E_1) \setminus E_2) \geqslant 1 - 2m(E_1) \geqslant 1/2 - m(E_1),$$
所以可取 $([0,1] \setminus E_1) \setminus E_2$ 中可测子集 E,使得 $m(E) = 1/2 - m(E_1)$. 从而令 $A_1 = E \cup E_1, A_2 = E \cup E_2$,则
$$m(A_1) = m(A_2) = 1/2, \int_{A_1} f(x)\mathrm{d}x = \int_{A_2} f(x)\mathrm{d}x,$$
$$\int_E f(x)\mathrm{d}x + \int_{E_1} f(x)\mathrm{d}x = \int_E f(x)\mathrm{d}x + \int_{E_2} f(x)\mathrm{d}x.$$
由此即知 $\int_{E_1} f(x)\mathrm{d}x = \int_{E_2} f(x)\mathrm{d}x$.

(ii) 根据(i)的结论,我们有
$$\int_0^{1/n} f(x)\mathrm{d}x = \int_{1/n}^{2/n} f(x)\mathrm{d}x = \cdots = \int_{(n-1)/n}^1 f(x)\mathrm{d}x = \frac{1}{n}\int_0^1 f(x)\mathrm{d}x$$
$$= \frac{1}{n}\left(\int_0^{1/2} f(x)\mathrm{d}x + \int_{1/2}^1 f(x)\mathrm{d}x\right) = \frac{1}{n}\left(\frac{1}{2} + \frac{1}{2}\right) = \frac{1}{n}.$$

令 $F(x) = \int_0^x f(t)\mathrm{d}t (0 \leqslant x \leqslant 1)$,我们有
$$F\left(\frac{m}{n}\right) = \sum_{n=1}^m \int_{(k-1)/n}^{k/n} f(x)\mathrm{d}x = \sum_{n=1}^m \frac{1}{n} = \frac{m}{n}.$$

从而对 $x \in \mathbf{Q} \cap [0,1]$,有 $F(x) = x$. 由 $F(x)$ 的连续性,可知 $F(x) = x$ ($0 \leqslant x \leqslant 1$). 又由 $F'(x) = 1 (0 \leqslant x \leqslant 1)$ 得到 $f(x) = 1$, a.e. $x \in [0,1]$.

(3) 因为 $0 < \sqrt{2} - 1 < 1$,所以对 $a > 0$,存在 $k \in \mathbf{N}, n \in \mathbf{Z}$,使得
$$0 < (\sqrt{2} - 1)^k = k + n\sqrt{2} < a.$$
由此知 $\{k + n\sqrt{2}\}(k, n \in \mathbf{Z})$ 在 $(0, \infty)$ 中稠密.

现在,对满足 $m(E) = k + n\sqrt{2}$ 的任一可测集 $E \subset (0, \infty)$:

(i) 若 $k \geqslant 0, n \geqslant 0$, 则有分解 $E = E_1 \cup E_2$, 使得
$$m(E_1) = k, \quad m(E_2) = n\sqrt{2}; \quad E_1 \cap E_2 = \emptyset;$$
$$\int_{E_1} f(x) \mathrm{d}x = 0 = \int_{E_2} f(x) \mathrm{d}x.$$

(ii) 若 $k > 0, n < 0$, 则存在 $E_1, E_2: E_1 \supset E_2$, 使得
$$E = E_1 \backslash E_2, \quad m(E_1) = k, \quad m(E_2) = n\sqrt{2}; \quad \int_E f(x) \mathrm{d}x = 0.$$

....

最后, 对任一正测集 E, 作 $\{E_i\}$:
$$m(E_i) = k_i + n_i \sqrt{2} \ (k_i, n_i \in \mathbf{Z}), \quad \lim_{i \to \infty} m(E_i) = m(E),$$
$$\int_E f(x) \mathrm{d}x = \lim_{i \to \infty} \int_{E_i} f(x) \mathrm{d}x = 0.$$

这说明 $f(x) = 0$, a. e. $x \in (0, \infty)$.

例 14 设 $\int_0^1 |f_n(x)|^2 \mathrm{d}x \leqslant M (n \in \mathbf{N})$, 且 $\lim_{n \to \infty} f_n(x) = 0$, a. e. $x \in [0, 1]$, 试证明 $\lim_{n \to \infty} \int_0^1 |f_n(x)| \mathrm{d}x = 0$.

证明 依题设知, 对任给 $\varepsilon > 0$, 存在可测子集 $E \subset [0, 1]$, 使得 $m([0,1] \backslash E) < \varepsilon$, $f_n(x)$ 在 E 上一致收敛于 0. 我们有
$$\int_0^1 |f_n(x)| \mathrm{d}x = \int_{[0,1]\backslash E} |f_n(x)| \mathrm{d}x + \int_E |f_n(x)| \mathrm{d}x$$
$$\leqslant \left(\int_{[0,1]\backslash E} |f_n(x)|^2 \mathrm{d}x \right)^{1/2} (m([0,1]\backslash E))^{1/2} + \int_E |f_n(x)| \mathrm{d}x$$
$$\leqslant \sqrt{M} (m([0,1]\backslash E))^{1/2} + \int_E |f_n(x)| \mathrm{d}x$$
$$\leqslant \sqrt{M\varepsilon} + \int_E |f_n(x)| \mathrm{d}x.$$

令 $n \to \infty$, 可得 $\overline{\lim_{n \to \infty}} \int_0^1 |f_n(x)| \mathrm{d}x \leqslant \sqrt{M\varepsilon}$. 由 ε 的任意性, 即得所证.

例 15(Du Bois-Reymond) 设 $f(x), g(x)$ 在 $[a, \infty)$ 上定义, 且令 $F(x) = \int_a^x f(t) \mathrm{d}t \ (a \leqslant x < \infty)$. 若 (i) $f \in R([a, X]) (a < X), |F(x)| \leqslant M (a \leqslant x < \infty)$; (ii) $g(x)$ 在 $[a, \infty)$ 上可微, 且 $g' \in L([a, \infty))$; (iii) 存

在极限 $\lim\limits_{x\to+\infty} F(x)g(x)=l$,则积分 $\int_a^{+\infty} f(x)g(x)\mathrm{d}x$ 收敛.

证明 由(i)知 $|F(x)g'(x)|\leqslant M|g'(x)|$,从而可得 $Fg'\in L([a,\infty))$,存在 $\lim\limits_{X\to+\infty}\int_a^X F(x)g'(x)\mathrm{d}x$. 我们又注意到 $fg\in R([a,X])$ $(a<X)$,由此有(分部积分)

$$\int_a^X f(x)g(x)\mathrm{d}x = \int_a^X F'(x)g(x)\mathrm{d}x$$
$$= F(x)g(x)\Big|_a^X - \int_a^X F(x)g'(x)\mathrm{d}x$$
$$= F(X)g(X) - \int_a^X F(x)g'(x)\mathrm{d}x,$$

由此即知存在 $\lim\limits_{X\to+\infty}\int_a^X f(x)g(x)\mathrm{d}x$. 证毕.

§4.3 控制收敛定理

例1 试证明下列命题:

(1) 设 $f\in L(\mathbf{R})$,在 $\mathbf{R}$ 上作函数列

$$g_n(x) = f(x)\chi_{[-n,n]}(x), \quad h_n(x) = \min\{f(x),n\} \quad (n\in\mathbf{N}),$$

则 $\lim\limits_{n\to\infty}\int_{\mathbf{R}} |g_n(x)-f(x)|\mathrm{d}x = 0$, $\lim\limits_{n\to\infty}\int_{\mathbf{R}} |h_n(x)-f(x)|\mathrm{d}x = 0$.

(2) 设 $f\in L(E)$,则 $\lim\limits_{k\to\infty}\int_{\{x\in E:\, |f(x)|<1/k\}} |f(x)|\mathrm{d}x = 0$.

(3) 设 $f\in L([0,1])$,则

$$I = \lim_{n\to\infty}\int_{[0,1]} n\ln\Big(1+\frac{|f(x)|^2}{n^2}\Big)\mathrm{d}x = 0.$$

(4) 设 $\{E_k\}$ 是递增可测集合列,且 $\lim\limits_{k\to\infty} E_k = E$,又在 E 上定义的 $f(x)$ 满足 $f\in L(E_k)(k\in\mathbf{N})$. 若 $\lim\limits_{k\to\infty}\int_{E_k} |f(x)|\mathrm{d}x < +\infty$,则 $f\in L(E)$,且有

$$\int_E f(x)\mathrm{d}x = \lim_{k\to\infty}\int_{E_k} f(x)\mathrm{d}x.$$

证明 (1) 易知 $|g_n(x)|\leqslant|f(x)|$, $|h_n(x)|\leqslant|f(x)|$ $(n\in\mathbf{N},x\in\mathbf{R})$,

且有
$$\lim_{n\to\infty}g_n(x) = f(x), \quad \lim_{n\to\infty}h_n(x) = f(x) \quad (x\in \mathbf{R}),$$
因此根据控制收敛定理,即得所证.

(2) 令 $E_k = \{x\in E: |f(x)| < 1/k\}$. 因为有 $|f(x)|\chi_{E_k}(x) < 1/k(x\in E)$,所以 $|f(x)|\chi_{E_k}(x) \to 0(k\to\infty, x\in E)$. 注意到 $|f(x)|$ 是 $\{|f(x)|\chi_{E_k}(x)\}$ 的控制函数,故有
$$\lim_{k\to\infty}\int_{E_k} f(x)\mathrm{d}x = \int_E \lim_{k\to\infty} f(x)\chi_{E_k}(x)\mathrm{d}x = 0.$$

(3) 注意到 $\ln(1+x^2) \leqslant x(0\leqslant x)$,故我们有 $n\ln(1+|f(x)|^2/n^2)$
$\leqslant n\cdot |f(x)|/n = |f(x)|(0\leqslant x\leqslant 1)$. 从而由控制收敛定理可得
$$I = \int_0^1 \lim_{n\to\infty} n\cdot \ln\left(1+\frac{|f(x)|^2}{n^2}\right)\mathrm{d}x = 0.$$

(4) 因为 $\{|f(x)|\chi_{E_k}(x)\}$ 是递增列且在 E 上收敛于 $|f(x)|$,所以
$$\int_E |f(x)|\mathrm{d}x = \lim_{k\to\infty}\int_{E_k} |f(x)|\mathrm{d}x < +\infty.$$

例 2 试证明下列命题:

(1) 设 $E_1 \supset E_2 \supset \cdots \supset E_k \supset \cdots, E = \bigcap_{k=1}^{\infty} E_k, f\in L(E_k) \ (k\in \mathbf{N})$,则
$$\lim_{k\to\infty}\int_{E_k} f(x)\mathrm{d}x = \int_E f(x)\mathrm{d}x.$$

(2) 设 $f_k \in L(E)$,且 $f_k(x) \leqslant f_{k+1}(x)(k\in \mathbf{N})$. 若有
$$\lim_{k\to\infty} f_k(x) = f(x) \ (x\in E), \quad \left|\int_E f_k(x)\mathrm{d}x\right| \leqslant M \ (k\in \mathbf{N}),$$
则 $f\in L(E)$,且有
$$\lim_{k\to\infty}\int_E f_k(x)\mathrm{d}x = \int_E f(x)\mathrm{d}x.$$

(3) 设 $\lim_{k\to\infty}\int_E |f_k(x) - f(x)|\mathrm{d}x = 0, g(x)$ 是 E 上有界可测函数,则
$$I = \lim_{k\to\infty}\int_E |f_k(x)g(x) - f(x)g(x)|\mathrm{d}x = 0.$$

(4) 设 $\{f_k(x)\}$ 是 E 上非负可积函数列,且 $f_k(x)$ 在 E 上几乎处处收敛于 $f(x) \equiv 0$. 若有

$$\int_E \max\{f_1(x), f_2(x), \cdots, f_k(x)\} dx \leqslant M \quad (k = 1, 2, \cdots),$$

则 $\lim\limits_{k \to \infty} \int_E f_k(x) dx = 0$.

证明 （1）注意 $f(x)\chi_{E_k}(x) \to f(x)\chi_E(x)(k \to \infty)$，而 $|f(x)|\chi_{E_1}(x)$ 是控制函数.

（2）因为 $\{f_k(x) - f_1(x)\}$ 是非负渐升列且收敛于 $f(x) - f_1(x)$，所以

$$\int_E [f(x) - f_1(x)] dx = \lim_{k \to \infty} \int_E [f_k(x) - f_1(x)] dx \leqslant 2M.$$

由此即得所证.

（3）假定 $|g(x)| \leqslant M(x \in E)$，我们有

$$I = \lim_{k \to \infty} \int_E |f_k(x) - f(x)| |g(x)| dx \leqslant \lim_{k \to \infty} M \int_E |f_k(x) - f(x)| dx = 0.$$

（4）令 $F_k(x) = \max\{f_1(x), f_2(x), \cdots, f_k(x)\}$，我们有 $0 \leqslant F_k(x) \leqslant F_{k+1}(x)(k \in \mathbf{N})$. 若记 $F_k(x) \to F(x)(k \to \infty)$，则

$$\int_E F(x) dx = \lim_{k \to \infty} \int_E F_k(x) dx \leqslant M, \quad F \in L(E).$$

从而得

$$\lim_{k \to \infty} \int_E f_k(x) dx = \int_E \lim_{k \to \infty} f_k(x) dx = 0.$$

例 3 试证明下列命题：

（1）设 $f \in C([0, \infty))$ 且 $f(x) \to l(x \to +\infty)$，则对任意的 $A > 0$，有

$$\lim_{n \to \infty} \int_{[0, A]} f(nx) dx = Al.$$

（2）设 $f(x), f_k(x)(k \in \mathbf{N})$ 是 E 上可测函数. 若有 $\lim\limits_{k \to \infty} f_k(x) = f(x)$, a.e. $x \in E$, $|f_k(x)| \leqslant F(x), F \in L(E)$, 则对任给 $\varepsilon > 0$，存在 $e \subset E: m(e) < \varepsilon$，使得 $f_k(x)$ 在 $E \backslash e$ 上一致收敛于 $f(x)$.

（3）设 $\{f_k(x)\}, \{g_k(x)\}$ 是 $E \subset \mathbf{R}^n$ 上的两个可测函数列，且有 $|f_k(x)| \leqslant g_k(x)(x \in E, k \in \mathbf{N}), \lim\limits_{k \to \infty} f_k(x) = f(x), \lim\limits_{k \to \infty} g_k(x) = g(x)$, 以及

$$\lim_{k\to\infty}\int_E g_k(x)\mathrm{d}x = \int_E g(x)\mathrm{d}x < \infty,$$

则 $\lim_{k\to\infty}\int_E f_k(x)\mathrm{d}x = \int_E f(x)\mathrm{d}x.$

(4) 设 $f_k \in L(E)(k\in \mathbf{N}), f\in L(E)$. 若 $\lim_{k\to\infty}f_k(x)=f(x)$, a.e. $x\in E$, 则 $\lim_{k\to\infty}\int_E |f_k(x)-f(x)|\mathrm{d}x = 0$ 的充分必要条件是:

$$\lim_{k\to\infty}\int_E |f_k(x)|\mathrm{d}x = \int_E |f(x)|\mathrm{d}x.$$

(5) 设 $f_n \in L([0,1])\ (n=1,2,\cdots), F\in L([0,1])$. 若有

(i) $|f_n(x)| \leqslant F(x)\ (n=1,2,\cdots,\ x\in[0,1])$;

(ii) 对任意的 $g\in C([0,1])$, $\lim_{n\to\infty}\int_{[0,1]} f_n(x)g(x)\mathrm{d}x = 0$,

则对任意的可测集 $E\subset[0,1]$, 有 $\lim_{n\to\infty}\int_E f_n(x)\mathrm{d}x = 0.$

证明 (1) 易知存在 $X>0$, 使得 $|f(x)|<l+1\ (x\geqslant X)$. 注意到 $f(x)$ 在 $[0,X]$ 上有界, 故存在 $M>0$, 使得 $|f(x)|\leqslant M\ (0\leqslant x<\infty)$. 根据有界收敛定理, 可知

$$\lim_{n\to\infty}\int_{[0,A]} f(nx)\mathrm{d}x = \int_{[0,A]} \lim_{n\to\infty} f(nx)\mathrm{d}x = lA.$$

(2) 对任给 $\varepsilon>0$, 令 $E_k(\varepsilon)=\{x\in E: |f_k(x)-f(x)|\geqslant \varepsilon\}$, 只需指出 $\lim_{j\to\infty} m\left(\bigcup_{k=j}^{\infty} E_k(\varepsilon)\right)=0$. 注意到 $E_k(\varepsilon)\subset \{x\in E: F(x)\geqslant \varepsilon/2\}\ (k\in\mathbf{N})$, 故知 $m\left(\bigcup_{k=1}^{\infty} E_k(\varepsilon)\right)<+\infty$. 从而由 $m(\overline{\lim_{k\to\infty}}E_k)=0$ 即可得证.

(3) 注意到 $\{g_k(x)-f_k(x)\}, \{g_k(x)+f_k(x)\}$ 均为非负可积函数列, 故得

$$\int_E [g(x)-f(x)]\mathrm{d}x \leqslant \varliminf_{k\to\infty}\left(\int_E g_k(x)\mathrm{d}x - \int_E f_k(x)\mathrm{d}x\right)$$
$$= \int_E g(x)\mathrm{d}x - \varlimsup_{k\to\infty}\int_E f_k(x)\mathrm{d}x,$$

$$\int_E [g(x)+f(x)]\mathrm{d}x \leqslant \varliminf_{k\to\infty}\left(\int_E g_k(x)\mathrm{d}x + \int_E f_k(x)\mathrm{d}x\right)$$
$$= \int_E g(x)\mathrm{d}x + \varliminf_{k\to\infty}\int_E f_k(x)\mathrm{d}x.$$

由此可知
$$\int_E f(x)\mathrm{d}x \geq \overline{\lim_{k\to\infty}}\int_E f_k(x)\mathrm{d}x, \quad \int_E f(x)\mathrm{d}x \leq \underline{\lim_{k\to\infty}}\int_E f_k(x)\mathrm{d}x.$$
即得所证.

(4) 必要性　由 $||f_k(x)|-|f(x)||\leq |f_k(x)-f(x)|$ 即知结论成立.

充分性　因为我们有 $|f_k(x)-f(x)|\leq |f_k(x)|+|f(x)|$，以及
$$\lim_{k\to\infty}\int_E(|f_k(x)|+|f(x)|)\mathrm{d}x = 2\int_E |f(x)|\mathrm{d}x < +\infty,$$
所以由(3)可得 $\lim_{k\to\infty}\int_E |f_k(x)-f(x)|\mathrm{d}x = 0.$

(5) 对任给 $\varepsilon>0$，存在 $\delta>0$，当 $m(e)<\delta$ 时，有 $\int_e F(x)\mathrm{d}x<\varepsilon$. 现在对可测集 $E\subset[0,1]$，可作紧集 K 与开集 G：$K\subset E\subset G, m(G\setminus K)<\delta$；又存在 $g\in C([0,1])$，使得
$$g(x)=\begin{cases}1, & x\in K,\\ 0, & x\overline{\in} G,\end{cases} \quad 0\leq g(x)\leq 1 \quad (x\in[0,1]).$$
从而我们有
$$\overline{\lim_{n\to\infty}}\left|\int_E f_n(x)\mathrm{d}x\right| = \overline{\lim_{n\to\infty}}\left|\int_0^1 f_n(x)\chi_E(x)\mathrm{d}x\right|$$
$$\leq \overline{\lim_{n\to\infty}}\left(\left|\int_E f_n(x)g(x)\mathrm{d}x\right| + \left|\int_0^1 f_n(x)[\chi_E(x)-g(x)]\mathrm{d}x\right|\right)$$
$$\leq \overline{\lim_{n\to\infty}}\left(\left|\int_E f_n(x)g(x)\mathrm{d}x\right| + \int_0^1 F(x)\chi_{G\setminus K}(x)\right) \leq \varepsilon.$$

例 4　试证明下列命题：

(1) 设 $f_n\in C^{(1)}((a,b))$ $(n=1,2,\cdots)$，且有
$$\lim_{n\to\infty}f_n(x)=f(x), \quad \lim_{n\to\infty}f_n'(x)=F(x), \quad x\in(a,b).$$
若存在 $f'(x), F(x)$ 在 (a,b) 上连续，则 $f'(x)=F(x), x\in(a,b)$.

(2) 设 $f\in C([a,b]), \varphi\in C([a,b]), F\in L([a,b])$，且对 $x\in[a,b]$，有
$$\lim_{n\to\infty}\varphi_n(x)=\varphi(x), \quad \varphi_n\in C^{(1)}([a,b]) \quad (n\in\mathbf{N}),$$
$$\frac{\mathrm{d}}{\mathrm{d}x}\varphi_n(x)=f(x)\varphi_n(x),$$

$$|f(x)\varphi_n(x)| \leqslant F(x) \quad (n \in \mathbf{N}, x \in [a,b]),$$
则 $\varphi'(x) = f(x)\varphi(x), x \in [a,b]$.

证明 (1) 只需指出在 (a,b) 的一个稠密子集上有 $f'(x) = F(x)$ 即可. 为此, 任取 (a,b) 中的子区间 $[c,d]$, 且记
$$E_n = \{x \in [c,d] : |f'_k(x) - F(x)| \leqslant 1, k \geqslant n\},$$
易知每个 E_n 皆闭集, 且 $[c,d] = \bigcup_{n=1}^{\infty} E_n$. 从而根据 Baire 定理 (见第一章 §1.2 中 1.2.3) 可知, 存在 n_0 以及区间 $[c',d']$, 使得 $E_{n_0} \supset [c',d']$. 由于
$$|f'_k(x) - F(x)| \leqslant 1 \quad (k \geqslant n_0), x \in [c',d'],$$
故知当 $k \geqslant n_0$ 时, $\{f'_k(x)\}$ 在 $[c',d']$ 上一致有界. 这样, 由等式
$$\int_{[c',x]} f'_k(t)\mathrm{d}t = f_k(x) - f_k(c'), \quad c' < x < d'$$
可知 (有界收敛定理)
$$\int_{[c',x]} F(t)\mathrm{d}t = f(x) - f(c'), \quad c' < x < d'.$$
在等式两端对 x 求导可得
$$F(x) = f'(x), \quad c' < x < d'.$$
即得所证.

(2) 由题设知 $\varphi_n(t) - \varphi_n(a) = \int_a^t f(x)\varphi_n(x)\mathrm{d}x (n \in \mathbf{N}, a \leqslant t \leqslant b)$, 令 $n \to \infty$ 可得 (根据控制收敛定理)
$$\varphi(t) - \varphi(a) = \int_a^t f(x)\varphi(x)\mathrm{d}x, \quad \frac{\mathrm{d}\varphi(t)}{\mathrm{d}t} = f(t)\varphi(t) \quad (a \leqslant t \leqslant b).$$

例 5 试证明下列命题:

(1) 设 $f(x)$ 在 E 上可测, $m(E) < +\infty$, 则 $f^k \in L(E)(k \in \mathbf{N})$ 且存在极限 $\lim_{k \to \infty} \int_E f^k(x)\mathrm{d}x$ 的充分必要条件是: $|f(x)| \leqslant 1$, a.e. $x \in E$.

(2) 设 $f \in L(\mathbf{R})$. 若对任一开集 $G \subset \mathbf{R}$, 有
$$\int_G f(x)\mathrm{d}x = \int_{\bar{G}} f(x)\mathrm{d}x,$$
则 $f(x) = 0$, a.e. $x \in \mathbf{R}$.

(3) 设 $f_n \in L(\mathbf{R})(n=1,2,\cdots), f \in L(\mathbf{R})$,且有
$$\lim_{n\to\infty}\int_{\mathbf{R}} |f_n(x) - f(x)| \mathrm{d}x = 0.$$
若存在 $E \subset \mathbf{R}, E_n \subset \mathbf{R}(n=1,2,\cdots)$: $m(E_n \triangle E) \to 0 \ (n\to\infty)$,则
$$\lim_{n\to\infty}\int_{E_n} f_n(x)\mathrm{d}x = \int_E f(x)\mathrm{d}x.$$

证明 (1) 充分性 假定 $|f(x)| \leqslant 1$, a.e. $x \in E$,则 $|f^k(x)| \leqslant 1$, a.e. $x \in E$. 令 $\lim_{k\to\infty} f^k(x) = f(x)$, a.e. $x \in E$,由控制收敛定理即得
$$\lim_{k\to\infty}\int_E f^k(x)\mathrm{d}x = \int_E f(x)\mathrm{d}x.$$

必要性 反证法. 令 $A = \{x \in E: |f(x)| > 1\}$,假定 $m(A) > 0$,则 $A = \bigcup_{j=1}^{\infty} E_j \ (E_j = \{x \in E: |f(x)| \geqslant 1 + 1/j\})$,且存在 $\delta > 1$,使得 $m(E_\delta) > 0 \ (E_\delta = \{x \in E: |f(x)| > \delta\})$. 因为有 $f^{2k}(x) \geqslant \delta^{2k}\chi_{E_\delta}(x)$,所以
$$\delta^{2k} m(E_\delta) = \int_E \delta^{2k}\chi_{E_\delta}(x)\mathrm{d}x \leqslant \int_E f^{2k}(x)\mathrm{d}x.$$
由此得
$$\lim_{k\to\infty}\int_E f^{2k}(x)\mathrm{d}x = +\infty,$$
这与题设矛盾.

(2) 对任一闭区间 J 以及 $n \in \mathbf{N}$,在 J 中可作类 Cantor 集 $H_{J,n}$,使得 $m(H_{J,n}) > |J| - 1/n \ (n \in \mathbf{N})$. 令 $G_n = J \setminus H_{J,n}$,则 G_n 是开集且 $\overline{G}_n = J$. 因为 $m(G_n) \to 0 \ (n\to\infty)$,所以我们有
$$\int_{G_n} f(x)\mathrm{d}x = \int_{\overline{G}_n} f(x)\mathrm{d}x = \int_J f(x)\mathrm{d}x.$$
由此知 $\int_J f(x)\mathrm{d}x = 0$,根据 J 的任意性可知, $f(x) = 0$, a.e. $x \in \mathbf{R}$.

(3) (i) 对任给 $\varepsilon > 0$,存在 $\delta > 0$,当 $m(e) < \delta$ 时有 $\int_e |f(x)|\mathrm{d}x < \varepsilon$. 又由题设知,存在 N_1, N_2,使得
$$\int_{\mathbf{R}} |f_n(x) - f(x)|\mathrm{d}x < \varepsilon \quad (n \geqslant N_1),$$
$$m(E_n \triangle E) < \delta \quad (n \geqslant N_2).$$

(ii) 当 $n \geq N_1 + N_2$ 时,我们有

$$\left| \int_{E_n} f_n(x) dx - \int_E f(x) dx \right| \leq \int_{\mathbf{R}} |f_n(x) \chi_{E_n}(x) - f(x) \chi_E(x)| dx$$

$$\leq \int_{\mathbf{R}} |f_n(x)| |\chi_{E_n}(x) - \chi_E(x)| dx$$

$$+ \int_{\mathbf{R}} |\chi_E(x)| |f_n(x) - f(x)| dx$$

$$\leq \int_{E_n \triangle E} |f_n(x)| dx + \int_{\mathbf{R}} |f_n(x) - f(x)| dx < 2\varepsilon.$$

例 6 试证明下列命题:

(1) 设 $f_k \in L(\mathbf{R}^n)(k \in \mathbf{N})$,$\lim_{k \to \infty} f_k(x) = f(x)$, a. e. $x \in \mathbf{R}^n$. 若存在 $F \in L(\mathbf{R}^n)$,使得 $|f(x)| \leq F(x)(x \in \mathbf{R}^n)$,且令

$$h_k(x) = \mathrm{mid}\{-F(x), f_k(x), F(x)\}$$

(即取中间之值),则 $\lim_{k \to \infty} \int_{\mathbf{R}} h_k(x) dx = \int_{\mathbf{R}} f(x) dx.$

(2) 设 $E_k \subset \mathbf{R}^n (k \in \mathbf{N})$ 是可测集,$m(E_k) \to 0 (k \to \infty)$. 若 $f \in L(\mathbf{R}^n)$,则 $\lim_{k \to \infty} \int_{E_k} f(x) dx = 0$.

(3) 设 $f_0(x), f_n(x)(n \in \mathbf{N})$ 是 $[0,1]$ 上非负可积函数. 若 $f_n(x)$ 在 $[0,1]$ 上依测度收敛于 $f_0(x)$,且有

$$\lim_{n \to \infty} \int_0^1 f_n(x) dx = \int_0^1 f_0(x) dx,$$

则对 $[0,1]$ 中任一可测集 E,均有

$$\lim_{n \to \infty} \int_E f_n(x) dx = \int_E f_0(x) dx.$$

(4) 设 $\{f_k(x)\}$ 是 $E \subset \mathbf{R}^n$ 上的非负可测函数列,且 $m(E) < \infty$,则 $\{f_k(x)\}$ 依测度收敛于零(函数)的充分必要条件是:

$$\lim_{k \to \infty} \int_E \frac{f_k(x)}{1 + f_k(x)} dx = 0.$$

证明 (1) (i) 易知 $\max\{-F(x), \min\{f_k(x), F(x)\}\}$ 是 $\mathbf{R}^n$ 上的可测函数,且由等式

$$\mathrm{mid}\{a, b, c\} = \max\{\min(a, b), \min(b, c), \min(a, c)\},$$

可知 $h_k(x) = \max\{-F(x), \min\{f_k(x), F(x)\}\}$,且 $|h_k(x)| \leq F(x)$

($x \in \mathbf{R}^n$).

(ii) 注意到:若 $a_k \to a(k \to \infty)$,则
$$\lim_{k \to \infty} \max\{a_k, b\} = \max\{a, b\}, \quad \lim_{k \to \infty} \min\{a_k, b\} = \min\{a, b\}.$$

从而我们有
$$\begin{aligned}
\lim_{k \to \infty} h_k(x) &= \lim_{k \to \infty} \max\{-F(x), \min\{f_k(x), F(x)\}\} \\
&= \max\{-F(x), \lim_{k \to \infty} \min\{f_k(x), F(x)\}\} \\
&= \max\{-F(x), \min\{f(x), F(x)\}\} \\
&= \mathrm{mid}\{-F(x), f(x), F(x)\}.
\end{aligned}$$

由此知 $\lim\limits_{k \to \infty} h_k(x) = f(x)$, a. e. $x \in \mathbf{R}^n$, 再根据控制收敛定理, 即可得证.

(2) 因为 $\lim\limits_{k \to \infty} m(E_k) = 0$, 所以 $\chi_{E_k}(x)$ 在 $\mathbf{R}^n$ 上依测度收敛于 0. 从而又知 $f(x)\chi_{E_k}(x)$ 在 $\mathbf{R}^n$ 上依测度收敛于 0. 注意到 $|f(x)\chi_{E_k}(x)| \leqslant |f(x)| (x \in \mathbf{R}^n, k \in \mathbf{N})$, 故根据控制收敛定理可得
$$\begin{aligned}
\lim_{k \to \infty} \int_{E_k} f(x) \mathrm{d}x &= \lim_{k \to \infty} \int_{\mathbf{R}^n} f(x) \chi_{E_k}(x) \mathrm{d}x \\
&= \int_{\mathbf{R}^n} \lim_{k \to \infty} f(x) \chi_{E_k}(x) \mathrm{d}x = 0
\end{aligned}$$

(注意 $\lim\limits_{k \to \infty} f(x)\chi_{E_k}(x) = 0$, a. e. $x \in \mathbf{R}^n$).

(3) 依题设知 $\sup\limits_{n \geqslant 0} \int_0^1 f_n(x) \mathrm{d}x = M < +\infty$. 对任给 $\varepsilon > 0$ 以及 δ: $0 < \delta \leqslant \varepsilon/2M$, 作点集 $E_\varepsilon = \{x \in E: |f_n(x) - f_0(x)| \geqslant \varepsilon\}$, 则存在 N, 当 $n \geqslant N$ 时, 有 $m(E_\varepsilon) < \delta$, 且有
$$\int_E |f_n(x) - f_0(x)| \mathrm{d}x = \left(\int_{E_\varepsilon} + \int_{E \setminus E_\varepsilon}\right) |f_n(x) - f(x)| \mathrm{d}x.$$

注意到当 $n \geqslant N$ 时, 上式右端第一项小于等于 $2\delta M < \varepsilon$; 第二项小于等于 $\varepsilon \cdot m(E) < \varepsilon$, 即得所证.

(4) 注意到第三章 §3.2 中例 10 的 (2), 可知 $f_k(x)$ 在 E 上依测度收敛于 0 当且仅当
$$\lim_{k \to \infty} \frac{f_k(x)}{1 + f_k(x)} = 0, \quad \text{a. e. } x \in E.$$

从而根据 $0 \leqslant f_k(x)/(1 + f_k(x)) \leqslant 1$, 即可得证.

例 7 试证明下列命题：

(1) 设 $f_n \in L([a,b])(n \in \mathbf{N})$，且有
$$|f_n(x)| \leqslant M_n (n \in \mathbf{N}, x \in [a,b]), \quad \sum_{n=1}^{\infty} M_n < +\infty,$$
则 $\sum_{n=1}^{\infty} |f_n(x)| < +\infty$, a.e. $x \in [a,b]$，且有
$$\int_a^b \sum_{n=1}^{\infty} f_n(x) \mathrm{d}x = \sum_{n=1}^{\infty} \int_a^b f_n(x) \mathrm{d}x.$$

(2) 设 $f \in L(\mathbf{R})$，且正项级数 $\sum_{n=1}^{\infty} \dfrac{1}{a_n} < \infty$，则
$$\lim_{n \to \infty} f(a_n x) = 0, \quad \text{a.e. } x \in \mathbf{R}.$$

(3) 设 $f \in L((0, \infty))$，且正数列 $\{a_n\}$ 中不会有多于 5 个数落入长度为 1 的区间中，则 $\lim_{n \to \infty} f(x + a_n) = 0$, a.e. $x \in (0, \infty)$.

(4) 设 $f \in L(\mathbf{R}), g(x) = \sum_{n=1}^{\infty} |f(a_n x)| (x \in \mathbf{R})$. 若 $g \in L(\mathbf{R})$，则
$$\sum_{n=1}^{\infty} \frac{1}{|a_n|} \text{ 收敛}.$$

证明 (1) 注意 $\sum_{n=1}^{\infty} |f_n(x)| \leqslant \sum_{n=1}^{\infty} M_n < +\infty$.

(2) 首先，我们把问题转型，也就是说把 $f(a_n x)$ 看成是级数 $\sum_{n=1}^{\infty} |f(a_n x)|$ 的通项(这里，为使级数有意义，故取绝对值). 从而只需指出
$$F(x) = \sum_{n=1}^{\infty} |f(a_n x)| < +\infty, \quad \text{a.e. } x \in \mathbf{R}$$
(此时，通项在 $n \to \infty$ 时必几乎处处趋于 0).

其次，应用积分理论，只需证明 $F(x)$ 在 $\mathbf{R}$ 上可积. 因为
$$\int_{\mathbf{R}} F(x) \mathrm{d}x = \sum_{n=1}^{\infty} \int_{\mathbf{R}} |f(a_n x)| \mathrm{d}x$$
$$= \sum_{n=1}^{\infty} \frac{1}{a_n} \int_{\mathbf{R}} |f(x)| \mathrm{d}x < +\infty,$$

所以 $F \in L(\mathbf{R})$,证毕.

(3) 对任意的 $b>0$,我们有

$$\int_b^{b+1} \sum_{n=1}^\infty |f(x+a_n)| \, dx = \sum_{n=1}^\infty \int_b^{b+1} |f(x+a_n)| \, dx$$
$$= \sum_{n=1}^\infty \int_{b+a_n}^{b+1+a_n} |f(t)| \, dt \leqslant 5 \int_0^{+\infty} |f(t)| \, dt.$$

这说明 $\sum_{n=1}^\infty |f(x+a_n)| < +\infty$, a.e. $x \in [b,b+1]$,故知结论成立.

(4) 注意等式

$$\int_{\mathbf{R}} g(x) \, dx = \sum_{n=1}^\infty \int_{\mathbf{R}} |f(a_n x)| \, dx = \sum_{n=1}^\infty \frac{1}{|a_n|} \int_{\mathbf{R}} |f(t)| \, dt.$$

例8 试证明下列命题:

(1) (i) 设 $f(x)$ 是 $\mathbf{R}$ 上以 $T>0$ 为周期的可测函数,且 $\int_0^T |f(x)| \, dx < \infty$,则 $\lim_{n \to \infty} n^{-2} f(nx) = 0$, a.e. $x \in \mathbf{R}$.

(ii) $\lim_{n \to \infty} |\cos nx|^{1/n} = 1$, a.e. $x \in \mathbf{R}$.

(2) 设 $f \in L(\mathbf{R}), f_n \in L(\mathbf{R}) (n=1,2,\cdots)$,且有

$$\int_{\mathbf{R}} |f_n(x) - f(x)| \, dx \leqslant 1/n^2 \quad (n=1,2,\cdots),$$

则 $f_n(x) \to f(x)$, a.e. $x \in \mathbf{R}$.

(3) 设 $f \in L(\mathbf{R}), a>0$,则级数 $\sum_{n=-\infty}^\infty f\left(\frac{x}{a}+n\right)$ 在 $\mathbf{R}$ 几乎处处绝对收敛,且其和函数 $S(x)$ 以 a 为周期,且 $S \in L([0,a])$.

证明 (1) (i) 令 $A = \int_0^T |f(t)| \, dt$,则只需注意等式

$$\int_0^T \sum_{n=1}^\infty \frac{|f(nx)|}{n^2} \, dx = \sum_{n=1}^\infty \frac{1}{n^2} \int_0^T |f(nx)| \, dx = \sum_{n=1}^\infty \frac{1}{n^3} \int_0^{nT} |f(t)| \, dt$$
$$= \sum_{n=1}^\infty \frac{n}{n^3} \int_0^T |f(t)| \, dt = \sum_{n=1}^\infty \frac{1}{n^2} \cdot A.$$

(ii) 考查函数 $(\ln|\cos x|)^2$,易知它在 $[0,\pi]$ 上可积,且是周期为 π 的周期函数.从而由(i)可知 $\lim_{n \to \infty} (\ln|\cos nx|/n)^2 = 0$.由此即得所证.

(2) 只需注意等式
$$\int_{\mathbf{R}} \sum_{n=1}^{\infty} |f_n(x) - f(x)| \mathrm{d}x = \sum_{n=1}^{\infty} \int_{\mathbf{R}} |f_n(x) - f(x)| \mathrm{d}x$$
$$\leqslant \sum_{n=1}^{\infty} \frac{1}{n^2} < +\infty.$$

(3) 因为我们有
$$\int_0^a \sum_{n=-\infty}^{\infty} \left| f\left(\frac{x}{a} + n\right) \right| \mathrm{d}x = \sum_{n=-\infty}^{\infty} \int_0^a \left| f\left(\frac{x}{a} + n\right) \right| \mathrm{d}x$$
$$= \sum_{n=-\infty}^{\infty} a \int_n^{n+1} |f(t)| \mathrm{d}t = a \int_{-\infty}^{+\infty} |f(t)| \mathrm{d}t < +\infty,$$

所以 $\sum_{n=-\infty}^{\infty} f(x/a + n)$ 在 $[0,a]$ 上几乎处处绝对收敛. 由于以 $x+a$ 代替 x, 上述级数不变, 故它在 $\mathbf{R}$ 上也就几乎处处绝对收敛. 又有
$$\frac{1}{a}\int_0^a S(x)\mathrm{d}x = \int_{-\infty}^{+\infty} f(x)\mathrm{d}x.$$

例 9 试证明下列命题:

(1) 设 $f \in L(\mathbf{R}), p > 0$, 则 $\lim_{n\to\infty} n^{-p} f(nx) = 0$, a.e. $x \in \mathbf{R}$.

(2) 设 $\{f_n(x)\}$ 是 $\mathbf{R}$ 上非负实值可积函数渐降列, 且 $f_n(x) \to 0 (n\to\infty, x\in\mathbf{R})$, 令 $S(x) = \sum_{n=1}^{\infty} (-1)^{n-1} f_n(x)$, 则
$$\int S(x)\mathrm{d}x = \sum_{n=1}^{\infty} (-1)^{n-1} \int f_n(x)\mathrm{d}x.$$

(3) 设数列 $\{a_n\}, \{b_n\}$ 满足 $|a_n| + |b_n| \leqslant 10 (n \in \mathbf{N})$, 则对 $f_n(x) = a_n \sin(nx) + b_n \cos(nx) (n \in \mathbf{N})$, 不能成立 $\lim_{n\to\infty} f_n(x) = 1$, a.e. $x \in [-\pi, \pi]$.

证明 (1) 注意等式
$$\int_{\mathbf{R}} \sum_{n=1}^{\infty} n^{-p} |f(nx)| \mathrm{d}x = \sum_{n=1}^{\infty} n^{-p} \int_{\mathbf{R}} |f(nx)| \mathrm{d}x$$
$$= \sum_{n=1}^{\infty} n^{-p} n^{-1} \int_{\mathbf{R}} |f(t)| \mathrm{d}t = \sum_{n=1}^{\infty} \frac{1}{n^{1+p}} \int_{\mathbf{R}} |f(t)| \mathrm{d}t < +\infty.$$

(2) 令 $S_n(x) = \sum_{k=1}^{n} (-1)^{k-1} f_k(x)$, 则由题设知, $S_{2n}(x) \geqslant 0 (x \in \mathbf{R})$.

而因为 $S_{2n}(x) \to S(x)$ $(x \in \mathbf{R}, n \to \infty)$，所以 $S(x) \geqslant 0 (x \in \mathbf{R})$. 根据 $f_1(x) = S_1(x) \geqslant S_3(x) \geqslant \cdots \geqslant S_{2n+1}(x)$ 以及 $S_{2n+1}(x) \to S(x) (x \in \mathbf{R}, n \to \infty)$，又知 $S(x) \leqslant f_1(x)$. 从而由控制收敛定理即得所证.

(3) 反证法. 假定结论为真，则由控制收敛定理（注意 $|f_n(x)| \leqslant 10$ $(n \in \mathbf{N})$），可知
$$\lim_{n \to \infty} \int_{-\pi}^{\pi} f_n(x) dx = \int_{-\pi}^{\pi} \lim_{n \to \infty} f_n(x) dx = \int_{-\pi}^{\pi} 1 dx.$$
但此等式不能成立. 因为左端为 0，右端为 2π.

例 10 试证明下列命题：

(1) 设数列 $\{a_n\}$ 满足 $|a_n| < \ln n$ $(n = 2, 3, \cdots)$，则
$$\int_2^{+\infty} \sum_{n=2}^{\infty} a_n n^{-x} dx = \sum_{n=2}^{\infty} \frac{a_n}{\ln n} n^{-2}.$$

(2) 设 $\{t_k\}_0^{\infty}$ 是递减趋于 0 的正数列，若有 $\sum_{k=1}^{\infty} \frac{t_k}{k} < \infty$，令
$$f(x) = \frac{t_0}{2} + \sum_{k=1}^{\infty} t_k \cos(kx), \quad x \in [0, \pi],$$
则 $f \in L([0, \pi])$.

证明 (1) $\sum_{n=2}^{\infty} \int_2^{+\infty} |a_n| n^{-x} dx = \sum_{n=2}^{\infty} \frac{|a_n|}{\ln n} n^{-2} < \sum_{n=2}^{\infty} \frac{1}{n^2} < +\infty$. 令
$$f_n(x) = \sum_{k=2}^{n} a_k \cdot k^{-x} (x \geqslant 2), \text{则有}$$
$$\lim_{n \to \infty} f_n(x) = \sum_{k=2}^{\infty} a_k k^{-x}, \quad |f_n(x)| \leqslant \sum_{n=2}^{\infty} |a_n| n^{-x} \quad (x \geqslant 2).$$
因为 $\sum_{n=2}^{\infty} |a_n| n^{-x}$ 可积，所以
$$\sum_{n=2}^{\infty} \int_2^{+\infty} a_n n^{-x} dx = \lim_{n \to \infty} \int_2^{+\infty} f_n(x) dx$$
$$= \int_2^{+\infty} \lim_{n \to \infty} f_n(x) dx = \int_2^{\infty} \sum_{n=2}^{\infty} a_n n^{-x} dx.$$

(2) 注意到 $|f(x)| \leqslant t_0/2 + t_1 + \cdots + t_n + t_n/\sin(x/2) \leqslant t_0/2 + t_1 + \cdots + t_n + t_n \pi/x$，我们有

$$\int_0^\pi |f(x)|\,dx = \sum_{n=1}^\infty \int_{\pi/(n+1)}^{\pi/n} |f(x)|\,dx$$

$$\leq \sum_{n=1}^\infty \frac{\pi}{n(n+1)}\left[\frac{t_0}{2} + t_1 + \cdots + t_n + (n+1)t_n\right]$$

$$= \frac{\pi}{2}t_0 + \pi\sum_{m=1}^\infty t_m \sum_{n=m}^\infty \frac{1}{n(n+1)} + \pi\sum_{n=1}^\infty \frac{t_n}{n}$$

$$= \frac{\pi}{2}t_0 + \pi\sum_{m=1}^\infty \frac{t_m}{m} + \pi\sum_{n=1}^\infty \frac{t_n}{n}.$$

例 11 解答下列问题:

(1) 设 $f\in L([0,1])$, $f_n\in L([0,1])$ $(n\in \mathbf{N})$. 若有

$$\lim_{n\to\infty}\int_0^1 |f_n(x) - f(x)|\,dx = 0, \quad |f_n(x)|\geq 1, \text{ a.e. } x\in[0,1],$$

试问是否有 $|f(x)|\geq 1$, a.e. $x\in[0,1]$?

(2) 设 $E\subset \mathbf{R}$ 且 $m(E)<+\infty$, 若有

$$\lim_{n\to\infty}\int_E f_n(x)\,dx = 0, \quad \int_E |f_n(x)|\,dx \leq 1 \quad (n\in\mathbf{N}),$$

试问是否存在 $\{f_{n_k}(x)\}$, 使得 $\lim_{k\to\infty} f_{n_k}(x) = 0$, a.e. $x\in E$?

(3) 设 $\{E_k\}$ 是 $\mathbf{R}^n$ 中测度有限的可测集列, 且有

$$\lim_{k\to\infty}\int_{\mathbf{R}^n}|\chi_{E_k}(x) - f(x)|\,dx = 0,$$

试证明存在可测集 E, 使得 $f(x) = \chi_E(x)$, a.e. $x\in\mathbf{R}^n$.

(4) 设 $\{f_n(x)\}$ 是 $I=[0,b]$ 上的可测函数列. 若存在数列 $\{a_n\}$:
$\sum_{n=1}^\infty |a_n| = +\infty$, 使得 $\sum_{n=1}^\infty a_n f_n(x)$ 在 $[0,b]$ 上几乎处处绝对收敛, 试证明存在 $\{f_{n_k}(x)\}$, 使得 $\lim_{k\to\infty} f_{n_k}(x) = 0$, a.e. $x\in I$.

解 (1) 是. 因为依题设知, 存在 $\{f_{n_k}(x)\}$, 使得 $\lim_{k\to\infty} f_{n_k}(x) = f(x)$, a.e. $x\in[0,1]$, 且有 $|f_{n_k}(x)|\geq 1$, a.e. $x\in[0,1]$, 所以当 $k\to\infty$ 时即得 $|f(x)|\geq 1$, a.e. $x\in[0,1]$.

(2) 否. 例如 $f_n(x) = \mathrm{sgn}(\sin 2\pi 2^n x)$ $(0\leq x\leq 1)$, 则 $|f_n(x)|\leq 1$, a.e. $x\in[0,1]$, 且有

$$\int_0^1 f_n(x)\,dx = 0 \ (n\in\mathbf{N}), \quad |f_n(x)| = 1, \text{ a.e. } x\in[0,1].$$

(3) 依题设知存在 $\{E_{k_i}\}$，使得 $\lim\limits_{i\to\infty}\chi_{E_{k_i}}(x)=f(x)$, a. e. $x\in \mathbf{R}^n$. 故存在 $E=\lim\limits_{i\to\infty}E_{k_i}$，且有 $f(x)=\chi_E(x)$, a. e. $x\in \mathbf{R}^n$.

(4) 令 $F(x)=\sum\limits_{n=1}^{\infty}|a_n f_n(x)|$，则 $F(x)<+\infty$, a. e. $x\in I$. 记 $E_k=\{x\in[0,b]: F(x)\leqslant k\}$，以及 $E=\bigcup\limits_{k=1}^{\infty}E_k$，则 $m(I\setminus E)=0$.

$$\sum_{n=1}^{\infty}|a_n|\int_{E_k}|f_n(x)|\mathrm{d}x=\int_{E_k}F(x)\mathrm{d}x\leqslant k\cdot m(E_k)<+\infty.$$

因为 $\sum\limits_{n=1}^{\infty}|a_n|=+\infty$，所以 $\varliminf\limits_{n\to\infty}\int_{E_k}|f_n(x)|\mathrm{d}x=0$. 从而知存在 $n_1<n_2<\cdots<n_k<\cdots$，使得

$$\int_{E_k}|f_{n_k}(x)|\mathrm{d}x<\frac{1}{2^k}\quad (k\in\mathbf{N}),$$

$$\sum_{m>k}^{\infty}\int_{E_k}|f_{n_m}(x)|\mathrm{d}x<+\infty\quad (E_m\supset E_k).$$

这说明 $\sum\limits_{m=1}^{\infty}|f_{n_m}(x)|$ 在 E_k 上几乎处处收敛，即 $f_{n_m}(x)$ 在 E 上几乎处处收敛于 0.

例 12 试证明下列命题：

(1) 假设 $f(x)$ 定义在 $\mathbf{R}^n$ 上. 如果对于任意的 $\varepsilon>0$，存在 $g,h\in L(\mathbf{R}^n)$，满足 $g(x)\leqslant f(x)\leqslant h(x)$ ($x\in\mathbf{R}^n$)，且使得

$$\int_{\mathbf{R}^n}[h(x)-g(x)]\mathrm{d}x<\varepsilon,$$

则 $f\in L(\mathbf{R}^n)$.

(2) 设 $f,g\in L(E)$. $f_k,g_k\in L(E)$, $|f_k(x)|\leqslant M$ ($k\in\mathbf{N}, x\in E$)，

$$\int_E|f_k(x)-f(x)|\mathrm{d}x\to 0\quad (k\to\infty),$$

$$\int_E|g_k(x)-g(x)|\mathrm{d}x\to 0\quad (k\to\infty),$$

则

$$\int_E|f_k(x)g_k(x)-f(x)g(x)|\mathrm{d}x\to 0\quad (k\to\infty).$$

(3) 设 $f_k(x)$ 在 E 上依测度收敛于 $f(x)$. 若存在 $F \in L(E)$, 使得 $|f_k(x)| \leqslant F(x)(x \in E)$, 则 $\lim\limits_{k \to \infty} \int_E f_k(x) \mathrm{d}x = \int_E f(x) \mathrm{d}x$.

(4) 设 $\{f_n(x)\}$ 在 $[a,b]$ 上依测度收敛于 $f(x)$, 且有 $|f_n(x)| \leqslant K$ ($n \in \mathbf{N}, x \in [a,b]$). 若 $g \in C([-K,K])$, 则

$$\lim_{n \to \infty} \int_a^b g[f_n(x)] \mathrm{d}x = \int_a^b g[f(x)] \mathrm{d}x.$$

证明 (1) 只需证明 $f(x)$ 是 $\mathbf{R}^n$ 上的可测函数. 依题设知, 存在 $\{h_k(x)\}, \{g_k(x)\}$, 使得

$$\int_{\mathbf{R}^n} [h_k(x) - g_k(x)] \mathrm{d}x < \frac{1}{k} \quad (k \in \mathbf{N}),$$

即 $\lim\limits_{k \to \infty} \int_{\mathbf{R}^n} [h_k(x) - g_k(x)] \mathrm{d}x = 0$. 从而知存在 $\{k_i\}$, 使得

$$\lim_{i \to \infty} [h_{k_i}(x) - g_{k_i}(x)] = 0, \quad g_{k_i}(x) \leqslant f(x) \leqslant h_{k_i}(x) \quad (x \in \mathbf{R}^n).$$

这说明 $\lim\limits_{i \to \infty} [f(x) - g_{k_i}(x)] = 0$ 或 $\lim\limits_{i \to \infty} g_{k_i}(x) = f(x)$, a.e. $x \in \mathbf{R}^n$, 故 $f(x)$ 在 $\mathbf{R}^n$ 上可测.

(2) 反证法. 假定存在 $\varepsilon_0 > 0$ 以及 $\{k_i\}$, 使得

$$\int_E |f_{k_i}(x) g_{k_i}(x) - f(x) g(x)| \mathrm{d}x \geqslant \varepsilon_0.$$

为此, 不妨再假定 $\lim\limits_{i \to \infty} f_{k_i}(x) = f(x)$, a.e. $x \in E$ (否则把 k_i 再换成 k_{i_j}), 且有 $|f(x)| \leqslant M$ (a.e. $x \in E$). 注意到

$$|f_{k_i}(x) g(x) - f(x) g(x)| \leqslant 2M |g(x)|, \quad \text{a.e. } x \in E,$$

$$\int_E |f_{k_i}(x) g_{k_i}(x) - f_{k_i}(x) g(x)| \mathrm{d}x \leqslant M \int_E |g_{k_i}(x) - g(x)| \mathrm{d}x,$$

可得 $\lim\limits_{i \to \infty} \int_E |f_{k_i}(x) g(x) - f(x) g(x)| \mathrm{d}x = 0$, 以及

$$\lim_{i \to \infty} \int_E |f_{k_i}(x) g_{k_i}(x) - f(x) g(x)| \mathrm{d}x$$

$$\leqslant \lim_{i \to \infty} \int_E |f_{k_i}(x) g_{k_i}(x) - f_{k_i}(x) g(x)| \mathrm{d}x$$

$$+ \lim_{i \to \infty} \int_E |f_{k_i}(x) g(x) - f(x) g(x)| \mathrm{d}x = 0.$$

这导致矛盾, 即得所证.

(3) 只需指出对任意的子列 $\{f_{k_i}(x)\}$, 均存在 $\{f_{k_{i_j}}(x)\}$, 使得 $\lim\limits_{j\to\infty}\int_E f_{k_{i_j}}(x)\mathrm{d}x = \int_E f(x)\mathrm{d}x$ 即可. 实际上, 因为 $f_{k_i}(x)$ 在 E 上依测度收敛于 $f(x)$, 所以存在 $\{f_{k_{i_j}}(x)\}$, 使得 $\lim\limits_{j\to\infty}f_{k_{i_j}}(x)=f(x)$, a.e. $x\in E$. 而由 $|f_{k_{i_j}}(x)|\leqslant F(x)(x\in E)$, 可知 $\lim\limits_{j\to\infty}\int_E f_{k_{i_j}}(x)\mathrm{d}x = \int_E f(x)\mathrm{d}x$.

(4) 假定 $|g(x)|\leqslant M(-K\leqslant x\leqslant K)$, 随之有 $|g[f_n(x)]|\leqslant K(n\in \mathbf{N}, a\leqslant x\leqslant b)$. 只须指出 $\{g[f_n(x)]\}$ 在 $[a,b]$ 上依测度收敛于 $g[f(x)]$. 设 $\sigma>0, \varepsilon>0$ 任意给定, 则由 $g(x)$ 的一致连续性可知, 存在 $\delta>0$, 使得
$$|g(t')-g(t'')|<\sigma \quad (|t'-t''|<\delta, -K\leqslant t', t''\leqslant K).$$
又令 $E_n(\delta)=\{x\in[a,b]: |f_n(x)-f(x)|\geqslant\delta\}$, 则根据 $\{f_n(x)\}$ 依测度收敛于 $f(x)$ 可得: 存在 N, 当 $n\geqslant N$ 时, $m(E_n(\delta))<\varepsilon$. 从而有 $|f_n(x)-f(x)|<\delta(x\in[a,b]\backslash E_n(\delta), n\geqslant N)$. 故
$$|g[f_n(x)]-g[f(x)]|<\sigma \quad (x\in[a,b]\backslash E_n(\delta), n\geqslant N).$$
由此得出 $\{x\in[a,b]: |g[f_n(x)]-g[f(x)]|\geqslant\sigma\}\subset E_n(\delta)(n\geqslant N)$, 这说明 $m(\{x\in[a,b]: |g[f_n(x)]-g[f(x)]|\geqslant\sigma\})\leqslant m(E_n(\delta))<\varepsilon(n\geqslant N)$.

例 13 试证明下列命题:

(1) $\{\cos(nx)\}$ 在 $[-\pi,\pi]$ 上不依测度收敛于零.

(2) 若 $\{f_n(x)\}$ 在 $[a,b]$ 上依测度收敛于 $f(x)$, 则
$$\lim_{n\to\infty}\int_a^b \sin[f_n(x)]\mathrm{d}x = \int_a^b \sin[f(x)]\mathrm{d}x.$$

证明 (1) 反证法. 假定结论相反, 那么 $\{\cos^2(nx)\}$ 在 $[-\pi,\pi]$ 上也依测度收敛于零, 且由 $|\cos^2(nx)|\leqslant 1(n\in\mathbf{N})$, 可知
$$\lim_{n\to\infty}\int_{-\pi}^{\pi}\cos^2(nx)\mathrm{d}x = \int_{-\pi}^{\pi}\lim_{n\to\infty}\cos^2(nx)\mathrm{d}x = 0.$$
但实际上式左端为 π, 矛盾.

(2) 注意到 $|\sin[f_n(x)]|\leqslant 1(a\leqslant x\leqslant b, n\in\mathbf{N})$, 故只需指出 $\{\sin[f_n(x)]\}$ 在 $[a,b]$ 上依测度收敛于 $\sin[f(x)]$. 对任意给定的 $\sigma>0, \varepsilon>0$, 作点集
$$e_n(\sigma)=\{x\in[a,b]: |f_n(x)-f(x)|\geqslant\sigma\} \quad (n\in\mathbf{N}),$$
根据条件知存在 N, 使得 $m(e_n(\sigma))<\varepsilon(n\geqslant N)$. 由此又得 $|f_n(x)-$

$f(x)|<\sigma(x\in[a,b]\setminus e_n(\sigma))$. 因为

$$|\sin[f_n(x)]-\sin[f(x)]|\leqslant|f_n(x)-f(x)| \quad (n\leqslant\mathbf{N}, x\in[a,b])$$

(微分中值公式),所以我们有

$$E_n(\sigma)=\{x\in[a,b]: |\sin[f_n(x)]-\sin[f(x)]|\geqslant\sigma\}$$
$$\subset e_n(\sigma) \quad (n\in\mathbf{N}).$$

从而有 $m(E_n(\sigma))\leqslant m(e_n(\sigma))<\varepsilon(n>N)$. 证毕.

例 14 试求下列极限值:

(1) $I=\lim\limits_{n\to\infty}\int_0^1\dfrac{nx^{n-1}}{1+x}\mathrm{d}x$;   (2) $I=\lim\limits_{n\to\infty}\int_1^{+\infty}\dfrac{\sqrt{x}\,\mathrm{d}x}{1+nx^3}$;

(3) $I=\lim\limits_{n\to\infty}\int_0^\pi\dfrac{n\sqrt{x}}{1+n^2x^2}\sin^3(nx)\mathrm{d}x$;

(4) $I=\lim\limits_{n\to\infty}\int_{-\pi/2}^{\pi/2}\sin x\cdot\arctan(nx)\mathrm{d}x$.

解 (1) 因为我们有

$$I_n\triangleq\dfrac{x^n}{1+x}\Big|_0^1+\int_0^1\dfrac{x^n\mathrm{d}x}{(1+x)^2}=\dfrac{1}{2}+\int_0^1\dfrac{x^n\mathrm{d}x}{(1+x)^2},$$

$$0\leqslant\dfrac{x^n}{(1+x)^2}\leqslant 1\ (0\leqslant x\leqslant 1), \quad \lim\limits_{n\to\infty}\dfrac{x^n}{(1+x)^2}=0\ (0\leqslant x<1),$$

所以根据控制收敛定理可得 $I=1/2$.

(2) 因为我们有

$$\lim\limits_{n\to\infty}\dfrac{\sqrt{x}}{1+nx^3}=0, \quad \dfrac{\sqrt{x}}{1+nx^3}\leqslant\dfrac{1}{x^{5/2}} \quad (1\leqslant x<+\infty),$$

所以 $I=\int_1^{+\infty}\lim\limits_{n\to\infty}\dfrac{\sqrt{x}}{1+nx^3}\mathrm{d}x=0$.

(3) 因为 $1+n^2x^2\geqslant 2nx$, 所以 $\dfrac{|n\sqrt{x}\cdot\sin^3(nx)|}{1+n^2x^2}\leqslant\dfrac{1}{2\sqrt{x}}(x>0)$. 易知 $\lim\limits_{n\to\infty}n\sqrt{x}\cdot\sin^3(nx)/(1+n^2x^2)=0(0<x<\pi)$, 从而根据控制收敛定理可得 $I=0$.

(4) 因为我们有 $|\sin x\cdot\arctan(nx)|\leqslant\pi/2$, 以及

$$\lim\limits_{n\to\infty}\sin x\cdot\arctan(nx)=\begin{cases}\pi\sin x/2, & 0<x\leqslant\pi/2,\\ 0, & x=0,\\ -\pi\sin x/2, & -\pi/2<x<0,\end{cases}$$

所以根据控制收敛定理,即得
$$I = \int_0^{\pi/2} \frac{\pi}{2}\sin x \mathrm{d}x - \int_{-\pi/2}^0 \frac{\pi}{2}\sin x \mathrm{d}x = \pi.$$

例 15 试证明下列积分等式:

(1) $\int_a^b f(x) \dfrac{\sin x \mathrm{d}x}{1-2r\cos x+r^2} = \sum\limits_{n=1}^\infty r^{n-1}\int_a^b f(x)\sin(nx)\mathrm{d}x$,其中 $f \in L((a,b)), 0<r<1$.

(2) $f(t) = \int_0^{+\infty} \dfrac{\sin x}{x} \mathrm{e}^{-xt} \mathrm{d}x = \dfrac{\pi}{2} - \arctan t \ (t \geqslant 0)$.

证明 (1) 注意 $\sum\limits_{n=1}^\infty r^{n-1}\sin(nx) = \dfrac{\sin x}{1-2r\cos x+r^2}$,以及
$$\sum_{n=1}^\infty \int_a^b |r^{n-1}f(x)\sin(nx)|\mathrm{d}x \leqslant \sum_{n=1}^\infty \int_a^b |f(x)|\mathrm{d}x \cdot r^{n-1} < +\infty.$$

(2)(i) 在点 $t_0 > 0$ 处.易知 $|\mathrm{e}^{-xt}\sin x/x| \leqslant \mathrm{e}^{-xt} \ (x \geqslant 0)$,故 $f(t) \ (t>0)$ 存在.令 $F(x)=1 \ (0 \leqslant x \leqslant 1)$,$F(x)=\mathrm{e}^{-x} \ (1<x)$,则 $F \in L([0, \infty))$.因为我们有
$$\lim_{t \to +\infty} \mathrm{e}^{-xt}\frac{\sin x}{x} = 0 \quad (x>0), \quad \left|\mathrm{e}^{-tx}\frac{\sin x}{x}\right| \leqslant F(x) \quad (x>0),$$
所以根据控制收敛定理,即得 $\lim\limits_{t \to +\infty} f(t) = 0$.此外,由
$$\frac{\partial}{\partial t}\left(\mathrm{e}^{-tx}\frac{\sin x}{x}\right) = -\mathrm{e}^{-tx}\sin x \quad (x \geqslant 0),$$
$$|\mathrm{e}^{-xt}\sin x| \leqslant \mathrm{e}^{-ax} \quad (t \geqslant a > 0, x \geqslant 0).$$
可知 $f'(t) = -\int_0^{+\infty} \mathrm{e}^{-xt}\sin x \mathrm{d}x \ (t>a)$.注意到
$$\int_0^A \mathrm{e}^{-xt}\sin x \mathrm{d}x = -\frac{\mathrm{e}^{-At}(t\sin A+\cos A)}{1+t^2} + \frac{1}{1+t^2},$$
则令 $A \to +\infty$,得 $f'(t) = -1/(1+t^2) \ (t>0)$.从而对 $t>0$ 有
$$f(t_0) - f(t) = -\int_t^{t_0} \frac{\mathrm{d}x}{1+x^2} = \arctan t - \arctan t_0.$$
再令 $t \to +\infty$,即得 $f(t_0) = \pi/2 - \arctan t_0$.

(ii) 在点 $t_0 = 0$ 处.此时,$\dfrac{\sin x}{x}$ 在 $[0, \infty)$ 上不可积,但其反常 Riemann 积分存在. 令 $f_n(t) = \int_0^n e^{-xt} \frac{\sin x}{x} dx (t \geq 0)$. 并注意到 $|f_n(n)| \leq \int_0^n e^{-xn} dx = \frac{1 - e^{-n^2}}{n} \leq \frac{1}{n}$, 故 $\lim_{n \to \infty} f_n(n) = 0$. 又由

$$f_n'(t) = -\int_0^n e^{-xt} \sin x \, dx = \frac{e^{-nt}(t \sin n + \cos n) - 1}{1 + t^2},$$

可知 $\lim_{n \to \infty} f_n'(t) = -1/(1+t^2) (t > 0)$, 以及

$$|f_n'(t)| \leq (1 + (1+t)e^{-t})/(1 + t^2) \quad (t > 0).$$

令 $g_n(t) = f_n'(t) \chi_{[0,n]}(t) (n \in \mathbf{N})$, 则 $g_n \in L([0, \infty))$, 而且

$$|g_n(t)| \leq |f_n'(t)|, \quad \lim_{n \to \infty} g_n(t) = -1/(1 + t^2) \quad (t > 0).$$

根据控制收敛定理, 我们有

$$\lim_{n \to \infty} \int_0^n f_n'(t) dy = \lim_{n \to \infty} \int_0^{+\infty} g_n(t) dt = -\int_0^{+\infty} \frac{dt}{1 + t^2} = -\frac{\pi}{2}.$$

再注意到 $\int_0^n f_n'(t) dt = f_n(n) - f_n(0)$, 又得 $\lim_{n \to \infty} f_n(0) = \frac{\pi}{2}$.

例 16 试证明下列命题:

(1) 设 $f \in L((0, \infty))$, 则函数 $g(x) = \int_0^{+\infty} \frac{f(t)}{x + t} dt$ 在 $(0, \infty)$ 上连续.

(2) 设 $x^s f(x), x^t f(x)$ 在 $(0, \infty)$ 上可积, 其中 $s < t$, 则积分 $\int_0^{+\infty} x^u f(x) dx (u \in (s, t))$ 存在且是 $u \in (s, t)$ 的连续函数.

(3) 设定义在 $E \times \mathbf{R}^n$ 的函数 $f(x, y)$ 满足:

(i) 对每一个 $y \in \mathbf{R}^n, f(x, y)$ 是 E 上的可测函数.

(ii) 对每一个 $x \in E, f(x, y)$ 是 $\mathbf{R}^n$ 上的连续函数.

若存在 $g \in L(E)$, 使得 $|f(x, y)| \leq g(x)$, a.e. $x \in E$, 则函数 $F(y) = \int_E f(x, y) dx$ 是 $\mathbf{R}^n$ 上的连续函数.

证明 (1) 对 $x_0 \in (0, \infty)$, 令 $0 < |\Delta x| < x_0/2$, 则 $x_0 + \Delta x > x_0/2$, 且当 $x_0/2 < x < x_0 + x_0/2$ 时, 我们有 $|f(t)/(x+t)| \leq |f(t)|/(x_0/2)$ $(0 \leq t)$. 由此即得所证.

(2) 注意 $|x^u f(x)| \leq x^s |f(x)| + x^t |f(x)| (s < u < t)$.

(3) 证略.

例 17 试证明下列命题:

(1) 设 $f(x)$ 是 **R** 上的实值可测函数,对 $(-1,1)$ 中任意取定的 x, $e^{tx}f(t)$ 在 **R** 上可积,且令 $g(x) = \int_{\mathbf{R}} e^{xt} f(t) \mathrm{d}t$, 则 $g(x)$ 在 $(-1,1)$ 上可积.

(2) 设 $f(x,t)$ 定义在 $(a,b) \times (a,b)$ 上,且对取定的 $t \in (a,b)$, $f(x,t)$ 是 x 在 (a,b) 上的连续可微函数;对取定的 $x \in (a,b)$, $f(x,t)$ 是 t 在 (a,b) 上的连续函数. 若存在 $F \in L((a,b))$, 使得 $|f'_x(x,t)| \leqslant F(t)$, 则 $g(x) = \int_a^x f(x,t) \mathrm{d}t$ 在 (a,b) 上可微,且有 $g'(x) = f(x,x) + \int_a^x f'_x(x,t) \mathrm{d}t$.

证明 (1) 对 $x \in (-1,1)$, 我们有

$$|e^{xt}tf(t)| \leqslant e^{tx} \frac{2}{1-|x|} e^{|t|(1-|x|)/2} |f(t)|$$

$$= \frac{2}{1-|x|} e^{t(x+\mathrm{sgn}t \cdot (1-|x|)/2)} |f(t)|,$$

$$\left| x + \mathrm{sgn}t \frac{1-|x|}{2} \right| = \left| x \pm \frac{1-|x|}{2} \right| < 1.$$

由此知对固定 $x \in (-1,1)$, $e^{xt}tf(t)$ 在 **R** 上可积. 故有

$$\frac{\mathrm{d}}{\mathrm{d}x}\int_{\mathbf{R}} e^{xt} f(t) \mathrm{d}t = \int_{\mathbf{R}} e^{xt} tf(t) \mathrm{d}t,$$

且对任意的 $x \in (-1,1)$, 以及 $y > x$, 可知 $(x < z < y, x < z' < z)$

$$\left| \frac{e^{ty}f(t) - e^{tx}f(t)}{y-x} - e^{tx}tf(t) \right| = |(e^{tz} - e^{tx})tf(t)|$$

$$= |e^{tz'} t^2 f(t)(z-x)|$$

$$\leqslant \begin{cases} |y-x| \ e^{t(1+x)/2} t^2 f(t), & t \geqslant 0, x < y < \frac{1+x}{2}, \\ |y-x| \ e^{tx} t^2 f(t), & t < 0, x < y < \frac{1+x}{2}. \end{cases}$$

(类似地可推出 $e^{tx} t^2 f(t)$ 可积) 从而我们有

$$\lim_{y \downarrow x} \int_{\mathbf{R}} \left[\frac{e^{ty}f(t) - e^{tx}f(t)}{y-x} - e^{tx}tf(t) \right] \mathrm{d}t = 0,$$

$$\lim_{y \nearrow x} \int_{\mathbf{R}} \left[\frac{e^{ty}f(t) - e^{tx}f(t)}{y-x} - e^{tx}tf(t) \right] dt = 0.$$

(2) 令 $F(x,u) = \int_a^u f(x,t)dt$, 则 $g(x)$ 是 $F(x,u)$ 与 $u=x$ 的复合函数. 由控制收敛定理以及 f 的连续性可知,

$$F'_x(x,u) = \int_a^u f'_x(x,t)dt, \quad F'_u(x,u) = f(x,u).$$

从而得

$$g'(x) = F'_x(x,u)|_{u=x} + F'_u(x,x) = \int_a^x f'_x(x,t)dt + f(x,x).$$

例 18 设 $F \in C^{(1)}(\mathbf{R})$, 且 $F(x), F'(x)$ 在 $\mathbf{R}$ 上有界, $F(0)=0$. 对 $g \in L(\mathbf{R})$, 定义 $f(t) = \int_{\mathbf{R}} F(tg(x))dx, t \in \mathbf{R}$, 试证明 $f(t)$ 在 $\mathbf{R}$ 上可微.

证明 首先, 对任意的 t, x, 均存在 $\theta: 0 < \theta < 1$, 使得 $F(tg(x)) = F(tg(x)) - F(0) = F'(\theta tg(x))tg(x)$. 注意到 $F'(u)$ 在 $\mathbf{R}$ 上有界, 故 $F(tg(x))$ 在 $\mathbf{R}$ 上(对 x)可积.

其次, 对任意的 $s, t(s \neq t) \in \mathbf{R}$, 我们有($r$ 位于 s 与 t 之间)

$$\left| \frac{F(sg(x)) - F(tg(x))}{s-t} - F'(tg(x))g(x) \right|$$
$$= |F'(rg(x))g(x) - F'(tg(x))g(x)|$$
$$\leq 2 \sup_{u \in \mathbf{R}} |F'(u)| |g(x)|,$$
$$\lim_{s \to t} \left| \frac{F(sg(x)) - F(tg(x))}{s-t} - F'(tg(x))g(x) \right| = 0.$$

从而根据控制收敛定理, 即得所证.

例 19 设 $\{f_n(x)\}$ 是 E 上等度可积函数列(即 $f_n \in L(E)(n \in \mathbf{N})$, 且对任给 $\varepsilon > 0$, 存在 $\delta > 0$, 当 $e \subset E$ 且 $m(e) < \delta$ 时, 必有 $\int_e |f_n(x)|dx < \varepsilon$). 若 $m(E) < \infty$, 且 $\{f_n(x)\}$ 在 E 上依测度收敛于 $f(x)$, 则

$$\lim_{n \to \infty} \int_E f_n(x)dx = \int_E f(x)dx.$$

证明 对任意的 $\varepsilon > 0, 0 < \sigma < \varepsilon/m(E), \delta > 0$, 令 $E_n(\sigma) = \{x \in E: |f_n(x) - f(x)| > \sigma\}(n \in \mathbf{N})$, 则存在 N, 当 $n \geq N$ 时有 $m(E_n(\sigma)) < \delta$.

考查
$$\int_E |f_n(x)-f(x)|\,\mathrm{d}x = \left\{\int_{E_n(\sigma)} + \int_{E\setminus E_n(\sigma)}\right\}|f_n(x)-f(x)|\,\mathrm{d}x,$$
易知当 $n\geqslant N$ 时,上式右端第二个积分小于等于 $\sigma \cdot m(E) < \varepsilon$;再注意到在 $m(E_n(\sigma)) < \delta$ 时也有 $\int_e |f(x)|\,\mathrm{d}x < \varepsilon$,故第一个积分小于等于 2ε. 证毕.

§4.4 可积函数与连续函数的关系

例1 试证明下列命题:

(1) 设 $f\in L(\mathbf{R}^n)$. 若对一切 $\mathbf{R}^n$ 上具有紧支集的连续函数 $\varphi(x)$,均有 $\int_{\mathbf{R}^n} f(x)\varphi(x)\,\mathrm{d}x = 0$,则 $f(x)=0$, a.e. $x\in\mathbf{R}^n$.

(2) 设 $f\in L([a,b])$. 若对其支集在 (a,b) 内且可微的任一函数 $\varphi(x)$,都有 $\int_a^b f(x)\varphi'(x)\,\mathrm{d}x = 0$,则 $f(x)=c$(常数), a.e. $x\in[a,b]$.

(3) 若 $E\subset \mathbf{R}^n$ 是有界可测集,则
$$\lim_{|h|\to 0} m(E\cap(E+\{h\})) = m(E), \quad h\in\mathbf{R}^n.$$

证明 (1) 采用反证法. 不妨假设函数 $f(x)$ 在有界正测集 E 上有 $0<f(x)$,则可作具有紧支集连续函数列 $\{\varphi_k(x)\}$,使得
$$\lim_{k\to\infty}\int_{\mathbf{R}^n}|\chi_E(x)-\varphi_k(x)|\,\mathrm{d}x = 0;$$
$|\varphi_k(x)|\leqslant 1\ (k=1,2,\cdots);\quad \lim_{k\to\infty}\varphi_k(x)=\chi_E(x)$, a.e. $x\in E$.
由于 $|f(x)\varphi_k(x)|\leqslant |f(x)|, x\in E$,故知
$$0 < \int_E f(x)\,\mathrm{d}x = \int_{\mathbf{R}^n} f(x)\chi_E(x)\,\mathrm{d}x = \lim_{k\to\infty}\int_{\mathbf{R}^n} f(x)\varphi_k(x)\,\mathrm{d}x = 0.$$
矛盾.

(2) 对任意的支集在 (a,b) 内的连续函数 $g(x)$,作 $h(x)$:支集在 (a,b) 内的连续函数,且满足 $\int_a^b h(x)\,\mathrm{d}x = 1$,令
$$\varphi(x) = \int_a^x g(t)\,\mathrm{d}t - \int_a^x h(t)\,\mathrm{d}t \cdot \int_a^b g(t)\,\mathrm{d}t, \quad x\in[a,b],$$

易知 $\varphi(x)$ 的支集在 (a,b) 内,且有

$$\varphi'(x) = g(x) - h(x)\int_a^b g(t)\mathrm{d}t, \quad x \in [a,b].$$

从而由题设可得

$$\begin{aligned}
0 &= \int_a^b f(x)\varphi'(x)\mathrm{d}x = \int_a^b f(x)\Big(g(x) - h(x)\int_a^b g(t)\mathrm{d}t\Big)\mathrm{d}x \\
&= \int_a^b f(x)g(x)\mathrm{d}x - \int_a^b f(x)h(x)\mathrm{d}x \cdot \int_a^b g(x)\mathrm{d}x \\
&= \int_a^b \Big(f(x) - \int_a^b f(t)h(t)\mathrm{d}t\Big)g(x)\mathrm{d}x.
\end{aligned}$$

因此我们有

$$f(x) - \int_a^b f(t)h(t)\mathrm{d}t = 0, \quad \text{a. e. } x \in [a,b].$$

即得所证.

(3) 考查特征函数 $\chi_E(x)$,对于 $h \in \mathbf{R}^n$,我们有

$$\chi_{E+\{h\}}(x) = \chi_E(x-h), \quad \chi_{E\cap(E+\{h\})}(x) = \chi_E(x-h) \cdot \chi_E(x).$$

从而可得

$$m(E \cap (E+\{h\})) = \int_{\mathbf{R}^n} \chi_E(x) \cdot \chi_E(x-h)\mathrm{d}x.$$

因为我们有

$$m(E) = \int_{\mathbf{R}^n} \chi_E(x)\mathrm{d}x = \int_{\mathbf{R}^n} \chi_E^2(x)\mathrm{d}x,$$

所以得到

$$|m(E \cap (E+\{h\})) - m(E)|$$
$$\leqslant \int_{\mathbf{R}^n} |\chi_E(x)| |\chi_E(x-h) - \chi_E(x)|\mathrm{d}x$$
$$\leqslant \int_{\mathbf{R}^n} |\chi_E(x-h) - \chi_E(x)|\mathrm{d}x.$$

根据可积函数的平均连续性可知,上式右端当 $|h| \to 0$ 时趋于零. 即得所证.

例 2 试证明下列命题:

(1) (**Riemann-Lebesgue 引理的推广**) 若 $\{g_n(x)\}$ 是 $[a,b]$ 上的可测函数列且满足

(i) $|g_n(x)| \leq M (x \in [a,b]) (n=1,2,\cdots)$;

(ii) 对任意的 $c \in [a,b]$, 有 $\lim\limits_{n\to\infty}\int_{[a,c]} g_n(x)\mathrm{d}x = 0$,

则对任意的 $f \in L([a,b])$, 有
$$\lim\limits_{n\to\infty}\int_{[a,b]} f(x)g_n(x)\mathrm{d}x = 0.$$

(2) 设 $\{\lambda_n\}$ 是实数列, 且 $\lambda_n \to +\infty \ (n \to \infty)$, 则点集
$$A \xrightarrow{\text{记为}} \{x \in \mathbf{R}: \lim\limits_{n\to\infty} \sin\lambda_n x \text{ 存在}\}$$

是零测集.

证明 (1) 对于任给的 $\varepsilon > 0$, 可作阶梯函数 $\varphi(x)$, 使得
$$\int_a^b |f(x) - \varphi(x)|\mathrm{d}x < \frac{\varepsilon}{2M}.$$

不妨设 $\varphi(x)$ 在 $[a,b]$ 上有表示式
$$\varphi(x) = \sum_{i=1}^p y_i \chi_{[x_{i-1}, x_i)}(x), \quad x \in [a,b],$$

其中 $a = x_0 < x_1 < \cdots < x_p = b$. 因为
$$\left|\int_{[a,b]} \varphi(x) g_n(x) \mathrm{d}x\right| \leq \sum_{i=1}^p \left|y_i \int_{[x_{i-1}, x_i)} g_n(x)\mathrm{d}x\right|,$$

且从假设可知存在 n_0, 当 $n \geq n_0$ 时, 上式右端小于 $\varepsilon/2$, 所以
$$\left|\int_{[a,b]} \varphi(x) g_n(x) \mathrm{d}x\right| \leq \frac{\varepsilon}{2}, \quad n \geq n_0.$$

最后, 当 $n \geq n_0$ 时, 得到
$$\left|\int_a^b f(x) g_n(x) \mathrm{d}x\right|$$
$$\leq \left|\int_a^b [f(x) - \varphi(x)] g_n(x)\mathrm{d}x\right| + \left|\int_a^b \varphi(x) g_n(x)\mathrm{d}x\right|$$
$$\leq M\int_a^b |f(x) - \varphi(x)|\mathrm{d}x + \frac{\varepsilon}{2} < \varepsilon.$$

(2) 令 $f(x) = \lim\limits_{n\to\infty} \chi_A(x) \sin\lambda_n x$, $x \in \mathbf{R}$, 则由上例可知, 对任意的 $m(B) < +\infty$ 的可测集 $B \in \mathbf{R}$, 有 (有界收敛定理)
$$\int_B f(x)\mathrm{d}x = \lim\limits_{n\to\infty}\int_B \chi_A(x) \sin\lambda_n x \mathrm{d}x = 0.$$

这说明 $f(x) = 0$, a.e. $x \in \mathbf{R}$. 另一方面, 我们有

$$\int_B f^2(x)\,\mathrm{d}x = \lim_{n\to\infty}\int_{B\cap A}\sin^2\lambda_n x\,\mathrm{d}x = \lim_{n\to\infty}\frac{1}{2}\int_{B\cap A}[1-\cos 2\lambda_n x]\mathrm{d}x$$
$$= \frac{1}{2}m(B\cap A) - \lim_{n\to\infty}\frac{1}{2}\int_{B\cap A}\cos 2\lambda_n x\,\mathrm{d}x = \frac{1}{2}m(B\cap A).$$

由此可知 $m(B\cap A)=0$,注意到 B 的任意性,必有 $m(A)=0$.

例 3 试证明下列命题:

(1) 设 $f\in L(\mathbf{R})$,$\Phi(x)$ 满足
$$\Phi(0)=0, \quad |\Phi(x)-\Phi(y)|\leqslant|x-y|, \quad x,y\in\mathbf{R},$$
则 $\Phi[f(x)]$ 在 $\mathbf{R}$ 上可积.

(2) 设 $f(x,y)$ 在 $\mathbf{R}\times\mathbf{R}$ 上分别是一元连续函数,则存在 $f_n\in C(\mathbf{R}^2)(n\in\mathbf{N})$,使得
$$\lim_{n\to\infty}f_n(x,y)=f(x,y),\quad (x,y)\in\mathbf{R}^2.$$

证明 (1) 作 $f_n\in C_c(\mathbf{R})$ $(n=1,2,\cdots)$($C_c(\mathbf{R})$ 表示在 $\mathbf{R}$ 中具有紧支集的连续函数类),使得
$$\lim_{n\to\infty}f_n(x)=f(x),\quad \text{a.e.},\quad \sum_{n=1}^{\infty}\int_{\mathbf{R}}|f_{n+1}(x)-f_n(x)|\mathrm{d}x<+\infty.$$

从而有
$$\Phi[f(x)]-\Phi[f_1(x)]=\sum_{n=1}^{\infty}\{\Phi[f_{n+1}(x)]-\Phi[f_n(x)]\},\quad \text{a.e. }x\in\mathbf{R}.$$

注意 $|\Phi[f_{n+1}(x)]-\Phi[f_n(x)]|\leqslant|f_{n+1}(x)-f_n(x)|$,即可得证.

(2) 不妨假定 $|f(x,y)|\leqslant M$(否则取反正切),作 $g(x,y)=\int_0^y f(x,t)\mathrm{d}t$,则当 $|x|+|y|\leqslant R$ 时,有
$$|g(x+h,y+h)-g(x,y)|$$
$$\leqslant \int_0^{y+h}|f(x+h,t)-f(x,t)|\mathrm{d}t$$
$$+\left|\int_0^{y+h}|f(x,t)|\mathrm{d}t-\int_0^y f(x,t)\mathrm{d}t\right|$$
$$\leqslant \int_0^R|f(x+h,t)-f(x,t)|\mathrm{d}t+\int_y^{y+h}|f(x,t)|\mathrm{d}t.$$

由此知 $g\in C(\mathbf{R}^2)$. 再注意 $\lim_{h\to 0}\dfrac{g(x,y+h)-g(x,y)}{h}=f(x,y)$ 即可.

例 4 试证明下列命题：

(1) 设 $f\in L(\mathbf{R})$，作 $g(x)=f(x-1/x)(x\neq 0), g(0)=0$，则 $g\in L(\mathbf{R})$，且有 $\int_{\mathbf{R}}f(x)\mathrm{d}x=\int_{\mathbf{R}}g(x)\mathrm{d}x$.

(2) 设 $f\in L(\mathbf{R})$ 且 $f(x)\geqslant 0(x\in \mathbf{R})$，则存在闭集列：$F_1\subset F_2\subset\cdots\subset F_n\subset\cdots$，使得

$$m\Big(\mathbf{R}\setminus \bigcup_{n=1}^{\infty}F_n\Big)=0, \quad f\in C(F_n) \quad (n\in \mathbf{N}).$$

证明 (1) 注意到可用简单函数逼近的方法，我们只需指出积分等式对 $f(x)=\chi_{[a,b]}(x)$ 成立即可. 为此，若令 $E=\{x: a\leqslant x-1/x\leqslant b\}$，则 $g(x)=\chi_E(x)$. 因为我们有表示式

$$E=\left[\frac{a-\sqrt{a^2+4}}{2}, \frac{b-\sqrt{b^2+4}}{2}\right]\cup \left[\frac{a+\sqrt{a^2+4}}{2}, \frac{b+\sqrt{b^2+4}}{2}\right],$$

所以得出 $\int_{\mathbf{R}}g(x)\mathrm{d}x=m(E)=b-a=\int_{\mathbf{R}}f(x)\mathrm{d}x$.

(2) 取 $\varphi_n\in C(\mathbf{R})(n\in \mathbf{N})$，使得 $\int_{\mathbf{R}}|f(x)-\varphi_n(x)|\mathrm{d}x<4^{-n}$，$\lim_{n\to\infty}\varphi_n(x)=f(x)(x\in \mathbf{R}\setminus Z, m(Z)=0)$. 作开集列与闭集列：

$$G_1\supset G_2\supset\cdots\supset G_n\supset\cdots\supset Z, \quad m(G_n)<2^{-n},$$
$$F_n=\bigcap_{k\geqslant n}\{x: |\varphi_{k+1}(x)-\varphi_k(x)|\leqslant 2^{-k}\}\setminus G_n, \quad (n\in \mathbf{N}),$$

易知 $F_1\subset F_2\subset\cdots\subset F_n\subset\cdots$，且 $\varphi_n(x)$ 在 F_n 上一致收敛于 $f(x)$. 从而又知 $f\in C(F_n)(n\in \mathbf{N})$.

记 $A_k=\{x: |\varphi_{k+1}(x)-\varphi_k(x)|>2^{-k}\}$，则 A_k 是开集，且有 $\chi_{A_k}(x)\leqslant 2^k|\varphi_{k+1}(x)-\varphi_k(x)|, \chi_{A_k}\in L(\mathbf{R})$，以及

$$\int_{\mathbf{R}}\chi_{A_k}(x)\mathrm{d}x\leqslant 2^k\int_{\mathbf{R}}|\varphi_{k+1}(x)-\varphi_k(x)|\mathrm{d}x$$
$$\leqslant 2^k\Big(\int_{\mathbf{R}}|f(x)-\varphi_{k+1}(x)|\mathrm{d}x+\int_{\mathbf{R}}|f(x)-\varphi_k(x)|\mathrm{d}x\Big)$$
$$\leqslant 2^{-k+1},$$

$$\mathbf{R}\setminus F_n\subset G_n\cup\bigcup_{k=n}^{\infty}A_k \quad (k\in \mathbf{N}),$$

$$m(\mathbf{R}\backslash F_n) \leqslant m(G_n) + \sum_{k\geqslant n} m(A_k) \leqslant 2^{-n} + 4 \cdot 2^{-n},$$

从而可得 $m\Big(\mathbf{R}\backslash \bigcup_{n=1}^{\infty} F_n\Big) = m\Big(\bigcap_{n=1}^{\infty}(\mathbf{R}\backslash F_n)\Big) = 0.$

例 5 试证明下列命题:

(1) 设 $E \subset (0, 2\pi)$ 是可测集，$\{\xi_n\}$ 是任一实数列，则

$$\lim_{n\to\infty}\int_E \cos^2(nx+\xi_n)\mathrm{d}x = \frac{1}{2}m(E).$$

(2) (**Riemann-Lebesgue 引理又一推广**) 设 $f \in L((0,\infty))$，$[a_\lambda, b_\lambda] \subset (0,\infty)$ 是与正数 λ 有关的区间，则

$$\lim_{\lambda\to\infty}\int_{a_\lambda}^{b_\lambda} f(x)\cos\lambda x\, \mathrm{d}x = 0.$$

证明 (1) 注意等式

$$\cos^2(nx+\xi_n) = \frac{1}{2} + \frac{1}{2}\cos 2nx \cdot \cos 2\xi_n - \frac{1}{2}\sin 2nx \cdot \sin 2\xi_n,$$

并根据 Riemann-Lebesgue 引理可得证.

(2) 因为我们有等式

$$S_\lambda = \int_{a_\lambda}^{b_\lambda} f(x)\cos\lambda x\, \mathrm{d}x = -\int_{a_\lambda-\pi/\lambda}^{b_\lambda-\pi/\lambda} f\Big(t+\frac{\pi}{\lambda}\Big)\cos\lambda t\, \mathrm{d}t,$$

所以得到

$$2S_\lambda \leqslant \int_{a_\lambda}^{b_\lambda} \Big|f(t) - f\Big(t+\frac{\pi}{\lambda}\Big)\Big|\mathrm{d}t + \int_{a_\lambda}^{a_\lambda+\pi/\lambda}|f(t)|\mathrm{d}t + \int_{b_\lambda}^{b_\lambda+\pi/\lambda}|f(t)|\mathrm{d}t.$$

由此即可得证.

例 6 试证明下列命题:

(1) 设 $\varphi(x)$ 是 $\mathbf{R}$ 上的有界可测且以 $T>0$ 为周期的函数，$f \in L(I)$ (I 是一个区间)，则

$$\lim_{|\lambda|\to\infty}\int_I f(x)\varphi(\lambda x)\mathrm{d}x = \Big(\frac{1}{T}\int_0^T \varphi(x)\mathrm{d}x\Big)\Big(\int_I f(x)\mathrm{d}x\Big).$$

(2) (Féjer) 设 $\varphi(x)$ 同上，$\{\lambda_n\}$ 是实数列，$f \in L(\mathbf{R})$，则

$$\lim_{n\to\infty}\int_{\mathbf{R}} f(x)\varphi(nx+\lambda_n)\mathrm{d}x = \Big(\frac{1}{T}\int_0^T \varphi(x)\mathrm{d}x\Big)\Big(\int_{\mathbf{R}} f(x)\mathrm{d}x\Big).$$

注 $\lim_{n\to\infty}\int_{-\infty}^{+\infty} f(x)\sin nx\, \mathrm{d}x = 0$ $(f \in L(\mathbf{R}))$.

证明 (1) 不妨假定 $\int_0^T \varphi(x)\mathrm{d}x = 0$ （否则考查 $\psi(x) = \varphi(x) - \int_0^T \varphi(x)\mathrm{d}x/T$）. 又设 $\Phi(x) = \int_0^x \varphi(t)\mathrm{d}t$, 则由 $\varphi(x)$ 的周期性以及 $\int_0^T \varphi(x)\mathrm{d}x = 0$ 可知, $|\Phi(x)| \leqslant \int_0^T |\varphi(x)|\mathrm{d}x (x \in \mathbf{R})$. 这说明 $\Phi(x)$ 在 $\mathbf{R}$ 上有界: $|\Phi(x)| \leqslant M(x \in \mathbf{R})$. 从而对任意的区间 $J = [a,b]$, 由

$$\int_J \varphi(\lambda x)\mathrm{d}x = \frac{1}{\lambda}\int_{\lambda a}^{\lambda b} \varphi(t)\mathrm{d}t = \frac{1}{\lambda}[\Phi(\lambda b) - \Phi(\lambda a)],$$

可得 $\int_J \varphi(\lambda x)\mathrm{d}x \to 0 (|\lambda| \to +\infty)$. 因此, 对任意的阶梯函数的有限线性组合之函数 $g(x)$, 也有

$$\lim_{|\lambda| \to +\infty}\int_I g(x)\varphi(\lambda x)\mathrm{d}x = 0.$$

现在, 对任给 $\varepsilon > 0$, 作 I 上的阶梯函数的线性组合 $g(x)$, 使得 $\int_I |f(x) - g(x)|\mathrm{d}x \leqslant \varepsilon/M$. 我们有

$$\left|\int_I f(x)\varphi(\lambda x)\mathrm{d}x\right|$$
$$\leqslant \int_I |f(x) - g(x)||\varphi(\lambda x)|\mathrm{d}x + \left|\int_I g(x)\varphi(\lambda x)\mathrm{d}x\right|$$
$$\leqslant \varepsilon + \left|\int_I g(x)\varphi(\lambda x)\mathrm{d}x\right|.$$

由此即得所证.

(2) (i) 设 $f(x) = \chi_{[\alpha,\beta]}(x)$, 且 $|\varphi(x)| \leqslant M(x \in \mathbf{R})$, 则

$$\int_{\mathbf{R}} f(x)\varphi(nx + \lambda_n)\mathrm{d}x = \int_\alpha^\beta \varphi(nx + \lambda_n)\mathrm{d}x$$
$$= \frac{1}{n}\int_{n\alpha+\lambda_n}^{n\beta+\lambda_n} \varphi(x)\mathrm{d}x = \frac{1}{n}\left(\frac{n(\beta-\alpha)}{T}\int_0^T \varphi(x)\mathrm{d}x + A_n\right),$$

其中 $|A_n| \leqslant \int_0^T |\varphi(x)|\mathrm{d}x \leqslant MT$. 由此可知

$$\lim_{n \to \infty}\int_{\mathbf{R}} f(x)\varphi(nx + \lambda_n)\mathrm{d}x = \frac{\beta - \alpha}{T}\int_0^T \varphi(x)\mathrm{d}x.$$

从而对 $f(x)$ 是阶梯函数命题结论也真.

(ii) 设 $f \in L(\mathbf{R})$,则对任给 $\varepsilon > 0$,可作阶梯函数 $h(x)$,使得 $\int_{\mathbf{R}} |f(x) - h(x)| \mathrm{d}x < \varepsilon$. 记 $l = \frac{1}{T}\int_0^T \varphi(x)\mathrm{d}x$,则由不等式

$$\left|\int_{\mathbf{R}} f(x)[\varphi(nx + \lambda_n) - l]\mathrm{d}x\right|$$

$$< \left|\int_{\mathbf{R}} h(x)[\varphi(nx + \lambda_n) - l]\mathrm{d}x\right| + 2M\varepsilon$$

易知

$$\lim_{n \to \infty} \left|\int_{\mathbf{R}} f(x)[\varphi(nx + \lambda_n) - l]\mathrm{d}x\right| \leqslant 2M\varepsilon.$$

§4.5 Lebesgue 积分与 Riemann 积分的关系

例 1 试证明下列命题:

(1) 设 $f(x)$ 是 $[0,1]$ 上的非负函数,且对任给 $\varepsilon > 0$,有 $f \in R([\varepsilon,1])$,则 $f \in L([0,1])$ 当且仅当存在极限 $\lim_{\varepsilon \to 0}\int_\varepsilon^1 f(x)\mathrm{d}x$.

(2) 设 $F \subset [0,1]$ 是闭集,且 $m(F) = 0$,则 $\chi_F \in R([0,1])$.

(3) 设 $f \in R([a,b]), g \in R([a,b]), E \subset [a,b]$ 且 $\overline{E} = [a,b]$. 若 $f(x) = g(x)(x \in E)$,则 $\int_a^b f(x)\mathrm{d}x = \int_a^b g(x)\mathrm{d}x$.

证明 (1) 证略.

(2) 对 $x_0 \in (0,1)$ 且 $x_0 \bar{\in} F$,则存在 $\delta > 0$,使得 $\chi_F(x) = 0(x_0 - \delta < x < x_0 + \delta)$. 这说明 $\chi_F(x)$ 的不连续点集的测度为零.

(3) 设 Z_1, Z_2 是 $f(x), g(x)$ 的不连续点集,则 $m(Z_1 \cup Z) = 0$. 若 $x_0 \bar{\in} Z_1 \cup Z_2$,则由题设知存在 $\{x_n\}: x_n \to x_0 (n \to \infty)$,使得 $f(x_n) = g(x_n)(n \in \mathbf{N})$,且有

$$f(x_0) = \lim_{n \to \infty} f(x_n) = \lim_{n \to \infty} g(x_n) = g(x_0).$$

这说明 $f(x) = g(x)(x \bar{\in} Z_1 \cup Z_2)$. 证毕.

例 2 试证明下列命题:

(1) 设 $f(x)$ 是 $[a,b]$ 上的有界函数,其不连续点集记为 D. 若 D 只有可列个极限点,则 $f(x)$ 是 $[a,b]$ 上的 Riemann 可积函数.

(2) 设 $f(x)$ 是 $\mathbf{R}$ 上的有界函数,若对于每一点 $x\in\mathbf{R}$,存在极限 $\lim\limits_{h\to 0}f(x+h)$,则 $f(x)$ 在任一区间 $[a,b]$ 上均是可积的.

(3) 设 $f\in R([0,1])$,则 $f(x^2)$ 在 $[0,1]$ 上 Riemann 可积.

证明 (1) 由题设可知,$f(x)$ 的不连续点集是可列集(参阅第一章).

(2) 由题设可推知,$f(x)$ 的不连续点集是可数集(参阅第一章).

(3) 注意 $g(x)=x^2$ 在 $[0,1]$ 上是严格单调的,因此 $f(x^2)$ 与 $f(x)$ 在 $[0,1]$ 上的不连续点集是相同的.

例 3 试证明下列命题:

(1) 设 $E\subset[0,1]$,则 $\chi_E\in R([0,1])$ 当且仅当 $m(\overline{E}\setminus\mathring{E})=0$.

(2) 设 $f\in R([0,1])$ 且有 $a\leqslant f(x)\leqslant b, g\in C([a,b])$,则 $g[f(x)]$ 在 $[0,1]$ 上 Riemann 可积.但反之则不一定.

证明 (1) 只需指出 $\{x\in[0,1]:\omega(x)>0\}=\overline{E}\setminus\mathring{E}$,其中 $\omega(x)$ 是 $\chi_E(x)$ 在 $[0,1]$ 上的振幅函数.

(2) 记 $f(x)$ 的连续点集为 E.若 $x_0\in E$,则因 $g(x)$ 是连续函数,所以 $g[f(x)]$ 在 $x_0\in E$ 处连续.这说明 $g[f(x)]$ 的不连续点集必为零测集,证毕.

反之,作 $G=\bigcup\limits_{i=1}^{\infty}(r_i-2^{-2i},r_i+2^{-2i})(r_i\in\mathbf{Q},i\in\mathbf{N})$,且记 $F=[0,1]\setminus G$,则 F 是闭集且无内点,$m(F)>0$.现在作函数

$$f(x)=d(x,F),\quad g(x)=\chi_{\{0\}}(x),$$

则 $f\in C([0,1]), g\in R([0,1])$,但我们有

$$g[f(x)]=\chi_F(x),$$

它在 $[0,1]$ 上不是 Riemann 可积的.

例 4 解答下列问题:

(1) 试在 $[0,1]$ 中作一零测集 Z,使得任意的 $f\in R([0,1])$ 的连续点集 cont(f) 与 Z 之交集均非空集.

(2) 设 $f(x)$ 在 $[a,b]$ 上有原函数.若 $|f|\in R([a,b])$,试证明 $f\in R([a,b])$.

解 (1) 令 $\{r_n\}=[0,1]\cap\mathbf{Q}$,且记 $(k\in\mathbf{N})$

$$E_k = \bigcup_{n=1}^{\infty}(r_n - 2^{-(n+k)}, r_n + 2^{-(n+k)}), \quad E = \bigcap_{k=1}^{\infty} E_k,$$

则 $m(E_k) \leqslant 2^{-(k-1)}(k \in \mathbf{N}), m(E) = 0$. 因为 E 是 G_δ 型集, 所以 $[0,1]\setminus E$ 是 F_σ 型集. 因为连续点集 $\mathrm{cont}(f)$ 是 $[0,1]$ 中的稠密 G_δ 集, 所以 $\mathrm{cont}(f)$ 是第二纲集. 由于 $[0,1]\setminus E_k (k \in \mathbf{N})$ 是无处稠密集, 故

$$[0,1]\setminus E = \bigcup_{k=1}^{\infty}([0,1]\setminus E_k)$$

是第一纲集. 这说明 $\mathrm{cont}(f) \cap E \neq \varnothing$.

(2) 由题设知 $f(x)$ 的不连续点必是第二类间断点, 再注意到函数 $f(x)$ 具有中间值性质, 故该不连续点也是 $|f(x)|$ 的间断点. 由于 $|f(x)|$ 的不连续点集之测度为 0, 而 $|f(x)|$ 是有界的, 故 $f(x)$ 有界, 证毕.

§4.6 重积分与累次积分的关系

例 1 试证明下列命题:

(1) 设 $f \in L([0,\infty)), a > 0$, 则有

$$\int_0^{+\infty} \sin ax \, dx \int_0^{+\infty} f(y) e^{-xy} dy = a \int_0^{+\infty} \frac{f(y) dy}{a^2 + y^2}.$$

(2) 对 $x \in \mathbf{R}^{n-1}(n > 1), t \in \mathbf{R}$, 记 (x,t) 为

$$(x,t) = (x_1, x_2, \cdots, x_{n-1}, t) \in \mathbf{R}^n.$$

设 E 是 $\mathbf{R}^{n-1}$ 中可测集, $h > 0$, 点集

$$A = \{(\alpha z, \alpha h) : z \in E, 0 \leqslant \alpha \leqslant 1\}$$

是以 E 为底、高为 h 且顶点为 0 的锥, 则 $m(A) = \dfrac{h}{n} m(E)$.

证明 (1)(i) 因为

$$\int_0^{+\infty} \sin ax \, e^{-xy} dx = \frac{a}{a^2 + y^2} \quad (x > 0),$$

所以只需阐明积分可交换次序.

(ii) 考查二元可测函数 $\sin ax \cdot f(y) e^{-xy}$, 它不是非负的, 从而要研究它的可积性. 为此, 取其绝对值并将对 x 的积分范围限于 $[\delta, X]$: $0 < \delta < X < +\infty$. 此时有

$$\int_\delta^X \int_0^{+\infty} |\sin ax \cdot f(y) e^{-xy}| dx dy$$
$$\leqslant \int_\delta^X \int_0^{+\infty} |f(y)| e^{-\delta y} dx dy \leqslant (X-\delta) \int_0^{+\infty} |f(y)| dy,$$

这说明 $\sin ax \cdot f(y) e^{-xy}$ 在 $[\delta, X] \times [0, +\infty)$ 上可积. 于是我们有
$$\int_\delta^X \sin ax \, dx \int_0^{+\infty} f(y) e^{-xy} dy = \int_0^{+\infty} f(y) dy \int_\delta^X \sin ax \, e^{-xy} dx.$$

(iii) 注意到(根据积分第二中值定理)
$$\left| \int_\delta^X e^{-xy} \sin ax \, dx \right| \leqslant \frac{2}{a}, \quad 0 < \delta < X < +\infty,$$

由控制收敛定理即得
$$\int_0^{+\infty} \sin ax \, dx \int_0^{+\infty} f(y) e^{-xy} dy = \lim_{\substack{\delta \to 0 \\ X \to +\infty}} \int_\delta^X \sin ax \, dx \int_0^{+\infty} f(y) e^{-xy} dy$$
$$= \lim_{\substack{\delta \to 0 \\ X \to +\infty}} \int_0^{+\infty} f(y) dy \int_\delta^X \sin ax \, e^{-xy} dx$$
$$= \int_0^{+\infty} f(y) dy \int_0^{+\infty} \sin ax \, e^{-xy} dy.$$

(2) 当 $(x,t) \in A$ 时,即 $x = \alpha z, t = \alpha h$,也就是 $\alpha = t/h, \alpha z = tz/h$. 从而当 $0 \leqslant tz \leqslant h$ 时,有
$$A_t \triangleq \{x \in \mathbf{R}^{n-1} : (x,t) \in A\} = \left\{ \frac{t}{h} z : z \in E \right\}.$$

易知 $m(A_t) = (t/h)^{n-1} m(E)$,由此可得
$$m(A) = \int_{\mathbf{R}^n} \chi_A(u) du = \int_{\mathbf{R}} dt \int_{\mathbf{R}^{n-1}} \chi_A(x,t) dx$$
$$= \int_{\mathbf{R}} dt \int_{A_t} 1 dx = \int_{\mathbf{R}} m(A_t) dt = \frac{m(E)}{h^{n-1}} \int_0^h t^{n-1} dt$$
$$= \frac{h}{n} m(E).$$

例 2 试证明下列命题:

(1) 设 $f(x,y)$ 在 $[0,1] \times [0,1]$ 上可积,则
$$I = \int_0^1 \left[\int_0^x f(x,y) dy \right] dx = \int_0^1 \left[\int_y^1 f(x,y) dx \right] dy.$$

(2) 设 $f(x,y) = \frac{x^2 - y^2}{x^2 + y^2} (x^2 + y^2 > 0), f(0,0) = 0$,则

$$I = \int_0^1 \left(\int_0^1 f(x,y)\mathrm{d}x\right)\mathrm{d}y = 0.$$

(3) 函数 $f(x,y) = xy/(x^2+y^2)$ 在 $[-1,1]\times[-1,1]$ 上是可积的.

(4) 函数 $f(x,y) = (x^2-y^2)/(x^2+y^2)^2\ ((x,y)\neq(0,0)),\ f(0,0)=0$ 在 $[0,1]\times[0,1]$ 上不可积.

证明 (1) $I = \int_0^1\left[\int_0^1 f(x,y)\cdot\chi_{\{(x,y):\,y\leqslant x\}}(x,y)\mathrm{d}y\right]\mathrm{d}x$

$\qquad = \int_0^1\left[\int_0^1 f(x,y)\chi_{\{(x,y):\,y\leqslant x\}}(x,y)\mathrm{d}x\right]\mathrm{d}y$

$\qquad = \int_0^1\left[\int_y^1 f(x,y)\mathrm{d}x\right]\mathrm{d}y.$

(2) $f(x,y)$ 除点 $(0,0)$ 外皆连续,且有 $|f(x,y)|\leqslant 1\ ((x,y)\in[0,1]\times[0,1])$,故 $f\in L([0,1]^2)$. 从而重积分可交换次序,而 $f(x,y) = -f(y,x)$,故知 $I = 0$.

(3) 记 $D = [-1,1]\times[-1,1]$. 注意到积分等式 $(y\neq 0)$

$$\int_{-1}^1 \frac{|x|\mathrm{d}x}{x^2+y^2} = 2\int_0^1 \frac{x\mathrm{d}x}{x^2+y^2} = \ln\frac{1+y^2}{y^2},$$

$$\int_{-1}^1 |y|\ln\frac{1+y^2}{y^2}\mathrm{d}y = \int_0^1 \ln\frac{1+y^2}{y^2}\mathrm{d}y^2$$

$$= \int_0^1 \ln\left(1+\frac{1}{t}\right)\mathrm{d}t = \int_0^{+\infty}\frac{\ln(1+x)}{x^2}\mathrm{d}x < +\infty,$$

我们得到(取绝对值后可交换积分次序)

$$\iint_D |f(x,y)|\mathrm{d}x\mathrm{d}y = \int_{-1}^1 |y|\mathrm{d}y\int_0^1\frac{|x|\mathrm{d}x}{x^2+y^2} < +\infty.$$

(4) 我们有积分值估计

$$\int_0^1\int_0^1 |f(x,y)|\mathrm{d}x\mathrm{d}y \geqslant \int_{\{(x,y):\,x,y\geqslant 0,\,x^2+y^2\leqslant 1\}} |f(x,y)|\mathrm{d}x\mathrm{d}y$$

$$= \int_0^1\int_0^{\pi/2}\frac{\cos 2\theta}{r^2}r\mathrm{d}r\mathrm{d}\theta \geqslant \int_0^1\int_0^{\pi/4}\frac{\cos 2\theta}{r}\mathrm{d}r\mathrm{d}\theta = \frac{1}{2}\int_0^1\frac{\mathrm{d}r}{r} = +\infty.$$

例3 试证明下列积分公式:

(1) $I = \int_0^{+\infty}\int_0^{+\infty}\frac{\mathrm{d}x\mathrm{d}y}{(1+y)(1+x^2y)} = 2\int_0^{+\infty}\frac{\ln x}{x^2-1}\mathrm{d}x = \frac{\pi^2}{2}.$

(2) $I = \iiint\limits_{X} \dfrac{\mathrm{d}x\mathrm{d}y\mathrm{d}z}{(1+x^2z^2)(1+y^2z^2)} = \pi\ln 2 = \int_0^{+\infty}\left(\dfrac{\arctan z}{z}\right)^2 \mathrm{d}z$,其中
$X = \{0 < x, y < 1, 0 < z < +\infty\}$.

(3) 设 $f: [0,1] \to [1, \infty)$,则
$$\left(\int_0^1 f(x)\mathrm{d}x\right)\left(\int_0^1 \ln f(x)\mathrm{d}x\right) \leqslant \int_0^1 f(x)\ln f(x)\mathrm{d}x. \qquad (*)$$

证明 (1) 我们有等式(注意被积函数是非负的)
$$I = \int_0^{+\infty} \dfrac{1}{1+y}\left(\int_0^{+\infty} \dfrac{\mathrm{d}x}{1+x^2 y}\right)\mathrm{d}y$$
$$= \int_0^{+\infty} \dfrac{y^{-1/2}}{1+y}\left(\int_0^{+\infty} \dfrac{\mathrm{d}(x\sqrt{y})}{1+x^2 y}\right)\mathrm{d}y$$
$$= \dfrac{\pi}{2}\int_0^{+\infty} \dfrac{y^{-1/2}}{1+y}\mathrm{d}y = \dfrac{\pi}{2}\pi = \dfrac{\pi^2}{2},$$
$$I = \int_0^{+\infty} \mathrm{d}x \int_0^{+\infty} \dfrac{\mathrm{d}y}{(1+y)(1+x^2 y)}$$
$$= \int_0^{+\infty} \dfrac{\mathrm{d}x}{x^2-1}\int_0^{+\infty}\left(\dfrac{x^2}{1+x^2 y} - \dfrac{1}{1+y}\right)\mathrm{d}y$$
$$= \int_0^{+\infty} \dfrac{\mathrm{d}x}{x^2-1}\left(\ln\dfrac{1+x^2 y}{1+y}\bigg|_0^{+\infty}\right) = 2\int_0^{+\infty} \dfrac{\ln x}{x^2-1}\mathrm{d}x.$$

(2) 注意到被积函数是非负的,我们有
$$I = \iint\limits_{\{0<x,y<1\}} \mathrm{d}x\mathrm{d}y \int_0^{+\infty} \dfrac{\mathrm{d}z}{(1+x^2z^2)(1+y^2z^2)}$$
$$= \iint\limits_{\{0<x,y<1\}} \dfrac{\mathrm{d}x\mathrm{d}y}{x^2-y^2}\int_0^{+\infty}\left(\dfrac{x^2}{1+x^2z^2} - \dfrac{y^2}{1+y^2z^2}\right)\mathrm{d}z$$
$$= \dfrac{\pi}{2}\iint\limits_{\{0<x,y<1\}} \dfrac{\mathrm{d}x\mathrm{d}y}{x+y} = \dfrac{\pi}{2}\int_0^1 \mathrm{d}x\int_0^1 \dfrac{\mathrm{d}y}{x+y}$$
$$= \dfrac{\pi}{2}\int_0^1 [\ln(1+x) - \ln x]\mathrm{d}x = \pi\ln 2,$$
$$I = \int_0^{+\infty} \mathrm{d}z \iint\limits_{\{0<x,y<1\}} \dfrac{\mathrm{d}x\mathrm{d}y}{(1+x^2z^2)(1+y^2z^2)}$$
$$= \int_0^{+\infty}\left(\int_0^1 \dfrac{\mathrm{d}x}{1+x^2z^2}\right)^2 \mathrm{d}z = \int_0^{+\infty}\left(\dfrac{\arctan z}{z}\right)^2 \mathrm{d}z.$$

(3) ($[0,1]^2 \triangleq [0,1] \times [0,1]$) 不妨假定 $f\ln f \in L([0,1])$，则由

$$0 \leqslant f(x) \leqslant \begin{cases} e, & f(x) \leqslant e, \\ f(x)\ln f(x), & f(x) > e, \end{cases} \quad 0 \leqslant \ln f(x) \leqslant f(x)\ln f(x),$$

可知式(*)左端积分存在．又由 $\ln t \leqslant t\ln t(t>0)$ 可知

$$\left(\int_0^1 f(x)\mathrm{d}x\right)\left(\int_0^1 \ln f(x)\mathrm{d}x\right) - \int_0^1 f(x)\ln f(x)\mathrm{d}x$$

$$= \frac{1}{2}\iint\limits_{[0,1]^2}[f(x)\ln f(y) + f(y)\ln f(x)]\mathrm{d}x\mathrm{d}y$$

$$\quad - \frac{1}{2}\iint\limits_{[0,1]^2}[f(x)\ln f(x) + f(y)\ln f(y)]\mathrm{d}x\mathrm{d}y$$

$$= \frac{1}{2}\iint\limits_{[0,1]^2} f(x)\left[\ln\left(\frac{f(y)}{f(x)}\right) - \frac{f(y)}{f(x)}\ln\left(\frac{f(y)}{f(x)}\right)\right]\mathrm{d}x\mathrm{d}y \leqslant 0.$$

例 4 解答下列命题：

(1) 设有定义在 $[0,1] \times [0,1]$ 上的函数

$$f(x,y) = \begin{cases} 1, & x \in \mathbf{Q}, \\ 2y, & x \notin \mathbf{Q}, \end{cases}$$

试求 $I = \int_0^1 \int_0^1 f(x,y)\mathrm{d}x\mathrm{d}y$ 之值．

(2) 设 $f(x)$ 在 $\mathbf{R}$ 上非负可积，且有

$$I = \iint\limits_{\mathbf{R}^2} f(4x)f(x+y)\mathrm{d}x\mathrm{d}y = 1,$$

试求 $J = \int_{\mathbf{R}} f(x)\mathrm{d}x$ 的值．

(3) 设 $E \subset [0,1] \times [0,1]$，且令

$$A = \{(x_1/2, x_2/2) : (x_1, x_2) \in E\},$$
$$B = \{(tx_1, tx_2, t) \in [0,1]^3 : (x_1, x_2) \in E, t \in [0,1]\},$$

其中 $[0,1]^3 \triangleq [0,1] \times [0,1] \times [0,1]$．试求 $m(A)$ 与 $m(B)$ 的值．

解 (1) 注意到 $f(x,y) \geqslant 0$，我们有

$$I = \int_0^1 \mathrm{d}y \int_0^1 f(x,y)\mathrm{d}x = \int_0^1 \mathrm{d}y \int_0^1 2y\mathrm{d}x = 1.$$

(2) 由积分等式(根据 Fubini 定理)

$$1 = I = \int_{\mathbf{R}} f(4x) \mathrm{d}x \int_{\mathbf{R}} f(x+y) \mathrm{d}y = \left(\int_{\mathbf{R}} f(x) \mathrm{d}x\right)\left(\int_{\mathbf{R}} f(4x) \mathrm{d}x\right)$$
$$= \frac{1}{4} \left(\int_{\mathbf{R}} f(x) \mathrm{d}x\right)\left(\int_{\mathbf{R}} f(4x) \mathrm{d}4x\right) = \frac{1}{4} \left(\int_{\mathbf{R}} f(x) \mathrm{d}x\right)^2,$$

可知 $J = 2$.

(3) $m(A) = \iint_{[0,1]^2} \chi_A(t_1, t_2) \mathrm{d}t_1 \mathrm{d}t_2 = \iint_E \chi_A\left(\frac{x_1}{2}, \frac{x_2}{2}\right) \frac{1}{4} \mathrm{d}x_1 \mathrm{d}x_2$

$\qquad\quad = \frac{1}{4} m(E),$

$m(B) = \iiint_{[0,1]^3} \chi_B(z_1, z_2, z_3) \mathrm{d}z_1 \mathrm{d}z_2 \mathrm{d}z_3$

$\qquad\quad = \int_0^1 \mathrm{d}z_3 \iint_{[0,1]^2} \chi_B(z_1, z_2, z_3) \mathrm{d}z_1 \mathrm{d}z_2$

$\qquad\quad = \int_0^1 \mathrm{d}t \iint_E \chi_B(tx_1, tx_2, t) \mathrm{d}x_1 \mathrm{d}x_2$

$\qquad\quad = \int_0^1 t^2 \mathrm{d}t \cdot m(E) = \frac{m(E)}{3}.$

例 5 试证明下列命题：

(1) 设 $f \in L((0,a))$，令 $g(x) = \int_x^a t^{-1} f(t) \mathrm{d}t (0 < x < a)$，则 $g \in L((0,a))$，且有 $\int_0^a g(x) \mathrm{d}x = \int_0^a f(x) \mathrm{d}x.$

(2) 设 $f(x), xf(x)$ 均在 $\mathbf{R}$ 上可积，且 $\int_{-\infty}^{+\infty} f(x) \mathrm{d}x = 0$. 若令 $F(x) = \int_{-\infty}^x f(t) \mathrm{d}t$，则 $F \in L((-\infty, \infty))$.

(3) 设 $f(x), g(x)$ 均在 $[a,b]$ 上连续，且 $f(x) \leqslant g(x)(a \leqslant x \leqslant b)$，令 $E = \{(x,y): x \in [a,b], f(x) \leqslant y \leqslant g(x)\}$. 若 $h \in C(E)$，则 $h \in L(E)$，且有

$$\int_E h(x,y) \mathrm{d}x \mathrm{d}y = \int_a^b \mathrm{d}x \int_{f(x)}^{g(x)} h(x,y) \mathrm{d}y.$$

证明 (1) (i) 因为我们有
$$\int_0^a \left|\int_x^a f(t)t^{-1}dt\right|dx \leqslant \int_0^a \left(\int_x^a |f(t)|t^{-1}dt\right)dx$$
$$= \int_0^a |f(t)|t^{-1}\left(\int_0^a \chi_{(x,a)}(t)dx\right)dt = \int_0^a |f(t)|t^{-1}\left(\int_0^t 1dx\right)dt$$
$$= \int_0^a |f(t)|dt < +\infty,$$
故 $g \in L((0,a))$.

(ii) $\int_0^a g(x)dx = \int_0^a \left(\int_x^a f(t)t^{-1}dt\right)dx$
$$= \int_0^a f(t)t^{-1}\left(\int_0^t 1dx\right)dt = \int_0^a f(t)dt.$$

(2) 考查 $F(x)$ 在 $[-A,B]$ 上的积分,我们有
$$\int_{-A}^B F(x)dx = \int_{-A}^B \left(\int_{-\infty}^x f(t)dt\right)dx = \int_{-\infty}^{+\infty} f(t)\left(\int_t^B dx\right)dt$$
$$= B\int_{-\infty}^{+\infty} f(t)dt - \int_{-\infty}^{+\infty} tf(t)dt = -\int_{-\infty}^{+\infty} tf(t)dt.$$
由此即得所证.

(3) 因为 E 是有界闭集,$h(x,y)$ 是有界可测函数,所以 $h \in L(E)$. 此外又有
$$\int_E h(x,y)dxdy = \int_a^b dx\int_{f(x)}^{g(x)} h(x,y)dy.$$

例 6 试证明下列命题:

(1) 设对于每个 $x \in [0,1]$ 均存在点集 $I_x \subset [0,1]$: $m(I_x) \geqslant 1/2$,以及二元可测函数
$$f(x,t) = \begin{cases} 1, & x \in [0,1], t \in I_x, \\ 0, & x \in [0,1], t \overline{\in} I_x, \end{cases}$$
则存在 $t^* \in [0,1], E \subset [0,1]$: $m(E) \geqslant 1/2$,使得 $f(x,t^*)=1(x \in E)$.

(2) 设 $f(x,y)$ 定义在 $I=(a,b)\times(c,d)$ 上,满足

(i) $f(x,y)$ 在 I 上连续;   (ii) $\dfrac{\partial}{\partial x}f(x,y)$ 存在且在 I 上连续;

(iii) 对某个 $x_0 \in (a,b)$,在 (c,d) 上存在 $\dfrac{\partial}{\partial y}f(x_0,y)$;

(iv) $\dfrac{\partial}{\partial y}\left(\dfrac{\partial}{\partial x}f(x,y)\right)$ 存在且在 I 上连续,

则存在 $\dfrac{\partial}{\partial y}f(x,y),\dfrac{\partial}{\partial x}\left(\dfrac{\partial}{\partial y}f(x,y)\right)$,且有

$$\dfrac{\partial}{\partial x}\left(\dfrac{\partial}{\partial y}f(x,y)\right)=\dfrac{\partial}{\partial y}\left(\dfrac{\partial}{\partial x}f(x,y)\right).$$

证明 (1) 作可测集 $F=\{(x,t):x\in[0,1],t\in I_x\}$,我们有

$$m(F)=\int_0^1\int_0^1\chi_F(x,t)\mathrm{d}x\mathrm{d}t=\int_0^1 m(I_x)\mathrm{d}x\geqslant\dfrac{1}{2}.$$

从而知存在 $t^*\in[0,1]$ 以及 $E\subset[0,1]$,使得 $f(x,t^*)=1$.

(2) 应用 Fubini 定理以及微积分基本定理,易知对任意的 $\xi\in(a,b),\eta\in(c,d)$ 以及 $s<\eta,t<\xi$,我们有

$$f(\xi,\eta)-f(t,\eta)-f(\xi,s)+f(t,s)=\int_s^\eta\int_t^\xi\dfrac{\partial}{\partial y}\left(\dfrac{\partial}{\partial x}f(x,y)\right)\mathrm{d}x\mathrm{d}y.$$

求偏导即可得证 $\left(\text{注意}\int_t^\xi\dfrac{\partial}{\partial y}\left(\dfrac{\partial}{\partial x}f(x,y)\right)\mathrm{d}x\text{ 是 }\xi\text{ 的连续函数}\right)$.

例 7 解答下列问题:

设 $E=E_1\times E_2\subset\mathbf{R}^2$,且 E_1,E_2 是 $\mathbf{R}$ 中可测集,则称 E 是 $\mathbf{R}^2$ 中的可测矩形.

(1) 可作 $E\subset[0,1]\times[0,1]$ 且 $m(E)>0$,它不是可测矩形.

(2) 试证明 $E=\mathbf{R}^2\setminus\{(x,y):x-y\in\mathbf{Q}\}$ 不包含任何正测度可测矩形.

解 (1) 在 $[0,1]$ 中作类 Cantor 集 H: $m(H)>0$,以及 $S=\{(x,y):x-y\in H\}\subset[0,1]\times[0,1]$,易知 S 是紧集且 $m(S)>0$. 如果存在正测集 $A\subset[0,1],B\subset[0,1]$,使得 $E\triangleq A\times B\subset S$,那么 $A-B\subset H$. 因为 $m(A)>0,m(B)>0$,所以 $A-B$ 有非空内点导致矛盾.

(2) 因为 $(x,y)\in E$ 等价于 $x-y\in\mathbf{Q}$,所以我们有 $A\times B\subset E$ 等价于 $(A-B)\cap\mathbf{Q}=\varnothing$. 不妨假定 $0<m(A)+m(B)<+\infty$,而有

$$m(A\times B)>0.$$

考查积分 $\displaystyle\int_\mathbf{R}\chi_A(x+y)\chi_B(y)\mathrm{d}y\triangleq f(x)$,易知 $f(x)$ 连续,且 $f(x)=0(x+y\overline{\in}A,y\in B)$,即

$$\int_{\mathbf{R}} f(x)\mathrm{d}x = m(A) \cdot m(B) = m(A \times B) > 0.$$

从而 $f(x)$ 在 $A-B$ 的一个非空开子集 G 上不等于 0, $G \cap \mathbf{Q} \neq \varnothing$. 这导致矛盾.

例 8 试证明下列命题:

(1) 设 A, B 是 $\mathbf{R}$ 中的可测集, 且 $m(A) > 0, m(B) > 0$, 则 $A+B$ 中包含一个区间 I: $m(I) > 0$.

(2) 设 $\{D_n\}$ 是含于平面上单位圆盘(闭) D 内的互不相交且半径为 $\{r_n\}$ 的(闭)圆盘列, 若有 $m\left(D \setminus \bigcup\limits_{n=1}^{\infty} D_n\right) = 0$, 则 $\sum\limits_{n=1}^{\infty} r_n = +\infty$.

(3) 存在 $\mathbf{R}^2$ 中可测集 E, 使 $E+E$ 不可测.

证明 (1) 因为我们有积分式

$$\int_{\mathbf{R}} m((\{x\}-B) \cap A)\mathrm{d}x = \int_{\mathbf{R}} \left(\int_{\mathbf{R}} \chi_{(\{x\}-B) \cap A}(y)\mathrm{d}y \right) \mathrm{d}x$$

$$= \int_{\mathbf{R}} \left(\int_{\mathbf{R}} \chi_B(x-y) \chi_A(y) \mathrm{d}y \right) \mathrm{d}x = m(A) \cdot m(B) > 0,$$

所以存在 $x_0 \in \mathbf{R}$, 使得 $m((\{x_0\}-B) \cap A) > 0$. 由于 $f(x) \triangleq m((\{x\}-B) \cap A)$ 是连续函数, 故 $\{x : m((\{x\}-B) \cap A) > 0\}$ 是非空开集. 证毕.

(2) 记 D_n 在 x 轴上的投影为 I_n, 则 $\sum\limits_{n=1}^{\infty} |I_n| = 2\sum\limits_{n=1}^{\infty} r_n$. 若 $\sum\limits_{n=1}^{\infty} r_n < +\infty$, 则几乎所有的 $x \in [-1, 1]$ 仅属于有限个 I_n (即截口 I_x 仅与有限个 D_n 相交, 不妨记为 $D_{n_i} (i=1, 2, \cdots, k)$. 易知

$$\sum_{i=1}^{k} m(I_x \cap D_{n_i}) < m(I_x \cap D), \quad \text{a.e. } x \in [-1, 1].$$

记 $E = D \setminus \bigcup\limits_{n=1}^{\infty} D_n, f(x, y) = \chi_E(x, y)$, 则对 a.e. $|x| \leq 1$, 有

$$\int_{\mathbf{R}^2} f(x, y)\mathrm{d}y > 0, \quad m(E) = \int_{\mathbf{R}} \mathrm{d}x \int_{\mathbf{R}} f(x, y)\mathrm{d}y > 0.$$

(3) 记 $\mathbf{R}$ 中一个不可测集为 W, 并作 $\mathbf{R}^2$ 中点集

$$E = \{W \times \{0\}\} \bigcup \{\{0\} \times W\}, \quad m(E) = 0.$$

易知 $E+E = A_1 \bigcup A_2 \bigcup A_3$, 其中

$$A_1 = \{\{W+W\} \times \{0\}\}, \quad A_2 = \{\{0\} \times \{W+W\}\}, \quad A_3 = \{W \times W\},$$

且 $m(A_1)=m(A_2)=0$,而 A_3 为不可测集(否则其几乎处处的截口皆为 **R** 中可测集).

例 9 试证明下列命题:

(1) 设 $f(x),g(x)$ 是 $E\subset\mathbf{R}^n$ 上的可测函数,$m(E)<+\infty$. 若 $f(x)+g(y)$ 在 $E\times E$ 上可积,则 $f\in L(E), g\in L(E)$.

(2) 设 E_1, E_2 是 $\mathbf{R}^2$ 中的正测集,则存在 $h_0>0$,使得
$$m(E_1\cap(E_2+\{h_0\}))>0.$$

证明 (1) 由 Fubini 定理可知,对 a.e. $x\in E$, $f(x)+g(y)$ 作为 y 的函数在 E 上可积,故存在 $x_0\in E, f(x_0)+g(y)$ 在 E 上可积($f(x_0)$ 是实值). 由此即知 $g\in L(E)$. 同理可得 $f\in L(E)$.

(2) 易知
$$m(E_1)=\iint_{\mathbf{R}^2}\chi_{E_1}(x,y)\mathrm{d}x\mathrm{d}y, m(E_2)=\iint_{\mathbf{R}^2}\chi_{E_2}(x,y)\mathrm{d}x\mathrm{d}y,$$
$$m(E_1\cap(E_2+\{h\}))$$
$$=\iint_{\mathbf{R}^2}\chi_{E_1}(x,y)\cdot\chi_{E_2}(x-s,y-t)\mathrm{d}x\mathrm{d}y, h=(s,t),$$
$\psi(s,t)=m(E_1\cap(E_2+\{h\}))$ 是连续函数,且有
$$\iint_{\mathbf{R}^2}\psi(s,t)\mathrm{d}s\mathrm{d}t=\iint_{\mathbf{R}^2}\mathrm{d}s\mathrm{d}t\iint_{\mathbf{R}^2}\chi_{E_1}(x,y)\cdot\chi_{E_2}(x-s,y-t)\mathrm{d}x\mathrm{d}y$$
$$=\iint_{\mathbf{R}^2}\chi_{E_1}(x,y)\mathrm{d}x\mathrm{d}y\iint_{\mathbf{R}^2}\chi_{E_2}(x-s,y-t)\mathrm{d}s\mathrm{d}t$$
$$=\iint_{\mathbf{R}^2}\chi_{E_1}(x,y)\mathrm{d}x\mathrm{d}y\cdot\iint_{\mathbf{R}^2}\chi_{E_2}(s,t)\mathrm{d}s\mathrm{d}t=m(E_1)\cdot m(E_2)>0.$$
由此可知存在 $h_0=(s_0,t_0)$,使得 $\psi(s_0,t_0)>0$. 这说明
$$m(E_1\cap(E_2+\{h_0\}))>0.$$

例 10 设 $E\subset\mathbf{R}$ 是可测集. 若对任意的有理数 $r\neq 0$,均有 $rE\triangleq\{rx:x\in E\}=E$,试证明 $m(E)=0$ 或 $m(\mathbf{R}\backslash E)=0$.

证明 记 $\mathbf{R}_0=\mathbf{R}\backslash\{0\}, E_0=E\backslash\{0\}$,则对非 0 有理数 r,必有 $rE_0=E_0, r(\mathbf{R}_0\backslash E_0)=\mathbf{R}_0\backslash E_0$. 现在假定 $m(\mathbf{R}_0\backslash E_0)=m(\mathbf{R}\backslash E)>0$,则存在紧集 $K_0: K_0\subset\mathbf{R}_0\backslash E_0, m(K_0)>0$. 对任意的紧集 $K\subset E_0$,作函数

$$f(x) = \int_{\mathbf{R}^0} \chi_{K_0}(y) \, \chi_{K^{-1}}\left(\frac{x}{y}\right) \frac{\mathrm{d}y}{y},$$

则 $f(x)$ 非负连续,且对非 0 有理数 r,有

$$f(r) = \int_{\mathbf{R}_0} \chi_{K_0}(y) \, \chi_{rK}(y) \frac{\mathrm{d}y}{y} \leqslant \int_{\mathbf{R}_0} \chi_{\mathbf{R}_0 \setminus E_0}(y) \, \chi_{E_0}(y) \frac{\mathrm{d}y}{y} = 0.$$

这说明 $f(x) = 0 \, (x \in \mathbf{R}_0)$. 因为

$$\int_{\mathbf{R}_0} \chi_{K_0}(y) \frac{\mathrm{d}y}{y} \cdot \int_{\mathbf{R}_0} \chi_{K^{-1}}(y) \frac{\mathrm{d}y}{y} = \int_{\mathbf{R}_0} f(x) \frac{\mathrm{d}x}{x} = 0,$$

所以 $m(K^{-1}) = 0$. 由此知 $m(K) = 0, m(E_0) = 0$,即 $m(E) = 0$.

例 11 试证明下列命题:

(1) 设 $f(x), g(x)$ 是 $E \subset \mathbf{R}$ 上非负可测函数,且 $f \cdot g \in L(E)$. 令 $E_y = \{x \in E : g(x) \geqslant y\}$,则对一切 $y > 0$,均存在函数 $F(y) = \int_{E_y} f(x) \mathrm{d}x$,且有 $\int_0^{+\infty} F(y) \mathrm{d}y = \int_E f(x) g(x) \mathrm{d}x$.

(2) 设 $E \subset [0,1] \times [0,1]$ 是可测集. 若有

$$m(E_x) = m(\{y : (x,y) \in E\}) \leqslant 1/2, \quad \text{a.e. } x \in [0,1],$$

则 $m(\{y : m(E_y) = 1\}) \leqslant 1/2$.

证明 (1) 注意到 $f(x), g(x)$ 的非负性,我们有

$$\int_0^{+\infty} F(y) \mathrm{d}y = \int_0^{+\infty} \left(\int_{E_y} f(x) \mathrm{d}x \right) \mathrm{d}y$$

$$= \int_0^{+\infty} \left(\int_E f(x) \chi_{E_y}(x) \mathrm{d}x \right) \mathrm{d}y = \int_E f(x) \left(\int_0^{+\infty} \chi_{E_y}(x) \mathrm{d}y \right) \mathrm{d}x$$

$$= \int_E f(x) \left(\int_0^{g(x)} 1 \mathrm{d}y \right) \mathrm{d}x = \int_E f(x) g(x) \mathrm{d}x.$$

(2) 反证法. 假定 $m(\{y : m(E_y) = 1\}) > 1/2$,则

$$m(E) = \int_0^1 \mathrm{d}x \int_0^1 m(E_y) \mathrm{d}y$$

$$= \int_0^1 \left(\int_{\{y : m(E_y) = 1\}} 1 \mathrm{d}y + \int_{\{y : m(E_y) \neq 1\}} m(E_y) \mathrm{d}y \right) > \frac{1}{2}.$$

但是我们有 $m(E) = \int_0^1 \mathrm{d}y \int_0^1 m(E_x) \mathrm{d}x \leqslant 1/2$,导致矛盾.

例 12 试证明下列命题：

(1) 设 $f\in L(\mathbf{R}), g(x)$ 是 $\mathbf{R}$ 上有界递增函数，则 $(f*g)(x)$ 是有界递增且连续的函数.

(2) 设 $f\in C_c(\mathbf{R}), g\in C^{(\infty)}(\mathbf{R})$，则 $f*g\in C^{(\infty)}(\mathbf{R})$，且有
$$\frac{\mathrm{d}}{\mathrm{d}x}(f*g)(x) = \left(f*\frac{\mathrm{d}}{\mathrm{d}x}g\right)(x).$$

(3) 设 $f\in C_c(\mathbf{R}), P(x)$ 是多项式，则 $(f*P)(x)$ 仍是多项式.

(4) 设 $\varphi(x)=(1-\cos x)\chi_{[0,2\pi]}(x), \psi(x)=\int_{-\infty}^{x}\varphi(t)\mathrm{d}t$，令 $f(x)=1, g(x)=\varphi'(x)$，则

(i) $(f*g)(x)=0 (x\in\mathbf{R})$；

(ii) $(f*\psi)(x)=(\varphi*\varphi)(x)>0 (0<x<4\pi)$；

(iii) $((f*g)*\psi)(x)\equiv 0\neq (f*(g*\psi))(x)$.

证明 略.

例 13 试证明下列命题：

(1) **(卷积是连续函数)** 设 $f\in L(\mathbf{R}^n), g(x)$ 在 $\mathbf{R}^n$ 上有界可测，则 $F(x)=(f*g)(x)$ 是 $\mathbf{R}$ 上的一致连续函数.

(2) **(L 中无卷积单位)** $L(\mathbf{R})$ 中不存在函数 $u(x)$，使得对一切 $f\in L(\mathbf{R})$，有
$$(u*f)(x) = f(x), \quad \text{a. e. } x\in\mathbf{R}. \tag{*}$$

证明 (1) 不妨设 $|g(x)|\leq M, x\in\mathbf{R}^n$. 我们有
$$|F(x+h)-F(x)|$$
$$=\left|\int_{\mathbf{R}^n}f(x+h-t)g(t)\mathrm{d}t-\int_{\mathbf{R}^n}f(x-t)g(t)\mathrm{d}t\right|$$
$$\leq \int_{\mathbf{R}^n}|f(x-t+h)-f(x-t)||g(t)|\mathrm{d}t$$
$$\leq M\int_{\mathbf{R}^n}|f(t+h)-f(t)|\mathrm{d}t\to 0 \quad (h\to 0),$$

即得所证.

(2) 应用反证法，假设存在 $u\in L(\mathbf{R})$ 使 $(*)$ 式成立. 首先可取 $\delta>0$，使得
$$\int_{-2\delta}^{2\delta}|u(x)|\mathrm{d}x < 1.$$

其次对 $L(\mathbf{R})$ 中函数 $f(x)=\chi_{[-\delta,\delta]}(x)$，易知
$$f(x)=(u*f)(x)=\int_{-\delta}^{\delta}u(x-y)\mathrm{d}y$$
$$=\int_{x-\delta}^{x+\delta}u(t)\mathrm{d}t,\quad \text{a.e. } x\in\mathbf{R}.$$
因此，必有 $x_0\in[-\delta,\delta]$，使得
$$1=f(x_0)=\int_{x_0-\delta}^{x_0+\delta}u(t)\mathrm{d}t.$$
然而，另一方面，我们又有
$$1=\left|\int_{x_0-\delta}^{x_0+\delta}u(t)\mathrm{d}t\right|\leqslant\int_{x_0-\delta}^{x_0+\delta}|u(t)|\mathrm{d}t\leqslant\int_{-2\delta}^{2\delta}|u(t)|\mathrm{d}t<1.$$
这一矛盾说明，不存在 $u\in L(\mathbf{R})$，使得对一切 $f\in L(\mathbf{R})$，有
$$(u*f)(x)=f(x),\quad \text{a.e. } x\in\mathbf{R}.$$

例 14 试证明下列命题：

(1) 设 $E\subset\mathbf{R}$ 且 $0<m(E)<+\infty$，$f(x)$ 在 $\mathbf{R}$ 上非负可测. 则 $f\in L(\mathbf{R})$ 当且仅当 $g(x)=\int_E f(x-t)\mathrm{d}t$ 在 $\mathbf{R}$ 上可积.

(2) 设 $f(x),g(x)$ 是 $(0,\infty)$ 上有界可测函数，且有
$$\int_0^{+\infty}[|f(x)|+|g(x)|]/x\mathrm{d}x<+\infty,$$
则
$$\int_0^{+\infty}|f(xy)g(y^{-1})|/y\mathrm{d}y<+\infty,\quad \text{a.e. } x\in(0,\infty).$$

证明 (1) **必要性** 因为 $\chi_E\in L(\mathbf{R})$，且有
$$g(x)=\int_{\mathbf{R}}\chi_E(t)f(x-t)\mathrm{d}t,$$
所以 $g\in L(\mathbf{R})$.

充分性
$$+\infty>\int_{\mathbf{R}}\left(\int_{\mathbf{R}}\chi_E(t)f(x-t)\mathrm{d}t\right)\mathrm{d}x$$
$$=\int_{\mathbf{R}}\chi_E(t)\left(\int_{\mathbf{R}}f(x-t)\mathrm{d}x\right)\mathrm{d}t$$
$$=m(E)\cdot\int_{\mathbf{R}}f(x)\mathrm{d}x.$$

(2) 用替换 $x=e^s, y=e^t$,且记 $F(s)=f(e^s), G(t)=g(e^t)$,我们有
$$\int_0^{+\infty} \frac{|f(x)|}{x} dx = \int_{-\infty}^{+\infty} |f(e^s)| ds < +\infty.$$
对 $g(x)$ 也同样处理,即得 $F \in L(\mathbf{R}), G \in L(\mathbf{R})$. 从而可知
$$\int_0^{+\infty} \frac{|f(xy)g(y^{-1})|}{y} dy$$
$$= \int_{-\infty}^{+\infty} |F(s+t)G(-t)| dt$$
$$= \int_{-\infty}^{+\infty} |F(s-t)G(t)| dt$$
$$= F * G(s) \quad (\text{a.e. } x \in (0, \infty)).$$

附　言

在本章的论述中我们看到,运用特征函数,可以把测度问题放到积分框架中来讨论,还可将众多不同的积分区域统一成相同的积分区域,从而为解决问题提供了极大的方便. 正是

特征函数是个宝,　　测度积分架金桥,
不同区域可划一,　　积分号下见分晓.

第五章 微分与不定积分

本章的目的是要在 Lebesgue 积分理论中推广微积分基本定理,并给出 Newton-Leibniz 公式成立的充分必要条件. 为简单起见,我们着重介绍 **R** 的情形.

§5.1 单调函数的可微性

例 1 试证明下列命题:

(1) 设 $E\subset \mathbf{R}, \mathbf{\Gamma}$ 是闭区间族,且依 Vitali 意义下覆盖 E,则存在 $\{J_k\}\subset \mathbf{\Gamma}$,使得 $m\left(E\setminus \bigcup\limits_{k=1}^{\infty}J_k\right)=0.$

(2) 设 $\mathbf{\Gamma}=\{I_\alpha:\alpha\in J\}$ 是一个具有正长度的区间族,则 $E=\bigcup\limits_{\alpha\in J}I_\alpha$ 是可测集.

证明 (1) 不妨假定 $E\subset(a,b)$,$\mathbf{\Gamma}$ 中每个区间也含于 (a,b).

(i) 任取 $J_1\in \mathbf{\Gamma}$. 若已取定 $\mathbf{\Gamma}$ 中的 $J_1,J_2,\cdots,J_k$,我们在 $\mathbf{\Gamma}$ 中记与 $J_1,\cdots,J_k$ 均不相交的一切区间长度之上确界为 δ_k,并取 $J_{k+1}\in\mathbf{\Gamma}$ 满足

$$J_{k+1}\cap\left(\bigcup_{i=1}^{k}J_i\right)=\varnothing,\quad m(J_{k+1})>\delta_k/2.$$

(注意,若不存在如此之 J_{k+1},则结论自明.)

(ii) 作区间 J_k' 如下:它与 J_k 同中心,而 $m(J_k')=5m(J_k)$,易知当 $x_0\in(J_k')^c, x_1\in J_k$ 时,有 $d(x_0,x_1)\geqslant 2\cdot m(J_k)>\delta_{k-1}$,

$$\sum_{k=1}^{\infty}m(J_k')=5\sum_{k=1}^{\infty}m(J_k)\leqslant 5(b-a)$$

(即上式左端级数收敛). 令 $A=E\setminus\left(\bigcup\limits_{k=1}^{\infty}J_k\right)$. 若 $m(A)>0$,则存在 k_0,使得 $\sum\limits_{k=k_0}^{\infty}m(J_k')<m(A)$. 从而存在 $x_0\in A$ 且 $x_0\in (J_k')^c(k\geqslant k_0)$,自然也有 $x_0\in (J_k)^c(k=1,2,\cdots,k_0)$. 由区间的闭性,可知存在 $J\in\mathbf{\Gamma}$,使得

$x_0 \in J$,且 $J \cap J_k = \emptyset (k=1,2,\cdots,k_0)$. 从而知 $\delta_k \leqslant 2m(J_{k+1}) \to 0 (k \to \infty)$. 根据 δ_k 的定义,存在最小正整数 k_1,使得 $J \cap J_{k_1} \neq \emptyset$, $m(J) \leqslant \delta_{k_1-1}$. 从而有 $k_1 > k_0$,得到

$$x_1 \in J \cap J_{k_1}, \quad x_0 \in J \cap (J'_{k_1})^c, \quad m(J) \geqslant d(x_0,x_1) > \delta_{k_1-1}.$$

这一矛盾说明 $m(A)=0$.

注 Vitali 覆盖对 $\mathbf{R}^n$ 也真.

(2) 不妨设 $m^*(E) < +\infty$,且令
$$\mathscr{A} = \{I \subset \mathbf{R}: I \text{ 是某个 } I_\alpha \text{ 中的区间}\},$$
易知 $\mathscr{A}$ 是 E 的 Vitali 覆盖. 从而知存在互不相交区间列 $\{I_k\}$,使得 $m\left(E \setminus \bigcup_{k=1}^\infty I_k\right) = 0$. 假设 $I_k \subset I_{\alpha_k}$,则由 $E = \left(E \setminus \bigcup_{k=1}^\infty I_{\alpha_k}\right) \cup \left(\bigcup_{k=1}^\infty I_{\alpha_k}\right)$ 可知,E 可测.

例 2 试证明下列命题:

(1) 设 $I_0 \subset \mathbf{R}^n$ 是一个方体,$\mathbf{\Gamma} = \{I_\alpha \subset I_0: \alpha \in J\}$ 是一族开方体,记 $K = \bigcup_{\alpha \in J} I_\alpha$,$E \subset \mathbf{R}^n$ 是可测集. 若对任一 I_α,均有 $m(E \cap I_\alpha) \geqslant 2m(I_\alpha)/3$,则
$$m(K \cap E) \geqslant (2/3)5^{-n} m(K).$$

(2) 设 $E \subset \mathbf{R}^2$,$\mathbf{\Gamma} = \{B_1, B_2, \cdots, B_n\}$ 是 $\mathbf{R}^2$ 中一组开圆,且 $\bigcup_{i=1}^n B_i \supset E$,则存在 $\mathbf{\Gamma}$ 中一组互不相交的开圆:$B_{i_1}, B_{i_2}, \cdots, B_{i_m}$,使得 $\bigcup_{k=1}^n 3B_{i_k} \supset E$.

证明 (1) 依题设知 $\delta_0 = \sup\{\text{diam}(I_\alpha): \alpha \in J\} < +\infty$. 采用 Vitali 覆盖定理的证明推理,可得互不相交的 $\{I_{\alpha_i}\}$,使得 $m(K) \leqslant 5^n \sum_{i=1}^\infty m(I_{\alpha_i})$. 从而我们有

$$\sum_{i=1}^\infty m(I_{\alpha_i}) \leqslant \frac{3}{2} \sum_{i=1}^\infty m(E \cap I_{\alpha_i}) = \frac{3}{2} m\left(E \cap \bigcup_{i=1}^\infty I_{\alpha_i}\right),$$

由此得 $m(E \cap K) \geqslant \dfrac{2}{3} 5^{-n} m(K)$.

(2) 取 $\mathbf{\Gamma}$ 中半径最大的圆(记为)B_{i_1},然后在与 B_{i_1} 不交的各圆中

再取其半径最大的圆(记为)B_{i_2}. 如此继续操作,可得 $B_{i_1}, B_{i_2}, \cdots, B_{i_m}$,且易知 $\bigcup_{k=1}^{m} 3B_{i_k} \supset \bigcup_{i=1}^{\infty} B_i$. 由此即可得证.

例3 试证明下列命题:

(1) 设 $E \subset \mathbf{R}, f \in L(E), E_0 \subset E$ 是可测集且 $m(E_0) < +\infty$. 若对任意的 $x \in E_0$ 以及 $\delta > 0$, 区间 $(x-\delta, x+\delta)$ 内总存在子区间 $[\alpha, \beta]$: $x \in [\alpha, \beta]$, 使得 $\int_{[\alpha,\beta] \cap E_0} f(x) dx \geq 0$, 则点集 $\{x \in E_0 : f(x) < 0\}$ 是零测集.

(2) 设 $E \subset \mathbf{R}, x_0 \in I_\delta$ (长为 δ 的区间). 若有
$$\lim_{\delta \to 0} m^*(I_\delta \cap E^c)/\delta = 0,$$
则称 x_0 为 E 之全密点. 若 E 中几乎所有点都是全密点, 则 E 是可测集.

证明 (1) 只需指出 $E_0^n = \{x \in E_0 : f(x) < 1/n\}\ (n \in \mathbf{N})$ 为零测集. 记题设中由 E_0^n 中点所对应的一切 I_δ 之全体为 $\mathbf{\Gamma}$, 则 $\mathbf{\Gamma}$ 是 E_0^n 的 Vitali 覆盖. 由此知对任给 $\varepsilon > 0$, 存在互不相交之区间组: $(\alpha_1, \beta_1), (\alpha_2, \beta_2),$ $\cdots, (\alpha_k, \beta_k)$, 使得 (记 $G = \bigcup_{i=1}^{k}(\alpha_i, \beta_i)$)

$$m(G) - \varepsilon < m(E_0^n) < m(G \cap E_0^n) + \varepsilon,$$

$$0 \leq \int_G f(x) dx = \int_{G \cap E_0^n} f(x) dx + \int_{G \cap (E_0^n)^c} f(x) dx < +\infty,$$

$$\int_{G \cap E_0^n} f(x) dx \leq \frac{1}{n} \cdot m(G \cap E_0^n),$$

$$\int_{G \cap (E_0^n)^c} f(x) dx \geq \frac{1}{n} m(G \cap E_0^n) > \frac{1}{n} m(E_0^n) - \frac{1}{n}\varepsilon.$$

从而知 $1/n \cdot m(E_0^n) < \int_{G \cap (E_0^n)^c} f(x) dx + \frac{1}{n}\varepsilon$. 因为我们有 $m(G \cap (E_0^n)^c) = m(G) - m(G \cap E_0^n) < 2\varepsilon$, 所以 $m(E_0^n) = 0$.

(2) 不妨假定 E 中一切点皆为全密点, 且 $E \subset (a, b)$.

(i) 对任给 $\varepsilon > 0$ 以及 $x \in E$, 由于

$$\lim_{h \to 0} \frac{m^*((x-h, x+h) \cap E^c)}{2h} = 0,$$

故对一切充分小的 $h>0$,均有 $m^*((x-h,x+h)\cap E^c)<2h\cdot\varepsilon$,这里还可以设定 $(x-h,x+h)\subset(a,b)$. 因此,对 E 中所有的 x 做出的上述区间族全体 Γ 构成 E 的一个 Vitali 覆盖. 从而知存在 Γ 中互不相交的区间列 $\{I_n=(x_n-h_n,x_n+h_n)\}$,使得

$$G \triangleq \bigcup_{n\geq 1} I_n \supset E\backslash Z, \quad m(Z)=0,$$

$$m^*(G\cap E^c) \leq m^*\Big(\bigcup_{n\geq 1}(I_n\cap E^c)\Big)$$

$$\leq \sum_{n\geq 1} m^*(I_n\cap E^c) \leq \sum_{n\geq 1} 2h_n\varepsilon = 2\varepsilon\cdot\sum_{n\geq 1} h_n < 2(b-a)\varepsilon.$$

(注意,所有 I_n 均含于 (a,b) 且互不相交.)

(ii) 取 $\varepsilon_k=1/k (k\in\mathbf{N})$,由(i)知存在开集 G_k,使得($m(Z)=0$)
$$G_k\supset E\backslash Z, \quad m^*(G_k\cap E^c)<2(b-a)/k \quad (k\in\mathbf{N}).$$

现在令 $G_0=\bigcap_{k=1}^{\infty} G_k$,则 $G_0\supset E\backslash Z$,且有

$$m^*(G_0\cap E^c)=m^*\Big(\bigcap_{k=1}^{\infty}(G_k\cap E^c)\Big)\leq m^*(G_k\cap E^c)<\frac{2(b-a)}{k}.$$

令 $k\to\infty$,可知 $m(G_0\cap E^c)=0$,故 E 是可测集.

例 4 求下列函数 $f(x)$ 的 Dini 导数:

(1) $f(x)=x^{1/3}$; (2) $f(x)=|x|$; (3) $f(x)=\begin{cases}0, & x\in\mathbf{Q},\\ 1, & x\overline{\in}\mathbf{Q};\end{cases}$

(4) $f(x)=\begin{cases}ax\sin^2\dfrac{1}{x}+bx\cos^2\dfrac{1}{x}, & x>0,\\ 0, & x=0, \quad (a<b, a'<b').\\ a'x\sin^2\dfrac{1}{x}+b'x\cos^2\dfrac{1}{x}, & x<0\end{cases}$

解 (1) $D_+f(0)=D^+f(0)=D_-f(0)=D^-f(0)=+\infty$.

(2) $D_+f(0)=D^+f(0)=1, D_-f(0)=D^-f(0)=-1$.

(3) 对 $x\in\mathbf{Q}, D_+f(x)=0, D^+f(x)=+\infty, D_-f(x)=-\infty$, $D^-f(x)=0$;对 $x\overline{\in}\mathbf{Q}, D^+f(x)=D_-f(x)=0, D_+f(x)=-\infty, D^-f(x)=+\infty$.

(4) 由于在区间 $(1/(2n+2)\pi, 1/2n\pi]$ 中 $\cos(1/x)$ 以及 $\sin(1/x)$

可取到从 -1 到 $+1$ 之间的一切值,故知
$$D^+f(0) = \sup_\theta(a\sin^2\theta + b\cos^2\theta) = b.$$
类似地,有 $D_+f(0)=a$, $D_-f(0)=a'$, $D^-f(0)=b'$.

例5 试证明下列命题:

(1) 设 $f\in C([a,b])$,则存在 $x_0\in(a,b)$ 以及常数 k,使得
$$D_-f(x_0)\geqslant k\geqslant D^+f(x_0) \quad \text{或} \quad D^-f(x_0)\leqslant k\leqslant D_+f(x_0).$$

(2) 设 $f\in C((-\infty,\infty))$,且令
$$f_t(x) = f(x+t) - f(x), \quad -\infty < x, t < \infty.$$
若对任意的 $t\in(-\infty,\infty)$, $f_t(x)$ 对 $x\in(-\infty,\infty)$ 可微,则 $f(x)$ 在 $(-\infty,\infty)$ 上可微.

证明 (1) 记 $k=[f(b)-f(a)]/(b-a)$,并考查 $F(x)=f(x)-kx$. 易知 $F\in C([a,b])$,且有
$$F(a) = f(a) - \frac{f(b)-f(a)}{b-a}a = \frac{1}{b-a}[bf(a)-af(b)],$$
$$F(b) = \frac{1}{b-a}[bf(a)-af(b)] = F(a).$$

由此知存在 $x_0\in(a,b)$,使 $F(x_0)$ 是 $[a,b]$ 上 $F(x)$ 的最大值或最小值. 从而得到
$$D_-F(x_0)\geqslant 0, \quad D^+F(x_0)\leqslant 0 \ (x_0 \text{ 为最大值点}),$$
$$D_+f(x_0)\geqslant 0, \quad D^-f(x_0)\leqslant 0 \ (x_0 \text{ 为最小值点}).$$
(注意,若 $\psi'(x_0)$ 存在,且 $g(x)=\varphi(x)+\psi(x)$,则 $D^\pm g(x_0)=D^\pm\varphi(x_0)+\psi'(x_0)$, $D_\pm g(x_0)=D_\pm\varphi(x_0)+\psi'(x_0)$) 由此知存在 k,使得
$$D_-f(x_0)\geqslant k\geqslant D^+f(x_0) \quad (x_0 \text{ 为最大值点}),$$
$$D_+f(x_0)\geqslant k\geqslant D^-f(x_0) \quad (x_0 \text{ 为最小值点}).$$

(2) (i) 首先对任意的两点 x' 和 $x''=x'+t(-\infty<t<\infty)$,我们有等式
$$\frac{f(x''+h)-f(x'')}{h} = \frac{f(x'+t+h)-f(x'+t)}{h}$$
$$= \frac{f(x'+t+h)-f(x'+h)-[f(x'+t)-f(x')]}{h}$$
$$+ \frac{f(x'+h)-f(x')}{h}$$

$$= \frac{f_t(x'+h) - f_t(x')}{h} + \frac{f(x'+h) - f(x')}{h}.$$

由此和题设可知
$$D_\pm^\pm f(x'') = f_t'(x') + D_\pm^\pm f(x'),$$
且只要 $f(x)$ 在一点可微，就可知 $f(x)$ 处处可微了.

(ii) 根据本例(1), 可知存在 k 以及 x_1, 使得(不妨假定)
$$D_- f(x_1) \geqslant k \geqslant D^+ f(x_1).$$
从而对任意的 $x = x_1 + t$ ($-\infty < t < \infty$), 有
$$D_- f(x) = f_t'(x_1) + D_- f(x_1)$$
$$\geqslant f_t'(x_1) + D^+ f(x_1) = D^+ f(x).$$

(iii) 不妨假定 $f(x)$ 不是上凸函数, (否则就有可微点了)则存在区间 $[a,b]$, 使得在 $[a,b]$ 上 $f(x)$ 位于点 $(a, f(a))$ 与点 $(b, f(b))$ 连结线的下方. 现在记
$$F(x) = f(x) - lx, \quad l = \frac{f(b) - f(a)}{b - a},$$
则易知存在 $x_2 \in (a, b)$, 使得 $F(x)$ 在 $x = x_2$ 处取得最小值. 由此得
$$D^- F(x_2) \leqslant 0, \quad 即 \quad D^- f(x_2) \leqslant l;$$
$$D_+ F(x_2) \geqslant 0, \quad 即 \quad D_+ f(x_2) \geqslant l.$$
从而对任意的 $x \in (-\infty, \infty)$, 又有
$$D^- f(x) \leqslant D_+ f(x).$$

(iv) 综合上述结论, 我们有
$$D_- f(x) = D^- f(x) = D_+ f(x) = D^+ f(x), \quad -\infty < x < \infty.$$
这说明 $f'(x)$ 有意义, 从而 $f(x)$ 就有可微点了.

例 6 试证明下列命题:

(1) 存在 $[0,1]$ 上的严格递增函数 $f(x)$, 使得 $f'(x) = 0$, a.e. $x \in [0,1]$.

(2) 设 $f(x)$ 是 $[a,b]$ 上的非负函数. 若 $f \in L([a,b])$, 则 $f(x)$ 在 $[a,b]$ 上没有原函数 (例如 $f(x) = x^{-2} \sin^2(x^{-5})$ 在 $[-1,1]$ 上没有原函数).

(3) 设 $\{f_n(x)\}$ 是 $(0,1)$ 上的递增函数列. 若有 $\lim\limits_{n \to \infty} f_n(x) = 1$, a.e. $x \in (0,1)$, 则

$$\lim_{n\to\infty}f_n'(x) = 0, \quad \text{a.e. } x \in (0,1).$$

证明 (1) 记$(0,1)\cap \mathbf{Q}=\{r_n\}$,并作函数列

$$f_n(x) = \begin{cases} 0, & 0 \leqslant x < r_n, \\ 1/2^n, & r_n \leqslant x \leqslant 1 \end{cases} \quad (n=1,2,\cdots),$$

易知$f_n(x)$在$[0,1]$上递增,且$f_n'(x)=0$, a.e. $x\in[0,1]$. 再作函数

$$f(x) = \sum_{n=1}^{\infty} f_n(x), \quad 0 \leqslant x \leqslant 1,$$

显然,$f(x)$在$[0,1]$上严格递增,且$0 \leqslant f(x) \leqslant 1$. 从而根据 Fubini 逐项微分定理可知

$$f'(x) = \sum_{n=1}^{\infty} f_n'(x) = 0, \quad \text{a.e. } x \in [0,1].$$

(2) 反证法. 假定$f(x)$在$[a,b]$上有原函数$F(x)$: $F'(x)=f(x)$ ($a \leqslant x \leqslant b$),则因$F'(x) \geqslant 0$,所以$F(x)$在$[a,b]$上递增. 从而有

$$\int_a^b f(x)\mathrm{d}x = \int_a^b F'(x)\mathrm{d}x \leqslant F(b) - F(a).$$

这说明$f \in L([a,b])$,与题设矛盾.

(3) 由题设知,存在$\{a_k\}, \{b_k\}$: $0 < a_k < b_k < 1$,使得

$$\lim_{n\to\infty}(b_k - a_k) = 1, \quad \lim_{n\to\infty} f_n(a_k) = \lim_{n\to\infty} f_n(b_k) = 1.$$

应用 Fatou 引理,我们有

$$\int_{a_k}^{b_k} \varliminf_{n\to\infty} f_n'(x) \mathrm{d}x \leqslant \varliminf_{n\to\infty} \int_{a_k}^{b_k} f_n'(x) \mathrm{d}x$$
$$\leqslant \varliminf_{n\to\infty} [f_n(b_k) - f_n(a_k)] = 1 - 1 = 0.$$

令$k \to \infty$可得$\int_0^1 \varliminf_{n\to\infty} f_n'(x) \mathrm{d}x = 0$,由此又有$\varliminf_{n\to\infty} f(x) = 0$, a.e. $x \in [0,1]$.

例7 试证明下列命题(应用 Riesz 右升点定理):

(1) 设$f \in C([a,b])$. 若(a,b)中任一点x处的右 Dini 导数之一是非负的,则$f(a) \leqslant f(b)$.

(2) 若$[a,b]$中的x的右 Dini 导数之一位于$[c,d]$内,则对任意的$x_1, x_2 \in [a,b]$,均有

$$c \leqslant [f(x_2) - f(x_1)]/(x_2 - x_1) \leqslant d.$$

(3) 若 $f(x)$ 在 $x_0 \in (a,b)$ 处的 Dini 导数之一在 x_0 处连续,则 $f'(x_0)$ 存在.

证明 (1) 注意 $x \in (a,b)$ 皆为右升点.

(2) 用(1),且令 $F(x) = f(x) - cx$.

(3) 例如右上导数,则可证
$$-\varepsilon < [f(x_2) - f(x_1)]/(x_2 - x_1) < \varepsilon \quad (x_1, x_2 \in U(x_0)).$$

例 8 设 $f(x)$ 是 (a,b) 上的递增函数,$E \subset (a,b)$. 若对任给 $\varepsilon > 0$,存在 $(a_i, b_i) \subset (a,b)$ $(i=1,2,\cdots)$,使得
$$\bigcup_{i \geqslant 1}(a_i, b_i) \supset E, \quad \sum_{i \geqslant 1}[f(b_i) - f(a_i)] < \varepsilon,$$
试证明 $f'(x) = 0$, a.e. $x \in E$.

证明 依题设我们有
$$\int_E f'(x) \mathrm{d}x \leqslant \int_{\bigcup_{k \geqslant 1}(a_k, b_k)} f'(x) \mathrm{d}x \leqslant \sum_{k \geqslant 1} \int_{a_k}^{b_k} f'(x) \mathrm{d}x$$
$$\leqslant \sum_{k \geqslant 1}[f(b_k) - f(a_k)] < \varepsilon.$$

由 ε 的任意性,可知 $\int_E f'(x) \mathrm{d}x = 0$,从而即得所证.

例 9 设 $E \subset (a,b)$ 且 $m(E) = 0$,试证明存在 $[a,b]$ 上是连续且单调上升的函数 $f(x)$,使得 $f'(x) = +\infty, x \in E$.

证明 事实上,对每一个自然数 n,我们可以取一个包含 E 的有界开集 G_n,使得 $m(G_n) < 1/2^n$,并作函数列
$$f_n(x) = m([a,x] \cap G_n), \quad x \in [a,b] \quad (n=1,2,\cdots).$$
显然,每个 $f_n(x)$ 都是非负的单调上升函数且 $f_n(x) < 1/2^n$. 由于
$$f_n(x+h) - f_n(x) \leqslant |h| \quad (|h| \text{ 充分小}),$$
故知 $f_n(x)$ 是连续函数. 现在再作函数
$$f(x) = \sum_{n=1}^{\infty} f_n(x), \quad x \in [a,b].$$
它是非负连续且单调上升的函数. 若 $x \in E$,则对于任意指定的自然数 k,可取 $|h|$ 充分小,使得
$$[x, x+h] \subset G_n, \quad n = 1, 2, \cdots, k,$$
并保证 $[x, x+h] \subset (a,b)$. 此时有

$$\frac{f_n(x+h)-f_n(x)}{h}=1, \quad n=1,2,\cdots,k.$$

从而得

$$\frac{f(x+h)-f(x)}{h} \geqslant \sum_{n=1}^{k}\frac{f_n(x+h)-f_n(x)}{h}=k.$$

这说明当 $x\in E$ 时,$f'(x)=+\infty$.

注 上例表明,单调函数是几乎处处可微的这一结论,一般说来是不能改进的.

例 10 设 $f(x)$ 是 $[a,b]$ 上的递增函数,且值域 $R(f)=[c,d]$. 若存在 $E\subset[a,b]$ 且 $m(E)=0$,使得 $m(f(E))=d-c$,则 $f'(x)=0$, a.e. $x\in[a,b]$.

证明 依题设知 $f\in C([a,b])$ 且几乎处处可微. 不妨假定 $a,b\in E$. 采用反证法. 若有

$$A=\{x\in[a,b]: f'(x)\geqslant M>0\}, \quad m(A)=r>0,$$

则存在闭集 $B\subset A\backslash E$: $m(B)\geqslant r/2, f'(x)\geqslant M(x\in B)$. 从而对 $x\in B$,存在 $\delta_x>0$,使得

$$\frac{f(y)-f(x)}{y-x}\geqslant\frac{M}{2}, \quad |y-x|<\delta_x.$$

$(f(E)\bigcap f(B)=\varnothing)$对 $\varepsilon>0$,可作开区间族 $\{I_\alpha\}$:

$$\bigcup_\alpha m(I_\alpha)<\varepsilon, \quad f(B)\subset\bigcup_\alpha I_\alpha.$$

对 $x\in B$,存在 α_x,使得 $f(x)\in I_{\alpha_x}$,且由 $f'(x)\geqslant M$,可选 $a_x,b_x\in[a,b]$,使得

$$f(x)\in(f(a_x),f(b_x))\subset I_{\alpha_x}, \quad a_x<x<b_x,$$

其中 $x-a_x<\delta_x, b_x-x<\delta_x$. 从而 $f(b_x)-f(a_x)\geqslant M(b_x-a_x)/2$. 这样,$\{(a_x,b_x)\}$ 形成 B 的覆盖,故存在有限子覆盖:$\{(a_{x_i},b_{x_i})\}_{i=1,2,\cdots,m}$,且使 B 中无点同属于两个小区间. 因此得到

$$2\varepsilon>2\sum_\alpha m(I_{\alpha_i})\geqslant M\sum_{i=1}^{m}(b_{x_i}-a_{x_i})\geqslant M\cdot m(B)\geqslant Mr/2.$$

这一矛盾导致结论成立.

例 11 解答下列问题:

(1) 设 $f(x)$ 是 $[a,b]$ 上的递增函数,试证明存在 $[a,b]$ 上的阶梯函

数列 $\{f_n(x)\}$：$f_n(x)$ 在 $[a,b]$ 上一致收敛于 $f(x)$.

(2) 记 $\{r_n\} \subset \mathbf{R}^n$ 是有理数列，且设 $f(x) = \sum_{n=1}^{\infty} |x - r_n|/n^2$，试求 $f'(x)$ 的表达式.

解 (1) 令 $f_n(x) = [nf(x)]/n$，我们有
$$f(x) - \frac{1}{n} \leqslant f_n(x) \leqslant f(x) + \frac{1}{n},$$
$$|f_n(x) - f(x)| \leqslant \frac{1}{2n} \quad (a \leqslant x \leqslant b, n \in \mathbf{N}),$$
由此即可得证.

(2) 注意到 $f(x) = \sum_{r_n < x}^{\infty} (x - r_n)/n^2 + \sum_{x \leqslant r_n} (r_n - x)/n^2$，以及 $\varphi(x) = (x - r_n), \psi(x) = -(r_n - x)$ 均为递增函数，故根据 Fubini 定理，可知
$$f'(x) = \sum_{r_n < x} \frac{1}{n^2} - \sum_{r_n \geqslant x} \frac{1}{n^2}, \quad \text{a. e. } x \in \mathbf{R}.$$

§5.2 有界变差函数

例 1 解答下列问题：

(1) 设 $f(x)$ 是 $[a,b]$ 上的单调函数，试求 $\bigvee_a^b(f)$ 的值.

(2) 试求 (i) $\bigvee_0^{4\pi}(\cos x)$； (ii) $\bigvee_{-1}^{1}(x - x^3)$ 的值.

(3) $f(x) = x\sin(\pi/x) (0 < x \leqslant 1), f(0) = 0$ 在 $[0,1]$ 上不是有界变差函数.

(4) 设 $f(x)$ 在 $[a,b]$ 上可微，且 (a,b) 内 $f'(x) = 0$ 的点可排列为
$$a < x_1 < x_2 < \cdots < x_n < b,$$
试计算 $\bigvee_a^b(f)$.

解 (1) 注意，对 $[a,b]$ 的任一分划 Δ，均有 $v_\Delta = |f(b) - f(a)|$，故
$$\bigvee_a^b(f) = |f(b) - f(a)|.$$

(2) (i) 将$[0,4\pi]$分划成若干小区间,使$\cos x$在每个小区间上成为单调函数,即可得证$\bigvee\limits_{0}^{4\pi}(\cos x)=8$.

(ii) 用$(x-x^3)$的零点$-1,0,1$分划$[-1,1]$为三个小区间,极值点为$x=\pm\sqrt{3}/3$,再以其极小值$-2\sqrt{3}/9$,极大值$2\sqrt{3}/9$来计算变差,易知
$$\bigvee\limits_{-1}^{1}(x-x^3)=8\sqrt{3}/9.$$

(3) 作$\Delta: 0<\dfrac{2}{2n-1}<\dfrac{2}{2n-3}<\cdots<\dfrac{2}{3}<1$,则
$$v_\Delta=\frac{2}{2n-1}+\left(\frac{2}{2n-1}+\frac{2}{2n-3}\right)+\cdots+\left(\frac{2}{5}+\frac{2}{3}\right)+\frac{2}{3}$$
$$=2\sum_{k=1}^{n}\frac{2}{2k-1}.$$

从而可知当$n\to\infty$时,$v_\Delta\to+\infty$,即$\bigvee\limits_{a}^{b}(f)=+\infty$.

(4) $\bigvee\limits_{a}^{b}(f)=|f(a)-f(x_1)|+\sum\limits_{i=2}^{n}|f(x_i)-f(x_{i-1})|$
$\qquad +|f(b)-f(x_n)|.$

例2 试证明下列命题:

(1) $\bigvee\limits_{a}^{b}(f)=0$ 当且仅当 $f(x)=C$(常数).

(2) 设$f\in\mathrm{BV}([a,b])$, $g\in\mathrm{BV}([a,b])$,则$M(x)=\max\{f(x),g(x)\}$是$[a,b]$上的有界变差函数.

(3) 设$f\in\mathrm{BV}([a,b])$,则$|f|\in\mathrm{BV}([a,b])$,但反之不然.

(4) 设$|f(x)|$是$[a,b]$上的有界变差函数. 若$f\in C([a,b])$,则$f\in\mathrm{BV}([a,b])$,且有$\bigvee\limits_{a}^{b}(f)=\bigvee\limits_{a}^{b}(|f|)$.

(5) 设$f,g\in\mathrm{BV}([a,b])$.

(i) $\bigvee\limits_{a}^{b}(fg)\leqslant\sup\limits_{[a,b]}\{f(x)\}\bigvee\limits_{a}^{b}(f)+\sup\limits_{[a,b]}\{g(x)\}\bigvee\limits_{a}^{b}(f)$.

(ii) 若又有$f(a)=0=g(a)$,则$\bigvee\limits_{a}^{b}(f\cdot g)\leqslant\bigvee\limits_{a}^{b}(f)\cdot\bigvee\limits_{a}^{b}(g)$.

(6) 若 $f \in \text{Lip1}([a,b])$,则 $f \in \text{BV}([a,b])$.

(7) 设 $f \in \text{BV}([a,b])$, $\varphi(x)$ 在 $(-\infty,\infty)$ 上属于 Lip1,则 $\varphi[f] \in \text{BV}([a,b])$.

证明 (1) 充分性 显然.

必要性 因为对任意的 $x \in [a,b]$,均有 $|f(x)-f(a)| \leqslant \bigvee_a^b (f) = 0$,所以得到 $f(x) = f(a)$ $(a \leqslant x \leqslant b)$.

(2) 注意 $\max\{a,b\} = [a+b+|a-b|]/2$.

(3) 注意到 $||f(x)|-|f(y)|| \leqslant |f(x)-f(y)|$,故若 $f \in \text{BV}([a,b])$,则有 $|f| \in \text{BV}([a,b])$. 反之,例如 Dirichlet 函数 $D(x)$,它不是有界变差函数,但 $|D(x)| = 1$ 则是有界变差函数.

(4) 只需指出 $\bigvee_a^b (f) \leqslant \bigvee_a^b |f|$. 为此,对分划 $a = x_0 < x_1 < \cdots < x_n = b$,考查 $v_\Delta = \sum_{i=1}^n |f(x_i)-f(x_{i-1})|$:

(i) 若 $f(x_i)$ 与 $f(x_{i-1})$ 同号,则有
$$||f(x_i)|-|f(x_{i-1})|| = |f(x_i)-f(x_{i-1})|.$$

(ii) 若 $f(x_i)$ 与 $f(x_{i-1})$ 反号,则取 $\xi_i \in (x_{i-1},x_i)$,使得 $f(\xi_i) = 0$,从而可知
$$|f(x_i)-f(x_{i-1})| \leqslant ||f(x_i)|-|f(\xi_i)|| + ||f(x_{i-1})|-|f(\xi_i)||.$$
再作分划 $\Delta': a = x_0 < x_1 < \cdots < x_{i-1} < \xi_i < x_i < \cdots < x_n = b$,我们有 $v_{\Delta'} = v_\Delta \leqslant \bigvee_a^b (|f|)$.

(5) (i) 注意公式 $a_1 a_2 - b_1 b_2 = a_1(a_2-b_2) + (a_1-b_1)b_2$.

(ii) 作标准分解 $f(x) = P(x) - N(x)$,其中
$$P(x) = \frac{1}{2}\Big[\bigvee_a^x (f) + f(x) - f(a)\Big],$$
$$N(x) = \frac{1}{2}\Big[\bigvee_a^x (f) - f(x) + f(a)\Big],$$

此时有 $\bigvee_a^b (f) = P(b) + N(b)$ (一般分解 $f = g_1 - g_2$,均为 $\bigvee_a^b (f) \leqslant g_1(b) + g_2(b)$). 现在假定 $f(x), g(x)$ 的标准分解为 $f(x) = P_1(x) -$

$N_1(x), g(x) = P_2(x) - N_2(x)$,则

$$f(x)g(x) = [P_1(x)P_2(x) + N_1(x)N_2(x)] \\ - [P_1(x)N_2(x) + N_1(x)P_2(x)].$$

从而得

$$\bigvee_a^b (fg) \leqslant [P_1(b)P_2(b) + N_1(b)N_2(b)] \\ + [P_1(b)N_2(b) + N_1(b)P_2(b)] \\ = [P_1(b) + N_1(b)][P_2(b) + N_2(b)] \\ = \bigvee_a^b (f) \cdot \bigvee_a^b (g).$$

(6) 依题设知存在 $M>0$,使得

$$|f(x) - f(y)| \leqslant M|x-y| \quad (a \leqslant x, y \leqslant b).$$

由此知对 $[a,b]$ 的任一分划 $\Delta: a = x_0 < x_1 < \cdots < x_n = b$,均有

$$v_\Delta = \sum_{i=1}^n |f(x_i) - f(x_{i-1})| \leqslant M \sum_{i=1}^n |x_i - x_{i-1}| = M(b-a).$$

这说明 $\bigvee_a^b (f) \leqslant M(b-a)$.

(7) 由题设知存在 $M>0$,使得

$$|f(x) - f(y)| \leqslant M|x-y| \quad (-\infty < x, y < +\infty).$$

从而对 $[a,b]$ 的任一分划 $\Delta: a = x_0 < x_1 < \cdots < x_n = b$,我们有

$$v_\Delta = \sum_{i=1}^n |\varphi(f(x_i)) - \varphi(f(x_{i-1}))| \leqslant \sum_{i=1}^n M|f(x_i) - f(x_{i-1})| \\ = M \sum_{i=1}^n |f(x_i) - f(x_{i-1})| \leqslant M \bigvee_a^b (f).$$

例 3 试证明下列命题:

(1) 若 $f \in \mathrm{BV}([a,b])$,则 $f(x)$ 几乎处处可微,且

$$\frac{\mathrm{d}}{\mathrm{d}x}\left(\bigvee_a^x (f)\right) = |f'(x)|, \quad \mathrm{a.\,e.\,} x \in [a,b].$$

(2) 若 $f \in \mathrm{BV}([a,b])$,则(弧长)$l_f \geqslant \int_a^b \sqrt{1 + [f'(x)]^2}\,\mathrm{d}x$.

证明 (1)(i) 根据全变差的定义可知,对任给 $\varepsilon > 0$,存在分划

$$\Delta: a = x_0 < x_1 < \cdots < x_k = b,$$

使得
$$\bigvee_a^b (f) - \sum_{i=1}^k |f(x_i) - f(x_{i-1})| < \varepsilon, \qquad (*)$$
我们可以做出$[a,b]$上的函数$g(x)$, 使得
$$g(x) = \begin{cases} f(x) + c_i, & f(x_i) \geqslant f(x_{i-1}), \\ -f(x) + c_i', & f(x_i) < f(x_{i-1}), \end{cases} \begin{pmatrix} x \in [x_{i-1}, x_i] \\ i = 1, 2, \cdots, k \end{pmatrix}$$
其中$c_i, c_i' (i=1,2,\cdots,k)$是常数.

实际上, 首先, 对$x \in [a, x_1]$, 令
$$g(x) = \begin{cases} f(x) - f(a_0), & f(x_1) \geqslant f(a_0), \\ -f(x) + f(a_0), & f(x_1) < f(a_0). \end{cases}$$

其次, 用归纳法, 若在$[a, x_i](i<k)$上已定义了$g(x)$, 则对$x \in (x_i, x_{i+1}]$, 定义
$$g(x) = \begin{cases} f(x) + [g(x_i) - f(x_i)], & f(x_{i+1}) \geqslant f(x_i), \\ -f(x) + [g(x_i) + f(x_i)], & f(x_{i+1}) < f(x_i). \end{cases}$$

对如此做成的$g(x)$, 易知对每个$[x_{i-1}, x_i]$, 或$g(x) - f(x)$或$g(x) + f(x)$是常数, 且$|g'(x)| = |f'(x)|$, a.e. $x \in [a,b]$. 又由式$(*)$可得
$$\bigvee_a^b (f) - g(b) < \varepsilon,$$
以及$\bigvee_a^x (f) - g(x)$是$[a,b]$上的递增函数.

(ii) 由(i)知, 对$\varepsilon = 1/2^n$, 存在$[a,b]$上的函数列$\{g_n(x)\}$, 使得
$$\bigvee_a^b (f) - g_n(b) < \frac{1}{2^n}, \quad |g_n'(x)| = |f'(x)|, \text{ a.e. } x \in [a,b].$$
这说明
$$\sum_{n=1}^\infty \left(\bigvee_a^x (f) - g_n(x) \right) < +\infty, \quad x \in [a,b].$$
引用Fubini逐项微分定理, 可知
$$\sum_{n=1}^\infty \left[\frac{d}{dx} \bigvee_a^x (f) - g_n'(x) \right] < +\infty, \text{ a.e. } x \in [a,b].$$
由于$|g_n'(x)| = |f'(x)|$, a.e. $x \in [a,b]$, 且$\frac{d}{dx} \bigvee_a^x (f) \geqslant 0$, a.e. $x \in$

$[a,b]$,故我们有
$$\frac{d}{dx}\bigvee_a^x(f) = |f'(x)|, \quad \text{a.e.} \ x \in [a,b].$$

(2) 实际上,记 $l_f(x)$ 是在 $[a,x]$ 上曲线 $y=f(x)$ 的弧长 ($a \leqslant x \leqslant b$),易知对 $a \leqslant x < y \leqslant b$,有
$$l_f(y) - l_f(x) \geqslant \sqrt{(y-x)^2 + [f(y)-f(x)]^2} > 0,$$
即 $l_f(x)$ 在 $[a,b]$ 上递增. 由于
$$\frac{l_f(y) - l_f(x)}{y-x} \geqslant \sqrt{1 + \left(\frac{f(y)-f(x)}{y-x}\right)^2},$$
故得
$$l_f'(x) \geqslant \sqrt{1 + [f'(x)]^2}, \quad \text{a.e.} \ x \in [a,b].$$
从而我们有
$$l_f(b) \geqslant \int_a^b l_f'(x) \, dx \geqslant \int_a^b \sqrt{1 + [f'(x)]^2} \, dx.$$

例 4 试证明下列命题:

(1) 设 $f \in C([a,b])$ 以及 $0 \leqslant \bigvee_a^b(f) \leqslant +\infty$,则对任意的 $\lambda: 0 < \lambda < \bigvee_a^b(f)$,均存在 $\delta > 0$,当分划 $\Delta: a = x_0 < x_1 < \cdots < x_n = b$ 满足 $\|\Delta\| = \max\{x_i - x_{i-1}: i=1,2,\cdots,n\} < \delta$ 时,有
$$\sum_{i=1}^n |f(x_i) - f(x_{i-1})| > \lambda. \tag{$*$}$$

(2) 设 $f \in BV([a,b])$,$E = \{x_i\} \subset [a,b]$. 若 $f(x) = 0 \ (x \neq x_i)$,则 $f'(x) = 0$,a.e. $x \in [a,b]$.

证明 (1) 由题设知,存在 $\delta > 0$ 与分划 $\Delta': a = t_0 < \cdots < t_p = b$,使得
$$v_{\Delta'} = \sum_{j=1}^p |f(t_j) - f(t_{j-1})| > \lambda, \quad \|\Delta'\| < \delta,$$
且有 ($f \in C([a,b])$)
$$|f(x) - f(y)| < (v_{\Delta'} - \lambda)/2p \quad (x,y \in [a,b] \text{ 且 } |x-y| < \delta).$$

现在,对满足 $\|\Delta'\| < \delta$ 的分划 Δ',相应于式 $(*)$ 中的第 i 项与 Δ' 中

的 j 项满足 $y_{j-1} \leqslant x_{i-1} < x_i \leqslant y_j$，有
$$|f(x_i) - f(x_{i-1})| > |f(y_j) - f(y_{j-1})| - (v_{\Delta'} - \lambda)/p.$$
从而可得
$$\sum_{i=1}^{n} |f(x_i) - f(x_{i-1})| > \sum_{j=1}^{p} |f(y_j) - f(y_{j-1})| - (v_{\Delta'} - \lambda)$$
$$= v_{\Delta'} - (v_{\Delta'} - \lambda) = \lambda.$$

(2) 令 $f(x_i) = a_i (i \in \mathbf{N}), S = \{x_i\}$，并作点集
$$E_k = \left\{ x \in [a,b] : x \in S, \text{且存在无限多个 } y, \right.$$
$$\left. \text{使得} \left| \frac{f(y) - f(x)}{y - x} \right| > \frac{1}{k} \right\},$$

即 $x \in E_k$ 当且仅当对无限多个 i，有 $|x - x_i| < k|a_i|$. 记 $J_i = (x_i - k|a_i|, x_i + k|a_i|)$，易知
$$\bigcup_{i=1}^{\infty} J_i \supset E_k, \quad \sum_{i=1}^{\infty} m(J_i) = 2k \sum_{i=1}^{\infty} |a_i| < +\infty$$

$\left(f \in \mathrm{BV}([a,b])，故 \sum_{i=1}^{\infty} |a_i| < +\infty \right)$. 因此，其上限集为零测集：
$m\left(\bigcap_{N=1}^{\infty} \bigcup_{i=N}^{\infty} J_i \right) = 0.$ 这说明除一零测集外，不能有无限多个 x 进入 E_k，于是 $m(E_k) = 0$. 从而我们有
$$m\left(S \cup \left(\bigcup_{k=1}^{\infty} E_k \right) \right) = 0, \quad f'(x) = 0 \quad \left(x \in \bigcup_{k=1}^{\infty} E_k \right).$$

例 5 试证明下列命题：

(1) 设 $f \in \mathrm{Lip1}([a,b])$，则 $\bigvee_a^x (f)$ 也是属于 $\mathrm{Lip1}([a,b])$.

(2) 设 $E \subset [0,1]$，则 $\chi_E(x)$ 在 $[0,1]$ 上有界变差的充分必要条件是：E 的边界点集是有限集.

证明 略.

例 6 试证明下列命题：

(1) 设 $f \in \mathrm{BV}([0,a])$，令 $F(x) = \frac{1}{x} \int_0^x f(t) \mathrm{d}t \ (0 < x \leqslant a)$，则 $F \in \mathrm{BV}([0,a])$.

(2) 设 $f \in \mathrm{BV}([a,b])$ 当且仅当存在 $[a,b]$ 上的函数 $F(x)$,使得
$$|f(x')-f(x'')| \leqslant F(x'')-F(x') \quad (a \leqslant x' < x'' \leqslant b). \quad (*)$$

(3) 设 $f \in \mathrm{BV}([a,b])$. 若有 $\bigvee_a^b(f) = f(b) - f(a)$,则 $f(x)$ 在 $[a,b]$ 上递增.

证明 (1) 根据 Jordan 分解,只需指出:当 $f(x)$ 是递增函数时, $F(x)$ 也递增. 为此,假定 $0 < x < y \leqslant a$,我们有
$$F(y) - F(x) = \frac{1}{y}\int_x^y f(t)\,\mathrm{d}t + \left(\frac{1}{y} - \frac{1}{x}\right)\int_0^x f(t)\,\mathrm{d}t$$
$$\geqslant \frac{(y-x)f(x)}{y} + xf(x)\left(\frac{1}{y} - \frac{1}{x}\right) = 0.$$

由此即得所证.

(2) **必要性** 取 $F(x) = \bigvee_a^x(f)$,则对 $a \leqslant x' < x'' \leqslant b$,我们有
$$|f(x'') - f(x')| \leqslant \bigvee_{x'}^{x''}(f) = F(x'') - F(x').$$

充分性 假定式 $(*)$ 成立,则对 $[a,b]$ 的任一分划 $\Delta: a = x_0 < x_1 < \cdots < x_n = b$,我们有
$$v_\Delta = \sum_{i=1}^n |f(x_i) - f(x_{i-1})|$$
$$\leqslant \sum_{i=1}^n |F(x_i) - F(x_{i-1})| = F(b) - F(a).$$

由此即知 $f \in \mathrm{BV}([a,b])$.

(3) 令 $F(x) = \bigvee_a^x(f) - f(x) + f(a)$,则 $F(a) = F(b) = 0$. 易知 $F(x)$ 是递增函数,故有 $F(x) = 0\,(a \leqslant x \leqslant b)$. 这说明 $f(x) = f(a) + \bigvee_a^x(f)$. 证毕.

例7 试证明下列命题:

(1) 设 $f(x)$ 在 $[a,b]$ 上可微. 若 $f' \in R([a,b])$,则
$$\bigvee_a^b(f) = \int_a^b |f'(x)|\,\mathrm{d}x.$$

(2)（更广的结果）设 $f \in R([a,b])$. 令 $F(x) = \int_a^x f(t)\mathrm{d}t (a \leqslant x \leqslant b)$，则 $\bigvee_a^b (F) = \int_a^b |f(t)|\mathrm{d}t$.

证明 (1) (i) 对 $x', x'' \in [a,b]$ 且 $x' < x''$，我们有
$$|f(x'') - f(x')| = \left|\int_{x'}^{x''} f'(x)\mathrm{d}x\right| \leqslant \int_{x'}^{x''} |f'(x)|\mathrm{d}x.$$

由此易知 $\bigvee_a^b (f) \leqslant \int_a^b |f'(x)|\mathrm{d}x$.

(ii) 作 $[a,b]$ 的分划 $\Delta: a = x_0 < x_1 < \cdots < x_n = b$，则
$$v_\Delta = \sum_{i=1}^n |f(x_i) - f(x_{i-1})| = \sum_{i=1}^n |f'(\xi_i)| |x_i - x_{i-1}|.$$

注意到 $v_\Delta \leqslant \bigvee_a^b (f)$，由题设知
$$\int_a^b |f'(x)|\mathrm{d}x = \lim_{\|\Delta\| \to 0} \sum_{i=1}^n |f'(\xi_i)| |x_i - x_{i-1}| \leqslant \bigvee_a^b (f).$$

综合(i),(ii)即得所证.

(2) (i) 对 $[a,b]$ 的任一分划，$\Delta: a = x_0 < x_1 < \cdots < x_n = b$，均有
$$v_\Delta = \sum_{i=1}^n |F(x_i) - F(x_{i-1})| = \sum_{i=1}^n \left|\int_{x_{i-1}}^{x_i} f(t)\mathrm{d}t\right|$$
$$\leqslant \sum_{i=1}^n \int_{x_{i-1}}^{x_i} |f(t)|\mathrm{d}t = \int_a^b |f(t)|\mathrm{d}t < +\infty.$$

由此即知 $F \in \mathrm{BV}([a,b])$，且 $\bigvee_a^b (F) \leqslant \int_a^b |f(t)|\mathrm{d}t$.

(ii)（A）先看特定的阶梯函数
$$\varphi(x) = \sum_{i=1}^n \varepsilon_i \chi_{[x_{i-1},x_i]}(x), \quad \varepsilon_i = 1 \text{ 或 } 0 \text{ 或 } -1 \quad (a \leqslant x \leqslant b).$$

我们有
$$\int_a^b \varphi(x) f(x) \mathrm{d}x = \sum_{i=1}^n \varepsilon_i \int_{x_{i-1}}^{x_i} f(t)\mathrm{d}t$$
$$\leqslant \sum_{i=1}^n \left|\int_{x_{i-1}}^{x_i} f(t)\mathrm{d}t\right| = \sum_{i=1}^n |F(x_i) - F(x_{i-1})| \leqslant \bigvee_a^b (F).$$

(B) 对于题设中的 $f(x)$,作 $[a,b]$ 上的阶梯函数列 $\{\psi_n(x)\}$,使得 $\lim\limits_{n\to\infty}\psi_n(x)=f(x)$, a.e. $x\in[a,b]$,且令

$$\varphi_n(x) = \text{sgn}\{\psi_n(x)\} \quad (n\in\mathbf{N}, x\in[a,b]),$$

由(A)易知 $\int_a^b \varphi_n(x)f(x)\mathrm{d}x \leqslant \bigvee_a^b (F)$. 又注意到

$$\lim_{n\to\infty}\varphi_n(x)f(x) = |f(x)|, \quad \text{a.e. } x\in[a,b],$$

根据控制收敛定理可得

$$\int_a^b |f(t)|\mathrm{d}t = \lim_{n\to\infty}\int_a^b \varphi_n(x)f(x)\mathrm{d}x \leqslant \bigvee_a^b (F).$$

例 8 试证明下列命题:

(1) 设 $f\in\mathrm{BV}([a,b])$. 若 $f(x)$ 有原函数,则 $f\in\mathrm{C}([a,b])$.

(2) 设 $f:[a,b]\to[c,d]$ 是连续函数. 若对任意的 $y\in[c,d]$, 点集 $f^{-1}(\{y\})$ 至多有(在 $[a,b]$ 内)10 个点,则 $\bigvee_a^b (f) \leqslant 10(d-c)$.

(3) 设 $f\in\mathrm{BV}([a,b])$. 若 $x_0\in[a,b]$,则 $x=x_0$ 是 $f(x)$ 的连续点当且仅当 $x=x_0$ 是 $\bigvee_a^x (f)$ 的连续点.

(4) 设 $f\in\mathrm{BV}([a,b])$. 对 $f(x)$ 的不连续点 $x_0\in[a,b]$,记

$$D(x_0) = |f(x_0+0)-f(x_0)|+|f(x_0-0)-f(x_0)|$$

(若 $x_0=a$ 或 b,则令 $D(x_0)=|f(x_0+0)-f(x_0)|$ 或 $|f(x_0-0)-f(x_0)|$),现在假定 $\{x_n\}\subset[a,b]$ 是 $f(x)$ 的不连续点列,则

$$\sum_{n\geqslant 1} D(x_n) \leqslant \bigvee_a^b (f).$$

证明 (1) 反证法. 若存在 $x_0\in(a,b)$,使得 $|f(x_0+0)-f(x_0-0)|=\delta_0>0$,则对任意的 $\varepsilon>0$,有 $|f(x_0+\varepsilon)-f(x_0-\varepsilon)|>\delta_0/2$. 从而 $f(x)$ 在两值

$$\max\{[f(x_0-0),f(x_0+0)\}+\delta_0/3$$

与

$$\min\{f(x_0-0),f(x_0+0)\}-\delta_0/3$$

之间取不到中间值,这与 $f(x)$ 具有原函数矛盾.

(2) 对 $[a,b]$ 的任一分划 $\Delta: a=x_0<x_1<\cdots<x_n=b$,记 $I_i=[x_{i-1},x_i]$, J_i 表示以 $f(x_{i-1}), f(x_i)$ 为端点的区间,则 $f(I_i)$ 仍是一个

区间,且有

$$\sum_{i=1}^{n}|f(x_i)-f(x_{i-1})|\leqslant \sum_{i=1}^{n}\left|\int_{f(x_{i-1})}^{f(x_i)}1\mathrm{d}y\right|=\sum_{i=1}^{n}\int_{c}^{d}\chi_{J_i}(y)\mathrm{d}y$$

$$\leqslant \sum_{i=1}^{n}\int_{c}^{d}\chi_{f(I_i)}(y)\mathrm{d}y=\int_{c}^{d}\sum_{i=1}^{n}\chi_{f(I_i)}(y)\mathrm{d}y\leqslant 10(d-c).$$

(3)(i)因为对 $a\leqslant x_0<x\leqslant b$,有

$$|f(x)-f(x_0)|\leqslant \bigvee_{x_0}^{x}(f)=\bigvee_{a}^{x}(f)-\bigvee_{a}^{x_0}(f).$$

所以当 $\bigvee_{a}^{x}(f)$ 在 $x=x_0$ 处连续时, $f(x)$ 也在 $x=x_0$ 处连续.

(ii) 设 $x=x_0\in[a,b]$ 是 $f(x)$ 的连续点,即对任给 $\varepsilon>0$,存在 $\delta>0$,使得

$$|f(x)-f(x_0)|<\varepsilon/2,\quad x\in[x_0,x_0+\delta)\subset[a,b].$$

作 $[x_0,x_0+\delta]$ 的分划 Δ: $x_0<x_1<\cdots<x_n=x_0+\delta$,使得

$$\sum_{i=1}^{n}|f(x_i)-f(x_{i-1})|+\frac{\varepsilon}{2}>\bigvee_{x_0}^{x_0+\delta}(f).$$

由于 $\sum_{i=2}^{n}|f(x_i)-f(x_{i-1})|\leqslant \bigvee_{x_1}^{x_0+\delta}(f)$, $\bigvee_{x_0}^{x_0+\delta}(f)=\bigvee_{x_0}^{x_1}(f)+\bigvee_{x_1}^{x_0+\delta}(f)$,故

$$\bigvee_{x_0}^{x_1}(f)=\bigvee_{x_0}^{x_0+\delta}(f)-\bigvee_{x_1}^{x_0+\delta}(f)$$

$$\leqslant \sum_{i=1}^{n}|f(x_i)-f(x_{i-1})|$$

$$+\frac{\varepsilon}{2}-\sum_{i=2}^{n}|f(x_i)-f(x_{i-1})|$$

$$=|f(x_1)-f(x_0)|+\frac{\varepsilon}{2}<\varepsilon.$$

从而知 $\bigvee_{x_0}^{x}(f)\leqslant \bigvee_{x_0}^{x_1}(f)<\varepsilon(x_0\leqslant x\leqslant x_1)$. 这说明 $\bigvee_{a}^{x}(f)$ 在 $x=x_0$ 处是右连续的.同理可证 $\bigvee_{a}^{x}(f)$ 在 $x=x_0$ 处左连续.

(4) 若不连续点是有限个: $x_1,x_2,\cdots,x_m$,又设 $d>0$ 是这些点之

间的最小距离,则对任给 $\varepsilon>0$,存在
$$0<a_i<d/2, \quad 0<b_i<d/2 \quad (i=1,2,\cdots,m),$$
$$|f(x_i-0)-f(x_i-a_i)|<\varepsilon/2m,$$
$$|f(x_i+0)-f(x_i+b_i)|<\varepsilon/2m.$$

现在作 $[a,b]$ 之分划 $\Delta: x_i, x_i-a_i, x_i+b_i (i=1,2,\cdots,m)$,则在其上 $f(x)$ 的变差 v_Δ 有估计:
$$v_\Delta \geq \sum_{i=1}^m (|f(x_i-a_i)-f(x_i)|+|f(x_i)-f(x_i+b_i)|),$$
$$|f(x_i-0)-f(x_i)| \leq |f(x_i-0)-f(x_i-a_i)|$$
$$+|f(x_i-a_i)-f(x_i)|$$
$$\leq \varepsilon/2m+|f(x_i-a_i)-f(x_i)|.$$

由此知 $|f(x_i-0)-f(x_i)|-\varepsilon/2m<|f(x_i-a_i)-f(x_i)|$. 类似地可推 $|f(x_i+0)-f(x_i)|-\varepsilon/2M<|f(x_i+b_i)-f(x_i)|$. 从而得
$$v_\Delta \geq \sum_{i=1}^m \left\{\left(|f(x_i-0)-f(x_i)|-\frac{\varepsilon}{2m}\right)\right.$$
$$\left.+\left(|f(x_i+0)-f(x_i)|-\frac{\varepsilon}{2m}\right)\right\}$$
$$=\sum_{i=1}^m \left\{|f(x_i-0)-f(x_i)|+|f(x_i+0)-f(x_i)|-\frac{\varepsilon}{m}\right\}$$
$$=\sum_{i=1}^m D(x_i)-\varepsilon.$$

因此,我们有 $v_\Delta \geq \sum_{i=1}^m D(x_i)$. 随之就有 $\bigvee_a^b (f) \geq \sum_{i=1}^m D(x_i) (m\in\mathbf{N})$.

由此易知 $\bigvee_a^b (f) \geq \sum_{i\geq 1} D(x_i)$ (即可列个 x_i 也成立).

注 由(4)知,若 $f\in\mathrm{BV}([a,b])$,则点集
$$E_k=\{x\in[a,b]: \omega_f(x)>1/k\}$$
必为有限集. ($\omega_f(x)$ 表示 $f(x)$ 在 x 点上的振幅)

例 9 试证明下列命题:

(1) 设 $\{f_k(x)\}$ 是 $[a,b]$ 上的有界变差函数列,且有
$$\bigvee_a^b (f_k) \leq M \ (k=1,2,\cdots), \quad \lim_{k\to\infty} f_k(x)=f(x), x\in[a,b],$$

则 $f \in \mathrm{BV}([a,b])$ 且满足 $\bigvee_a^b (f) \leqslant M$.

(2) 设 $f \in \mathrm{BV}([a,b]), f_n \in \mathrm{BV}([a,b]) (n \in \mathbf{N})$. 若有
$$\lim_{n \to \infty} \bigvee_a^b (f - f_n) = 0,$$
则存在 $\{f_{n_k}(x)\}$, 使得 $\lim_{k \to \infty} f'_{n_k}(x) = f'(x)$, a.e. $x \in [a,b]$.

(3) 设 $f_n \in \mathrm{BV}([a,b]) (n \in \mathbf{N})$. 若对任给 $\varepsilon > 0$, 存在 n_0, 使得 $\bigvee_a^b (f_n - f_m) < \varepsilon (n, m \geqslant n_0)$, 且 $\{f_n(a)\}$ 是 Cauchy 列, 则存在 $f \in \mathrm{BV}([a,b])$, 使得 $\lim_{n \to \infty} \bigvee_a^b (f_n - f) = 0$.

证明 (1) 对 $[a,b]$ 的任一分划 $\Delta: a = x_0 < x_1 < \cdots < x_n = b$, 我们有
$$\sum_{i=1}^n |f_k(x_i) - f_k(x_{i-1})| \bigvee_a^b (f_k) \leqslant M \quad (n \in \mathbf{N}).$$
令 $k \to \infty$, 则由题设知
$$\lim_{k \to \infty} \sum_{i=1}^n |f_k(x_i) - f_k(x_{i-1})|$$
$$= \sum_{i=1}^n |f(x_i) - f(x_{i-1})| \leqslant M \quad (n \in \mathbf{N}).$$
从而可得 $\bigvee_a^b (f) \leqslant M$. 证毕.

(2) 依题设知, 存在 $\{f_{n_i}(x)\}$, 使得 $\sum_{i=1}^\infty \bigvee_a^b (f - f_{n_i}) < +\infty$. 令 $g_i(x) = \bigvee_a^x (f - f_{n_i}) (x \in [a,b])$, 易知 $\sum_{i=1}^\infty g_i(x)$ 在 $[a,b]$ 上收敛. 注意到 $g_i(x) (i \in \mathbf{N})$ 在 $[a,b]$ 上递增, 故根据 Fubini 定理, 可知
$$\sum_{i=1}^\infty \frac{\mathrm{d}}{\mathrm{d}x} \left(\bigvee_a^x (f - f_{n_i}) \right) \text{a.e. 收敛}.$$
这说明
$$\sum_{i=1}^\infty |f'(x) - f'_{n_i}(x)| < +\infty, \quad \text{a.e. } x \in [a,b],$$

237

即 $\lim_{i\to\infty}|f'(x)-f'_{n_i}(x)|=0$, a.e. $x\in[a,b]$. 证毕.

(3) (i) 令 $\bigvee_a^b(f_{n_0})=M$, 由题设知对 $[a,b]$ 的任一分划 Δ: $a=x_0<x_1<\cdots<x_m=b$, 我们有

$$\sum_{i=1}^m |f_n(x_i)-f_n(x_{i-1})|$$

$$\leqslant \sum_{i=1}^m |f_n(x_i)-f_{n_0}(x_i)-f_n(x_{i-1})+f_{n_0}(x_{i-1})|$$

$$+\sum_{i=1}^m |f_{n_0}(x_i)-f_{n_0}(x_{i-1})|$$

$$\leqslant \bigvee_a^b(f_n-f_{n_0})+\bigvee_a^b(f_{n_0})<\varepsilon+M.$$

由此知 $\bigvee_a^b(f_n)<M'$ ($n\in\mathbf{N}$, $M'>0$).

现在设 $|f_n(a)|\leqslant M''$ ($n\in\mathbf{N}$, $M''>0$). 因为我们有

$$|f_n(x)|\leqslant |f_n(x)-f_n(a)|+|f_n(a)|$$

$$\leqslant \bigvee_a^b(f_n)+M''\leqslant M''' \quad (n\in\mathbf{N}, M'''>0),$$

所以根据已知结论, 存在 $\{f_{n_k}(x)\}$ 以及 $f\in \mathrm{BV}([a,b])$, 使得

$$\lim_{k\to\infty} f_{n_k}(x)=f(x) \quad (a\leqslant x\leqslant b).$$

(ii) 易知对任给 $\varepsilon>0$, 对任意的分划 Δ, 我们有

$$\sum_\Delta |f_{n_k}(x_i)-f_n(x_i)-f_{n_k}(x_{i-1})+f_n(x_{i-1})|$$

$$\leqslant \bigvee_a^b(f_{n_k}-f)<\varepsilon \quad (k,n\geqslant n_0).$$

令 $k\to\infty$, 则得 ($n\geqslant n_0$)

$$\sum_\Delta |f(x_i)-f_n(x_i)-f(x_{i-1})+f_n(x_{i-1})|<\varepsilon.$$

由此即得 $\bigvee_a^b(f-f_n)<\varepsilon$, 也即 $\lim_{n\to\infty}\bigvee_a^b(f-f_n)=0$.

例 10 设 $\sum_{k=1}^{\infty}|a_k|<+\infty$,则 $f(x)=\sum_{k=1}^{\infty}a_k x^k$ 在 $[-1,1]$ 是有界变差函数.

证明 先看对 $[0,1]$ 的任一分划 $\Delta: 0=x_0<x_1<\cdots<x_n=1$,有
$$v_\Delta = \sum_{i=1}^{n}|f(x_i)-f(x_{i-1})| = \sum_{i=1}^{n}\Big|\sum_{k=1}^{\infty}a_k(x_i^k - x_{i-1}^k)\Big|$$
$$\leqslant \sum_{i=1}^{n}\Big(\sum_{k=1}^{\infty}|a_k|(x_i^k - x_{i-1}^k)\Big) = \sum_{k=1}^{\infty}|a_k|\Big(\sum_{i=1}^{n}(x_i^k - x_{i-1}^k)\Big)$$
$$= \sum_{k=1}^{\infty}|a_k|.$$

由此知 $\bigvee_0^1(f)<+\infty$. 类似地可推 $f\in BV([-1,0])$. 即得所证.

§5.3 不定积分的微分

例 1 解答下列问题:

(1) 设 $F(x)=\int_0^x \chi_\mathbf{Q}(t)dt(0\leqslant x\leqslant 1)$,试问在怎样的点 x 上, $F'(x)\neq\chi_\mathbf{Q}(x)$?

(2) 令 $\{r_n\}\subset(0,1)$ 是有理数列,$\{a_n\}$ 是实数列,定义
$$f_n(x)=\begin{cases}|x-r_n|^{-1/2}2^{-n}, & x\neq r_n \\ a_n, & x=r_n\end{cases} (n\in\mathbf{N}); \quad f(x)=\sum_{n=1}^{\infty}f_n(x),$$
试证明 $f\in L([0,1])$,且无论怎样给定 $\{a_n\}$,$F(x)=\int_0^x f(t)dt$ 在 $x=r_n$ 上不可导.

(3) 设 $E\subset[0,1]$ 是可测集,若存在 $l: 0<l<1$,使得对 $[0,1]$ 中任意的子区间 $[a,b]$,均有 $m(E\cap[a,b])\geqslant l(b-a)$,试证明 $m(E)=1$.

解 (1) 因为 $F(x)\equiv 0$,所以由 $F'(x)=0=\chi_\mathbf{Q}(x)$, a. e. $x\in[0,1]$,可知 $F'(x)\neq\chi_\mathbf{Q}(x)(x\in\mathbf{Q})$.

(2) 由 $f_n(x)\geqslant 0$, a. e. $x\in[0,1]$,我们有
$$0\leqslant \int_0^1 f_n(x)dx \leqslant \int_{r_n-1}^{r_n+1} 2^{-n}|x-r_n|^{-1/2}dx = 2^{-n+2}.$$

从而知 $\int_0^1 f(x)\,dx \leqslant \sum_{n=1}^{\infty} 2^{-n+2} < +\infty$,即 $f \in L([0,1])$.

此外,对任意的 $r_n, h > 0$,我们有
$$\frac{F(r_n+h)-F(r_n)}{h} = \frac{1}{h}\int_{r_n}^{r_n+h} f(x)\,dx \geqslant \frac{1}{h}\int_{r_n}^{r_n+h} f_n(x)\,dx$$
$$\geqslant \frac{1}{2^n} h^{-1/2} \to \infty \quad (h \to 0).$$

从而知后一结论为真.

(3) 对 $x \in [0,1]$,由题设知 $\frac{1}{x-a}\int_a^x \chi_E(t)\,dt \geqslant l$.令 $x \to a+$,则得 $1 \geqslant l$,a.e. $x \in [0,1]$.这说明这些几乎处处的点是 E 中点,即 $m(E) = 1$.

例 2 试证明下列命题:

(1) 设 $f \in L([0,1])$,$g(x)$ 是定义在 $[0,1]$ 上的单调上升函数,若对任意的 $[a,b] \subset [0,1]$,有
$$\left|\int_a^b f(x)\,dx\right|^2 \leqslant [g(b)-g(a)](b-a),$$
则 $f^2(x)$ 是 $[0,1]$ 上的可积函数.

(2) 设 $f(x)$ 是 $\mathbf{R}$ 上的有界可测函数,$0 < \lambda < 1$.若对任意的区间 $[a,b]$,有
$$\left|\int_a^b f(x)\,dx\right|^p \leqslant \lambda(b-a)^{p-1}\int_a^b |f(x)|^p\,dx \quad (p > 1),$$
则 $f(x) = 0$,a.e. $x \in \mathbf{R}$.

(3) 设定义在 $\mathbf{R}$ 上的局部可积函数 $f(x)$,$E \subset \mathbf{R}$ 且 $\overline{E} = \mathbf{R}$.若 $f(x+t) = f(x)$ ($t \in E, x \in \mathbf{R}$),则有 $f(x) = C$(常数),a.e. $x \in \mathbf{R}$.

证明 (1) 依题设知,对任意的 $x, x+\Delta x \in [0,1]$,均有
$$\left|\int_x^{x+\Delta x} f(t)\,dt\right|^2 \leqslant [g(x+\Delta x)-g(x)]\Delta x, \quad \Delta x > 0,$$
$$\left|\frac{1}{\Delta x}\int_x^{x+\Delta x} f(t)\,dt\right|^2 \leqslant \frac{[g(x+\Delta x)-g(x)]}{\Delta x}, \quad \Delta x > 0.$$

令 $\Delta x \to 0$,即得 $|f(x)|^2 \leqslant g'(x)$,a.e. $x \in [0,1]$.这说明结论成立.

(2) 进行与(1)类似的操作,我们有
$$\left|\frac{1}{\Delta x}\int_x^{x+\Delta x}f(t)dt\right|^p \leqslant \lambda\frac{1}{\Delta x}\int_x^{x+\Delta x}|f(t)|^p dt \quad (\Delta x>0).$$
再令 $\Delta x \to 0$,可知 $|f(x)|^p \leqslant \lambda |f(x)|^p$, a.e. $x\in[a,b]$. 由此即得
$$|f(x)|=0, \quad \text{a.e. } x\in[a,b].$$

(3) (i) 若 $f\in C(\mathbf{R})$,则由 $f(x)=f(0)(x\in E)$ 与 $\bar{E}=\mathbf{R}$ 可知 $f(x)=f(0)(x\in \mathbf{R})$.

(ii) 对 $f\in L([a,b])([a,b]\subset\mathbf{R})$,作函数
$$f_h(x)=\frac{1}{h}\int_x^{x+h}f(t)dt \quad (h>0, x\in\mathbf{R}),$$
易知 $f_h\in C(\mathbf{R})$ 且 $f_h(x+s)=f_h(x)(s\in E)$. 从而由(i)知 $f_h(x)\equiv f_h(0)$(常数,$x\in\mathbf{R}$). 因为 $\lim_{h\to 0}f_h(x)=f(x)(h\to 0,\text{a.e. }x\in\mathbf{R})$,所以
$$f(x)=f(0), \quad \text{a.e. } x\in\mathbf{R}.$$

例3 试证明下列命题:

(1) 设 $f(x)$ 是以 2π 与 1 为周期的可积函数,则 $f(x)=C$(常数), a.e. $x\in\mathbf{R}$.

(2) 设 $f(x)$ 是 $\mathbf{R}$ 上的可测函数,且 $\mathbf{R}$ 中一个稠密集中的数皆是 $f(x)$ 的周期,则 $f(x)=C$(常数),a.e. $x\in\mathbf{R}$.

(3) 设 $f\in L(\mathbf{R})$. 若对任一满足 $m(G)=1$ 的开集 G,均有 $\int_G f(x)dx=0$,则 $f(x)=0$,a.e. $x\in\mathbf{R}$.

证明 (1) (i) 若 $f\in C(\mathbf{R})$,令 $E=\{2k\pi+i: k,i\in\mathbf{Z}\}$,则由题设知 $f(x)=f(0)(x\in E)$. 因为 $\bar{E}=\mathbf{R}$,所以 $f(x)\equiv f(0)$.

(ii) 对 $f\in L([a,b])([a,b]\subset\mathbf{R})$,作函数($|h|>0$)
$$f_h(x)=\frac{1}{h}\int_x^{x+h}f(t)dt=\frac{1}{h}\int_0^h f(x+t)dt,$$
则可得
$$f_h(x+1)=\frac{1}{h}\int_0^h f(x+t+1)dt=\frac{1}{h}\int_0^h f(x+t)dt=f_h(x),$$
$$f_h(x+2\pi)=f_h(x).$$
因为 $f_h(x)$ 是连续函数,所以由(i)知 $f_h(x)\equiv C$(常数). 注意到 $\lim_{h\to 0}f_h(x)=f(x)$,a.e. $x\in\mathbf{R}$,即可得证.

(2) 令 $g(x) = f(x)/[|f(x)|+1]$ $(x \in \mathbf{R})$，则 $|g(x)| < 1$ 且其周期与 $f(x)$ 相同. 考查 $G(x) = \int_0^x g(t)\mathrm{d}t$ (注意：若 $T > 0$ 是 $\varphi(x)$ 的周期，$\varphi \in L([0, T])$，则

$$\lim_{X \to +\infty} \frac{1}{X} \int_0^X \varphi(t)\mathrm{d}t = \frac{1}{T}\int_0^T \varphi(t)\mathrm{d}t \triangleq L_\varphi.$$

对于 $g(t)$ 的周期列 $\{T_n\}: T_n \to 0(n \to \infty)$，我们有

$$L_g = \frac{G(x+T_n) - G(x)}{T_n} \quad (n \in \mathbf{N}).$$

令 $n \to \infty$ 可知 $L_g = G'(x) = g(x)$, a. e. $x \in \mathbf{R}$. 由此即得所证.

(3) 由题设知, 对 $a \in \mathbf{R}$ 有 $\int_a^{a+1} f(x)\mathrm{d}x = 0$, 故对于 $b > 0$, 可得

$$\frac{1}{b}\int_a^{a+b} f(x)\mathrm{d}x = \frac{1}{b}\int_a^{a+1+b} f(x)\mathrm{d}x.$$

令 $b \to 0$, 我们有 $f(a) = f(a+1)$, a. e. $a \in \mathbf{R}$. 令
$E_1 = \{a \in \mathbf{R}: f(a) \neq f(a+1)\}, \quad m(E_1) = 0,$
$E_2 = \{a \in \mathbf{R}: f(a) = f(a+1) \neq f(a+2)\}, \quad m(E_2) = 0,$
……………
$E_n = \{a \in \mathbf{R}: f(a) = f(a+1) = \cdots = f(a+n)$
$\neq f(a+n+1)\}, \quad m(E_n) = 0,$
……………

且记 $S = \mathbf{R} \setminus \left(\bigcup_{n=1}^\infty E_n\right)$, 则 $f(a) = f(a+1) = \cdots = f(a+n) = \cdots (a \in S)$, 以及

$$\lim_{n \to \infty}\left(n \int_a^{a+1/n} f(x)\mathrm{d}x\right) = f(a) \quad (a \in S \setminus \mathbf{Z}, m(\mathbf{Z}) = 0).$$

对 $a \in S \setminus \mathbf{Z}$, 令

$$G = \left(a, a+\frac{1}{n}\right) \cup \left(a+1, a+1+\frac{1}{n}\right) \cup \cdots$$
$$\cup \left(a+n-1, a+n-1+\frac{1}{n}\right),$$

则 G 是开集. 且 $m(G) = 1$, 且有

$$\int_G f(x)\mathrm{d}x = 0 = n\int_a^{a+1/n} f(x)\mathrm{d}x \to f(a) \quad (n\to\infty).$$

这说明对几乎处处的 $a\in\mathbf{R}$,有 $f(a)=0$.

例 4 试证明下列命题:

(1) 设 $f\in L([a,b])$, $x_0\in(a,b)$ 是 $f(x)$ 的 Lebesgue 点. $\{E_n\}$ 是 (a,b) 中可测集列, $\{\delta_n\}$ 是收敛于零的正数列,且 $E_n\subset[x_0-\delta_n,x_0+\delta_n]$, $m(E_n)\geqslant \alpha\delta_n(\alpha>0,n\in\mathbf{N})$. 则

$$\lim_{n\to\infty}\frac{1}{m(E_n)}\int_{E_n} f(x)\mathrm{d}x = f(x_0).$$

(2) 设 $f\in L([0,1])$. 若对任意的 $x\in(0,1)$ 以及 $\varepsilon>0$, 均存在开区间 $J_x\subset(0,1)$, 使得

$$x\in J_x, m(J_x)<\varepsilon, \quad \int_{J_x} f(t)\mathrm{d}t = 0.$$

则对任意的开区间 $I\subset(0,1)$, 均有 $\int_I f(t)\mathrm{d}t=0$.

证明 (1) 注意 $\lim\limits_{n\to\infty}\dfrac{1}{2\delta_n}\int_{x_0-\delta_n}^{x_0+\delta_n}|f(x)-f(x_0)|\mathrm{d}x=0$, 以及

$$\frac{1}{m(E_n)}\int_{E_n}|f(x)-f(x_0)|\mathrm{d}x \leqslant \frac{2}{\alpha}\cdot\frac{1}{2\delta_n}\int_{x_0-\delta_n}^{x_0+\delta_n}|f(x)-f(x_0)|\mathrm{d}x.$$

(2) 对 $f(x)$ 的 Lebesgue 点 $x_0\in(0,1)$, 有收敛于 0 的正数列 $\{\delta_n\}$: $x_0\in J_n=[x_0-\delta_n,x_0+\delta_n]\subset(0,1)$, $\delta_n<1/n$, 使得

$$0 = \lim_{n\to\infty}\frac{1}{2\delta_n}\int_{x_0-\delta_n}^{x_0+\delta_n} f(x)\mathrm{d}x = f(x_0), \quad f(x_0)=0.$$

因为 [0,1] 中点几乎处处都是 Lebesgue 点,所以 $f(x)=0$, a. e. $x\in[0,1]$. 从而 $\int_0^1 f(x)\mathrm{d}x=0$.

§5.4 绝对连续函数与微积分基本定理

例 1 判别下列函数在给定区间上的绝对连续性:

(1) $f(x)=|x|$, $[-1,1]$;   (2) $f(x)=\sqrt{x}$, $[0,1]$;
(3) $f(x)=x^p\sin(1/x^q)$, $[0,1]$, $f(0)=0$;
(4) Cantor 函数 $C(x)$, $[0,1]$.

解 (1) $f(x)=|x|$ 在 $[-1,1]$ 上绝对连续.

(2) 注意到 $\sqrt{x} = \frac{1}{2}\int_0^x t^{-1/2}dt$, 故 $f \in \mathrm{AC}([0,1])$.

(3) $0 < q < p$ 时, $f \in \mathrm{AC}([0,1])$(注意, 当 $0 < p \leqslant q$ 时, $f \in \mathrm{BV}([0,1])$).

(4) 假定 $C(x)$ 是 $[0,1]$ 上的绝对连续函数, 则因 $C'(x) = 0$, a.e. $x \in [0,1]$, 所以 $C(x) = \int_0^x C'(t)dt = 0$. 这导致矛盾, 故 Cantor 函数不是绝对连续函数.

例 2 解答下列问题:

(1) 试作一个在 $[0,1]$ 上无处单调的绝对连续函数.

(2) 设 $E \subset [0,1]$ 且 $m(E) > 0$, 试作 $f \in \mathrm{AC}([0,1])$, 且 $f(x)$ 严格递增, 使得 $f'(x) = 0 (x \in E)$.

(3) 试问一致连续的函数是绝对连续的吗?

(4) 试问两个绝对连续的函数之复合函数是绝对连续函数吗?

(5) 试问绝对函数列在一致收敛的运算下是封闭的吗?

解 (1) 在 $[0,1]$ 中作点集 E, 使得 $[0,1]$ 中任一区间 I 都有(见 §2.4 例 1)

$$m(I \cap E) > 0, \quad m(I \cap E^c) > 0,$$

并作 $[0,1]$ 上的绝对连续函数

$$f(x) = \int_0^x [\chi_E(t) - \chi_{E^c}(t)]dt.$$

因此, 对 $[0,1]$ 中任一区间 I, 存在 $x_1 \in I \cap E, x_2 \in I \cap E^c$, 使得

$$f'(x_1) = \chi_E(x_1) - \chi_{E^c}(x_1) = 1 > 0;$$

$$f'(x_2) = \chi_E(x_2) - \chi_{E^c}(x_2) = -1 < 0.$$

这说明 $f(x)$ 在区间 I 上不是单调函数, 即得所证.

(2) 设 $H \subset [0,1]$ 是类 Cantor 集: $m(H) > 0$ 且 $m(H^c) > 0$. 令 $E = H^c$, 我们作函数 $f(x) = \int_0^x \chi_H(t)dt (0 \leqslant x \leqslant 1)$, 即为所求.

(3) 否. 例如 $f(x) = x^2 \sin(1/x^2) (0 < x \leqslant 1), f(0) = 0$. 我们对 $[0,1]$ 作分划 Δ:

$$0 < \frac{1}{\sqrt{n\pi + \pi/2}} < \frac{1}{\sqrt{n\pi}} < \frac{1}{\sqrt{(n-1)\pi + \pi/2}} < \cdots$$
$$< \frac{1}{\sqrt{1 + \pi/2}} < \frac{1}{\sqrt{\pi}} < \frac{1}{\sqrt{\pi/2}} < 1,$$

则可得 $v_\Delta = |\sin 1 - 2/\pi| + \sum_{k=0}^{n} 1/(k\pi + \pi/2) + 1/(n\pi + \pi/2)$. 从而易知 $\bigvee_{0}^{1}(f) = +\infty$.

(4) 不一定. 例如 $f(y) = y^{1/3}, y \in [-1,1]$, 以及
$$g(x) = \begin{cases} x^3 \cos^3(\pi/x), & 0 < x \leqslant 1, \\ 0, & x = 0. \end{cases}$$

易知 $f(y)$ 是 $[-1,1]$ 上的绝对连续函数, $g(x)$ 是 $[0,1]$ 的绝对连续函数. 然而, 我们有

$$F(x) = f[g(x)] = \begin{cases} x \cos \frac{\pi}{x}, & 0 < x \leqslant 1, \\ 0, & x = 0, \end{cases} \qquad \bigvee_{0}^{1}(F) = +\infty.$$

(5) 令 $f_n(x) = \begin{cases} 0, & 0 \leqslant x \leqslant \frac{1}{n}, \\ x \sin \frac{\pi}{x}, & \frac{1}{n} < x \leqslant 1, \end{cases}$ $f_n \in AC([0,1]) (n \in \mathbf{N})$, 易知 $f_n(x)$ 在 $[0,1]$ 上一致收敛于 $f(x) = \begin{cases} 0, & x = 0, \\ x \sin \frac{\pi}{x}, & 0 < x \leqslant 1, \end{cases}$ 而 $f(x)$ 在 $[0,1]$ 上不是有界变差的.

例 3 试证明下列命题:

(1) 设 $f \in AC([0,1])$, 则存在 $f_i \in AC([0,1]) (i=1,2)$ 且递增, 使得 $f(x) = f_1(x) - f_2(x)$.

(2) 假设 $f(x)$ 是定义在 $[a,b]$ 上的单调上升函数, 则 f 可分解为: $f(x) = g(x) + h(x)$ $(x \in [a,b])$, 其中, $g(x)$ 是单调上升的并且绝对连续的函数, $h(x)$ 是单调上升函数而且 $h'(x) = 0$, a.e. $x \in [a,b]$.

(3) 设 $f \in AC([a,b])$, 则 $f^+, f^- \in AC([a,b])$.

(4) 存在 $f \in C([0,1]) \setminus AC([0,1])$, 而 $f \in AC([0,a]) (0 < a < 1)$.

证明 (1) 不妨假定 $f(0)=0$(否则看 $g(x)=f(x)-f(0)$). 令
$f_1(x) = \int_0^x |f'(t)|dt, f_2(x) = f_1(x) - f(x)(0 \leqslant x \leqslant 1)$, 即可得证.

(2) 令 $g(x) = f(a) + \int_a^x f'(t)dt, h(x) = f(x) - g(x)(a \leqslant x \leqslant b)$, 则 $g(x)$ 是递增的,且 $h'(x)=0$, a.e. $x \in [a,b]$. 下证 $h(x)$ 的递增性. 为此,令 $a \leqslant y < x \leqslant b$,且作函数

$$f^*(t) = \begin{cases} f(t), & a \leqslant t < x, \\ f(x), & x \leqslant t, \end{cases}$$

则对 $\delta > 0$,我们有

$$\int_y^x \frac{f^*(t+\delta) - f^*(t)}{\delta}dt > \frac{1}{\delta}\int_x^{x+\delta} f^*(t)dt - \frac{1}{\delta}\int_y^{y+\delta} f^*(t)dt$$
$$= f(x) - \frac{1}{\delta}\int_y^{y+\delta} f^*(t)dt \leqslant f(x) - f(y).$$

应用 Fatou 引理,可知

$$\int_y^x f'(t)dt = \int_y^x \lim_{\delta \to 0+} \frac{f^*(t+\delta) - f^*(t)}{\delta}dt \leqslant f(x) - f(y).$$

这说明 $g(x) - g(y) \leqslant f(x) - f(y)$,即 $h(y) \leqslant h(x)$.

(3) 证略.

(4) $f(x) = (x-1)\sin\left(\dfrac{1}{x-1}\right)(0 \leqslant x < 1), f(0) = 0$.

例 4 试证明下列命题:

(1) 若函数 $f(x)$ 在 $[a,b]$ 上满足 Lipschitz 条件:
$$|f(x) - f(y)| \leqslant M|x-y|, \quad x, y \in [a,b],$$
则 $f(x)$ 是 $[a,b]$ 上的绝对连续函数.

(2) 设 $f(x)$ 是 $[a,b]$ 上的非负绝对连续函数,则 $f^p(x)$ $(p>1)$ 是 $[a,b]$ 上的绝对连续函数.

(3) 设 $f \in \mathrm{BV}([0,1])$. 若对任给 $\varepsilon > 0$, $f(x)$ 在 $[\varepsilon, 1]$ 上绝对连续,且 $f(x)$ 在 $x = 0$ 处连续,则 $f(x)$ 在 $[0,1]$ 上绝对连续.

证明 (1) 这是因为
$$\sum_{i=1}^n |f(x_i) - f(y_i)| \leqslant M \sum_{i=1}^n |y_i - x_i| < \delta M,$$
所以对于任意的 $\varepsilon > 0$,只需取 $\delta < \varepsilon/M$ 立即可知结论成立.

(2) 假定 $|f(x)| \leqslant M(a \leqslant x \leqslant b)$. 因为我们有 $(\xi > \eta > 0)$
$$\xi^p - \eta^p = p[\eta + \theta(\xi - \eta)]^{p-1}(\xi - \eta), \quad 0 < \theta < 1,$$
所以对 $x, y \in [a, b]$, 得到
$$|f^p(y) - f^p(x)| \leqslant p(2M)^{p-1}|f(y) - f(x)|.$$
由此即可得证.

注 设 $f(x)$ 在 $[0,1]$ 上是绝对连续函数, 但 $|f(x)|^p (0 < p < 1)$ 在 $[0,1]$ 上可以不是绝对连续函数. 例如 $f(x) = x^2 \sin(1/x)(x \neq 0), f(0) = 0$, 则 $f \in AC([0,1])$(注意 $|f'(x)| \leqslant 3$), 但 $[f(x)]^{1/2}$ 在 $[0,1]$ 上甚至不是有界变差函数.

(3) 对递减收敛于 0 的正数列 $\{\varepsilon_n\}$ 以及 $x \in (0,1]$, 可知
$$\int_0^x f'(t) dt = \lim_{n \to \infty} \int_{\varepsilon_n}^x f'(t) dt = \lim_{n \to \infty} [f(x) - f(\varepsilon_n)] = f(x) - f(0).$$
这说明 $f' \in L([0,1])$, 故结论成立.

例 5 试证明下列命题:

(1) 设 $g(x)$ 是 $[a,b]$ 上的绝对连续函数, $f(x)$ 在 **R** 上满足 Lipschitz 条件. 则 $f[g(x)]$ 是 $[a,b]$ 上的绝对连续函数.

(2) 设 $f(x)$ 是 $[a,b]$ 上的绝对连续严格递增函数, $g(y)$ 在 $[f(a), f(b)]$ 上绝对连续, 则 $g[f(x)]$ 在 $[a,b]$ 上绝对连续.

(3) 设 $f(x)$ 在 $[a,b]$ 上定义, 若对任给 $\varepsilon > 0$, 存在 $\delta > 0$, 当 $[a,b]$ 中有限个互不相交的区间 $[x_i, y_i]$ $(i=1,2,\cdots,n)$ 满足 $\sum_{i=1}^n (y_i - x_i) < \delta$ 时, 有
$$\left|\sum_{i=1}^n [f(y_i) - f(x_i)]\right| < \varepsilon,$$
试证明 $f(x)$ 在 $[a,b]$ 上绝对连续.

证明 (1) 依题设知存在 $M > 0$, 使得
$$|f(x) - f(y)| \leqslant M|x - y| \quad (x, y \in \mathbf{R}).$$
对任给 $\varepsilon > 0$, 存在 $\delta > 0$, 当 $[a,b]$ 中互不相交区间组满足 $\sum_{i=1}^n (y_i - x_i) < \delta$ 时, 有 $\sum_{i=1}^n |g(y_i) - g(x_i)| < \varepsilon$. 从而可得
$$\sum_{i=1}^n |f[g(y_i)] - f[g(x_i)]| \leqslant M \sum_{i=1}^n |g(y_i) - g(x_i)| < M\varepsilon.$$

由此结论得证.

(2) 由 $g \in AC([f(a), f(b)])$ 可知,对任给 $\varepsilon > 0$,存在 $\delta_1 > 0$,当互不相交区间组 $\{[c_i, d_i]\}_1^n$ 满足 $\{[c_i, d_i]\}_1^n \subset [f(a), f(b)]$ 且 $\sum_{i=1}^n (d_i - c_i) < \delta_1$ 时,有 $\sum_{i=1}^n |g(d_i) - g(c_i)| < \varepsilon$. 因为 $f \in AC([a, b])$,所以存在 $\delta > 0$,当 $[a, b]$ 中互不相交区间组 $\{[x_i, y_i]\}_1^n$ 满足 $\sum_{i=1}^n (y_i - x_i) < \delta$ 时,有

$$\sum_{i=1}^n |f(y_i) - f(x_i)| < \delta_1.$$

注意到 $f(x)$ 的严格递增性,易知区间组 $\{[f(x_i), f(y_i)]\}_1^n$ 也是互不相交的. 从而当 $[a, b]$ 中互不相交区间组满足 $\sum_{i=1}^n (y_i - x_i) < \delta$ 时,可得

$$\sum_{i=1}^n |g[f(y_i)] - g[f(x_i)]| < \varepsilon.$$

(3) 依题设知,对任给 $\varepsilon > 0$ 以及 $[a, b]$ 中互不相交区间组 $\{x_i, y_i\}_1^n$ 满足 $\sum_{i=1}^n (y_i - x_i) < \delta$ 时,我们有

$$\begin{aligned}
&\sum_{i=1}^n |f(y_i) - f(x_i)| \\
&= {\sum}' [f(y_i) - f(x_i)] + {\sum}'' [f(x_i) - f(y_i)] \\
&= \left| {\sum}' [f(y_i) - f(x_i)] \right| + \left| {\sum}'' [f(x_i) - f(y_i)] \right| \\
&= \left| {\sum}' [f(y_i) - f(x_i)] \right| + \left| {\sum}'' [f(y_i) - f(x_i)] \right| \\
&< 2\varepsilon,
\end{aligned}$$

其中 ${\sum}'$ 表示对满足 $f(y_i) \geqslant f(x_i)$ 的那些子区间 $[x_i, y_i]$ 求和,${\sum}''$ 表示对满足 $f(y_i) < f(x_i)$ 的那些子区间 $[x_i, y_i]$ 求和.

注 设 $f(0) = 0, f(x) = x^2 |\sin(1/x)| \ (x > 0), g(x) = \sqrt{x}$,则 $g[f(x)]$ 不是 $[0, 1]$ 上的绝对连续函数.

例 6 试证明下列命题：

(1) 设 $f \in \mathrm{BV}([a,b])$，则 $f(x)$ 在 $[a,b]$ 上绝对连续当且仅当函数 $\bigvee_a^x (f)$ 在 $[a,b]$ 上绝对连续.

(2) 设 $f(x)$ 在 $[a,b]$ 上递增，且有
$$\int_a^b f'(x)\mathrm{d}x = f(b) - f(a),$$
则 $f(x)$ 在 $[a,b]$ 上绝对连续.

(3) 设 $f \in \mathrm{BV}([a,b])$. 若有 $\int_a^b |f'(x)|\mathrm{d}x = \bigvee_a^b (f)$，则 $f(x)$ 在 $[a,b]$ 上绝对连续.

证明 (1) 充分性 假定 $\bigvee_a^x (f) \in \mathrm{AC}([a,b])$，注意到不等式
$$\sum_{i=1}^n |f(y_i) - f(x_i)| \leqslant \sum_{i=1}^n \bigvee_{x_i}^{y_i} (f),$$
立即可知 $f \in \mathrm{AC}([a,b])$.

必要性 假定 $f \in \mathrm{AC}([a,b])$，则对任给 $\varepsilon > 0$，存在 $\delta > 0$，对 $[a,b]$ 中互不相交区间组 $\{(x_i, y_i)\}_1^n$：$\sum_{i=1}^n (y_i - x_i) < \delta$，有 $\sum_{i=1}^n |f(y_i) - f(x_i)| < \varepsilon$. 对每个 i，作分划
$$\Delta_i: x_i = a_{i,0} < a_{i,1} < a_{i,2} < \cdots < a_{i,m_i} = y_i,$$
由 $\sum_{i=1}^n \sum_{j=1}^{m_i} [a_{i,j} - a_{i,j-1}] = \sum_{i=1}^n (y_i - x_i) < \delta$ 可知
$$\sum_{i=1}^n \sum_{j=1}^{m_i} |f(a_{i,j}) - f(a_{i,j-1})| < \varepsilon.$$
从而对一切分划 Δ_i，取其上确界，可得
$$\sum_{i=1}^n \bigvee_{x_i}^{y_i} (f) \leqslant \varepsilon, \quad 即 \quad \bigvee_a^x (f) \in \mathrm{AC}([a,b]).$$

(2) 考查函数 $F(x) = \int_a^x f'(t)\mathrm{d}t - [f(x) - f(a)]$，易知 $F(a) = F(b) = 0$. 又因当 $a \leqslant x < y \leqslant b$ 时，有

$$F(y) - F(x) = \int_x^y f'(t)\,dt - [f(y) - f(x)] \leqslant 0,$$

所以 $F(t)$ 是递减函数. 从而知 $F(x) \equiv 0$, 这说明

$$\int_a^x f'(t)\,dt - [f(x) - f(a)] = 0, \quad f(x) = f(a) + \int_a^x f'(t)\,dt,$$

即得所证.

(3) 只需指出函数 $\bigvee_a^x (f)$ 是绝对连续的即可. 令

$$F(x) = \int_a^x |f'(t)|\,dt - \bigvee_a^x (f),$$

易知 $F(x)$ 是 $[a,b]$ 上的递减函数. 由 $F(a) = F(b) = 0$ 可知, $F(x) \equiv 0$. 即

$$0 \equiv \int_a^x |f'(t)|\,dt - \bigvee_a^x (f), \quad \bigvee_a^x (f) \equiv \int_a^x |f'(t)|\,dt.$$

故结论成立.

例 7 试证明下列命题:

(1) 设 $f \in \mathrm{AC}([a,b]), g \in \mathrm{AC}([a,b])$, 则 $\bigvee_a^x (fg) \in \mathrm{AC}([a,b])$.

(2) 设 $f(x)$ 是 $[a,b]$ 上的连续的下凸函数, 则 $f(x)$ 在 $[a,b]$ 上绝对连续.

证明 (1) 依题设知, 对任给 $\varepsilon > 0$, 存在 $\delta > 0$, 使得当 $[a,b]$ 中互不相交区间组 $\{(x_i, y_i)\}_1^n$ 满足 $\sum_{i=1}^n (y_i - x_i) < \delta$ 时, 有

$$\sum_{i=1}^n \bigvee_{x_i}^{y_i} (f) < \varepsilon, \quad \sum_{i=1}^n \bigvee_{x_i}^{y_i} (g) < \varepsilon.$$

假定 $|f(x)| \leqslant M_1, |g(x)| \leqslant M_2 (a \leqslant x \leqslant b)$, 我们有

$$\bigvee_{x_i}^{y_i} (fg) \leqslant M_1 \bigvee_{x_i}^{y_i} (g) + M_2 \bigvee_{x_i}^{y_i} (f) \quad (i = 1, 2, \cdots, n).$$

从而知

$$\sum_{i=1}^n \left| \bigvee_a^{y_i} (fg) - \bigvee_a^{x_i} (fg) \right| = \sum_{i=1}^n \bigvee_{x_i}^{y_i} (fg)$$

$$\leqslant \sum_{i=1}^n M_1 \bigvee_{x_i}^{y_i} (g) + \sum_{i=1}^n M_2 \bigvee_{x_i}^{y_i} (f) = M_1 \varepsilon + M_2 \varepsilon.$$

由此即得所证.

(2) 对任给 $\varepsilon>0$,取 $\eta>0$,使得 $4\eta<b-a$,且有
$$|f(x)-f(a)|<\frac{\varepsilon}{3} \quad (a<x<a+2\eta),$$
$$|f(x)-f(b)|<\frac{\varepsilon}{3} \quad (b-2\eta<x<b),$$

以及 $f(x)$ 在 $[a,a+2\eta]$ 与 $[b-2\eta,b]$ 上单调. 又有 $M>0$,使得
$$|f(y)-f(x)|\leqslant M|x-y| \quad (a+\eta\leqslant x\leqslant b-\eta).$$

令 $\delta=\min\{\eta,\varepsilon/3M\}$,且设互不相交区间组 $\{(x_i,y_i)\}_1^n$:
$$\bigcup_{i=1}^n (x_i,y_i)\subset[a,b], \quad \sum_{i=1}^n (y_i-x_i)<\delta,$$

这里假定 $y_i\leqslant x_{i+1}$,且对某个 $1\leqslant p<q\leqslant n$,有
$$x_p<a+\eta\leqslant x_{p+1}<y_{q-1}\leqslant b-\eta<y_q$$

(如有必要,可再增加两个区间). 从而知
$$a<y_p=(y_p-x_p)+x_p<\delta+a+\eta\leqslant a+2\eta,$$

且由单调性得到
$$\sum_{i=1}^p |f(y_i)-f(x_i)|=\left|\sum_{i=1}^p [f(y_i)-f(x_i)]\right|$$
$$\leqslant|f(y_q)-f(a)|<\frac{\varepsilon}{3}.$$

类似地有 $b>x_q=y_q-(y_q-x_q)>b-\eta-\delta\geqslant b-2\eta$,以及
$$\sum_{i=q}^n |f(y_i)-f(x_i)|\leqslant|f(b)-f(x_q)|<\varepsilon/3.$$

从而我们知道
$$\sum_{i=1}^n |f(y_i)-f(x_i)|<\frac{2\varepsilon}{3}+\sum_{i=p+1}^{q-1}|f(y_i)-f(x_i)|$$
$$\leqslant\frac{2\varepsilon}{3}+M\sum_{i=p+1}^{q-1}|y_i-x_i|<\frac{2\varepsilon}{3}+M\delta\leqslant\varepsilon.$$

由此即得所证.

例 8 试证明下列命题:

(1) 设 $f\in\mathrm{BV}([a,b])$,$f_n\in\mathrm{AC}([a,b])$ $(n\in\mathbf{N})$. 若 $\lim\limits_{n\to\infty}\bigvee_a^b(f_n-$

$f)=0$,则 $f\in \text{AC}([a,b])$.

(2) 设 $f_n(x)$ $(n=1,2,\cdots)$ 是 $[a,b]$ 上递增的绝对连续函数列. 若 $\sum_{n=1}^{\infty} f_n(x)$ 在 $[a,b]$ 上收敛,则其和函数在 $[a,b]$ 上绝对连续.

(3) 设 $g_k(x)$ $(k=1,2,\cdots)$ 是 $[a,b]$ 上的绝对连续函数. 若

(i) 存在 c, $a\leqslant c\leqslant b$,使得级数 $\sum_{k=1}^{\infty} g_k(c)$ 收敛;

(ii) $\sum_{k=1}^{\infty}\int_a^b |g_k'(x)|\,\mathrm{d}x < \infty$,

则级数 $\sum_{k=1}^{\infty} g_k(x)$ 在 $[a,b]$ 上是收敛的,设其极限函数为 $g(x)$,$g(x)$ 是 $[a,b]$ 上的绝对连续函数,且有

$$g'(x) = \sum_{k=1}^{\infty} g_k'(x), \quad \text{a. e. } x\in [a,b].$$

证明 (1) 由题设知,对任给 $\varepsilon>0$,存在 n_0,使得 $\bigvee_a^b (f_n-f) < \varepsilon$ ($n\geqslant n_0$). 由此知存在 $\delta>0$,当 $[a,b]$ 中互不相交区间组 $\{(x_i,y_i)\}_1^n$ 满足 $\sum_{i=1}^{m}(y_i-x_i)<\delta$ 时,有 $\sum_{i=1}^{m}|f_{n_0}(y_i)-f_{n_0}(x_i)|<\varepsilon$,以及

$$\sum_{i=1}^{m}|[f(y_i)-f_{n_0}(y_i)]-[f(x_i)-f_{n_0}(x_i)]| \leqslant \bigvee_a^b (f-f_{n_0}) < \varepsilon.$$

从而可得

$$\sum_{i=1}^{m}|f(y_i)-f(x_i)|$$

$$= \sum_{i=1}^{m}|f(y_i)-f(x_i)-[f_{n_0}(y_i)-f_{n_0}(x_i)]$$

$$+[f_{n_0}(y_i)-f_{n_0}(x_i)]|$$

$$\leqslant \sum_{i=1}^{m}|[f(y_i)-f_{n_0}(y_i)]-[f(x_i)-f_{n_0}(x_i)]|$$

$$+\sum_{i=1}^{m}|f_{n_0}(y_i)-f_{n_0}(x_i)| < 2\varepsilon.$$

由此即得所证.

(2) 令 $S(x) = \sum_{n=1}^{\infty} f_n(x) (a \leqslant x \leqslant b)$,则 $S(x)$ 是递增函数. 由 Fubini 定理可知 $S'(x) = \sum_{n=1}^{\infty} f_n'(x)$, a. e. $x \in [a,b]$,注意到 $f_n'(x) \geqslant 0$, a. e. $x \in [a,b]$,我们有

$$\int_a^b S'(x)\mathrm{d}x = \sum_{n=1}^{\infty} \int_a^b f_n'(x)\mathrm{d}x$$
$$= \sum_{n=1}^{\infty} [f_n(b) - f_n(a)] = S(b) - S(a).$$

这说明 $S \in \mathrm{AC}([a,b])$(见例 6 之(2)).

(3) 由条件(ii)可知(参见周民强编著《实变函数论》(第 3 版)§4.2 中的推论 4.16),函数

$$G(x) = \sum_{k=1}^{\infty} g_k'(x), \quad x \in [a,b]$$

是 $[a,b]$ 上的可积函数,且有

$$\lim_{n \to \infty} \int_c^x \sum_{k=1}^n g_k'(t)\mathrm{d}t = \int_c^x G(t)\mathrm{d}t.$$

因为每个 $g_k(x)$ 都是绝对连续函数,所以有

$$g_k(x) = \int_c^x g_k'(t)\mathrm{d}t + g_k(c), \quad x \in [a,b].$$

从而可知

$$\sum_{k=1}^n g_k(x) = \int_c^x \sum_{k=1}^n g_k'(t)\mathrm{d}t + \sum_{k=1}^n g_k(c), \quad n = 1, 2, \cdots.$$

现在令 $n \to \infty$,即得

$$\sum_{k=1}^{\infty} g_k(x) = \int_c^x G(t)\mathrm{d}t + \sum_{k=1}^{\infty} g_k(c), \quad x \in [a,b].$$

若令上式左端为 $g(x)$,则有

$$g(x) = \int_c^x G(t)\mathrm{d}t + \sum_{k=1}^{\infty} g_k(c).$$

由此可知 $g(x)$ 是 $[a,b]$ 上的绝对连续函数,且有

$$g'(x) = \sum_{k=1}^{\infty} g_k'(x), \quad \text{a. e. } x \in [a,b].$$

例 9 试证明下列命题：

(1) 设 $f(x)$ 定义在 $[a,b]$ 上，若存在常数 M，使对 $[a,b]$ 的任一分划 $\Delta: a=x_0<x_1<\cdots<x_n=b$，有
$$\sum_{i=0}^{n-1} \frac{|f(x_{i+1})-f(x_i)|^p}{(x_{i+1}-x_i)^{p-1}} \leqslant M \quad (p>1),$$
称 $f \in A^p([a,b])$. 若 $f \in A^p([a,b])$，则 $f(x)$ 在 $[a,b]$ 上绝对连续.

(2) 假设 $f(x,y)$ 是定义在 $[a,b] \times [c,d]$ 上的二元函数，且存在 $y_0 \in (c,d)$，使得 $f(x,y_0)$ 在 $[a,b]$ 上是可积的；又对于每一个 $x \in [a,b]$，$f(x,y)$ 是对 y 在 $[c,d]$ 上的绝对连续函数，$f_y'(x,y)$ 在 $[a,b] \times [c,d]$ 上是可积的，则函数 $F(y) = \int_a^b f(x,y) dx$ 是定义在 $[c,d]$ 上的绝对连续函数，且对几乎处处的 $y \in [c,d]$，有
$$F'(y) = \int_a^b f_y'(x,y) dx.$$

证明 (1) 注意不等式
$$\sum_{i=0}^{n-1} |f(b_i)-f(a_i)| = \sum_{i=0}^{n-1} \frac{|f(b_i)-f(a_i)|}{(b_i-a_i)^{(p-1)/p}} (b_i-a_i)^{(p-1)/p}$$
$$\leqslant \left\{ \sum_{i=0}^{n-1} \frac{|f(b_i)-f(a_i)|^p}{(b_i-a_i)^{p-1}} \right\}^{1/p} \cdot \left\{ \sum_{i=0}^{n-1} (b_i-a_i) \right\}^{(p-1)/p}.$$

(2) 由题设知（$y \in [c,d]$）
$$f(x,y) - f(x,y_0) = \int_{y_0}^y f_t'(x,t) dt.$$
故有（对 x 在 $[a,b]$ 上积分）
$$F(y) - F(y_0) = \int_{y_0}^y dt \int_a^b f_t'(x,t) dx.$$

注 1 强可导与绝对连续

设函数 $f(x)$ 定义在 (a,b) 上，$x_0 \in (a,b)$，若存在极限
$$\lim_{\substack{x' \to x_0 \\ x'' \to x_0}} \frac{f(x'')-f(x')}{x''-x'} \triangleq f'(x_0),$$
则称 $f(x)$ 在 $x=x_0$ 处**强可导**，$f'(x_0)$ 称为 $f(x)$ 在 $x=x_0$ 点处的**强导数**. 我们有结论：

若 $f(x)$ 在 (c,d) 上强可导，则 $f(x)$ 在 $[a,b]$、$[a,b] \subset (c,d)$ 上绝对连续.

注 2 绝对连续函数与 Lipschitz 条件的同型描述

(i) 设 $f(x)$ 定义在 $[a,b]$ 上,则 $f(x)$ 在 $[a,b]$ 上是绝对连续的充分必要条件是:对任给的 $\varepsilon>0$,存在 $M>0$,使得对 $[a,b]$ 中任意有限个互不相交的区间 $[c_i,d_i]$ $(i=1,2,\cdots,n)$,有

$$\sum_{i=1}^{n}|f(c_i)-f(d_i)|\leqslant M\sum_{i=1}^{n}|d_i-c_i|+\varepsilon.$$

(ii) 设 $f(x)$ 定义在 $[a,b]$ 上,则 $f\in\mathrm{Lip}1([a,b])$ 的充分必要条件是:对任给的 $\varepsilon>0$,存在 $M>0$,使得对 $[a,b]$ 中任意有限个区间组:

$$[c_1,d_1],[c_2,d_2],\cdots,[c_n,d_n],$$

都有

$$\sum_{i=1}^{n}|f(d_i)-f(c_i)|\leqslant M\sum_{i=1}^{n}|d_i-c_i|+\varepsilon.$$

(证明见周民强编著的《实变函数论》(第 3 版),北京大学出版社,2016,245—247.)

注 3 设 C 是 $[0,1]$ 中 Cantor 三分集,记 I_n 是第 n 次所舍去的以 $1/(2\cdot 3^{n-1})$ 为中心、长为 3^{-n} 的开区间,作函数如下 $(n\in\mathbf{N})$:

$$f(x)=0\ (x\in C),\quad f(x)=\left|x-\frac{1}{2\cdot 3^{n-1}}\right|-\frac{1}{2\cdot 3^n}\ (x\in I_n),$$

则 $f\in\mathrm{Lip}1([0,1])$,但在 $[0,1]$ 中任一内点上均不可导.

例 10 试证明下列命题:

(1) 若 $f(x)$ 在 $[a,b]$ 上绝对连续,且 $|f'(x)|\leqslant M$, a.e. $x\in[a,b]$,则
$$|f(y)-f(x)|\leqslant M|x-y|.$$

(2) 设 $f(x)$ 定义在 $[a,b]$ 上. 若有
$$|f(y)-f(x)|\leqslant M|y-x|,\quad x,y\in[a,b],$$
则 $|f'(x)|\leqslant M$, a.e. $x\in[a,b]$.

(3) 若 $f(x)$ 在 $[a,b]$ 上绝对连续,则
$$\text{弧长 } l(f)=\int_a^b\sqrt{1+[f'(x)]^2}\,\mathrm{d}x.$$

(4) 设 $f(x)$ 是定义在 $\mathbf{R}$ 上的可微函数,且 $f(x)$ 与 $f'(x)$ 都是 $\mathbf{R}$ 上的可积函数. 则 $\int_{\mathbf{R}}f'(x)\mathrm{d}x=0$.

证明 (1) 对 $x,y\in[a,b]$,我们有
$$|f(y)-f(x)|=\left|\int_x^y f'(t)\mathrm{d}t\right|\leqslant\left|\int_x^y|f'(t)|\mathrm{d}t\right|\leqslant M|y-x|.$$

(2) 由题设知 $f\in AC([a,b])$，故 $f(x)$ 几乎处处可微。因为
$$|f(y)-f(x)|\leqslant M|y-x|, \quad \left|\frac{f(y)-f(x)}{y-x}\right|\leqslant M \ (x,y\in[a,b]),$$
所以令 $y\to x$，可得 $|f'(x)|\leqslant M$, a.e. $x\in[a,b]$.

(3) 由 §5.2 例3(2)可知，只需指出
$$l(f)\leqslant \int_a^b \sqrt{1+[f'(x)]^2}\,dx.$$
为此，对任给 $\varepsilon>0$，作 $[a,b]$ 的分划 Δ，使得 $[a,b]$ 上曲线 $y=f(x)$ 对应于 Δ 的折线长 $l_\Delta(f)\geqslant l(f)-\varepsilon$，又作 $g\in C([a,b])$，使得
$$\int_a^b|f'(x)-g(x)|\,dx<\varepsilon.$$
现在令 $G(x)=\int_a^x g(t)\,dt$，易知 $|l_\Delta(f)-l_\Delta(G)|<\varepsilon$。注意到
$$|\sqrt{1+\alpha^2}-\sqrt{1+\beta^2}|\leqslant|\alpha-\beta|,$$
$$\left|\int_a^b\sqrt{1+[f'(x)]^2}\,dx-\int_a^b\sqrt{1+[g(x)]^2}\right|$$
$$\leqslant \int_a^b|f'(x)-g(x)|\,dx<\varepsilon.$$
由此可知
$$l_\Delta(f)<l_\Delta(G)+\varepsilon\leqslant \int_a^b\sqrt{1+[G'(x)]^2}\,dx+\varepsilon$$
$$=\int_a^b\sqrt{1+[g(x)]^2}\,dx+\varepsilon\leqslant \int_a^b\sqrt{1+[f'(x)]^2}+2\varepsilon.$$
注意到 $l_\Delta(f)>l(f)-\varepsilon$，最后导出
$$l(f)\leqslant \int_a^b\sqrt{1+[f'(x)]^2}+3\varepsilon.$$
即得所证。

(4) 由题设知，存在
$$\int_{-\infty}^{+\infty}f'(x)\,dx=\lim_{\substack{B\to+\infty\\A\to-\infty}}\int_A^B f'(x)\,dx=\lim_{\substack{B\to+\infty\\A\to-\infty}}[f(B)-f(A)].$$
令 $\lim_{B\to+\infty}f(B)=l_1$, $\lim_{A\to-\infty}f(A)=l_2$，则由 $f(x)$ 的可积性得到 $l_1=0=l_2$。
这说明 $\int_{\mathbf{R}}f'(x)\,dx=0$.

例 11 试证明下列命题:

(1) 设 $f\in \mathrm{AC}([0,1])$,且 $f(1)-f(0)=1$,则 $\int_0^1 [f'(x)]^2 \mathrm{d}x \geqslant 1$.

(2) 设 $f(x)$ 在任一区间 $[a,b]\subset \mathbf{R}$ 上都绝对连续,则对每个 $y\in \mathbf{R}$,有

$$\frac{\mathrm{d}}{\mathrm{d}y}\int_a^b f(x+y)\mathrm{d}x = \int_a^b \frac{\mathrm{d}}{\mathrm{d}y} f(x+y)\mathrm{d}x.$$

(3) 设 $f(x)$ 在 $[0,1]$ 上绝对连续, $f(0)=0$,则

$$\int_0^1 |f(x)f'(x)|\mathrm{d}x \leqslant \int_0^1 |f'(x)|^2 \mathrm{d}x.$$

(4) 设 $f\in \mathrm{AC}([0,a])$,且 $f(0)=0$,则 $(l>0)$

$$\int_0^a |f(x)|^l |f'(x)|\mathrm{d}x \leqslant \frac{a^l}{l+1}\int_0^a |f'(x)|^{l+1}\mathrm{d}x.$$

证明 (1) $1 = f(1)-f(0) = \int_0^1 f'(x)\mathrm{d}x \leqslant \left(\int_0^1 [f'(x)]^2 \mathrm{d}x\right)^{1/2}$.

(2) 我们有

$$\frac{\mathrm{d}}{\mathrm{d}y}\int_a^b f(x+y)\mathrm{d}x = \lim_{h\to 0}\int_a^b \frac{f(x+y+h)-f(x+y)}{h}\mathrm{d}x$$

$$= \lim_{h\to 0}\int_a^b \left(\frac{1}{h}\int_x^{x+h} f'(t+y)\mathrm{d}t\right)\mathrm{d}x = \int_a^b f'(x+y)\mathrm{d}x.$$

$\left(\text{注意令 } f_h(x) = \frac{1}{h}\int_x^{x+h} f(t)\mathrm{d}t, \text{则} \lim_{h\to 0}\int_a^b |f_h(x)-f(x)|\mathrm{d}x = 0. \right)$

(3) 因为 $|f(x)| = \left|\int_0^x f'(t)\mathrm{d}t\right| \leqslant \int_0^x |f'(t)|\mathrm{d}t$,所以有

$$|f(x)f'(x)| \leqslant \int_0^x |f'(t)|\mathrm{d}t \cdot |f'(x)| \leqslant |f'(x)| \cdot \int_0^1 |f'(t)|\mathrm{d}t,$$

$$\int_0^1 |f(x)f'(x)|\mathrm{d}x \leqslant \left(\int_0^1 |f'(x)|\mathrm{d}x\right)^2 \leqslant \int_0^1 |f'(x)|^2 \mathrm{d}x.$$

(4) 令 $F(x) = \int_0^x |f(t)|^l |f'(t)|\mathrm{d}t - \frac{1}{l+1}\left(\int_0^x |f'(t)|\mathrm{d}t\right)^{l+1}$,则

$$F'(x) = |f(x)|^l |f'(x)| - \left(\int_0^x |f'(t)|\mathrm{d}t\right)^l |f'(x)|.$$

注意到 $|f(x)|^l = \left|\int_0^x f'(t)\mathrm{d}t\right|^l \leqslant \left(\int_0^x |f'(t)|\mathrm{d}t\right)^l$,可知 $F'(x)\leqslant 0$.

故得 $0<\xi<x, F(x)-F(0)=F'(\xi)x\leqslant 0$. 从而 $F(x)\leqslant 0$,我们有
$$\int_0^a |f(x)|^l |f'(x)| dx \leqslant \frac{1}{l+1}\left(\int_0^a |f'(x)| dx\right)^{l+1}$$
$$\leqslant \frac{a^l}{l+1}\int_0^a |f'(x)|^{l+1} dx.$$

(这里用到 Hölder 不等式,具体内容请参见教材.)

例 12 试证明下列命题:

(1) 设 $f \in \mathrm{AC}([a,b])$,试证明 $\bigvee_a^b(f) = \int_a^b |f'(x)| dx$.

(2) 设 $f(x)$ 在 $[0,1]$ 上有原函数,$g(x)$ 是 $[0,1]$ 上的绝对连续函数,则 $f(x) \cdot g(x)$ 在 $[0,1]$ 上有原函数.

证明 (1) (i) 对 $[a,b]$ 的任一分划 $\Delta: a = x_0 < x_1 < \cdots < x_n = b$,有
$$v_\Delta = \sum_{i=1}^n |f(x_i) - f(x_{i-1})| = \sum_{i=1}^n \left|\int_{x_{i-1}}^{x_i} f'(t) dt\right| \leqslant \int_a^b |f'(t)| dt.$$
从而知 $\bigvee_a^b(f) \leqslant \int_a^b |f'(t)| dt$.

(ii) 由题设知 $f \in \mathrm{BV}([a,b])$,且 $|f'(x)| = \dfrac{d}{dx}\bigvee_a^x(f)$, a. e. $x \in [a,b]$. 注意到函数 $\bigvee_a^x(f)$ 在 $[a,b]$ 上递增,我们有
$$\int_a^b |f'(x)| dx = \int_a^b \left[\frac{d}{dx}\bigvee_a^x(f)\right] dx \leqslant \bigvee_a^b(f).$$

注 也可见 §5.2 例 3 的(1)以及 §5.4 例 6 之(1).

(2) 设 $F'(x) = f(x) (0 \leqslant x \leqslant 1)$,记 $h(x) = F(x)g(x) - \int_a^x F(t) g'(t) dt$,则对 $0 \leqslant x < y \leqslant 1$,有
$$\frac{h(y)-h(x)}{y-x} = \frac{F(y)-F(x)}{y-x}g(y) - \int_x^y \frac{F(t)-F(x)}{t-x} \cdot \frac{t-x}{y-x} g'(t) dt.$$
由此即得 $h'(x) = f(x)g(x) (0 \leqslant x \leqslant 1)$.

例 13 试证明下列命题:

(1) 设 $E \subset [0,1]$ 是可测集,则存在 $f_n \in \mathrm{AC}([0,1]) (n \in \mathbf{N})$,使得
$$\lim_{n\to\infty}\int_0^1 |f_n(t) - \chi_E(t)| dt = 0. \tag{$*$}$$

(2) 设 $\{g_k(x)\}$ 是在 $[a,b]$ 上的绝对连续函数列,又有 $|g_k'(x)| \leq F(x)$ a.e. $(k=1,2,\cdots)$ 且 $F \in L([a,b])$. 若 $\lim\limits_{k\to\infty} g_k(x) = g(x)$ $(a \leq x \leq b)$, $\lim\limits_{k\to\infty} g_k'(x) = f(x)$, a.e. $x \in [a,b]$, 则
$$g'(x) = f(x), \quad \text{a.e. } x \in [a,b].$$

(3) 设 $\{f_n(x)\}$ 是支集含于 (a,b) 的连续可微函数列,且满足
$$\lim_{n\to\infty}\int_a^b |f_n(x) - f(x)|\,\mathrm{d}x = 0 = \lim_{n\to\infty}\int_a^b |f_n'(x) - F(x)|\,\mathrm{d}x,$$
则 $F(x) = f'(x)$, a.e. $x \in [a,b]$,其中 $f, F \in L([a,b])$.

证明 (1) 令 $f_n(x) = n\int_x^{x+1/n} \chi_E(t)\,\mathrm{d}t$, 则 $0 \leq f_n(x) \leq 1$ 且 $f_n \in \mathrm{AC}([0,1])$ $(n \in \mathbf{N})$, 以及 $\lim\limits_{n\to\infty} f_n(x) = \chi_E(x)$, a.e. $x \in [0,1]$, 从而根据有界收敛定理,可得式 $(*)$ 成立.

(2) 由题设知 $\int_a^x g_k'(t)\,\mathrm{d}t = g_k(x) - g_k(a)$ $(a \leq x \leq b)$, 故根据控制收敛定理可得
$$\int_a^x f(t)\,\mathrm{d}t = \lim_{k\to\infty}\int_a^x g_k'(t)\,\mathrm{d}t = g(x) - g(a).$$
因此 $f(x) = g'(x)$, a.e. $x \in [a,b]$.

(3) 对支集含于 (a,b) 的任一连续可微函数 $\varphi(x)$, 有
$$\int_a^b f_n(x) \cdot \varphi(x)\,\mathrm{d}x = \int_a^b \left(\int_a^x f_n'(t)\,\mathrm{d}t\right) \cdot \varphi(x)\,\mathrm{d}x$$
$$= \int_a^b f_n'(x) \cdot \left(\int_x^b \varphi(t)\,\mathrm{d}t\right)\mathrm{d}x.$$

从而知(令 $n \to \infty$)
$$\int_a^b f(x)\varphi(x)\,\mathrm{d}x = \int_a^b F(x)\left(\int_x^b \varphi(t)\,\mathrm{d}t\right)\mathrm{d}t = \int_a^b \left(\int_a^x F(t)\,\mathrm{d}t\right) \cdot \varphi(x)\,\mathrm{d}x.$$

由此易得 $f(x) = \int_a^x F(t)\,\mathrm{d}t$, a.e. $x \in [a,b]$. 证毕.

例 14 试证明下列命题:

(1) 设有定义在 $[0,1]$ 上的 $f(x)$, 定义在 $[0,1] \times [0,1]$ 上的 $g(x,y)$ 满足 $f(y) - f(x) \leq g(x,y)(y-x)$ $(0 < x, y < 1)$, 以及
$$g(u,v) \leq g(x,y) \quad (u \leq x, v \leq y),$$

则存在 $\lim_{y\to x} g(x,y)=\varphi(x)$, a.e. $x\in[0,1]$, 以及
$$f(y)-f(x)=\int_x^y \varphi(t)\mathrm{d}t \quad (0\leqslant x\leqslant y\leqslant 1).$$

(2) 设 $f\in C(\mathbf{R})$, 令 $\Delta_n(x)=2^n\left(f\left(x+\dfrac{1}{2^n}\right)-f(x)\right)$, $x\in \mathbf{R}$. 若存在 $M>0$, 使得 $\|\Delta_n\|_\infty\leqslant M$ ($n=1,2,\cdots$, 见第六章), 且 $\Delta_n(x)\to 0$ ($n\to\infty, x\in\mathbf{R}$), 则 $f(x)=C, x\in\mathbf{R}$.

证明 (1) 令 $\varphi(x)=g(x,x)$ ($0\leqslant x\leqslant 1$), 则 $\varphi(x)$ 是递增函数, 且有

$$\begin{cases}\varphi(x)\leqslant g(y,x)\leqslant \dfrac{f(y)-f(x)}{y-x}\leqslant g(x,y)\leqslant \varphi(y), & x<y,\\ \varphi(y)\leqslant g(x,y)\leqslant \dfrac{f(y)-f(x)}{y-x}\leqslant g(y,x)\leqslant \varphi(x), & y<x.\end{cases} \quad (*)$$

从而知 $\{x\in[0,1]: \lim_{y\to x}g(x,y)\neq\varphi(x)\}\subset\{x\in[a,b]: \lim_{y\to x}\varphi(y)\neq\varphi(x)\}$. 易知上式右端点集是可数集, 由式 $(*)$ 知 $f\in \mathrm{AC}([0,1])$ (Lip1), 且 $f'(x)=\varphi(x)$ (x 是 $\varphi(x)$ 的连续点时). 从而我们有

$$f(y)-f(x)=\int_x^y f'(t)\mathrm{d}t=\int_x^y \varphi(t)\mathrm{d}t.$$

(2) 对任一区间 (a,b), 存在二进子区间列 $\{[a_n,b_n]\}$: $a_n=p_n 2^{-q_n}$, $b_n=(p_n+1)2^{-q_n}$ ($p_n,q_n\in\mathbf{N}$), 使得 $[a,b)=\bigcup_{n=1}^\infty [a_n,b_n)$. 易知存在 n_0, 记 $a_*=\inf_{n\leqslant n_0}\{a_n\}, b^*=\sup_{n\leqslant n_0}\{b_n\}$, 使得

$$|f(a)-f(a_*)|+|f(b)-f(b^*)|<b-a,$$

$$|f(b)-f(a)|\leqslant |f(b)-f(b^*)|+\sum_{n=1}^{n_0}|f(b_n)-f(a_n)|$$
$$+|f(a^*)-f(a)|$$
$$<(b-a)+\sum_{n=1}^{n_0}2^{-q_n}\cdot M$$
$$<(M+1)(b-a).$$

由此可知 $f\in\mathrm{Lip}^1(\mathbf{R})$, 随之 $f\in\mathrm{AC}(\mathbf{R})$. 我们有

$$f(x+2^{-n})-f(x)=\int_x^{x+2^{-n}} f'(t)\mathrm{d}t,$$

$$\lim_{n\to\infty}\Delta_n(x) = \lim_{n\to\infty}\int_x^{x+2^{-n}} f'(t)\mathrm{d}t/2^{-n} = 0.$$

即 $f'(x)=0$, a. e. $x\in\mathbf{R}$. 从而可得 $f(0)=f(k2^{-n})(k\in\mathbf{Z}, n\in\mathbf{N})$. 根据 $\{k2^{-n}: k\in\mathbf{Z}, n\in\mathbf{N}\}$ 在 $\mathbf{R}$ 中的稠密性以及 $f(x)$ 的连续性,说明 $f(x)\equiv f(0)$.

例15 试证明下列命题:

(1) 设 $f(x)$ 是 $[a,b]$ 上的可测函数,则对任给 $\varepsilon>0, \delta>0$, 存在 $G\in \mathrm{AC}([a,b])$ 以及 $E\subset[a,b]: m(E)<\delta$, 使得
$$\sup_{x\in[a,b]\setminus E}\{|f(x)-G(x)|\}<\varepsilon.$$

(2) 设 $f\in \mathrm{AC}([a,b])$, 则 $f^+(x)$ 满足
$$\frac{\mathrm{d}f^+(x)}{\mathrm{d}x} = \begin{cases} f'(x), & f(x)>0, \\ 0, & f(x)\leqslant 0, \end{cases} \quad \text{a. e. } x\in[a,b].$$

证明 (1) 由题设知,存在 $g\in C([a,b])$ 以及闭集 $F\subset[a,b]: m([a,b]\setminus F)<\delta$, 使得 $f(x)=g(x)(x\in F)$. 随之又存在多项式 $P(x)$, 使得 $|g(x)-P(x)|<\varepsilon/2 (a\leqslant x\leqslant b)$. 由此可得 $|f(x)-P(x)|=|g(x)-P(x)|<\varepsilon/2(x\in F)$. 从而令 $E=[a,b]\setminus F, G(x)=P(x)$, 即得
$$\sup_{x\in[a,b]\setminus E}\{f(x)-G(x)\}<\varepsilon.$$

(2) 注意 $f^+(x)=[f(x)+|f(x)|]/2$ 在 $[a,b]$ 上绝对连续. 对于 $f(x_0)>0$, 则存在邻域 $U(x_0,\delta)$, 使得
$$f(x)>0 \ (x\in U(x_0,\delta)), \quad f^+(x)=f(x) \ (x\in U(x_0,\delta)).$$
对 $f(x_0)<0$, 也有类似结果.

现在看 $f(x_0)=0$: 若 $f(x), |f(x)|$ 在 $x=x_0$ 处均可导,则
$$\frac{\mathrm{d}f^+(x_0)}{\mathrm{d}x} = \frac{1}{2}f'(x_0)+\frac{1}{2}\frac{\mathrm{d}|f(x_0)|}{\mathrm{d}x}$$
$$= \frac{1}{2}\lim_{h\to 0}\frac{f(x_0+h)+|f(x_0+h)|}{h}. \quad (*)$$

此时,如果存在 $\{h_n\}: f(x_0+h_n)<0$, 那么 $\dfrac{\mathrm{d}f^+(x_0)}{\mathrm{d}x}=0$; 如果对一切 h, 均有 $f(x_0+h)>0$, 那么式 $(*) = \lim_{h\to 0}f(x_0+h)/h=0$; 如果 $f(x_0+h)\equiv 0$, 那么当然有 $\dfrac{\mathrm{d}}{\mathrm{d}x}f^+(x_0)=0$.

例 16 试证明下列命题:

(1) 设 $f(x)$ 定义在 $[0,1]$ 上,则 $f\in \mathrm{Lip}1([0,1])$ 的充分必要条件是:存在 $g\in L^{\infty}([0,1])$(见第六章),使得

$$f(x)-f(0)=\int_0^x g(t)\mathrm{d}t, \qquad (*)$$

(2) $f\in \mathrm{Lip}1([0,1])$ 当且仅当存在 $f_n\in C^{(1)}([0,1])$ ($n=1,2,\cdots$),使得

(i) $|f_n'(x)|\leqslant M$ ($x\in[0,1], n=1,2,\cdots$);

(ii) $\lim\limits_{n\to\infty} f_n(x)=f(x), x\in[0,1]$.

证明 (1) **必要性** 假定 $f\in \mathrm{Lip}1([0,1])$,则 $f\in \mathrm{AC}([0,1])$ 且有

$$f(x)-f(0)=\int_0^x f'(t)\mathrm{d}t,$$
$$|f(y)-f(x)|\leqslant M|y-x| \quad (x,y\in[0,1]).$$

由此即知 $|f'(x)|\leqslant M$, a.e. $x\in[0,1]$,并令 $g(x)=f'(x)$ 即可.

充分性 假定 $(*)$ 式成立且 $|g(t)|\leqslant M$, a.e. $x\in[0,1]$,则对任意的 $x,y\in[0,1]$,我们有

$$|f(y)-f(x)|\leqslant\left|\int_x^y |g(t)|\mathrm{d}t\right|\leqslant M|y-x|.$$

(2) **必要性** 假定 $f\in \mathrm{Lip}1([0,1])$,则由(1)知

$$f(x)=f(0)+\int_0^x f'(t)\mathrm{d}t, \quad |f'(t)|\leqslant M, \quad \text{a.e. } t\in[0,1].$$

故存在 $g_n\in C([0,1])$ ($n\in\mathbf{N}$): $|g_n(t)|\leqslant M (0\leqslant t\leqslant 1)$,使得

$$\lim_{n\to\infty}\int_0^1 |g_n(t)-f'(t)|\mathrm{d}t=0,$$
$$\lim_{k\to\infty} g_{n_k}(t)=f'(t), \quad \text{a.e. } t\in[0,1].$$

从而令 $f_k(x)=f(0)+\int_0^x g_{n_k}(t)\mathrm{d}t$,我们有

$$\lim_{k\to\infty} f_k(x)=f(0)+\lim_{k\to\infty}\int_0^x g_{n_k}(t)\mathrm{d}t=f(0)+\int_0^x \lim_{k\to\infty} g_{n_k}(t)\mathrm{d}t$$
$$=f(0)+\int_0^x f'(t)\mathrm{d}t=f(x),$$

以及

$$f'_{k}(x) = g_{n_k}(x)\ (0 \leqslant x \leqslant 1), \quad |f'_k(x)| \leqslant M\ (k \in \mathbf{N}).$$

充分性 假定存在 $f_n \in C^{(1)}([0,1])\ (n \in \mathbf{N})$ 使得(i),(ii)成立,我们有
$$|f(x) - f(y)| = \lim_{n \to \infty}|f_n(x) - f_n(y)|$$
$$= \lim_{n \to \infty}|f'_n(\xi_n)||x - y| \leqslant M|x - y|$$
$$(0 \leqslant x < y \leqslant 1, x < \xi_n < y).$$

§5.5 分部积分公式与积分中值公式

例1 试证明下列命题:

(1) 设 $f \in L([a,b])$,令 $g(x) = f(x)\int_a^x f(t)\mathrm{d}t$, 则
$$I = \int_a^b g(x)\mathrm{d}x = \frac{1}{2}\left(\int_a^b f(x)\mathrm{d}x\right)^2.$$

(2) 设 $f \in L([0,1])$,且有 $\int_0^1 f(x)\mathrm{d}x = 1$, 则
$$I = \int_0^1 \mathrm{d}x \int_0^x \mathrm{d}y \int_0^y f(x)f(y)f(z)\mathrm{d}z = \frac{1}{6}.$$

(3) 设 $f \in L([a,b])$ 且有
$$\int_a^b x^n f(x)\mathrm{d}x = 0, \quad n = 0,1,2,\cdots,$$
则 $f(x) = 0, \mathrm{a.e.}\ x \in [a,b]$.

(4) 设 $f \in L^1([0,1])$,且有
$$\int_0^1 x^n f(x)\mathrm{d}x = \frac{1}{n+2}\quad (n = 0,1,2,\cdots),$$
则 $f(x) = x, \mathrm{a.e.}\ x \in [0,1]$.

证明 (1) 记 $F(x) = \int_a^x f(t)\mathrm{d}t$,我们有 $F(a) = 0$,以及
$$I = \int_a^b f(t)F(t)\mathrm{d}t = F^2(x)\Big|_a^b - \int_a^b F(t)f(t)\mathrm{d}t.$$
由此知 $2I = F^2(b)$,即得所证.

(2) 令 $F(t) = \int_0^t f(s)\mathrm{d}s$,则 $F(1) = 1$,且有 $(0 \leqslant x \leqslant 1)$

$$\int_0^x f(y)\left(\int_0^y f(z)\mathrm{d}z\right)\mathrm{d}y = \int_0^x f(y)F(y)\mathrm{d}y = \frac{1}{2}F^2(x),$$

$$I = \int_0^1 f(x)\left\{\int_0^x f(y)\left(\int_0^y f(z)\mathrm{d}z\right)\mathrm{d}y\right\}\mathrm{d}x$$

$$= \int_0^1 f(x)\cdot\frac{1}{2}F^2(x)\mathrm{d}x = \frac{1}{2}\int_0^1 F^2(x)\mathrm{d}F(x)$$

$$= \frac{1}{2}\cdot\frac{1}{3}F^3(x)\Big|_0^1 = \frac{1}{6}F(1) = \frac{1}{6}.$$

(3) 令 $F(x) = \int_a^x f(t)\mathrm{d}t$, 因为 $F(b)=0, F(a)=0$, 且有

$$\int_a^b x^n f(x)\mathrm{d}x = x^n F(x)\Big|_a^b - n\int_a^b x^{n-1}F(x)\mathrm{d}x$$

$$= -n\int_a^b x^{n-1}F(x)\mathrm{d}x = 0 \quad (n=1,2,\cdots),$$

所以我们得到

$$\int_a^b x^n F(x)\mathrm{d}x = 0, \quad n=0,1,\cdots.$$

现在,根据多项式一致逼近连续函数的定理,可知对任意的 $\varepsilon > 0$, 存在多项式 $P(x)$, 使得 $|F(x) - P(x)| < \varepsilon (x \in [a,b])$. 注意到

$$\int_a^b P(x)F(x)\mathrm{d}x = 0,$$

我们有

$$\int_a^b F^2(x)\mathrm{d}x = \int_a^b F(x)[F(x) - P(x)]\mathrm{d}x.$$

从而可知

$$\int_a^b F^2(x)\mathrm{d}x \leqslant \varepsilon \int_a^b |F(x)|\mathrm{d}x.$$

由 ε 之任意性可得 $F(x) \equiv 0$, 随之又得 $f(x) = 0$, a.e. $x \in [a,b]$.

(4) 注意到 $\dfrac{1}{n+2} = \int_0^1 x^{n+1}\mathrm{d}x$, 则由题设知 $(n=0,1,2,\cdots)$

$$\int_0^1 x^n f(x)\mathrm{d}x - \int_0^1 x^{n+1}\mathrm{d}x = \int_0^1 x^n[f(x)-x]\mathrm{d}x = 0.$$

从而根据(3), 即得 $f(x) - x = 0$, a.e. $x \in [0,1]$.

例 2 试证明下列命题:

(1) 设 $f \in L([0,\infty))$,则
$$I = \int_0^x \int_0^t f(u) \mathrm{d}u \mathrm{d}t = \int_0^x (x-u) f(u) \mathrm{d}u \quad (0 \leqslant x < +\infty).$$

(2) 设 $f(x)$ 是 $(0,\infty)$ 上非负递减函数,且对 $(0,\infty)$ 中任一区间 $[a,b]$,均有 $f \in \mathrm{AC}([a,b])$,则
$$I = p\int_0^{+\infty} [f(x)]^p x^{p-1} \mathrm{d}x \leqslant \left(\int_0^{+\infty} f(x) \mathrm{d}x\right)^p.$$

(3) 设 $f \in L((0,b))$,且令 $g(x) = \int_x^b f(t)/t \, \mathrm{d}t (0 < x \leqslant b)$,则

(i) $\lim_{x \to 0+} xg(x) = 0$; (ii) $g \in L((0,b))$; (iii) $\int_0^b g(x) \mathrm{d}x = \int_0^b f(x) \mathrm{d}x$.

证明 (1) 令 $F(t) = \int_0^t f(u) \mathrm{d}u (0 \leqslant t < +\infty)$,则
$$I = tF(t) \Big|_0^x - \int_0^x u f(u) \mathrm{d}u$$
$$= x\int_0^x f(u) \mathrm{d}u - \int_0^x u f(u) \mathrm{d}u = \int_0^x (x-u) f(u) \mathrm{d}u.$$

(2) 由题设知 $[xf(x)]^{p-1} \leqslant \left(\int_0^x f(t) \mathrm{d}t\right)^{p-1} \quad (0 < x < +\infty)$,故有
$$I \leqslant p\int_0^{+\infty} \left(\int_0^x f(t) \mathrm{d}t\right)^{p-1} \cdot f(x) \mathrm{d}x = \int_0^{+\infty} \mathrm{d}\left(\int_0^x f(t) \mathrm{d}t\right)^p$$
$$= \left(\int_0^x f(t) \mathrm{d}t\right)^p \Big|_0^{+\infty} = \left(\int_0^{+\infty} f(x) \mathrm{d}x\right)^p.$$

(3) (i) 由题设知,对任给 $\varepsilon > 0$,存在 $\delta > 0$,使得 $\int_0^\delta |f(t)| \mathrm{d}t < \varepsilon$. 从而对 $x \in (0,\delta)$,有 $\int_x^\delta \frac{x}{t} |f(t)| \mathrm{d}t < \varepsilon$. 此外,显然有 $(0 < x < \delta)$
$$\int_\delta^b \frac{x}{t} |f(t)| \mathrm{d}t \leqslant \frac{x}{\delta} \int_0^b |f(t)| \mathrm{d}t < \varepsilon.$$

因此,$|xg(x)| \leqslant \int_x^b \frac{x}{t} |f(t)| \mathrm{d}t < 2\varepsilon$. 这说明结论成立.

(ii),(iii) 任取 a: $0<a<b$,我们有

$$\int_a^b g(x)\mathrm{d}x = \int_a^b \left(\int_x^b \frac{f(t)}{t}\mathrm{d}t\right)\mathrm{d}x$$
$$= x \cdot \int_x^b \frac{f(t)}{t}\mathrm{d}t \Big|_a^b + \int_a^b f(x)\mathrm{d}x = a \cdot g(a) + \int_a^b f(x)\mathrm{d}x.$$

令 $a \to 0+$,则 $g \in L((0,b))$,且有

$$\int_0^b g(x)\mathrm{d}x = 0 + \int_0^b f(x)\mathrm{d}x.$$

例 3 试证明下列命题：

(1) 设 $g \in L(\mathbf{R})$,则存在 C,使得对 $C^{(2)}(\mathbf{R})$ 中满足 $f(x) = 0$ ($x \bar{\in} (a,b)$) 的任意 $f(x)$,均有

$$\left|\int_{\mathbf{R}} g(x)f^2(x)\mathrm{d}x\right| \leqslant C\int_{\mathbf{R}} [f^2(x) + (f'(x))^2]\mathrm{d}x.$$

(2) 设 $E \subset \mathbf{R}^n$ 是可测集且 $m(E) < +\infty$, $g(x)$ 在 E 上有界可测,又记 $a = \inf\{g(x): x \in E\}$, $b = \sup\{g(x): x \in E\}$, $h \in \mathrm{AC}([a,b])$. 若令 $f(x) = h[g(x)]$ ($x \in E$),则 $f \in L(E)$,且有

$$\int_E f(x)\mathrm{d}x = h(b) \cdot m(E) - \int_a^b h'(t) \cdot m(g^{-1}([a,t]))\mathrm{d}t.$$

(3) 设 $f(x), g(x)$ 是 $[0,\infty)$ 上的可测函数,且有

$$f \in L([0,\infty)), \quad |xg(x)| \leqslant M, \quad 1 \leqslant x < \infty,$$

则

$$\lim_{x \to +\infty} \frac{1}{x}\int_1^x f(t)g(t)\mathrm{d}t = 0.$$

证明 (1) 令 $G(x) = \int_{-\infty}^x g(t)\mathrm{d}t$,我们有

$$\int_{\mathbf{R}} g(x)f^2(x)\mathrm{d}x = \int_a^b f^2(x)\mathrm{d}G(x)$$
$$= G(x)f^2(x)\Big|_a^b - 2\int_a^b G(x)f(x)f'(x)\mathrm{d}x$$
$$= -2\int_a^b G(x)f(x)f'(x)\mathrm{d}x.$$

因为 $2|f(x)f'(x)| \leqslant f^2(x) + [f'(x)]^2$,以及

$$|G(x)| \leqslant \int_{-\infty}^x |g(t)|\mathrm{d}t \leqslant \int_{-\infty}^{+\infty} |g(t)|\mathrm{d}t \triangleq C,$$

所以得到
$$\left|\int_{\mathbf{R}} g(x)f^2(x)dx\right| \leqslant C \cdot \int_{-\infty}^{+\infty}[f^2(x)+(f'(x))^2]dx.$$

(2) 显然 $f \in L(E)$，我们作函数
$$G(t,x) = h'(t)\chi_{g^{-1}([a,t])}(x) \quad ((t,x) \in [a,b] \times E),$$

因为 $\iint_{[a,b]\times E}|G(t,x)|dtdx \leqslant \int_a^b|h'(t)|dt \cdot m(E) < +\infty$，所以 $G \in L([a,b]\times E)$. 根据 Fubini 定理交换次序，可知

$$I = \int_E dx \int_a^b G(t,x)dt = \int_a^b dt \int_E G(t,x)dx$$
$$= \int_a^b h'(t)\left(\int_E \chi_{g^{-1}([a,t])}(x)dx\right)dt = \int_a^b h'(t) \cdot m(g^{-1}([a,t]))dt,$$
$$I = \int_E dx \int_{g(x)}^b h'(t)dt = \int_E (h(b) - h[g(x)])dx$$
$$= h(b)m(E) - \int_E f(x)dx.$$

综合上式，即得所证.

(3) 令 $F(x) = \int_0^x|f(u)|du$，我们有 ($t > 1$)

$$\left|\int_1^t f(u)g(u)du\right| \leqslant \int_1^t M\frac{|f(u)|}{u}du$$
$$= M\frac{F(u)}{u}\Big|_1^t + M\int_1^t \frac{F(u)}{u^2}du \quad \left(F(x) \leqslant \int_0^{+\infty}|f(u)|du\right)$$
$$\leqslant M\Big(\frac{F(t)}{t} - F(1)\Big) + M\int_0^{+\infty}|f(x)|dx \cdot \Big(1 - \frac{1}{t}\Big)$$
$$\leqslant M\Big\{\int_0^{+\infty}|f(x)|dx/t - F(1)\Big\} + M \cdot \int_0^{+\infty}|f(x)|dx\Big(1 - \frac{1}{t}\Big)$$
$$= M\int_0^{+\infty}|f(x)|dx - MF(1) = o(t) \quad (t \to +\infty).$$

例4 试证明下列命题：

(1) 设 $f \in L([a,b])$，$H(x) = \int_a^x f(t)(x-t)^n dt$ ($a \leqslant x \leqslant b$)，则 $H(x)$ n 次可导，$H^{(n)}(x) \in \mathrm{AC}([a,b])$ 且 $H^{(n+1)}(x) = n!f(x)$，a.e. $x \in [a,b]$.

(2) 设 $f(x)$ 定义在 $[a,b]$ 上. 若存在 $g\in L([a,b])$, 以及常数 a_0, $a_1,\cdots,a_n$, 使得 ($x\in[a,b]$)

$$f(x) = a_0 + a_1(x-a) + \cdots + a_n(x-a)^n + \int_a^x g(t)(x-t)^n \mathrm{d}t,$$

则 $f(x)$ n 次可导, 且 $f^{(n)}(x)$ 绝对连续, 并有

$$a_k = f^{(k)}(a)/k! \quad (0\leqslant k\leqslant n),$$
$$g(x) = f^{(n+1)}(x)/n! \quad (a\leqslant x\leqslant b).$$

证明 (1) 对 $n=1$, 令 $F(x) = \int_a^x f(t)\mathrm{d}t, G(t) = (x-t)$, 则

$$H(x) = \int_a^x F'(t)G(t)\mathrm{d}t = \int_a^x G(t)\mathrm{d}F(t)$$
$$= F(t)G(t)\Big|_a^x - \int_a^x G'(t)F(t)\mathrm{d}t$$
$$= \int_a^x F(t)\mathrm{d}t.$$

从而知 $H'(x) = F(x), H''(x) = f(x)$, a.e. $x\in[a,b]$.

以下再用归纳法, 略.

(2) 利用(1)立即得证.

注 本题是下述命题之逆:

设 $f(x)$ 在 $[a,b]$ 上 n 次可导, 且 $f^{(n)}\in \mathrm{AC}([a,b])$, 则

$$f(x) = f(a) + f'(a)(x-a) + \cdots + \frac{f^{(n)}(a)}{n!}(x-a)^n$$
$$+ \frac{1}{n!}\int_a^x f^{(n+1)}(t)(x-t)^n \mathrm{d}t.$$

§5.6 **R** 上的积分换元公式

例1 试证明下列命题:

(1) 设 $f(x)$ 在 $[a,b]$ 上是处处可微的, 且 $f'(x)$ 是 $[a,b]$ 上的可积函数, 则 $\int_a^b f'(x)\mathrm{d}x = f(b) - f(a)$.

(2) 设 $f(x)$ 是定义在 $[a,b]$ 上的连续函数, 除一可数集外, $f'(x)$ 存在, 且 $f'(x)$ 是 $[a,b]$ 上的可积函数, 则

$$f(x)-f(a)=\int_a^x f'(t)\mathrm{d}t, \quad x\in[a,b].$$

(3) 设 $f(x)$ 在 $[a,b]$ 上可微. 若 $f'(x)=0$, a.e. $x\in[a,b]$, 则 $f(x)$ 在 $[a,b]$ 上是一个常数(函数).

(4) 设 $f\in C([a,b])$. 若 $|f(x)|$ 在 $[a,b]$ 上绝对连续, 则 $f(x)$ 在 $[a,b]$ 上也绝对连续.

证明 (1) 因为 $f'\in L([a,b])$, 所以对于任意的 $\varepsilon>0$, 存在 $\delta>0$, 当 $e\subset[a,b]$ 且 $m(e)<\delta$ 时, 有

$$\int_e |f'(x)|\mathrm{d}x<\varepsilon.$$

从而对于其长度总和小于 δ 的任意的互不相交区间组 (x_1,y_1), $(x_2,y_2),\cdots,(x_n,y_n)$, 可知

$$\sum_{i=1}^n |f(y_i)-f(x_i)|\leqslant \sum_{i=1}^n m(f([x_i,y_i]))$$

$$\leqslant \sum_{i=1}^n \int_{[x_i,y_i]} |f'(x)|\mathrm{d}x = \int_{\bigcup_{i=1}^n [x_i,y_i]} |f'(x)|\mathrm{d}x<\varepsilon.$$

这说明 $f(x)$ 是 $[a,b]$ 上的绝对连续函数, 故结论成立.

(2) 依题设知, 对任给 $\varepsilon>0$, 存在 $\delta>0$, 使得

$$\int_e |f'(x)|\mathrm{d}x<\varepsilon \quad (e\subset[a,b], m(e)<\delta).$$

令 $E=\{t_j\}$ 是 $f(x)$ 在其上不可导的点集, 自然有 $m(f(E))=0$. 现在对 $[a,b]$ 中互不相交区间组 $\{(x_i,y_i)\}_1^n$, 它满足 $\sum_{i=1}^n (y_i-x_i)\leqslant \delta$, 我们有

$$\sum_{i=1}^n |f(y_i)-f(x_i)|\leqslant \sum_{i=1}^n m(f([x_i,y_i]))$$

$$\leqslant \sum_{i=1}^n m(f([x_i,y_i]\setminus E))+\sum_{i=1}^n m(f(E))$$

$$\leqslant \sum_{i=1}^n \int_{x_i}^{y_i} |f'(x)|\mathrm{d}x+\sum_{i=1}^n 0 = \int_{\bigcup_{i=1}^n (x_i,y_i)} |f'(x)|\mathrm{d}x$$

$$<\varepsilon.$$

这说明 $f(x)$ 是 $[a,b]$ 上的绝对连续函数, 故结论成立.

(3) 由题设知 $f' \in L([a,b])$,故 $f \in AC([a,b])$. 因为 $f'(x) = 0$, a.e. $x \in [a,b]$,所以 $f(x) \equiv C$(常数).

(4) (i) 若 $E \subset [a,b]$: $m(E) = 0$,则由 $|f| \in AC([a,b])$ 可知,$m(|f|(E)) = 0$. 从而易得 $m(f(E)) = 0$.

(ii) 依题设知 $|f(x)|$ 在 $[a,b]$ 上几乎处处可微. 故在 $f(x_0) > 0$ 或 $f(x_0) < 0$ 的点 x_0 处,自然有 $\dfrac{\mathrm{d}}{\mathrm{d}x}|f(x_0)| = f'(x_0)$;而对 $f(x_0) = 0$ 的点 x_0,若存在 $\dfrac{\mathrm{d}}{\mathrm{d}x}|f(x_0)|$,则 $f'(x_0) = 0$.

(iii) 设 $Z \subset [a,b]$ 是 $|f(x)|$ 在其上不可微的点集,则 $m(Z) = 0$. 由 (i),(ii) 知 $f'(x)(x \bar{\in} Z)$ 存在且 $f' \in L([a,b])$,故对任给 $\varepsilon > 0$,存在 $\delta > 0$,当 $e \subset [a,b]$: $m(e) < \delta$ 时,有 $\int_e |f'(x)|\mathrm{d}x < \varepsilon$. 现在对 $[a,b]$ 中满足 $\sum_{i=1}^n (y_i - x_i) < \delta$ 的互不相交区间组 $\{(x_i, y_i)\}_1^n$,我们有

$$\sum_{i=1}^n |f(y_i) - f(x_i)| \leqslant \sum_{i=1}^n m(f([x_i, y_i]))$$

$$\leqslant \sum_{i=1}^n m(f([x_i, y_i] \setminus Z)) + \sum_{i=1}^n m(f(Z))$$

$$\leqslant \sum_{i=1}^n \int_{x_i}^{y_i} |f'(x)|\mathrm{d}x + 0 = \int_{\bigcup_{i=1}^n (x_i, y_i)} |f'(x)|\mathrm{d}x < \varepsilon.$$

故 $f(x)$ 在 $[a,b]$ 上绝对连续.

例 2 试证明下列命题:

(1) 设 $f(x)$ 是定义在 $[a,b]$ 上的单调上升函数,令 $E = \{x \in [a,b]: f'(x) 存在\}$,则 $\int_a^b f'(x)\mathrm{d}x = m^*(f(E))$.

(2) 设 $f \in \mathrm{Lip}1(\mathbf{R})$,则对任意可测集 $E \subset \mathbf{R}$,均有 $m(f(E)) \leqslant M \cdot m(E)$(其中 $|f(x) - f(y)| \leqslant M|x - y|, x, y \in \mathbf{R}$).

(3) 设定义在 $\mathbf{R}$ 的 $f(x)$ 满足

$$|f(x) - f(y)| \leqslant \mathrm{e}^{|x|+|y|} \cdot |x - y| \quad (x, y \in \mathbf{R}).$$

若 $E \subset \mathbf{R}$: $m(E) = 0$,则 $m(f(E)) = 0$.

证明 (1) 只需指出 $\int_E f'(x)\mathrm{d}x \leqslant m^*(f(E))$,对覆盖 $f(E)$ 的区间 $I_n(n\geqslant 1)$,则 E 被区间 $J_n = f^{-1}(I_n)(n\geqslant 1)$ 覆盖. 在每个 J_n 中取递减数列 $\{\alpha_k^{(n)}\}$,递增数列 $\{\beta_k^{(n)}\}$,使得 $\lim\limits_{k\to\infty}\alpha_k^{(n)} = \inf\limits_{x\in J_n}\{x\}$,$\lim\limits_{k\to\infty}\beta_k^{(n)} = \sup\limits_{x\in J_n}\{x\}$,我们有

$$\int_{J_n} f'(x)\mathrm{d}x = \lim_{k\to\infty}\int_{\alpha_k^{(n)}}^{\beta_k^{(n)}} f'(x)\mathrm{d}x \leqslant m(I_n).$$

从而可得

$$\int_E f'(x)\mathrm{d}x \leqslant \int_{\bigcup\limits_{n\geqslant 1} J_n} f'(x)\mathrm{d}x \leqslant \sum_{n\geqslant 1}\int_{J_n} f'(x)\mathrm{d}x \leqslant \sum_{n\geqslant 1} m(I_n).$$

根据外测度定义即知结论成立.

(2) 由题设知 $f\in \mathrm{AC}(\mathbf{R})$,故知存在 $Z\subset \mathbf{R}: m(Z)=0$,而 $m(f(Z))=0$ 且存在 $f'(x)(x\in E\setminus Z)$. 从而我们有

$m(f(E)) \leqslant m(f(E\setminus Z)) + m(f(Z))$

$= m(f(E\setminus Z)) \leqslant \int_{E\setminus Z} |f'(x)|\mathrm{d}x \leqslant \int_E M\mathrm{d}x = M\cdot m(E).$

(3) 不妨假定 E 是有界集: $E\subset (-r,r)$,则对任给 $\varepsilon > 0$,存在开集 $G: E\subset G\subset (-r,r), m(G\setminus E)<\varepsilon$. 令 $G = \bigcup\limits_{i\geqslant 1}(a_i,b_i)$,则 $f((a_i,b_i))\subset (f(a_i),\mathrm{e}^{2r}|b_i-a_i|)$,且有

$$m(f(G)) \leqslant \bigcup_{i\geqslant 1} C\mathrm{e}^{2r}|b_i-a_i| < C\mathrm{e}^{2r}\varepsilon,$$

由此知 $m(f(E)) = 0$.

例3 试证明下列命题:

(1) 设 $f(x)$ 是 $[a,b]$ 上的有界变差且连续的函数. 若对 $[a,b]$ 中任一零测集 Z,有 $m(f(Z))=0$(简称为 f 具有零测性,或称 f 具有性质 N),则 $f(x)$ 是 $[a,b]$ 上的绝对连续函数.

(2) 设 $f\in \mathrm{AC}([c,d]), g\in \mathrm{AC}([a,b])$ 且 $g([a,b])=[c,d]$. 若 $f[g(x)]$ 在 $[a,b]$ 上有界变差,则 $f[g(x)]$ 在 $[a,b]$ 上绝对连续.

(3) 设 $f(x)$ 是 $[a,b]$ 上严格递增的连续函数,$E=\{x\in [a,b], f'(x)=\infty\}$,则 $f(x)$ 在 $[a,b]$ 上绝对连续的充分必要条件

是:$m(f(E))=0$.

证明 (1) 依题设知存在 $E\subset[a,b]$: $m(E)=0$,使得 $f'(x)$ 存在 ($x\in[a,b]\setminus E$). 由题设又知 $m(f(E))=0$,故对 $(x,y)\subset[a,b]$,我们有
$$|f(y)-f(x)|\leqslant m(f([x,y]))$$
$$\leqslant m^*(f([x,y]\setminus E))+m(f(E))\leqslant \int_x^y|f'(t)|\mathrm{d}t,$$
由此不难推出 $f\in \mathrm{AC}([a,b])$.

(2) 对任一 $[a,b]$ 中的零测集 E,由题设知 $m(g(E))=0$. 从而 $m(f[g(E)])=0$. 注意到 $f[g(x)]$ 是 $[a,b]$ 上的有界变差函数,故结论成立(参见(1)).

(3) **必要性** 假定 $f\in \mathrm{AC}([a,b])$,而由题设知 $m(E)=0$,故 $m(f(E))=0$.

充分性 假定 $m(f(E))=0$. 由题设知 $m(E)=0$,而注意到 $f\in \mathrm{BV}([a,b])$,故由(1)即知 $f\in \mathrm{AC}([a,b])$.

注1 $[a,b]$ 上的可微函数 $f(x)$ 具有零测性. 实际上,假定 $E\subset[a,b]$: $m(E)=0$,则令 $E_n=\{x\in E:|f'(x)|<n\}(n\in \mathbf{N})$,就有 $m(E_n)=0(n\in \mathbf{N})$. 注意到 $f(E)=\bigcup_{n\geqslant 1}f(E_n)$ 即可得证.

注2 设 $f\in C([a,b])$,则 $f(x)$ 具有零测性的充分必要条件是: 对 $[a,b]$ 中任一可测集 E,$f(E)$ 是可测集.

证明 **必要性** 假定 $E\subset[a,b]$ 是可测集,则存在分解: $E=\left(\bigcup_{n\geqslant 1}F_n\right)\cup Z$: 每个 F_n 都是紧集,$m(Z)=0$. 因为每个 $f(F_n)$ 都是紧集(可测集),所以由 $f(E)=\left(\bigcup_{n\geqslant 1}f(F_n)\right)\cup f(Z)$ 以及 $m(f(Z))=0$ 可知,$f(E)$ 是可测集.

注3 (i) 设 $f(x)$ 定义在 $[a,b]$ 上,且具有零测性,则 $f^2(x)$ 也具有零测性.

(ii) 设 $f(x)$ 是 $[a,b]$ 的非负函数且具有零测性,则 $\sqrt{f(x)}$ 也具有零测性.

证明 (i) 对 $[a,b]$ 中满足 $m(E)=0$ 的可测集 E,有 $m(f(E))=0$. 注意到 $g(x)=x^2$ 是绝对连续函数,所以 $m(g[f(E)])=0$,即 $f^2(x)$ 具有零测性.

(ii) 注意 $g(x)=\sqrt{x}$ 是绝对连续函数.

例4 (1) 设 $f\in L(\mathbf{R})$,且令 $F(x)=\int_{-\infty}^x f(t)\mathrm{d}t$,则对任意的 $b>0$,均有 $F\in \mathrm{AC}([-b,b])$,且 $\lim_{x\to-\infty}F(x)=0$ 以及 $\bigvee_{-\infty}^{+\infty}(F)<+\infty$.

(2) 若 $F \in AC([-b,b])$（任意的 $b>0$），且 $\lim\limits_{x \to -\infty} F(x)=0$，$\bigvee\limits_{-\infty}^{+\infty}(F)$ $<+\infty$，则存在 $f \in L(\mathbf{R})$，使得 $F(x) = \int_{-\infty}^{x} f(t) \mathrm{d}t$.

证明 （1）易知 $F \in AC([-b,b])$，且有 $\bigvee\limits_{-\infty}^{+\infty}(F) = \int_{\mathbf{R}} |f(t)| \mathrm{d}t < +\infty$. 因为 $\bigvee\limits_{-\infty}^{x}(F) = \int_{\mathbf{R}} \chi_{(-\infty,x)}(t) \cdot |f(t)| \mathrm{d}t$，所以得到

$$\lim_{x \to -\infty} \bigvee_{-\infty}^{x}(F) = \int_{\mathbf{R}} \lim_{x \to -\infty} \chi_{(-\infty,x)}(t) |f(t)| \mathrm{d}t = 0.$$

由此即得 $\lim\limits_{x \to -\infty} F(x) = 0$.

（2）由题设知 $F(x) = F(-b) + \int_{-b}^{x} F'(t) \mathrm{d}t \, (x > -b)$. 注意到

$$\int_{-\infty}^{+\infty} |F'(t)| \mathrm{d}t = \lim_{n \to \infty} \int_{-n}^{n} |F'(t)| \mathrm{d}t$$
$$= \lim_{n \to \infty} \bigvee_{-n}^{n}(F) \leqslant \bigvee_{-\infty}^{+\infty}(F) < +\infty,$$

可知 $F' \in L(\mathbf{R})$. 从而根据控制收敛定理，我们有 $f(t) \triangleq F'(t)$，

$$F(x) = \lim_{b \to +\infty} F(-B) + \lim_{b \to +\infty} \int_{-b}^{x} F'(t) \mathrm{d}t = 0 + \int_{-\infty}^{x} f(t) \mathrm{d}t.$$

例 5 试证明下列命题：

(1) 设 $f \in C^{(1)}(\mathbf{R})$ 且 $f'(x) > 0 \, (x \in \mathbf{R})$，则对 $\mathbf{R}$ 中可测集 E，$f^{-1}(E)$ 必为可测集.

(2) 设 $f(x)$ 在 $[a,b]$ 上可微，且 $f'(x) > 0$，则反函数 $f^{-1}(x)$ 在 $[f(a), f(b)]$ 上绝对连续.

(3) 设 $f \in AC([a,b])$ 且是严格递增函数，若有 $f([a,b]) = [c,d]$，则对 $[a,b]$ 中的 Borel 集 E，必得

$$\int_{f^{-1}(E)} f'(x) \mathrm{d}x = m(E).$$

证明 （1）注意，依题设知 $f^{-1}(x)$ 是连续可微且严格递增的函数，故可立即得出结论成立.

（2）易知 $f^{-1}(x)$ 在 $[f(a), f(b)]$ 上严格递增且可微，故 $\dfrac{\mathrm{d}}{\mathrm{d}x} f^{(-1)}(x)$ 在 $[f(a), f(b)]$ 上可积. 从而结论得证.

(3) 对任一区间 $[p,q] \subset [c,d]$，记 $r=f^{-1}(p), s=f^{-1}(q)$，则
$$\int_{f^{-1}([p,q])} f'(x)\mathrm{d}x = f(s)-f(r) = q-p = m([p,q]).$$
根据 $f' \in L([a,b])$，立即可知结论成立.

注 设 $f(x)$ 是严格递增且连续的函数，令 $E=\{x: f'(x)=0\}$，则 $f^{-1}(x)$ 是绝对连续函数当且仅当 $m(E)=0$.

例 6 试证明下列命题：

(1) 设 $f \in L([0,1])$ 且在 $x=0$ 处连续，令 $f_n(x)=f(x^n) (n \in \mathbf{N}, 0<x<1)$，则 $f_n \in L([0,1]) (n \in \mathbf{N})$.

(2) 设 $g(x)$ 定义在 $[a,b]$ 上，且 $g([a,b]) \subset [c,d]$，又 $f(x)$ 定义在 $[c,d]$ 上. 若 $f'(x), g'(x)$ 各在 $[c,d]$ 与 $[a,b]$ 上几乎处处存在，且有 $e \subset [a,b]: m(e)=0$，使得 $g'(x) \neq 0 (x \bar\in e)$，则 $f[g(x)]$ 在 $[a,b]$ 上几乎处处可微，且有
$$(f[g(x)])' = f'[g(x)]g'(x), \quad \text{a.e. } x \in [a,b].$$

(3) 设 $f(x)$ 是 $\mathbf{R}$ 上非负实值可测函数，$\varphi(x)$ 在 $[0,\infty)$ 上递增，且在任一区间 $[0,a](a>0)$ 上绝对连续，又 $\varphi(0)=0$，令 $G_t=\{x \in \mathbf{R}: f(x)>t\}, t>0$. 则对 $\mathbf{R}$ 中任一可测集 E，有
$$I = \int_E \varphi[f(x)]\mathrm{d}x = \int_0^\infty m(E \cap G_t)\varphi'(t)\mathrm{d}t.$$

证明 (1) 应用变量替换 $t=x^n$，我们有
$$\int_0^1 |f_n(x)|\mathrm{d}x = \int_0^1 |f(x^n)|\mathrm{d}x = \int_0^1 |f(t)|t^{\frac{1}{n}-1}/n\mathrm{d}t$$
$$= \left\{\int_0^a + \int_a^1\right\}|f(t)|n^{-1}t^{1/n-1}\mathrm{d}t$$
$$= I_1 + I_2 \quad (\text{选 } 0<a<1 \text{ 后定}).$$

因为 $f(x)$ 在 $x=0$ 处连续，又可取 a 使得 $f(x)$ 在 $[0,a]$ 上有界，且 $1-1/n<1$，所以 I_1 存在；在 $[a,1]$ 上，由于被积函数小于等于 $a^{1/n-1}|f(t)|/n$，故 I_2 存在.

(2) 证略.

(3) 由 $\varphi(x)$ 的绝对连续性可知
$$I = \int_\mathbf{R} \chi_E(x)\left(\int_0^{f(x)} \varphi'(t)\mathrm{d}t\right)\mathrm{d}x$$
$$= \int_\mathbf{R} \chi_E(x) \int_0^{+\infty} \chi_{[0,f(x)]}(t)\varphi'(t)\mathrm{d}t\mathrm{d}x.$$

注意到 $\chi_{[0,f(x)]}(t)$ 是 $\mathbf{R}\times[0,\infty)$ 中集合 $\{(x,t):f(x)>t\}$ 上的特征函数，从而我们有

$$I = \int_0^{+\infty}\int_{\mathbf{R}}\chi_E(x)\,\chi_{[0,f(x)]}(t)\varphi'(t)\mathrm{d}t\mathrm{d}x$$
$$= \int_0^{+\infty}\left(\int_{\mathbf{R}}\chi_E(x)\,\chi_{G_t}(x)\varphi'(t)\right)\mathrm{d}x\mathrm{d}t$$
$$= \int_0^{+\infty} m(E\cap G_t)\varphi'(t)\mathrm{d}t.$$

例7 设 $f\in R([c,d])$，$g(x)$ 在 $[a,b]$ 上连续且严格单调，$R(g)=[c,d]$。若 $g^{-1}(y)$ 在 $[c=g(a),d=g(b)]$ 上绝对连续，试证明 $f(g)\in R([a,b])$。

证明 设 $E\subset[c,d]$ 是 $f(x)$ 的不连续点集，自然有 $m(E)=0$。令 $\widetilde{E}=g^{-1}(E)$，则由题设知 $m(\widetilde{E})=0$。从而又知 $f[g(x)]$ 在 $[a,b]\setminus\widetilde{E}$ 上连续，即 $f(g)\in R([a,b])$。

注 设 $E\subset\mathbf{R}^n$ 是可测集，$T:E\to\mathbf{R}^n$ 是满足下述条件的变换：

(1) 存在 $T(E)\to E$ 的变换 T^{-1}；

(2) T 与 T^{-1} 均变可测集为可测集；

(3) $m(T(E))<+\infty$，

则存在 $g\in L(E)$。对 $f\in L(T(E))$，均有 $f(T(\cdot))\in L(E)$，且有

$$\int_{T(E)}f(x)\mathrm{d}x = \int_E f[T(y)]g(y)\mathrm{d}y.$$

第六章 L^p 空间

§6.1 L^p 空间的定义与不等式

例 1 试证明下列命题：

(1) 设 $m(E)<+\infty$, $0<p_1<p_2\leqslant+\infty$, 则 $L^{p_2}(E)\subset L^{p_1}(E)$, 且有
$$\|f\|_{p_1}\leqslant [m(E)]^{1/p_1-1/p_2}\cdot \|f\|_{p_2}.$$

(2) 设 $f\in L^r(E)\bigcap L^s(E)$. 若 p: $0<r<p<s\leqslant+\infty$ 满足
$$\frac{1}{p}=\frac{\lambda}{r}+\frac{1-\lambda}{s}\quad(0<\lambda<1),$$
则 $\|f\|_p\leqslant \|f\|_r^\lambda\cdot \|f\|_s^{1-\lambda}$.

(3) 设 $0<r<p<s<+\infty$, $f\in L^p(E)$, 则对任意的 $t>0$, 存在分解: $f(x)=g(x)+h(x)$, 使得
$$\|g\|_r^r\leqslant t^{r-p}\|f\|_p^p,\quad \|h\|_s^s\leqslant t^{s-p}\|f\|_p^p.$$

证明 (1) 不妨设 $p_2<\infty$. 令 $r=p_2/p_1$, 则 $r>1$. 记 r' 为 r 的共轭指标, 则对 $f\in L^{p_2}(E)$, 由 Hölder 不等式可得
$$\int_E |f(x)|^{p_1}\,\mathrm{d}x = \int_E [|f(x)|^{p_1}\cdot 1]\,\mathrm{d}x$$
$$\leqslant \left(\int_E |f(x)|^{p_1\cdot r}\,\mathrm{d}x\right)^{1/r}\left(\int_E 1^{r'}\,\mathrm{d}x\right)^{1/r'}$$
$$=(m(E))^{1/r'}\left(\int_E |f(x)|^{p_2}\,\mathrm{d}x\right)^{1/r}.$$

从而可知
$$\left(\int_E |f(x)|^{p_1}\,\mathrm{d}x\right)^{1/p_1}\leqslant (m(E))^{(1/p_1)-(1/p_2)}\left(\int_E |f(x)|^{p_2}\,\mathrm{d}x\right)^{1/p_2},$$
即得所证.

(2) 事实上, 当 $r<s<+\infty$ 时, 我们有
$$\int_E |f(x)|^p\,\mathrm{d}x = \int_E |f(x)|^{\lambda p}|f(x)|^{(1-\lambda)p}\,\mathrm{d}x$$

$$\leqslant \left(\int_E |f(x)|^r \mathrm{d}x\right)^{\lambda p/r} \times \left(\int_E |f(x)|^s \mathrm{d}x\right)^{(1-\lambda)p/s}.$$

当 $r<s=+\infty$ 时,因为 $p=r/\lambda$,所以有

$$\int_E |f(x)|^p \mathrm{d}x \leqslant \|f^{p-r}\|_\infty \int_E |f(x)|^r \mathrm{d}x = \|f\|_r^{p\lambda} \cdot \|f\|_\infty^{p(1-\lambda)}.$$

(3) 对 $t>0$,作函数

$$g(x) = \begin{cases} 0, & |f(x)| \leqslant t, \\ f(x), & |f(x)| > t, \end{cases} \quad h(x) = f(x) - g(x).$$

我们有(注意 $r-p<0$)

$$\|g\|_r^r = \int_E |g(x)|^r \mathrm{d}x = \int_{E \cap \{x \in E: |f(x)|>t\}} |g(x)|^{r-p} |g(x)|^p \mathrm{d}x$$

$$\leqslant t^{r-p} \int_E |g(x)|^p \mathrm{d}x \leqslant t^{r-p} \int_E |f(x)|^p \mathrm{d}x.$$

类似地可推第二个不等式.

例 2 试证明下列命题:

(1) 设 $f \in L^2([0,1])$ 且 $f(x) \neq 0 (0 \leqslant x \leqslant 1)$,令 $F(x) = \int_0^x f(t)\mathrm{d}t (0 \leqslant x \leqslant 1)$,则 $\|F\|_2 < \|f\|_2$.

(2) 设 $f \in L^2([0,1])$,则存在 $[0,1]$ 上的递增函数 $F(x)$. 使得对任意的 $[a,b] \subset [0,1]$,均有

$$\left|\int_a^b f(x)\mathrm{d}x\right|^2 \leqslant [F(b) - F(a)](b-a).$$

(3) 设 $\int_0^1 f(x)\mathrm{d}x = a, 0 \leqslant f(x) \leqslant a^{2/3}$,则 $\int_0^1 \sqrt{f(x)}\mathrm{d}x \geqslant a^{2/3}$.

(4) 设 $1<p \leqslant r \leqslant q<+\infty, f \in L^q(E)$. 若

$$\frac{1}{r} = \frac{t}{p} + \frac{1-t}{q}, \quad 0<t<1,$$

则

$$\|f\|_r \leqslant \varepsilon \|f\|_p^{pt} + \varepsilon^{-r(1-t)/p} \|f\|_q^{r(1-t)}.$$

(5) 设 $1 \leqslant p \leqslant \infty$,若 $f_k \in L^p(E)$ $(k=1,2,\cdots)$,且级数 $\sum_{i=1}^\infty f_k(x)$ 在 E 上几乎处处收敛,则

$$\left\|\sum_{k=1}^\infty f_k\right\|_p \leqslant \sum_{k=1}^\infty \|f_k\|_p.$$

证明 (1) 应用 Schwarz 不等式,我们有

$$\|F\|_2^2 = \int_0^1 \left|\int_0^x f(t)\,dt\right|^2 dt \leqslant \int_0^1 \left(\int_0^x 1^2 dt\right)\left(\int_0^x |f(t)|^2 dt\right)dx$$

$$\leqslant \int_0^1 x\,\|f\|_2^2\,dx = \frac{1}{2}\|f\|_2^2 < \|f\|_2^2.$$

(2) 令 $F(x) = \int_0^x f^2(t)\,dt\,(0 \leqslant x \leqslant 1)$,我们有

$$\left|\int_a^b f(x)\,dx\right|^2 \leqslant (b-a)\int_a^b f^2(x)\,dx = [F(b)-F(a)](b-a).$$

(3) 设 $p > 1$,且改写 a 为 $a = \int_0^1 f(x)^{\frac{1}{2p}+1-\frac{1}{2p}}\,dx$,则可得

$$a \leqslant \left(\int_0^1 \sqrt{f(x)}\,dx\right)^{1/p} \cdot a^{\frac{2p-1}{3p}}, \quad a^{\frac{p+1}{3}} \leqslant \int_0^1 \sqrt{f(x)}\,dx.$$

从而令 $p \to 1+$,即可得证.

(4) 在 $ab \leqslant a^p/p + b^r/r$ $(1/p + 1/r = 1)$ 中,以 $\varepsilon^{\frac{1}{p}}a$ 代 a,$\varepsilon^{-1/p}b$ 代 b,可知

$$ab \leqslant \varepsilon a^p/p + \varepsilon^{-r/p}b^r/r \leqslant \varepsilon a^p + \varepsilon^{-r/p}b^r.$$

对 $p \leqslant r \leqslant q, 1/r = t/p + (1-t)/q$,我们有 $\|f\|_r \leqslant \|f\|_p^t \|f\|_q^{1-t}$,从而即得所证.

(5) 注意不等式

$$\left\|\sum_{k=1}^\infty f_k\right\|_p = \left(\int_E \left|\sum_{k=1}^\infty f_k(x)\right|^p dx\right)^{1/p} = \left(\int_E \lim_{N\to\infty}\left|\sum_{k=1}^N f_k(x)\right|^p dx\right)^{1/p}$$

$$\leqslant \lim_{N\to\infty}\left(\int_E \left|\sum_{k=1}^N f_k(x)\right|^p dx\right)^{1/p} \leqslant \lim_{N\to\infty}\sum_{k=1}^N \|f_k\|_p = \sum_{k=1}^\infty \|f_k\|_p.$$

例 3 试证明下列命题:

(1) 设 $0 < p_0 < q_0 < \infty$,若 $L^{p_0}(E) \subset L^{q_0}(E)$,则对 $0 < p < q$,有 $L^p(E) \subset L^q(E)$.

(2) 设 $w(x)$ 是 $\mathbf{R}^n$ 上的非负可积函数,记 $d\mu(x) = w(x)dx$.

(i) $L^q(\mathbf{R}^n, d\mu) \subset L^p(\mathbf{R}^n, d\mu)$ $(1 \leqslant p \leqslant q)$.

(ii) 设 $w \in L^1(\mathbf{R}^n) \cap L^\infty(\mathbf{R}^n)$,则

$$L^q(\mathbf{R}^n) \subset L^p(\mathbf{R}^n, d\mu) \quad (0 < p \leqslant q).$$

(3) 设 $f\in AC([0,a])$,且 $f'\in L^p([0,a])(p>1)$,则存在 $C>0$,对任意的 b: $0<b<a$,使得
$$\int_0^a |f(x)|^p dx \leqslant C\left\{a^p\int_0^a |f'(x)|^p dx + \frac{a}{b}\int_0^b |f(x)|^p dx\right\}.$$

证明 (1) 实际上,由 $L^{p_0}(E)\subset L^{q_0}(E)$ 可以推出其中的函数在 E 上是有界的. 反证法. 设 $f\in L^{p_0}(E)$,且记 $E_n=\{x\in E: |f(x)|>n\}$,则 $m(E_n)\to 0(n\to\infty)$. 易知存在 $\{n_k\},\{m_k\}$,使得
$$m_k^{-\alpha} \leqslant m(E_{n_k}\setminus E_{n_{k-1}}) < (m_k-1)^{-\alpha}, \quad \alpha=\frac{3}{2}\frac{q_0}{q_0-p_0}.$$
现在作
$$g(x)=\begin{cases} m_k^\beta, & x\in E_{n_k}\setminus E_{n_{k-1}}, \\ 0, & x\overline{\in} E_{n_k}\setminus E_{n_{k-1}}, \end{cases} \quad \beta=\frac{3}{2}\frac{1}{q_0-p_0},$$
我们有
$$\int_E |g(x)|^{p_0} dx < \sum_{k=1}^\infty \frac{m_k^{p_0\beta}}{(m_k-1)^\alpha} < +\infty,$$
这说明 $g\in L^{p_0}(E)$,但由于
$$\int_E |g(x)|^{q_0} dx \geqslant \sum_{k=1}^\infty m_k^{q_0\beta-\alpha} = +\infty,$$
使得 $f\overline{\in} L^{q_0}(E)$,矛盾.

(2) (i) 假定 $f\in L^q(\mathbf{R}^n, d\mu)$,即 $\int_{\mathbf{R}^n} |f(x)|^q w(x) dx < +\infty$,则
$$\int_{\mathbf{R}^n} |f(x)|^p w(x) dx = \int_{\mathbf{R}^n} |f(x)|^p w^{p/q}(x)\cdot w^{1-p/q}(x) dx$$
$$\leqslant \left(\int_{\mathbf{R}^n} |f(x)|^q w(x) dx\right)^{p/q} \left(\int_{\mathbf{R}^n} w^{(1-p/q)\frac{q}{q-p}}(x) dx\right)^{\frac{q-p}{q}}$$
$$= \left(\int_{\mathbf{R}^n} |f(x)|^q w(x) dx\right)^{p/q} \left(\int_{\mathbf{R}^n} w(x) dx\right)^{1-p/q} < +\infty.$$

(ii) 只需注意不等式(对指标 q/p 与 $q/(q-p)$)
$$\int_{\mathbf{R}^n} |f(x)|^p w(x) dx = \int_{\mathbf{R}^n} |f(x)|^p w^{p/q}(x) w^{1-p/q}(x) dx$$
$$\leqslant \left(\int_{\mathbf{R}^n} |f(x)|^q w(x) dx\right)^{1/q} \left(\int_{\mathbf{R}^n} w(x) dx\right)^{1-p/q}$$

$$\leqslant \|w\|_\infty \left(\int_{\mathbf{R}^n} |f(x)|^q \mathrm{d}x\right)^{1/q} \left(\int_{\mathbf{R}^n} w(x) \mathrm{d}x\right)^{1-p/q} < +\infty.$$

(3) 令 $F(x) = \left(\dfrac{1}{x}\int_0^x |f(t)|^p \mathrm{d}t\right)^{1/p}$ $(0 < x \leqslant a)$，易知存在 ξ_1, $\xi_2 \in [0, a]$，使得 $|f(\xi_1)| = F(b)$, $|f(\xi_2)| = F(a)$，我们有

$$|F(a) - F(b)| = ||f(\xi_2)| - |f(\xi_1)|| \leqslant |f(\xi_2) - f(\xi_1)|$$

$$= \left|\int_{\xi_1}^{\xi_2} f'(x) \mathrm{d}x\right| \leqslant \int_0^a |f'(x)| \mathrm{d}x \leqslant \left(\int_0^a |f'(x)|^p \mathrm{d}x\right)^{1/p} a^{1/p'}$$

$(1/p + 1/p' = 1)$，由此可知

$$F(a) \leqslant a^{1/p'} \left(\int_0^a |f'(x)|^p \mathrm{d}x\right)^{1/p} + b^{-1/p} \left(\int_0^b |f(x)|^p \mathrm{d}x\right)^{1/p},$$

$$a^{-1/p} \left(\int_0^a |f(x)|^p \mathrm{d}x\right)^{1/p} \leqslant a^{1/p'} \left(\int_0^a |f'(x)|^p \mathrm{d}x\right)^{1/p}$$
$$+ b^{-1/p} \left(\int_0^b |f(x)|^p \mathrm{d}x\right)^{1/p},$$

$$\int_0^a |f(x)|^p \mathrm{d}x$$
$$\leqslant \left[a\left(\int_0^a |f'(x)|^p \mathrm{d}x\right)^{1/p} + \left(\frac{a}{b}\right)^{1/p}\left(\int_0^b |f(x)|^p \mathrm{d}x\right)^{1/p}\right]^p$$
$$\leqslant 2^p \left[a^p \int_0^a |f'(x)|^p \mathrm{d}x + \frac{a}{b}\int_0^b |f(x)|^p \mathrm{d}x\right].$$

例 4 试证明下列命题：

(1) 设 $m(E) > 0$. 若存在 $M > 0$，使得对任意的 $p > 1$，均有 $\|f\|_p \leqslant M$，则 $f \in L^\infty(E)$.

(2) 设 $w(x)$ 是 $\mathbf{R}^n$ 上的非负可测函数. 若存在 $p_0, q_0: 1 \leqslant p_0 < q_0 < +\infty$，使得 $L^{p_0}(\mathbf{R}^n, \mathrm{d}\mu) \supset L^{q_0}(\mathbf{R}^n, \mathrm{d}\mu)$，则 $w \in L^1(\mathbf{R}^n)$，其中
$$\mathrm{d}\mu = w(x)\mathrm{d}x.$$

证明 (1) 令 $E_n = \{x \in E: |f(x)| \geqslant n\}$ $(n \in \mathbf{N})$，并假定对任意的 $n \in \mathbf{N}$，均有 $m(E_n) > 0$，则

$$n \cdot (m(E_n))^{1/p} \leqslant \left(\int_{E_n} |f(x)|^p \mathrm{d}x\right)^{1/p} \leqslant M \quad (p > 1).$$

令 $p\to +\infty$,可得 $n\leqslant M(n\in \mathbf{N})$,导致矛盾.因此,存在 $n_0\in \mathbf{N}$,使得 $m(E_{n_0})=0$,即 $|f(x)|\leqslant n_0$, a. e. $x\in E$.

(2) 易知存在 $\lambda>0$,使得对 $\mathbf{R}^n$ 上的实值可测函数 $f(x)$,有
$$\left(\int_{\mathbf{R}^n}|f(x)|^{p_0}w(x)\mathrm{d}x\right)^{1/p_0}\leqslant \lambda\left(\int_{\mathbf{R}^n}|f(x)|^{q_0}w(x)\mathrm{d}x\right)^{1/q_0}.$$

记 $\mathbf{R}^n$ 内以原点为中心 r 为半径的球为 $B(0,r)$,若令 $f(x)=\chi_{B(0,r)}(x)$,我们有
$$\left(\int_{B(0,r)}w(x)\mathrm{d}x\right)^{1/p_0}\leqslant \lambda\left(\int_{B(0,r)}w(x)\mathrm{d}x\right)^{1/q_0},$$
$$\int_{B(0,r)}w(x)\mathrm{d}x\leqslant \lambda^{\frac{p_0 q_0}{q_0-p_0}}.$$

从而令 $r\to +\infty$,即得 $\int_{\mathbf{R}^n}w(x)\mathrm{d}x<+\infty$.

例 5 试证明下列命题:

(1) 设 $f,g\in L^3(E)$,且有
$$\|f\|_3=\|g\|_3=\int_E f^2(x)g(x)\mathrm{d}x=1,$$
则 $g(x)=|f(x)|$, a. e. $x\in E$.

(2) 设 $a>1,b>1,0<\lambda<a,0<\mu<b,f(x)$ 在 $[0,\infty)$ 上非负可测,则存在 $C=C(a,b,\lambda,\mu)$,使得
$$\left(\int_0^{+\infty}f(x)\mathrm{d}x\right)^{a\mu+b\lambda}\leqslant C\left(\int_0^{+\infty}x^{a-1-\lambda}f^a(x)\mathrm{d}x\right)^{\mu}\cdot\left(\int_0^{+\infty}x^{b-1+\mu}f^b(x)\mathrm{d}x\right)^{\lambda}.$$

证明 (1) 令 $p=3/2, p'=3$,则得
$$1=\left|\int_E f^2(x)g(x)\mathrm{d}x\right|\leqslant \int_E f^2(x)|g(x)|\mathrm{d}x$$
$$\leqslant \|f^2\|_p\cdot \|g\|_{p'}=(\|f\|_3)^2\cdot \|g\|_3=1,$$

从而有 $\int_E f^2(x)|g(x)|\mathrm{d}x=\|f^2\|_p\cdot \|g\|_{p'}=1$. 因此有
$$|f(x)|^3=|g(x)|^3, \quad |f(x)|=|g(x)|, \quad \text{a. e. } x\in E,$$
$$\int_E f^2(x)[|g(x)|-g(x)]\mathrm{d}x$$
$$=\int_E f^2(x)|g(x)|\mathrm{d}x-\int f^2(x)g(x)\mathrm{d}x$$

$$= \int_E |f(x)|^3 dx - 1 = 0.$$

(2) 易知
$$\int_0^{+\infty} f(x)dx = \int_0^{+\infty} x^{\alpha/a} f(x) \cdot \frac{dx}{x^{\alpha/a}(1+x)}$$
$$+ \int_0^{+\infty} x^{\beta/b} f(x) \frac{dx}{x^{\beta/b}(1+x^{-1})}$$
$$\triangleq \text{I} + \text{II}.$$

($\alpha = a-1-\lambda, \beta = b-1-\mu$). 分别估计 I, II, 我们有
$$\text{I} \leqslant M_1 \cdot \left(\int_0^{+\infty} x^\alpha \cdot f^a(x)dx\right)^{1/a}, \quad \text{II} \leqslant M_2 \left(\int_0^{+\infty} x^\beta \cdot f^b(x)dx\right)^{1/b},$$
$$M_1 = \left(\int_0^{+\infty} \frac{dx}{x^{\frac{\alpha}{a-1}}(1+x)^{\frac{a}{a-1}}}\right)^{\frac{a-1}{a}}, \quad M_2 = \left(\int_0^{+\infty} \frac{dx}{x^{\frac{\beta}{b-1}}(1+x^{-1})^{\frac{b}{b-1}}}\right)^{\frac{b-1}{b}}.$$

以 $f(z/t)(t>0)$ 代换 $f(x)$, 并令 $z=tx$, 可得
$$t^{-1}\int_0^{+\infty} f\left(\frac{z}{t}\right)dz \leqslant M_1 t^{\frac{\lambda-a}{a}}\left(\int_0^{+\infty} z^\alpha \cdot f^a\left(\frac{z}{t}\right)dz\right)^{1/a}$$
$$+ M_2 t^{\frac{\mu-b}{b}}\left(\int_0^{+\infty} z^\beta \cdot f^b\left(\frac{z}{t}\right)dz\right)^{1/b}.$$

注意到对一切非负可测函数 $\varphi(z)$, 均有不等式
$$\int_0^{+\infty} \varphi(z)dz \leqslant M_1 t^{\lambda/a}\left(\int_0^{+\infty} z^\alpha \varphi^a(z)dz\right)^{1/a} + M_2 t^{-\mu/b}\left(\int_0^{+\infty} z^\beta \varphi^b(z)dz\right)^{1/b}$$

成立, 故在上式中对 t 求其极小值, 即可证得结论.

例 6 试证明下列命题:

(1) 设 $\lambda \in \mathbf{R}$, 则 $4\sin^2\lambda - \lambda \cdot \sin(2\lambda) \leqslant 2\lambda^2$.

(2) 设 $f \in L^2([0,1])$. 令 $g(x) = \int_0^1 \frac{f(t)}{|x-t|^{1/2}}dt (0 < x < 1)$, 则
$$\left(\int_0^1 g^2(x)dx\right)^{1/2} \leqslant 2\sqrt{2}\left(\int_0^1 f^2(x)dx\right)^{1/2}.$$

(3) 设 p, q, r 是正数, 且 $0 < t < 1/(p+q+r)$. 则
$$I = \int_0^2 \frac{dx}{(x^p \cdot |x-1|^q |x-2|^r)^t} < +\infty.$$

证明 (1) 由不等式 $\left(\int_0^\lambda \cos x \mathrm{d}x\right)^2 \leqslant \left(\int_0^\lambda \mathrm{d}x\right)\left(\int_0^\lambda \cos^2 x \mathrm{d}x\right)$ 可知,$\sin^2\lambda \leqslant \lambda^2/2 + \lambda\sin(2\pi)/4.$ 由此即得所证.

(2) 注意下列不等式($0 < x < 1$)

$$|g(x)|^2 \leqslant \int_0^1 \frac{\mathrm{d}t}{|x-t|^{1/2}} \cdot \int_0^1 \frac{|f(t)|^2 \mathrm{d}t}{|x-t|^{1/2}} \leqslant 2\sqrt{2} \cdot \int_0^1 \frac{|f(t)|^2 \mathrm{d}t}{|x-t|^{1/2}},$$

$$\int_0^1 |g(x)|^2 \mathrm{d}x \leqslant 2\sqrt{2}\int_0^1 \left(\int_0^1 |x-t|^{-1/2} f^2(t)\mathrm{d}t\right) \mathrm{d}x$$

$$\leqslant 8\int_0^1 |f(t)|^2 \mathrm{d}t,$$

$$\|g\|_2 \leqslant 2\sqrt{2}\|f\|_2.$$

(3) 记 $\delta = pt + qt + rt$,注意 $\delta < 1$,而有 $\dfrac{1}{\delta/(tp)} + \dfrac{1}{\delta/(tq)} + \dfrac{1}{\delta/(tr)} = 1.$ 从而得

$$I = \int_0^2 \left(\frac{1}{x}\right)^{pt} \left(\frac{1}{|x-1|}\right)^{qt} \left(\frac{1}{|x-2|}\right)^{rt} \mathrm{d}x$$

$$\leqslant \left(\int_0^2 \left(\frac{1}{x}\right)^{pt \cdot \frac{\delta}{pt}} \mathrm{d}x\right)^{\frac{pt}{\delta}} \cdot \left(\int_0^2 \left(\frac{1}{|x-1|}\right)^{qt \cdot \frac{\delta}{qt}} \mathrm{d}x\right)^{\frac{qt}{\delta}}$$

$$\cdot \left(\int_0^2 \left(\frac{1}{|x-2|}\right)^{rt \cdot \frac{\delta}{rt}} \mathrm{d}x\right)^{\frac{rt}{\delta}} < +\infty.$$

例 7 试证明下列命题:

(1) 对 $\mathbf{R}^n$ 中的点 $x = (x_1, x_2, \cdots, x_n), y = (y_1, y_2, \cdots, y_n)$,记 $|x| = \left(\sum_{i=1}^n x_i^2\right)^{1/2}, |x-y| = \left(\sum_{i=1}^n (x_i - y_i)^2\right)^{1/2}.$ 现在设 $p > 0, E \subset \mathbf{R}^n.$ 若 $m(E) = m(B(0,r))$,则对任意的 $x \in \mathbf{R}^n$,有

$$\int_E \frac{\mathrm{d}y}{|x-y|^p} \leqslant \int_{B(0,r)} \frac{\mathrm{d}z}{|z|^p}.$$

(2) 设 $f(x,y), f'_x(x,y), f'_y(x,y)$ 在区域 $D = \{(x,y): x^2 + y^2 \leqslant 1\}$ 上连续,且在边界 $x^2 + y^2 = 1$ 上之值为 0,则

$$\|f\|_{\frac{2p}{2-p}} \leqslant C_p(\|f'_x\|_p + \|f'_y\|_p) \quad (1 \leqslant p < 2).$$

283

证明 (1) 令 $E_x=\{x-y: y\in E\}$，易知 $\int_E \frac{\mathrm{d}y}{|x-y|^p}=\int_{E_x}\frac{\mathrm{d}z}{|z|^p}$. 再令 $\widetilde{E}=E_x\bigcap B(0,r), A=E_x\setminus\widetilde{E}$，则 $m(A)=m(B(0,r)\setminus\widetilde{E})$. 我们有 $\sup\{1/\|z\|^p: z\in A\}\leqslant r^{-p}=\inf\{\|z\|^{-p}: z\in B(0,r)\}$. 因此得

$$\int_A \|z\|^{-p}\mathrm{d}z \leqslant r^{-p}m(A) \leqslant \int_{B(0,r)\setminus\widetilde{E}}\|z\|^{-p}\mathrm{d}z,$$

$$\int_E |x-y|^{-p}\mathrm{d}y = \int_{\widetilde{E}}\|z\|^{-p}\mathrm{d}z + \int_A \|z\|^{-p}\mathrm{d}z$$

$$\leqslant \int_{\widetilde{E}}\|z\|^{-p}\mathrm{d}z + \int_{B(0,r)\setminus\widetilde{E}}\|z\|^{-p}\mathrm{d}z = \int_{B(0,r)}\|z\|^{-p}\mathrm{d}z.$$

(2) (i) $p=1$. 令 $f(x,y)=0\ ((x,y)\in\mathbf{R}^2\setminus D)$，我们有

$$f(x,y)=\int_{-\infty}^x f_1'(t,y)\mathrm{d}t, \quad f(x,y)=\int_{-\infty}^y f_2'(x,s)\mathrm{d}s.$$

从而知 $|f(x,y)|\leqslant \int_{-\infty}^x |f_1'(t,y)|\mathrm{d}t$, $|f(x,y)|\leqslant \int_{-\infty}^y |f_2'(x,s)|\mathrm{d}s$. 又有

$$|f(x,y)|^2 \leqslant \int_{-\infty}^{+\infty}|f_1'(t,y)|\mathrm{d}t \cdot \int_{-\infty}^{+\infty}|f_2'(x,s)|\mathrm{d}s,$$

$$\iint_D |f(x,y)|^2\mathrm{d}x\mathrm{d}y \leqslant \iint_D |f_x'(x,y)|\mathrm{d}x\mathrm{d}y \cdot \iint_D |f_y'(x,y)|\mathrm{d}x\mathrm{d}y,$$

$$\|f\|_2 \leqslant \|f_1'\|_1^{1/2}\|f_2'\|_1^{1/2} \leqslant (\|f_1'\|_1+\|f_2'\|_1)/2. \qquad (*)$$

(ii) $1<p<2$. 令 $q=p/(2-p)$，并在式 $(*)$ 中用 f^q 代 f，可知

$$\|f^q\|_2 \leqslant (\|qf^{q-1}\cdot f_1'\|_1 + \|qf^{q-1}\cdot f_2'\|_1)/2$$

$$\leqslant q(\|f^{q-1}\|_{p'}\|f_1'\|_p + \|f^{q-1}\|_{p'}\|f_2'\|_p)/2$$

$$(1/p+1/p'=1).$$

注意，$\|f^q\|_2=\|f\|_{2q}^q$, $\|f^{q-1}\|_{p'}=\|f\|_{(q-1)p'}^{q-1}=\|f\|_{2p/(2-p)}^{q-1}$，即可得证.

例8 试证明下列命题：

(1) 设 $f\in L^p(E), e\subset E$ 是可测子集，则 $(p\geqslant 1)$

$$\left(\int_E |f(x)|^p\mathrm{d}x\right)^{1/p} \leqslant \left(\int_e |f(x)|^p\mathrm{d}x\right)^{1/p} + \left(\int_{E\setminus e}|f(x)|^p\mathrm{d}x\right)^{1/p}.$$

(2) 下列两个不等式是不能同时成立的：

$$\int_0^\pi [f(x)-\sin x]^2\mathrm{d}x \leqslant \frac{4}{9} \quad \text{和} \quad \int_0^\pi [f(x)-\cos x]^2\mathrm{d}x \leqslant \frac{1}{9}.$$

(3) 设 $1\leqslant p<+\infty, 0\leqslant a\leqslant 1, f(x), g(x)$ 是 E 上非负可测函

数,则
$$a^{1-1/p}\|f\|_p + (1-a)^{1-1/p}\|g\|_p \leqslant \|f+g\|_p.$$

(4) 设 $0<p<1, f \in L^p(E), g \in L^p(E)$,则
$$\|f+g\|_p \leqslant 2^{1/p-1}(\|f\|_p + \|g\|_p).$$

证明 (1) 我们作函数
$$g(x) = \begin{cases} f(x), & x \in e, \\ 0, & x \in E \setminus e, \end{cases} \quad h(x) = \begin{cases} 0, & x \in e, \\ f(x), & x \in E \setminus e, \end{cases}$$

则 $f(x) = g(x) + h(x)$ $(x \in E)$. 从而可知(Minkowski 不等式)

$$\left(\int_E |f(x)|^p \mathrm{d}x \right)^{1/p} = \left(\int_E |g(x) + h(x)|^p \mathrm{d}x \right)^{1/p}$$
$$\leqslant \left(\int_E |g(x)|^p \mathrm{d}x \right)^{1/p} + \left(\int_E |h(x)|^p \mathrm{d}x \right)^{1/p}$$
$$= \left(\int_e |f(x)|^p \mathrm{d}x \right)^{1/p} + \left(\int_{E \setminus e} |f(x)|^p \mathrm{d}x \right)^{1/p}.$$

(2) 反证法. 假定两个不等式同时成立,则可得
$$\pi = \int_0^\pi (1-\sin 2x)\mathrm{d}x = \int_0^\pi (\cos x - \sin x)^2 \mathrm{d}x$$
$$= \int_0^\pi |f(x) + \cos x - f(x) - \sin x|^2 \mathrm{d}x$$
$$\leqslant \left(\int_0^\pi |f(x) + \cos x|^2 \mathrm{d}x \right)^{1/2} + \left(\int_0^\pi |f(x) + \sin x|^2 \mathrm{d}x \right)^{1/2} \leqslant 1.$$

这导致矛盾.

(3) 注意由 $f^p(x) + g^p(x) \leqslant [f(x) + g(x)]^p$,可知
$$(\|f\|_p^p + \|g\|_p^p)^{1/p} \leqslant \|f+g\|_p.$$

应用不等式
$$a^{1-1/p}|x| + (1-a)^{1-1/p}|y| \leqslant (|x|^p + |y|^p)^{1/p},$$

立即得到
$$a^{1-1/p}\|f\|_p + (1-a)^{1-1/p}\|g\|_p \leqslant (\|f\|_p^p + \|g\|_p^p)^{1/p} \leqslant \|f+g\|_p.$$

(4) (i) 应用不等式 $1 + t^p \geqslant (1+t)^p$ $(0 \leqslant t < +\infty)$ 可知
$$\|f\|_p^p + \|g\|_p^p \geqslant \|f+g\|_p^p.$$

(ii) 由于函数 $\varphi(t) = (1 + t^{1/p})(1+t)^{-1/p}$ $(0 \leqslant t < +\infty)$ 在 $t=1$ 处

有唯一极小值 $\varphi(1)=2^{1-1/p}$,故可知
$$(1+t)^{1/p} \leqslant 2^{1/p-1}(1+t^{1/p}) \quad (0\leqslant t<+\infty).$$
取 $t=\|f\|_p^p/\|g\|_p^p$,我们有
$$(\|f\|_p^p+\|g\|_p^p)^{1/p} \leqslant 2^{1/p-1}(\|f\|_p+\|g\|_p).$$
再结合(i)即得所证.

例 9 试证明下列命题:

(1) 设 $f(x)$ 是 $[a,b]$ 上的正值可测函数,则
$$\left(\int_a^b f(x)\mathrm{d}x\right)\left(\int_a^b \frac{1}{f(x)}\mathrm{d}x\right) \geqslant (b-a)^2.$$

(2) 设 $m(E)=1$,$f(x)$ 与 $g(x)$ 是 E 上正值可测函数. 若 $f(x)g(x)\geqslant 1(x\in E)$,则
$$\left(\int_E f(x)\mathrm{d}x\right)\left(\int_E g(x)\mathrm{d}x\right) \geqslant 1.$$

(3) 设 $f(x)$ 与 $g(x)$ 均是 E 上可测函数,且 $1/p+1/q=1/r(1\leqslant p<\infty)$,则 $\|fg\|_r\leqslant\|f\|_p\|g\|_q$.

(4) 设 $f(x)$ 与 $g(x)$ 在 E 上正值可测,$\int_E g(x)\mathrm{d}x=1$,则
$$\left(\int_E f(x)g(x)\mathrm{d}x\right)^p \leqslant \int_E f^p(x)g(x)\mathrm{d}x \quad (p>1).$$

证明 (1) 注意到 $(b-a)^2=\left(\int_a^b 1\mathrm{d}x\right)^2$,故有
$$(b-a)^2 = \left(\int_a^b \sqrt{\frac{f(x)}{f(x)}}\mathrm{d}x\right)^2 \leqslant \int_a^b f(x)\mathrm{d}x \cdot \int_a^b \frac{1}{f(x)}\mathrm{d}x.$$

(2) 注意到 $1=m(E)^2=\left(\int_E 1\mathrm{d}x\right)^2$,我们有
$$1 \leqslant \left(\int_E \sqrt{f(x)g(x)}\mathrm{d}x\right)^2 \leqslant \int_E f(x)\mathrm{d}x \cdot \int_E g(x)\mathrm{d}x.$$

(3) $\int_E |f(x)g(x)|^r\mathrm{d}x \leqslant \left(\int_E |f(x)|^{\frac{p}{r}}\mathrm{d}x\right)^{r/p}\left(\int_E |g(x)|^{\frac{q}{r}}\mathrm{d}x\right)^{r/q}$(注意 $r/p+r/q=1$).

(4) 对 p 与 $p/(p-1)$ 用 Hölder 不等式,可得
$$\left(\int_E f(x)g(x)\mathrm{d}x\right)^p = \left(\int_E f(x)g^{1/p}(x)\cdot g^{1-1/p}(x)\mathrm{d}x\right)^p$$

$$\leqslant \left(\int_E f^p(x)g(x)\mathrm{d}x\right)^{p/p}\left(\int_E g^{\frac{p-1}{p}\cdot\frac{p}{p-1}}(x)\mathrm{d}x\right)^{p-1}$$
$$=\int_E f^p(x)g(x)\mathrm{d}x.$$

例 10 试证明下列命题：

(1) 设 $g(x)$ 是 $E\subset \mathbf{R}^n$ 上的可测函数，若对任意的 $f\in L^2(E)$，有 $\|g\cdot f\|_2\leqslant M\|f\|_2$，则 $|g(x)|\leqslant M$, a.e. $x\in E$.

(2) 设 $g\in C^{(1)}([0,1])$，且 $g(0)=0, g(1)=1, g(x)$ 在 $[0,1]$ 上递增. 若 $\int_0^1 [g'(x)]^p/g(x)\mathrm{d}x < +\infty (+\infty > p > 1)$，则

$$I=\int_0^1 [g'(x)]^p/g(x)\mathrm{d}x \geqslant \left(\frac{p}{p-1}\right)^p.$$

证明 (1) 反证法. 令 $A=\{x\in E: |g(x)|>M\}$，假定 $m(A)>0$，则对 $f(x)=\chi_A(x)$，可得 $\|f\|_2=\sqrt{m(A)}$. 从而有

$$\|gf\|_2=\left(\int_A |g(x)|^2\mathrm{d}x\right)^{1/2} > M\sqrt{m(A)}=M\|f\|_2.$$

这导致矛盾. 故 $m(A)=0$，结论得证.

(2) 对正值 $f\in L^p((0,\infty))$，令 $F(x)=\frac{1}{x}\int_0^x f(t)\mathrm{d}t$，则由 $F(x)=\int_0^1 f[xg(t)]g'(t)\mathrm{d}t$ 可知

$$\int_0^{+\infty} F^p(x)\mathrm{d}x \leqslant \int_0^1 \frac{[g'(t)]^p}{g(t)}\mathrm{d}t \cdot \int_0^{+\infty} f^p(x)\mathrm{d}x.$$

再注意公式 $\int_0^{+\infty} F^p(x)\mathrm{d}x \leqslant \left(\frac{p}{p-1}\right)^p \int_0^{+\infty} f^p(x)\mathrm{d}x$ 中的 $\left(\frac{p}{p-1}\right)^p$ 是最佳常数(见 §6.4 例 2 的(1))，即可得证.

例 11 试证明下列不等式：

(1) 设 $\alpha>0, \beta>0, \alpha\beta<1$. 若 $f\in L^{1+\alpha}(E), g\in L^{1+\beta}(E)$，且 $f^{1+\alpha}g^{1+\beta}\in L^1(E)$，则

$$\left|\int_E f(x)g(x)\mathrm{d}x\right|^{(1+\alpha)(1+\beta)/(1-\alpha\beta)} \leqslant \left(\int_E |f(x)|^{1+\alpha}|g(x)|^{1+\beta}\mathrm{d}x\right)$$
$$\times \left(\int_E |f(x)|^{1+\alpha}\mathrm{d}x\right)^{\beta(1+\alpha)/(1-\alpha\beta)}\left(\int_E |g(x)|^{1+\beta}\mathrm{d}x\right)^{\alpha(1+\beta)/(1-\alpha\beta)}.$$

(2) 设 $f(x), g(x)$ 是 E 上非负可测函数,$1 \leqslant p < +\infty, 1 \leqslant q < +\infty, 1 \leqslant r \leqslant +\infty, \dfrac{1}{r} = \dfrac{1}{p} + \dfrac{1}{q} - 1$,则

$$\int_E f(x)g(x)\mathrm{d}x \leqslant \|f\|_p^{1-p/r} \|g\|_q^{1-q/r} \left(\int_E f^p(x) g^q(x) \mathrm{d}x\right)^{1/r}.$$

(3) 设 $f(x)$ 是 $E \subset (0,\infty)$ 上正值可测函数,$m(E) > 0, 0 < r < +\infty$,则

$$\left(\frac{1}{m(E)} \int_E f(x) \mathrm{d}x\right)^{-1} \leqslant \left(\frac{1}{m(E)} \int_E \frac{\mathrm{d}x}{f^r(x)}\right)^{1/r}.$$

(4) 设 $f(x), g(x)$ 是 E 上正值可测函数,$0 < p < 1, q = p/(p-1)$,则

$$\int_E f(x) g(x) \mathrm{d}x \geqslant \left(\int_E f^p(x) \mathrm{d}x\right)^{1/p} \left(\int_E g^q(x) \mathrm{d}x\right)^{1/q}.$$

注 类似地也有 $\|f+g\|_p \geqslant \|f\|_p + \|g\|_p$.

证明 (1) 注意 $\dfrac{1-\alpha\beta}{(1+\alpha)(1+\beta)} + \dfrac{\beta}{1+\beta} + \dfrac{\alpha}{1+\alpha} = 1$. 并作分解

$$|f(x)g(x)| = |f(x)|^{\frac{1-\alpha\beta}{1+\beta}} |g(x)|^{\frac{1-\alpha\beta}{1+\alpha}} |f(x)|^{\frac{(1+\alpha)\beta}{1+\beta}} |g(x)|^{\frac{(1+\beta)\alpha}{1+\alpha}},$$

再用 Hölder 不等式即可证得.

(2) $r = +\infty$ 时即 Hölder 不等式. 若 $r < +\infty, p > 1, q > 1$,则注意等式

$$\frac{r-p}{rp} + \frac{r-q}{rq} + \frac{1}{r} = 1,$$

并用 Hölder 不等式;若 $p = q = 1$,则 $r = 1$. 若 $p > 1, q = 1$,则 $r = p$ 等可类似地做.

(3) 令 $p = 1 + 1/r > 1$,则 $1/p + 1/rp = 1$. 对这些指标用 Hölder 不等式,可知

$$m(E) = \int_E f^{1/p}(x) \cdot f^{-1/p}(x) \mathrm{d}x$$

$$\leqslant \left(\int_E f(x) \mathrm{d}x\right)^{1/p} \left(\int_E f^{-r}(x) \mathrm{d}x\right)^{1/rp}.$$

从而得 $[m(E)]^{1+1/r} \leqslant \left(\int_E f(x) \mathrm{d}x\right) \left(\int_E f^{-r}(x) \mathrm{d}x\right)^{1/r}$. 证毕.

(4) 作分解 $f^p(x) = [f(x)g(x)]^p [g(x)]^{-p}$,并且对指标 $1/p$ 与 $1/(1-p)$ 用 Hölder 不等式,我们有
$$\int_E f^p(x) \mathrm{d}x \leqslant \left(\int_E f(x)g(x) \mathrm{d}x \right)^p \left(\int_E [g(x)]^{p/(p-1)} \mathrm{d}x \right)^{1-p}.$$
由此即可得证.

例 12 试证明下列不等式:

(1) 设 $f_1(y,z), f_2(x,z), f_3(x,y)$ 是 $\mathbf{R}^2$ 上非负可测函数,且记
$$I_1 = \int_{\mathbf{R}^2} f_1^2(y,z) \mathrm{d}y \mathrm{d}z; \quad I_2 = \int_{\mathbf{R}^2} f_2^2(x,z) \mathrm{d}x \mathrm{d}z;$$
$$I_3 = \int_{\mathbf{R}^2} f_3^2(x,y) \mathrm{d}x \mathrm{d}y,$$
令 $F(x,y,z) = f_1(y,z) f_2(x,z) f_3(x,y)$,则
$$I = \int_{\mathbf{R}^3} F(x,y,z) \mathrm{d}x \mathrm{d}y \mathrm{d}z \leqslant (I_1 I_2 I_3)^{1/2}.$$

(2) 设 $p_i > 1 (i=1,2,\cdots,n), p > 1$ 且 $\sum_{i=1}^n 1/p_i = 1/p$. 若 $f_i \in L^{p_i}(E) (i=1,2,\cdots,n)$,则 $f_1 f_2 \cdots f_n \in L^p(E)$,且有
$$\|f_1 \cdots f_n\|_p \leqslant \|f_1\|_{p_1} \cdots \|f_n\|_{p_n}.$$

(3) 设 $p_i > 1 \ (i=1,2,\cdots,k)$,且 $\sum_{i=1}^k 1/p_i = 1$. 若 $f_i \in L^{p_i}(E) \ (i=1,2,\cdots,k)$,则
$$\int_E |f_1(x) f_2(x) \cdots f_k(x)| \mathrm{d}x \leqslant \|f_1\|_{p_1} \cdot \|f\|_{p_2} \cdots \|f\|_{p_k}.$$

(4) 设 $f \in L^p(\mathbf{R}), p = (n+1)/n$,试证明
$$\int_{\mathbf{R}^n} |f(x_1) f(x_2) \cdots f(x_n) \cdot f(x_1 + x_2 + \cdots + x_n)| \mathrm{d}x_1 \mathrm{d}x_2 \cdots \mathrm{d}x_n$$
$$\leqslant \|f\|_p^{n+1}.$$

(5) 设 $R_i = \mathbf{R} (i=1,2,\cdots,n)$,非负可测函数
$$f_1 = f_1(x_2, x_3, \cdots, x_n), \quad f_n = f_n(x_1, x_2, \cdots, x_{n-1}),$$
$$f_i \triangleq f_i(x_1, \cdots, x_{i-1}, x_{i+1}, \cdots, x_n) \quad (i=2,\cdots,n-1)$$
定义在 $\widetilde{\mathbf{R}}_i = R_1 \times R_2 \times \cdots \times R_{i-1} \times R_{i+1} \times \cdots \times R_n$ 上,且记
$$I_i = \int_{\widetilde{\mathbf{R}}_i} f_i^{n-1}(x_1, \cdots, x_{i-1}, x_{i+1}, \cdots, x_n) \mathrm{d}x_1 \cdots \mathrm{d}x_{i-1} \mathrm{d}x_{i+1} \cdots \mathrm{d}x_n,$$
则

$$I = \int_{\mathbf{R}^n} f_1 f_2 \cdots f_n \, dx_1 dx_2 \cdots dx_n \leqslant (I_1 \cdots I_n)^{1/(n-1)}.$$

证明 (1) 引用 Hölder 不等式,可知

$$I = \int_{\mathbf{R}^2} f_1(y,z) \left(\int_{\mathbf{R}} f_2(x,z) f_3(x,y) \, dx \right) dy dz$$

$$\leqslant \int_{\mathbf{R}^2} f_1(y,z) \left(\int_{\mathbf{R}} f_2^2(x,z) \, dx \right)^{1/2} \left(\int_{\mathbf{R}} f_3^2(x,y) \, dx \right)^{1/2} dy dz$$

$$\leqslant \left(\int_{\mathbf{R}^2} f_1^2(y,z) \, dy dz \right)^{1/2} \left[\int_{\mathbf{R}^2} \left(\int_{\mathbf{R}} f_2^2(x,z) \, dx \right) \left(\int_{\mathbf{R}} f_3^2(x,y) \, dx \right) dy dz \right]^{1/2}$$

$$= I_1^{1/2} \left(\int_{\mathbf{R}^2} f_2^2(x,z) \, dx dz \right)^{1/2} \left(\int_{\mathbf{R}^2} f_3^2(x,y) \, dx dy \right)^{1/2}.$$

(2) 对 $n=2, f_1^p \in L^{p_1/p}, f_2^p \in L^{p_2/p}$,我们有

$$\left(\int_E |f_1(x)|^p |f_2(x)|^p \, dx \right)^{1/p}$$

$$\leqslant \left(\int_E |f_1(x)|^{p_1} \, dx \right)^{1/p_1} \left(\int_E |f_2(x)|^{p_2} \, dx \right)^{1/p_2}.$$

现在假定对 $n=k$,该不等式成立,则对 $n=k+1$,有

$$0 < \frac{1}{p_1} + \cdots + \frac{1}{p_k} = \frac{1}{p} - \frac{1}{p_{k+1}} = 1/(p p_{k+1}/(p_{k+1}-p)) < 1,$$

即 $p p_{k+1}/(p_{k+1}-p) > 1$. 由归纳法假定应有

$$f_1 f_2 \cdots f_k \in L^{p p_{k+1}/(p_{k+1}-p)}(E),$$

$$\left(\int_E [f_1(x) \cdots f_k(x)]^{p p_{k+1}/(p_{k+1}-p)} \, dx \right)^{(p_{k+1}-1)/p_{k+1}p} \leqslant \|f_1\|_{p_1} \cdots \|f_k\|_{p_k}.$$

根据 $n=2, (f_1 \cdots f_k) \cdot f_{k+1} \in L^p(E)$,且有

$$\|(f_1 \cdots f_k) f_{k+1}\|_p \leqslant \|f_1 \cdots f_k\|_{p p_{k+1}/(p_{k+1}-p)} \cdot \|f_{k+1}\|_{p_{k+1}}.$$

由此即得所证.

(3) 证略.

(4) 因为 $\dfrac{1}{n+1} + \dfrac{1}{n+1} + \cdots + \dfrac{1}{n+1}$ (共 $n+1$ 项) $= 1$,

$$f(x_1) f(x_2) \cdots f(x_n) f(x_1 + x_2 + \cdots + x_n)$$

$$= \{[f(x_1) f(x_2) \cdots f(x_n) f(x_1 + x_2 + \cdots + x_n)]^{1/n}\}^n$$

$$= [f(x_1)f(x_2)\cdots f(x_n)]^{1/n}$$
$$\times [f(x_2)f(x_3)\cdots f(x_n)f(x_1+x_2+\cdots+x_n)]^{1/n}$$
$$\times [f(x_1)f(x_3)\cdots f(x_n)f(x_1+x_2+\cdots+x_n)]^{1/n}$$
$$\times \cdots$$
$$\times [f(x_1)f(x_2)\cdots f(x_{n-1})f(x_1+x_2+\cdots+x_n)]^{1/n},$$

所以我们有 $(\mathrm{d}x = \mathrm{d}x_1 \mathrm{d}x_2 \cdots \mathrm{d}x_n)$

$$\int_{\mathbf{R}^n} |f(x_1)f(x_2)\cdots f(x_n) \cdot f(x_1+x_2+\cdots+x_n)|\mathrm{d}x$$
$$\leqslant \left(\int_{\mathbf{R}^n} |f(x_1)\cdots f(x_n)|^{(n+1)/n}\mathrm{d}x\right)^{1/(n+1)}$$
$$\times \left(\int_{\mathbf{R}^n} |f(x_2)\cdots f(x_n)f(x_1+\cdots+x_n)|^{(n+1)/n}\mathrm{d}x\right)^{1/(n+1)}$$
$$\times \cdots$$
$$\times \left(\int_{\mathbf{R}^n} |f(x_1)\cdots f(x_{n-1})f(x_1+\cdots+x_n)|^{(n+1)/n}\mathrm{d}x\right)^{1/(n+1)}$$
$$= \left(\int_{\mathbf{R}} |f(x_1)|^p \mathrm{d}x_1\right)^{n/(n+1)} \cdots \left(\int_{\mathbf{R}} |f(x_1)|^p \mathrm{d}x_1\right)^{n/(n+1)}.$$

(5) 当 $n=2$ 时,不等式显然成立.现在假定当 $n-1$ 时不等式成立,则考查积分

$$I = \int_{\mathbf{R}^n} f_1 \cdots f_n \mathrm{d}x_1 \mathrm{d}x_2 \cdots \mathrm{d}x_n = \int_{\widetilde{\mathbf{R}}_1} f_1 \mathrm{d}x_2 \cdots \mathrm{d}x_n \cdot \int_{\mathbf{R}} f_2 \cdots f_n \mathrm{d}x_1,$$

记 $F_i = \int_{\mathbf{R}_i} f_i^{n-1} \mathrm{d}x_1$,则根据 Hölder 不等式可得

$$I \leqslant \int_{\widetilde{\mathbf{R}}_1} f_1 \cdot F_2^{\frac{1}{n-1}} \cdots F_n^{\frac{1}{n-1}} \mathrm{d}x_2 \cdots \mathrm{d}x_n.$$

再对 $p=n-1, q=(n-1)/(n-2)$ 用 Hölder 不等式又得(注意归纳法假设)

$$I < I_1^{\frac{1}{n-1}} \left(\int_{\widetilde{\mathbf{R}}_1} F_2^{\frac{1}{n-2}} \cdots F_n^{\frac{1}{n-2}} \mathrm{d}x_2 \cdots \mathrm{d}x_n\right)^{\frac{n-2}{n-1}}$$
$$< I_1^{\frac{1}{n-1}} \left[\left(\prod_{i=2}^{n} J_i\right)^{\frac{1}{n-2}}\right]^{\frac{n-2}{n-1}} = I_1^{\frac{1}{n-1}} \left(\prod_{i=2}^{n} J_i\right)^{\frac{1}{n-1}} = (I_1 \cdots I_n)^{\frac{1}{n-1}}.$$

$$\left(J_i = \int_{\widetilde{R}_i} (F^{\frac{1}{n-2}})^{n-2} dx_2 \cdots dx_{i-1} dx_{i+1} \cdots dx_n\right.$$

$$= \int_{\widetilde{R}_i} F_i dx_2 \cdots dx_{i-1} dx_{i+1} \cdots dx_n$$

$$= \int_{\widetilde{R}_i} \left(\int_{R_i} f_i^{n-1} dx_1\right) dx_2 \cdots dx_{i-1} dx_{i+1} \cdots dx_n = I_i \bigg)$$

特例 设 V 是 $\mathbf{R}^3$ 中封闭的立体区域,记 S_1, S_2, S_3 为此立体在各个坐标平面上的投影,则 V 的体积 $m(V) \leqslant \sqrt{S_1 S_2 S_3}$. (记 E_1, E_2, E_3 为其投影区域集,注意 $\chi_V(x,y,z) \leqslant \chi_{E_1}(x,y) \cdot \chi_{E_2}(y,z) \cdot \chi_{E_3}(x,z)$.)

例 13 试证明下列命题:

(1) 设 $m(E) < \infty$,且 $f(x), F(x)$ 都是 E 上非负可测函数. 对 $t > 0$,若有

$$m(\{x \in E: F(x) > t\}) \leqslant \frac{1}{t} \int_{\{x \in E: F(x) > t\}} f(x) dx,$$

则 $\left(\int_E F^p(x) dx\right)^{1/p} \leqslant \frac{p}{p-1} \left(\int_E f^p(x) dx\right)^{1/p}, \quad p > 1.$

(2) 设 $m(E) > 0, f(x)$ 是 E 上非负可测函数,且有

$$\frac{1}{m(E)} \int_E f(x) dx \geqslant A > 0; \quad \frac{1}{m(E)} \int_E f^2(x) dx < B.$$

若对 $\delta > 0$,记 $E_\delta = \{x \in E: f(x) > \delta A\}$,则

$$m(E_\delta) \geqslant m(E)(1-\delta)^2 A^2/B.$$

(3) $f \in L^p(E)$ 的充分必要条件是: 任给 $\varepsilon > 0$,存在 $g \in L^p(E)$ 且 $g(x) \geqslant 0 (x \in E)$,使得

$$\int_{\{x \in E: |f(x)| > g(x)\}} |f(x)|^p < \varepsilon.$$

证明 (1) 不妨设 $f \in L^p(E), F_n(x) = \min\{F(x), n\}$,则

$$\int_E F_n^p(x) dx = p \int_0^n \lambda^{p-1} (F_n)_*(\lambda) d\lambda = p \int_0^n \lambda^{p-2} \int_{\{x \in E: F_n(x) > \lambda\}} f(x) dx$$

$$= p \int_E f(x) dx \int_0^{F_n(x)} \lambda^{p-2} d\lambda = \frac{1}{p-1} \int_E f(x) F_n^{p-1}(x) dx.$$

由此知(用 Hölder 不等式)

$$\left(\int_E F_n^p(x)\mathrm{d}x\right)^{1/p} \leqslant \frac{p}{p-1}\left(\int_E f^p(x)\mathrm{d}x\right)^{1/p},$$

再令 $n\to\infty$ 即可.

(2) 注意, $(1-\delta)Am(E) \leqslant \int_{E_\delta} f(x)\mathrm{d}x \leqslant m^{\frac{1}{2}}(E)\cdot B^{\frac{1}{2}}m^{\frac{1}{2}}(E_\delta).$

(3) **必要性** 取 $g(x)=2|f(x)|$ $(x\in E)$, 我们有
$$\{x\in E: |f(x)|\geqslant g(x)\}$$
$$= \{x\in E: f(x)=0\}\bigcup\{x\in E: |f(x)|=+\infty\}.$$

充分性 $\int_E |f(x)|^p\mathrm{d}x = \int_{\{x\in E: |f(x)|>g(x)\}} |f(x)|^p\mathrm{d}x$
$$+ \int_{\{x\in E: |f(x)|\leqslant g(x)\}} |f(x)|^p\mathrm{d}x$$
$$\leqslant \varepsilon + \int_E g^p(x)\mathrm{d}x < +\infty.$$

例 14 解答下列问题:

(1) 设 $f(x)$ 是 $[0,1]$ 上的非负可测函数, 且有
$$m(\{x\in[0,1]: f(x)\geqslant t\}) < 1/(1+t^2) \quad (t>0),$$
试求 p 值, 使得 $f\in L^p([0,1])$.

(2) 设 $f(x)$ 在 $\mathbf{R}^n$ 上是局部可积的, $1<p<\infty$, 试证明下列条件是等价的:

(i) $f\in L^p(\mathbf{R}^n)$;

(ii) 存在 $M>0$, 对于 $\mathbf{R}^n$ 中任意有限个互不相交的正测集 $E_1, E_2, \cdots, E_k$, 有
$$\sum_{i=1}^k \left(\frac{1}{m(E_i)}\right)^{p-1}\left|\int_{E_i} f(x)\mathrm{d}x\right|^p \leqslant M.$$

解 (1) 对 $p\in[1,2)$, 我们有
$$\sum_{n=1}^\infty m(\{x\in[0,1]: f^p(x)\geqslant n\})$$
$$= \sum_{n=1}^\infty m(\{x\in[0,1]: f(x)\geqslant n^{1/p}\})$$
$$\leqslant \sum_{n=1}^\infty \frac{1}{1+n^{2/p}} < \sum_{n=1}^\infty \frac{1}{n^{2/p}} < +\infty; \quad f^p\in L^1([0,1]).$$

对 $p \geqslant 2$,令 $f(x) = 1/\sqrt{x-1}$,可知 $f \in L^p([0,1])$. 而
$$m(\{x \in [0,1]: f(x) \geqslant t\}) = m(\{x \in [0,1]: 1/\sqrt{x-1} \geqslant t\})$$
$$= m(\{x \in [0,1]: x \leqslant 1/(1+t)^2\}) = \frac{1}{(1+t)^2} < \frac{1}{1+t^2},$$
故它是满足题设条件的.

(2) (i)$\Rightarrow$(ii) 注意
$$\left| \int_{E_i} f(x) \mathrm{d}x \right|^p \leqslant (m(E_i))^{p/p'} \cdot \int_{E_i} |f(x)|^p \mathrm{d}x$$
(其中 p, p' 为共轭指标),并令 $M = \|f\|_p^p$ 即可.

(ii)$\Rightarrow$(i) 作 $g(x) = \sum_{i=1}^n C_i \cdot \chi_{E_i}(x)$,则
$$\left| \int_{\mathbf{R}^n} f(x) g(x) \mathrm{d}x \right| = \left| \sum_{i=1}^n C_i \int_{E_i} f(x) \mathrm{d}x \right|$$
$$\leqslant \sum_{i=1}^n (m(E_i))^{\frac{1-p}{p}} \left| \int_{E_i} f(x) \mathrm{d}x \right| |C_i| (m(E_i))^{\frac{p-1}{p}}$$
$$\leqslant \left[\sum_{i=1}^n (m(E_i))^{1-p} \left| \int_{E_i} f(x) \mathrm{d}x \right|^p \right]^{1/p} \left[\sum_{i=1}^n |C_i|^{p'} (m(E_i))^{\frac{p'(p-1)}{p}} \right]^{1/p'}$$
$$\leqslant M^{1/p} \left(\sum_{i=1}^n |C_i|^p m(E_i) \right)^{1/p'} = M^{1/p} \|g\|_{p'}.$$

由此易知 $f \in L^p(\mathbf{R}^n)$.

例 15 试证明下列命题:

(1) 设 $f \in L([0,1])$,则 $\lim_{p \to 0+} \int_{[0,1]} |f(x)|^p \mathrm{d}x = 1$.

(2) 设 $f \in L^1(E) \cap L^2(E)$,则
$$\lim_{p \to 1+} \int_E |f(x)|^p \mathrm{d}x = \int_E |f(x)| \mathrm{d}x.$$

(3) 设 $0 < q < p \leqslant +\infty, m(E) < +\infty$,则
$$\lim_{q \to p-} \left(\int_E |f(x)|^q \mathrm{d}x \right)^{1/q} = \left(\int_E |f(x)|^p \mathrm{d}x \right)^{1/p}.$$

证明 (1) 注意到 $|f(x)|^p \leqslant 1 (|f(x)| \leqslant 1); |f(x)|^p \leqslant |f(x)|$ $(|f(x)| > 1)$,记 $E_1 = \{x \in [0,1]: |f(x)| > 1\}, E_2 = \{x \in E: |f(x)| \leqslant 1\}$,我们有(积分号下取极限)

$$\lim_{p\to 0+}\int_0^1 |f(x)|^p\,\mathrm{d}x = \lim_{p\to 0+}\int_{E_1}|f(x)|^p\,\mathrm{d}x + \lim_{p\to 0+}\int_{E_2}|f(x)|^p\,\mathrm{d}x$$
$$= m(E_1) + m(E_2) = 1.$$

(2) 令 $E_1 = \{x \in E : |f(x)| \geqslant 1\}, E_2 = E \setminus E_1$,则对 $2 > p_2 > p_1 > 1$,有
$$|f(x)|^{p_1} \geqslant |f(x)|^{p_2} \quad (x \in E_2); \quad |f(x)|^{p_2} \geqslant |f(x)|^{p_1} \quad (x \in E_1),$$
从而知
$$\lim_{p\to 1+}\int_{E_2}|f(x)|^p\,\mathrm{d}x = \int_{E_2}|f(x)|\,\mathrm{d}x,$$
$$\lim_{p\to 1+}\int_{E_1}\left[|f(x)|^p - |f(x)|\right]\mathrm{d}x = \int_{E_1}0 = 0.$$
由此即得所证.

特别有:若 $f \in L^1(E) \cap L^2(E)$,则 $\lim_{p\to 1+}\|f\|_p = \|f\|_1$,实际上,下述推断成立:
$$\lim_{p\to 1+}\|f\|_p = \lim_{p\to 1+}\mathrm{e}^{\frac{\ln\int_E |f(x)|^p \mathrm{d}x}{p}} = \mathrm{e}^{\ln\int_E |f(x)|\mathrm{d}x} = \|f\|.$$

(3) (i) 因为
$$\|f\|_q^q = \int_E |f(x)|^q\,\mathrm{d}x \leqslant [m(E)]^{q\left(\frac{1}{q}-\frac{1}{p}\right)}\left(\int_E |f(x)|^p\,\mathrm{d}x\right)^{q/p},$$
所以可得 $\overline{\lim_{q\to p^-}}\|f\|_q \leqslant \|f\|_p$.

(ii) 根据 Levi 引理和控制收敛定理,我们有
$$\lim_{q\to p^-}\|f\|_q^q = \lim_{q\to p^-}\int_{\{x\in E: |f(x)|>1\}}|f(x)|^q\,\mathrm{d}x$$
$$+ \lim_{q\to p^-}\int_{\{x\in E: |f(x)|\leqslant 1\}}|f(x)|^q\,\mathrm{d}x$$
$$= \int_{\{x\in E: |f(x)|>1\}}|f(x)|^p\,\mathrm{d}x$$
$$+ \int_{\{x\in E: |f(x)|\leqslant 1\}}|f(x)|^p\,\mathrm{d}x = \|f\|_p^p.$$

例 16 试证明下列极限等式:

(1) 设 $f \in L^1([0,1])$,且 $f(x) > 0$ $(x \in [0,1])$,则

$$\lim_{p\to 0}\|f\|_p = \exp\left\{\int_0^1 \ln f(x)\mathrm{d}x\right\}.$$

(2) 设 $f(x), w(x)$ 是 E 上非负可测函数. 若有
$$\int_E w(x)\mathrm{d}x = 1, \quad \int_E f(x)w(x)\mathrm{d}x < +\infty,$$
则
$$\lim_{p\to 0+}\left(\int_E f^p(x)w(x)\mathrm{d}x\right)^{1/p} = \mathrm{e}^{\int_E w(x)\cdot \ln f(x)\mathrm{d}x}.$$

(3) 设 $f \in L^\infty(E), w(x) > 0$ 且 $\int_E w(x)\mathrm{d}x = 1$. 则
$$I = \lim_{p\to +\infty}\left(\int_E |f(x)|^p w(x)\mathrm{d}x\right)^{1/p} = \|f\|_\infty.$$

证明 (1) 由 Jensen 不等式易知 $\ln\|f\|_p \geqslant \int_0^1 \ln f(x)\mathrm{d}x$. 另一方面,根据 $\ln t \leqslant t-1 (t>0)$,可知
$$\frac{1}{p}\ln\int_0^1 f^p(x)\mathrm{d}x \leqslant \frac{1}{p}\left(\int_0^1 f^p(x)\mathrm{d}x - 1\right) = \int_0^1 \frac{f^p(x)-1}{p}\mathrm{d}x.$$
注意,我们有
$$\lim_{p\to 0}\int_0^1 p^{-1}(f^p(x)-1)\mathrm{d}x = \int_0^1 \ln f(x)\mathrm{d}x.$$
由此即可得证.

(2) 易知积分 $I = \int_E w(x)\cdot \ln f(x)\mathrm{d}x$ 有意义.

(i) 若 I 存在,则用不等式 $|(\mathrm{e}^{\mu}-1)/p| \leqslant |t| + \mathrm{e}^{|t|}$ $(t\in\mathbf{R}, 0<p<1)$ 来证明
$$\lim_{p\to 0+}\int_E \frac{f^p(x)-1}{p}w(x)\mathrm{d}x = \int_E w(x)\cdot \ln f(x)\mathrm{d}x.$$

(ii) 若 $I = -\infty$,则考查 $f_\delta(x) = \max\{f(x), \delta\}$ $(0<\delta<1)$,在不等式
$$\left(\int_E w(x)\cdot f^p(x)\mathrm{d}x\right)^{1/p} \leqslant \left(\int_E w(x)\cdot f_\delta^p(x)\mathrm{d}x\right)^{1/p}$$
两端令 $\delta\to 0+$.

(3) (i) 易知 $I \leqslant \|f\|_\infty$.

(ii) 对任给 $\varepsilon > 0$,存在 $e \subset E: m(e) > 0$,使得

$$|f(x)| > \|f\|_\infty - \varepsilon \quad (x \in e).$$

从而可得

$$\left(\int_E |f(x)|^p w(x) \mathrm{d}x\right)^{1/p} \geq \left(\int_e |f(x)|^p w(x) \mathrm{d}x\right)^{1/p}$$
$$\geq (\|f\|_\infty - \varepsilon)\left(\int_e w(x) \mathrm{d}x\right)^{1/p}.$$

由此又知(令 $p \to +\infty$) $I \geq \|f\|_\infty - \varepsilon$.

结合(i),(ii),即得所证.

例 17 试证明下列命题:

(1) 设 $f(x)$ 是 $(0,1]$ 上的非负可测函数,且对任意的 $\delta > 0, f \in L^1((\delta, 1])$. 若 $x^{p-1} f^p(x)$ ($p > 1$) 属于 $L^1((0,1])$,则

$$F(x) \triangleq \int_x^1 f(t) \mathrm{d}t = o\left(\ln \frac{1}{x}\right)^{1-\frac{1}{p}}, \quad x \to 0^+.$$

(2) 设对任意的 $\varepsilon > 0, f(x)$ 在 $[\varepsilon, 1]$ 上绝对连续,且有

$$\int_0^1 x |f'(x)|^p \mathrm{d}x < +\infty \quad (p > 2),$$

则存在极限 $\lim_{x \to 0} f(x)$.

(3) 设 $f \in L^p(\mathbf{R})$ ($p > 1$), $1/p + 1/p' = 1$, 令 $F(x) = \int_0^x f(t) \mathrm{d}t$, $x \in \mathbf{R}$, 则

$$|F(x+h) - F(x)| = o(|h|^{1/p'}), \quad h \to 0.$$

(4) 设 $f(x)$ 在 $\mathbf{R}$ 上可微,若 $f \in L^2(\mathbf{R}), f' \in L^2(\mathbf{R})$, 则 $f(x) \to 0$ ($x \to \infty$).

证明 (1) 存在定义于 $[0,1]$ 上的 $\varphi(x)$: $\varphi(x) \geq 1, \varphi(0^+) = \infty$, 且 $\varphi(t) t^{p-1} f^p(t)$ 是可积的. 从而有 ($q = p/(p-1)$)

$$F(x) = \int_x^1 f(t) \mathrm{d}t = \int_x^1 (\varphi^{\frac{1}{p}}(x) t^{\frac{p-1}{p}} f(t)) \varphi^{\frac{-1}{p}}(x) t^{\frac{1-p}{p}} \mathrm{d}t$$
$$\leq \left(\int_x^1 \varphi^{-q/p}(x) t^{-1} \mathrm{d}t\right)^{1/q} \left(\int_x^1 t^{p-1} \varphi(t) f^p(t) \mathrm{d}t\right)^{1/p}.$$

由此知 $F(x) \leq M \left(\int_x^1 \varphi^{-q/p}(t) t^{-1} \mathrm{d}t\right)^{1/q}$. 对任给 $\varepsilon > 0$, 存在 $x_0: 0 < x_0 < 1$, 使得 $\varphi^{-q/p}(x) < \varepsilon (0 < x < x_0)$. 因此

$$\int_x^1 \varphi^{-q/p}(t) t^{-1} \mathrm{d}t \leqslant 2\varepsilon \ln\frac{1}{x}.$$

(2) 用 Cauchy 列的方法. 易知存在常数 $C>0$, 对 $0<x'<x''<1$, 有

$$|f(x'') - f(x')| \leqslant \int_{x'}^{x''} x^{-1/p} x^{1/p} |f'(x)| \mathrm{d}x$$

$$\leqslant C(x')^{1-2/p} \left(\int_{x'}^{x''} x |f'(x)|^p \mathrm{d}x\right)^{1/p}.$$

(3) 对任给 $\varepsilon>0$, 存在 $\delta>0$, 使得

$$\int_E |f(x)|^p \mathrm{d}x < \varepsilon^p \quad (E \subset \mathbf{R}, m(E) < \delta).$$

从而当 $0<h<\delta$ 时, 我们有 $(1/p + 1/p' = 1)$

$$|F(x+h) - F(x)| = \left|\int_x^{x+h} f(t) \mathrm{d}t\right|$$

$$\leqslant h^{1/p'} \cdot \left(\int_x^{x+h} |f(t)|^p \mathrm{d}t\right)^{1/p} < \varepsilon h^{1/p'}.$$

(4) 由不等式 $\int_a^b |f'(x)| \mathrm{d}x \leqslant \sqrt{b-a} \left(\int_a^b |f'(x)|^2 \mathrm{d}x\right)^{1/2}$ 可知, $f' \in L([a,b])$. 由此得 $f \in \mathrm{AC}([a,b])$, 自然 $f^2 \in \mathrm{AC}([a,b])$. 从而我们有 $\int_a^b (f^2(x))' \mathrm{d}x = f^2(b) - f^2(a)$. 此外又有

$$\int_a^b (f^2(x))' \mathrm{d}x \leqslant 2\int_a^b |f(x) f'(x)| \mathrm{d}x$$

$$\leqslant 2\left(\int_a^b f^2(x) \mathrm{d}x\right)^{1/2} \left(\int_a^b (f'(x))^2 \mathrm{d}x\right)^{1/2} \leqslant 2\|f\|_2 \|f'\|_2.$$

这说明 $\mathrm{d}(f^2(x))/\mathrm{d}x$ 在 $\mathbf{R}$ 上可积. 根据 $f \in L^2(\mathbf{R})$ 以及存在极限 $\lim\limits_{b\to\infty} f^2(b)$, 易得 $\lim\limits_{|b|\to+\infty} f^2(b) = 0$.

例 18 试证明下列命题:

(1) 设 $f \in L^p(\mathbf{R}^n)$ $(1 \leqslant p < \infty)$. 令 $f_*(\lambda) = m(\{x: |f(x)| > \lambda\})$ $(\lambda > 0)$, 则

(i) $\lim\limits_{\lambda \to +\infty} \lambda^p f_*(\lambda) = 0$; (ii) $\lim\limits_{\lambda \to 0} \lambda^p f_*(\lambda) = 0$.

(2) 设 $f \in L^p(\mathbf{R})$ $(1 \leqslant p < \infty)$, 令 $f_h(x) = f(x+h)$. 若 $r>0, s>0$

且 $r+s=p$,则
$$\lim_{|h|\to\infty}\|f_h^r\cdot f^s\|_1=0.$$

证明 (1) (i) 因为我们有(令 $E_\lambda=\{x\in\mathbf{R}^n:|f(x)|>\lambda\}$)
$$\int_{\mathbf{R}^n}|f(x)|^p\mathrm{d}x\geqslant\int_{E_\lambda}|f(x)|^p\mathrm{d}x\geqslant\lambda^p f_*(\lambda),\quad f\in L^p(\mathbf{R}^n),$$
所以 $f_*(\lambda)\to 0(\lambda\to+\infty)$. 又由此知(积分绝对连续性)
$$\lambda^p f_*(\lambda)\leqslant\int_{E_\lambda}|f(x)|^p\mathrm{d}x\to 0\quad(\lambda\to+\infty).$$

(ii) 取 $\sigma>0,\lambda<\sigma$,我们有
$$\lim_{\lambda\to 0}\lambda^p f_*(\lambda)=\lim_{\lambda\to 0}\lambda^p[f_*(\lambda)-f_*(\sigma)]$$
$$=\lim_{\lambda\to 0}\lambda^p m(\{x\in\mathbf{R}^n:\lambda<|f(x)|\leqslant\sigma\})$$
$$\leqslant\int_{\{x\in\mathbf{R}^n:|f(x)|\leqslant\sigma\}}|f(x)|^p\mathrm{d}x.$$

由 σ 的任意性即得所证.

(2) 首先,由 $f_h^r\in L^{p/r}(\mathbf{R}),f^s\in L^{p/s}(\mathbf{R})(r/p+s/p=1)$,可知 $f_h^r f^s\in L^1(\mathbf{R})$. 其次,对任给 $\varepsilon>0$,取 N,记 $E=[-N,N]$,使得 $\int_{E^c}|f^p(x)|\mathrm{d}x<\varepsilon$. 因为对 $x\in E$,当 $|h|>2N$ 时,$x+h\in\overline{E}$,所以

$$\|f_h^r f^s\|_1=\int_E|f_h^r(x)f^s(x)|\mathrm{d}x+\int_{E^c}|f_h^r(x)f^s(x)|\mathrm{d}x$$
$$\leqslant\left(\int_E|f_h(x)|^p\mathrm{d}x\right)^{r/p}\left(\int_E|f(x)|^p\mathrm{d}x\right)^{s/p}$$
$$+\left(\int_{E^c}|f_h(x)|^p\mathrm{d}x\right)^{r/p}\left(\int_{E^c}|f(x)|^p\mathrm{d}x\right)^{s/p}$$
$$\leqslant\varepsilon^{r/p}\|f\|_p^s+\varepsilon^{s/p}\|f\|_p^r.$$

由此即得所证.

例19 试证明下列命题:

(1) 设 $f\in L^\infty(E),m(E)<\infty$,且 $\|f\|_\infty>0$,则
$$\lim_{n\to\infty}\frac{\|f\|_{n+1}^{n+1}}{\|f\|_n^n}=\|f\|_\infty.$$

(2) 设 $m(E_k)>0(k=1,2,\cdots)$,且 $m(E_k)\to 0(k\to\infty)$,

$$g_k(x) = \chi_{E_k}(x)/m(E_k)^{1/q}, \quad \frac{1}{p}+\frac{1}{q}=1, \ p>1,$$

则对 $f \in L^p(\mathbf{R}^n)$,有 $\lim\limits_{k\to\infty}\int_{\mathbf{R}^n} g_k(x)f(x)\mathrm{d}x = 0$.

(3) 设 $\{f_n(x)\}$ 是 E 上可测函数列,且有 $m(E)<+\infty$,以及

$$|f_n(x)| \leqslant M \ (x\in E, n\in \mathbf{N}), \quad \int_E |f_n(x)|^2 \mathrm{d}x = 1 \ (n\in \mathbf{N}).$$

若级数 $\sum\limits_{n=1}^{\infty} a_n f_n(x)$ 在 E 上几乎处处收敛,则 $\lim\limits_{n\to\infty} a_n = 0$.

证明 (1) 令 $a_n = \|f\|_{n+1}^{n+1}, b_n = \|f\|_n^n$,则 $a_n \leqslant \|f\|_\infty b_n$,$\varlimsup\limits_{n\to\infty} \dfrac{a_n}{b_n} \leqslant$ $\|f\|_\infty$. 此外,又知 $\varliminf\limits_{n\to\infty} \dfrac{a_n}{b_n} \geqslant \|f\|_\infty$. 从而即可得证.

(2) 注意不等式

$$\int_{\mathbf{R}^n} |g_k(x)f(x)|\mathrm{d}x = \frac{1}{m(E_k)^{1/q}} \int_{E_k} |f(x)|\mathrm{d}x$$

$$\leqslant \frac{1}{m(E_k)^{1/q}} \cdot m(E_k)^{1/q} \left(\int_{E_k} |f(x)|^p \mathrm{d}x\right)^{1/p}$$

$$= \left(\int_{E_k} |f(x)|^p \mathrm{d}x\right)^{1/p}.$$

(3) 由题设知 $\lim\limits_{n\to\infty} a_n f_n(x) = 0$, a. e. $x\in E$,故存在 $\delta>0$ 以及 $A\subset E: 1-M^2\delta>0, m(E\setminus A)<\delta$,使得 $\{a_n f_n(x)\}$ 在 A 上一致收敛于 0. 从而可得 (记 $\varepsilon_n = \sup\limits_A \{a_n f_n(x)\}$)

$$|a_n|^2 = \int_E |a_n f_n(x)|^2 \mathrm{d}x$$

$$= \int_A |a_n f_n(x)|^2 \mathrm{d}x + \int_{E\setminus A} |a_n f_n(x)|^2 \mathrm{d}x$$

$$\leqslant \varepsilon_n \cdot m(A) + M^2 |a_n|^2 \delta.$$

由此知 $|a_n|^2 \leqslant \varepsilon_n^2 m(A)/(1-M^2\delta)$,即可得证.

例 20 试证明下列命题:

(1) 设 $1\leqslant p<+\infty, f\in L^p(E)$,则

$$\|f\|_p = \sup\left\{\left|\int_E f(x)g(x)\mathrm{d}x\right| : \|g\|_q = 1\right\}, \quad \frac{1}{p}+\frac{1}{q}=1.$$

特别存在 $g \in L^q(E)$：$\|g\|_q = 1$，使得 $\|f\|_p = \int_E f(x)g(x)\mathrm{d}x$.

(2) 设 $0 < \alpha < 1$，$\varphi(x)$ 是 E 上正值可测函数，则
$$\|f\|_\alpha = \inf\left\{\int_E \frac{|f(x)|}{\varphi(x)}\mathrm{d}x : \|\varphi\|_{\frac{\alpha}{1-\alpha}} = 1\right\}.$$

证明 (1) (i) 对 $1 < p < +\infty$，因为
$$\left|\int_E f(x)g(x)\mathrm{d}x\right| \leqslant \|f\|_p \|g\|_q = \|f\|_p,$$

所以只需指出：存在 $\|g\|_q = 1$，使得 $\int_E f(x)g(x)\mathrm{d}x = \|f\|_p$.

若 $f(x) \geqslant 0$，令 $\lambda = \|f\|_p$，则 $\lambda^p = \int_E |f(x)|^p \mathrm{d}x$. 注意 $q(p-1) = p$，令 $g(x) = [f(x)/\lambda]^{p-1}$，我们有
$$\int_E |g(x)|^q \mathrm{d}x = \int_E |f(x)|^p \mathrm{d}x / \lambda^p = 1,$$
$$\int_E f(x)g(x)\mathrm{d}x = \int_E f(x)[f(x)/\lambda]^{p-1}\mathrm{d}x = \left(\frac{1}{\lambda}\right)^{p-1} \lambda^p = \lambda = \|f\|_p.$$

若 $f(x)$ 变号，则用 $g(x) = [|f(x)|/\lambda]^{p-1} \cdot \mathrm{sgn}\{f(x)\}$.

(ii) $p = 1$，此时 $q = +\infty$. 令 $g(x) = \mathrm{sgn}\{f(x)\}$.

注 对 $f \in L^\infty(E)$，虽有 $\|f\|_\infty = \sup\left\{\int_E f(x)g(x)\mathrm{d}x : \|g\|_1 = 1\right\}$，但不一定存在 g：$\|g\| = 1$，使得 $\|f\|_\infty = \int_E f(x)g(x)\mathrm{d}x$.

实际上，令 $M = \|f\|_\infty$，则对 $\varepsilon > 0$，存在 $A \subset E$：$m(A) > 0$，使得 $|f(x)| > M - \varepsilon$（$x \in A$）. 令 $g(x) = \chi_A(x) \cdot \mathrm{sgn}\{f(x)\}/m(A)$，则 $\|g\|_1 = \int_E \chi_A(x)\mathrm{d}x/m(A) = 1$. 我们有
$$\int_E f(x)g(x)\mathrm{d}x = \int_E f(x)\chi_A(x) \cdot \mathrm{sgn}\{f(x)\}\mathrm{d}x/m(A)$$
$$= \int_A |f(x)|\mathrm{d}x/m(A) > (M-\varepsilon)m(A)/m(A) = M - \varepsilon.$$

前一结论得证. 但是，设 $f(x) = x$（$0 \leqslant x \leqslant 1$），则 $\|f\|_\infty = 1$，而当 $\|g\|_1 = 1$ 时，我们有
$$\left|\int_0^1 f(x)g(x)\mathrm{d}x\right| \leqslant \int_0^1 x|g(x)|\mathrm{d}x < \int_0^1 |g(x)|\mathrm{d}x = 1.$$

从而后一结论也得证.

(2) (i) 因为
$$\int_E |f(x)|^\alpha dx \leqslant \left(\int_E |f(x)| \varphi^{-1}(x) dx\right)^\alpha \left(\int_E \varphi(x)^{\frac{\alpha}{1-\alpha}} dx\right)^{1-\alpha},$$
所以
$$\left(\int_E |f(x)|^\alpha dx\right)^{1/\alpha} \leqslant \inf\left\{\int_E |f(x)| \varphi^{-1}(x) dx : \|\varphi\|_{\frac{\alpha}{1-\alpha}} = 1\right\}.$$

(ii) 设 $\lambda = \int_E |f(x)|^\alpha dx \neq 0$, 令 $\varphi(x) = |f(x)|^{1-\alpha} \cdot \lambda^{\frac{\alpha-1}{\alpha}}$, 则
$$\int_E \varphi^{\frac{\alpha}{1-\alpha}}(x) dx = \int_E f^\alpha(x) \lambda^{-1} dx = 1,$$
$$\left|\int_E |f(x)| \varphi^{-1}(x) dx\right|^\alpha = \left(\int_E |f(x)| |f(x)|^{\alpha-1} \cdot \lambda^{\frac{1-\alpha}{\alpha}} dx\right)^\alpha$$
$$= \left(\int_E |f(x)|^\alpha dx\right)^\alpha \lambda^{1-\alpha} = \lambda = \int_E |f(x)|^\alpha dx.$$

例 21 设 $K(x,y)$ 是 $\mathbf{R}^n \times \mathbf{R}^n$ 上的可测函数, 且有
$$\int_{\mathbf{R}^n} |K(x,y)| dy \leqslant M, \quad \text{a.e. } x \in \mathbf{R}^n;$$
$$\int_{\mathbf{R}^n} |K(x,y)| dx \leqslant M, \quad \text{a.e. } x \in \mathbf{R}^n,$$
令 $Tf(x) = \int_{\mathbf{R}^n} K(x,y) f(y) dy (f \in L^p(\mathbf{R}^n), 1 \leqslant p \leqslant +\infty)$, 试证明 $Tf \in L^p(\mathbf{R}^n)$, 且 $\|Tf\|_p \leqslant C\|f\|_p (f \in L^p(\mathbf{R}^n))$.

证明 对 $p = +\infty$, 我们有
$$|Tf(x)| \leqslant \int_{\mathbf{R}^n} |K(x,y)| |f(y)| dy \leqslant \|f\|_\infty \int_{\mathbf{R}^n} |K(x,y)| dy$$
$$\leqslant M\|f\|_\infty, \quad \text{a.e. } x \in \mathbf{R}^n.$$
由此知 $\|Tf\|_\infty \leqslant M\|f\|_\infty$.

对 $1 \leqslant p < +\infty$, 作 $q : 1/p + 1/q = 1$, 则
$$|Tf(x)| \leqslant \left(\int_{\mathbf{R}^n} |K(x,y)| dy\right)^{1/q} \left(\int_{\mathbf{R}^n} |K(x,y)| |f(y)|^p dy\right)^{1/p}$$
$$\leqslant M^{1/q} \left(\int_{\mathbf{R}^n} |K(x,y)| |f(y)|^p dy\right)^{1/p}.$$

应用 Fubini 定理交换积分次序, 可得

$$\int_{\mathbf{R}^n}|Tf(x)|^p\mathrm{d}x\leqslant M^{p/q}\int_{\mathbf{R}^n}\left(\int_{\mathbf{R}^n}|K(x,y)||f(y)|^p\mathrm{d}y\right)\mathrm{d}x$$

$$=M^{p/q}\int_{\mathbf{R}^n}|f(y)|^p\left(\int_{\mathbf{R}^n}|K(x,y)|\mathrm{d}x\right)\mathrm{d}y$$

$$\leqslant M^{p/q+1}\int_{\mathbf{R}^n}|f(y)|^p\mathrm{d}y.$$

由此即知 $\|Tf\|_p\leqslant C\|f\|_p$.

例 22 试证明下列命题：

(1) 设 $f(x)$ 在 $(-\infty,\infty)$ 上可微，且 $f'\in L((-\infty,\infty))$. 若 $1/p+1/q=1, \lambda=q/(q+\alpha)(p>1,\alpha>0)$，则

$$\|f\|_\infty\leqslant\frac{1}{(2\lambda)^\lambda}\|f\|_\alpha^{1-\lambda}\|f'\|_p^\lambda.$$

(2) 设 $f\in\mathrm{AC}([0,1])$，且 $f(0)=0$，则

$$\int_0^1|f(x)|^n|f'(x)|\mathrm{d}x\leqslant\frac{1}{n+1}\int_0^1|f'(x)|^{n+1}\mathrm{d}x.$$

证明 (1)(i) 根据 Hölder 不等式，可知

$$\int_{-\infty}^{+\infty}|f(x)|^{\alpha/q}|f'(x)|\mathrm{d}x$$

$$\leqslant\left(\int_{-\infty}^{+\infty}|f(x)|^\alpha\right)^{1/q}\left(\int_{-\infty}^{+\infty}|f'(x)|^p\mathrm{d}x\right)^{1/p}$$

$$\leqslant\|f\|_\alpha^{(1-\lambda)/\lambda}\cdot\|f'\|_p.$$

(ii) $\int_{-\infty}^{+\infty}|f(x)|^{\alpha/q}|f'(x)|\mathrm{d}x$

$$\geqslant\left(\int_{-\infty}^0-\int_0^{+\infty}\right)|f(x)|^{\alpha/q}\mathrm{sgn}f'(x)\cdot f'(x)\mathrm{d}x$$

$$=\frac{1}{\alpha/q+1}\left(\int_{-\infty}^0-\int_0^{+\infty}\right)\frac{\mathrm{d}}{\mathrm{d}x}|f(x)|^{\alpha/q+1}\mathrm{d}x$$

$$=\lambda\left(\int_{-\infty}^0-\int_0^{+\infty}\right)\frac{\mathrm{d}}{\mathrm{d}x}|f(x)|^{\alpha/q+1}\mathrm{d}x$$

$$=\lambda\cdot\lim_{T\to+\infty}\left(\int_{-T}^0-\int_0^T\right)\frac{\mathrm{d}}{\mathrm{d}x}|f(x)|^{1/\lambda}\mathrm{d}x$$

$$=\lambda\cdot\lim_{T\to+\infty}(|f(0)|^{1/\lambda}-|f(-T)|^{1/\lambda}$$

$$-|f(T)|^{1/\lambda}+|f(0)|^{1/\lambda})$$
$$=2\lambda|f(0)|^{1/\lambda}.$$

(iii) 易知不等式(ii)对 $f(x+t)(t\in \mathbf{R})$ 也真,即
$$2\lambda|f(t)|^{1/\lambda} \leqslant \int_{-\infty}^{+\infty}|f(x)|^{a/q}|f'(x)|\mathrm{d}x.$$

最后,结合(i)得证.

(2) 令 $g(x) = \dfrac{x^n}{n+1}\int_0^x|f'(x)|^{n+1}\mathrm{d}x - \int_0^x|f(x)|^n|f'(x)|\,\mathrm{d}x$,则
$$g'(x) = \dfrac{nx^{n-1}}{n+1}\int_0^x|f'(x)|^{n+1}\mathrm{d}x + \dfrac{x^n}{n+1}|f'(x)|^{n+1}$$
$$-|f(x)|^n|f'(x)|,$$

且 $g(0)=0$. 对 1 与 $|f'(x)|$ 应用 Hölder 不等式,可知
$$|f(x)| = \left|\int_0^x f'(t)\mathrm{d}t\right| \leqslant x^{n/(n+1)}\cdot\left(\int_0^x|f'(t)|^{n+1}\mathrm{d}t\right)^{1/(n+1)},$$

或写为 $\int_0^x|f'(t)|^{n+1}\mathrm{d}t \geqslant |f(x)|^{n+1}/x^n$. 由此导出
$$g'(x) \geqslant \dfrac{n}{n+1}\dfrac{|f(x)|^{n+1}}{x} + \dfrac{x^n}{n+1}|f'(x)|^{n+1} - |f(x)|^n|f'(x)|.$$
$$(*)$$

令 $\varphi(a,b) = na^{n+1}+b^{n+1}-(n+1)a^n b$(不妨认定 $b>0$),且以 $t=a/b\geqslant 0$ 代入,得
$$\dfrac{\varphi(a,b)}{b^{n+1}} = nt^{n+1}+1-(n+1)t^n.$$

易知其值在 $t=1$ 时达最小. 以 $(n+1)x$ 乘式 $(*)$ 之右端,可以写出
$$n|f(x)|^{n+1}+x^{n+1}|f'(x)|^{n+1}-(n+1)x|f(x)|^n|f'(x)|$$
$$=\varphi(|f(x)|,x|f'(x)|).$$

从而易知 $g(x)$ 递增,且 $g(1)\geqslant 0$. 由此可得要证的结果.

§6.2 L^p 空间的结构

例1 试证明下列命题:

(1) 设 $\{f_k(x)\}$ 是 E 上可测函数列,$F\in L^p(E)$ $(p\geqslant 1)$. 若有 $|f_k(x)|\leqslant F(x)$ $(k\in \mathbf{N})$, $\lim\limits_{k\to\infty}f_k(x)=f(x)$, a.e. $x\in E$,

则 $\|f_k - f\|_p \to 0 \ (k \to \infty)$.

(2) 设 $f_n \in L^p(\mathbf{R})$ $(1 < p < \infty)$ 且 $f_n(x) \geqslant 0$ $(n=1,2,\cdots)$，则 $\|f_n - f\|_p \to 0 \ (n \to \infty)$ 当且仅当 $\|f_n^p - f^p\|_1 \to 0 \ (n \to \infty)$.

证明 (1) 注意
$$|f_k(x) - f(x)|^p \leqslant (|f_k(x)| + |f(x)|)^p \leqslant 2^p |F(x)|^p.$$

(2) **必要性** 记 $\underline{f}_n(x) = \min_{\mathbf{R}}\{f_n(x), f(x)\}$, $\overline{f}_n(x) = \max_{\mathbf{R}}\{f_n(x), f(x)\}$，则由 $\|\overline{f}_n - f\|_p \to 0 \ (n \to \infty)$ 以及 $\overline{f}_n^p(x) + \underline{f}_n^p(x) = f_n^p(x) + f^p(x)$ 可知
$$\|\overline{f}_n\|_p \to \|f\|_p, \quad \|\underline{f}_n\|_p \to \|f\|_p \quad (n \to \infty).$$
从而得 $\|f_n^p - f^p\|_1 = \|\overline{f}_n^p - \underline{f}_n^p\|_1 = \|\overline{f}_n\|_p^p - \|\underline{f}_n\|_p^p \to 0 \ (n \to \infty)$.

充分性 首先，依题设知 $f_n(x)$ 在 $\mathbf{R}$ 上依测度收敛于 $f(x)$. 其次，由
$$\left|\int [f_n^p(x) - f^p(x)] \mathrm{d}x\right| \leqslant \int |f_n^p(x) - f^p(x)| \mathrm{d}x$$
可知，对任给 $\varepsilon > 0$，存在 $\delta > 0$，当 $m(e) < \delta, n > N_1$ 时，有
$$\int_e f^p(x) \mathrm{d}x < \frac{\varepsilon^p}{2}, \quad \int_e f_n^p(x) \mathrm{d}x < \varepsilon^p.$$
此外，还存在 $E \subset \mathbf{R}, m(E) < +\infty$，使得当 $n > N_1$ 时，有
$$\int_{E^c} f^p(x) \mathrm{d}x < \frac{\varepsilon^p}{2}, \quad \int_{E^c} f_n^p(x) \mathrm{d}x < \varepsilon^p.$$
现在取 $\sigma = \varepsilon / m(E)^{1/p}$，以及 $N > N_1$，使得 $n > N$ 时，有
$$m(\{x \in \mathbf{R} : |f_n(x) - f(x)| \geqslant \sigma\}) < \delta.$$
考查
$$\|f_n - f\|_p \leqslant \left(\int_{\{x:\, |f_n - f| \geqslant \sigma\}} |f_n(x) - f(x)|^p \mathrm{d}x\right)^{1/p}$$
$$+ \left(\int_{E \cap \{x:\, |f_n - f| < \sigma\}} |f_n(x) - f(x)|^p \mathrm{d}x\right)^{1/p}$$
$$+ \left(\int_{E^c} |f_n(x) - f(x)|^p \mathrm{d}x\right)^{1/p}$$
$$\leqslant \left(\int_{\{x:\, |f_n(x) - f(x)| \geqslant \sigma\}} |f_n(x)|^p \mathrm{d}x\right)^{1/p}$$

$$+ \left(\int_{\{x:\, |f_n(x)-f(x)|\geqslant \sigma\}} |f(x)|^p \mathrm{d}x \right)^{1/p}$$

$$+ \left(\int_{E \cap \{x:\, |f_n(x)-f(x)|<\sigma\}} |f_n(x)-f(x)|^p \mathrm{d}x \right)^{1/p}$$

$$+ \left(\int_{E^c} |f_n(x)|^p \mathrm{d}x \right)^{1/p} + \left(\int_{E^c} |f(x)|^p \mathrm{d}x \right)^{1/p}$$

$$< 4\varepsilon + (\sigma^p \cdot m(E))^{1/p} = 5\varepsilon \quad (n > N).$$

例 2 试证明下列命题:

(1) 设 $1 \leqslant p < \infty$, $f \in L^p(E)$, $f_k \in L^p(E)$ $(k=1,2,\cdots)$, 且有 $\lim_{k\to\infty} f_k(x) = f(x)$, a.e. $x \in E$, $\lim_{k\to\infty} \|f_k\|_p = \|f\|_p$. 则

$$\lim_{k\to\infty} \|f_k - f\|_p = 0.$$

(2) 设 $f_k(x) \to f(x)$ $(k\to\infty, x\in E)$, $m(E) < \infty$ 且有

$$\int_E |f_k(x)|^r \mathrm{d}x \leqslant M^r \quad (k=1,2,\cdots), \quad 0 < r < \infty.$$

则对 $p: 0 < p < r$, 有 $\lim_{k\to\infty} \int_E |f_k(x) - f(x)|^p \mathrm{d}x = 0$. (注意, 对 $m(E) = \infty$ 或 $p = r$ 皆不真)

(3) 设 $\|f_k\|_3 \leqslant M (k \in \mathbf{N})$, 且 $\lim_{k\to\infty} \|f_k - f\|_{3/2} = 0$, 则

$$\lim_{k\to\infty} \|f_k - f\|_2 = 0.$$

(4) 设 $1 \leqslant q < p < \infty$, $m(E) < \infty$. 若有 $\lim_{k\to\infty} \int_E |f_k(x) - f(x)|^p \mathrm{d}x = 0$, 则

$$\lim_{k\to\infty} \int_E |f_k(x) - f(x)|^q \mathrm{d}x = 0.$$

(5) 设 $f_n \in L^p(E)$ $(n \in \mathbf{N}, 1 \leqslant p < \infty)$. 若有

$$\|f_n\|_p \leqslant M \ (n \in \mathbf{N}), \quad \lim_{n\to\infty} f_n(x) = f(x), \text{ a.e. } x \in E,$$

则 $\lim_{n\to\infty} (\|f_n\|_p^p - \|f_n - f\|_p^p) = \|f\|_p^p$.

证明 (1) 应用不等式 $|a-b|^p \leqslant 2^{p-1}(|a|^p + |b|^p)$, 可得

$$2^{p-1}(|f_k(x)|^p + |f(x)|^p) - |f_k(x) - f(x)|^p \geqslant 0 \quad (x \in E).$$

因为我们有

$$2^p \int_E |f(x)|^p \mathrm{d}x = \int_E \lim_{k\to\infty} [2^{p-1}(|f_k(x)|^p + |f(x)|^p)$$
$$- |f_k(x) - f(x)|^p] \mathrm{d}x$$
$$\leqslant 2^{p-1} \int_E |f(x)|^p \mathrm{d}x + 2^{p-1} \varliminf_{k\to\infty} \int_E |f_k(x)|^p \mathrm{d}x$$
$$+ \varliminf_{k\to\infty} \int_E -|f_k(x) - f(x)|^p \mathrm{d}x$$
$$= 2^p \int_E |f(x)|^p \mathrm{d}x - \varlimsup_{k\to\infty} \int_E |f_k(x) - f(x)|^p \mathrm{d}x,$$

所以得出
$$0 \leqslant \varliminf_{k\to\infty} \int_E |f_k(x) - f(x)|^p \leqslant \varlimsup_{k\to\infty} \int_E |f_k(x) - f(x)|^p \mathrm{d}x \leqslant 0.$$

(2) 由题设知 $\|f\|_r \leqslant M$. 取 $q: p/r + 1/q = 1$, 并对任给 $\varepsilon > 0$, 作 $e \subset E: m(e) < [\varepsilon/(2M)^p]^q$, 使得 $f_n(x)$ 在 $E\setminus e$ 上一致收敛于 $f(x)$:
$$\lim_{k\to\infty} \int_{E\setminus e} |f_k(x) - f(x)|^r = 0.$$

此外,我们有
$$\int_e |f_k(x) - f(x)|^p \mathrm{d}x \leqslant \left(\int_e |f_k(x) - f(x)|^r \mathrm{d}x\right)^{p/r} \cdot \left(\int_e 1 \mathrm{d}x\right)^{1/q}$$
$$\leqslant (2M)^p \cdot m(e)^{1/q} < \varepsilon.$$

综合上述结果,即可证得 $\|f_k - f\|_p \to 0 (k \to \infty)$.

注 对 $p = r$, 上述命题不真, 例如 $f_k(x) = \sqrt[r]{k} (0 < x < 1/k); f_k(x) = 0$ (其他 x 值), $\lim_{k\to\infty} f_k(x) = f(x) = 0 (0 < x < 1), \|f_k\|_r = 1$, 但 $f_k(x)$ 不是以 $L^r([0,1])$ 意义下收敛于 $f(x)$.

对 $m(E) = +\infty$, 上述命题也不真. 例如
$$f_k(x) = \begin{cases} 1, & k < x \leqslant k+1, \\ 0, & \text{其他}, \end{cases} \quad f(x) \equiv 0,$$

则 $f_k(x) \to f(x) (k \to \infty, x \in (0, \infty))$, 且有 $\|f_k\|_2 \leqslant M$, 但是 $f_k(x)$ 不是以 $L^1((0,\infty))$ 意义收敛于 $f(x)$.

(3) 注意不等式
$$\|f_k - f\|_2^2 = \int_E |f_k(x) - f(x)| |f_k(x) + f(x)| \mathrm{d}x$$
$$\leqslant \left(\int_E |f_k(x) - f(x)|^{3/2} \mathrm{d}x\right)^{2/3} \left(\int_E |f_k(x) - f(x)|^3 \mathrm{d}x\right)^{1/3}$$

$$\leqslant \|f_k - f\|_{3/2}(\|f_k\|_3 + \|f\|_3) \leqslant 2M\|f_k - f\|_{3/2}.$$

(4) 注意不等式(设 $p': 1/p' + q/p = 1$)
$$\int_E |f_k(x) - f(x)|^q \mathrm{d}x \leqslant \left(\int_E |f_k(x) - f(x)|^p \mathrm{d}x\right)^{q/p} (m(E))^{\frac{p-q}{p}}.$$

(5) (i) 先指出：对任给 $\varepsilon > 0$, 存在 $\delta > 0$, 使得
$$\left||a+b|^p - |a|^p\right| \leqslant \varepsilon|a|^p + \delta|b|^p \quad (a, b \in \mathbf{R}). \qquad (*)$$

实际上，在 $p=1$ 时显然成立；对 $p>1$, 因为 $|x|^p (p \geqslant 1)$ 是（下）凸函数，所以我们有
$$|a+b|^p \leqslant (|a|+|b|)^p = \left((1-\lambda)\frac{|a|}{1-\lambda} + \lambda\frac{|b|}{\lambda}\right)^p$$
$$\leqslant (1-\lambda)^{1-p}|a|^p + \lambda^{1-p}|b|^p \quad (0 < \lambda < 1).$$

从而取 $\lambda = (1-\varepsilon)^{-1/(p-1)}$, 即得式 $(*)$.

(ii) 根据 Fatou 引理，可知
$$\int_E |f(x)|^p \mathrm{d}x = \int_E \lim_{n \to \infty} |f_n(x)|^p \mathrm{d}x$$
$$\leqslant \varliminf_{n \to \infty} \int_E |f_n(x)|^p \mathrm{d}x \leqslant M^p.$$

注意到式 $(*)$, 可得
$$T_{n,\varepsilon}(x) \stackrel{\text{def}}{=\!=} \Big| |f_n(x)|^p - |f_n(x) - f(x)|^p$$
$$\qquad -|f(x)|^p - \varepsilon|f_n(x) - f(x)|^p \Big|$$
$$= \Big| |f_n(x) - f(x) + f(x)|^p - |f_n(x) - f(x)|^p$$
$$\qquad -|f(x)|^p - \varepsilon|f_n(x) - f(x)|^p \Big|$$
$$\leqslant \Big| \big||f_n(x) - f(x)| + |f(x)|\big|^p - |f_n(x) - f(x)|^p$$
$$\qquad -|f(x)|^p - \varepsilon|f_n(x) - f(x)|^p \Big|$$
$$\leqslant \Big| \varepsilon|f_n(x) - f(x)|^p + \delta|f(x)|^p - |f(x)|^p$$
$$\qquad -\varepsilon|f_n(x) - f(x)|^p \Big|$$
$$= \Big| \delta|f(x)|^p - |f(x)|^p \Big| \leqslant (1+\delta)|f(x)|^p.$$

由控制收敛定理，导出 $\lim\limits_{n \to \infty} \int_E T_{n,\varepsilon}(x)\mathrm{d}x = 0$. 注意到 $\Big| |f_n(x)|^p -$

$||f_n(x)-f(x)|^p-|f(x)|^p| \leqslant T_{n,\varepsilon}(x)+\varepsilon|f_n(x)-f(x)|^p$,我们有

$$\varlimsup_{n\to\infty}\int_E\big||f_n(x)|^p-|f_n(x)-f(x)|^p-|f(x)|^p\big|\mathrm{d}x \leqslant \varepsilon\cdot 2M^p.$$

从而得 $\lim\limits_{n\to\infty}\int_E(|f_n(x)|^p-|f_n(x)-f(x)|^p-|f(x)|^p)\mathrm{d}x=0$,即

$$\lim_{n\to\infty}(\|f_n\|_p^p-\|f_n-f\|_p^p-\|f\|_p^p)=0. \text{证毕.}$$

注 设 $f\in L^p(E)(1\leqslant p<\infty)$. 若有

$$\lim_{n\to\infty}f_n(x)=f(x),\text{ a.e. }x\in E, \quad \lim_{n\to\infty}\|f_n\|_p=\|f\|_p,$$

则 $\lim\limits_{n\to\infty}\|f_n-f\|_p=0$.

例 3 试证明下列命题:

(1) 设 $f_k\in L^1(E)\bigcap L^\infty(E)$ $(k=1,2,\cdots), f\in L^1(E)$. 若 $M=\sup\limits_{k\geqslant 1}\{\|f_k\|_\infty\}<\infty$,且 $\|f_k-f\|_1\to 0$ $(k\to\infty)$,则

$$\|f_k-f\|_p\to 0 \quad (k\to\infty, p>1).$$

(2) 设 $f\in L^p([a,b]), f_k\in L^p([a,b])$ $(k\in \mathbf{N}, p\geqslant 1)$. 若有 $\lim\limits_{k\to\infty}\|f_k-f\|_p=0$,则

$$\lim_{k\to\infty}\int_a^x f_k(t)\mathrm{d}t=\int_a^x f(t)\mathrm{d}t, \quad a\leqslant x\leqslant b.$$

(3) 设 $f_k\in L^p(E), m(E)<+\infty$,且 $M=\sup\limits_{k\geqslant 1}\{\|f_k\|_p\}<+\infty$. 若 $f_k(x)$ 在 E 上依测度收敛于 $f(x)$,则

$$\|f_k-f\|_r\to 0 \quad (k\to\infty, 1\leqslant r<p).$$

证明 (1) 由题设知存在 $\{f_{k_i}(x)\}: \lim\limits_{i\to\infty}f_{k_i}(x)=f(x)$, a.e. $x\in E$. 故根据 $|f_{k_i}(x)|\leqslant \|f_{k_i}\|_\infty \leqslant M(i\in\mathbf{N}$. a.e. $x\in E)$,可知 $|f(x)|\leqslant M$, a.e. $x\in E$. 由此即得 $\|f\|_\infty \leqslant M$. 从而我们有

$$\int_E|f_k(x)-f(x)|^p\mathrm{d}x$$
$$=\int_E|f_k(x)-f(x)||f_k(x)-f(x)|^{p-1}\mathrm{d}x$$
$$\leqslant \int_E|f_k(x)-f(x)|\cdot(|f_k(x)|+|f(x)|)^{p-1}\mathrm{d}x$$
$$\leqslant \int_E|f_k(x)-f(x)|(\|f_k\|_\infty+\|f\|_\infty)^{p-1}\mathrm{d}x$$
$$\leqslant (2M)^{p-1}\int_E|f_k(x)-f(x)|\mathrm{d}x.$$

即可得证.

(2) 注意不等式 ($p>1$)

$$\int_a^x |f_k(t) - f(t)| dt \leq \int_a^b |f_k(t) - f(t)| dx$$
$$\leq \left(\int_a^b |f_k(t) - f(t)|^p dt\right)^{1/p} \cdot (b-a)^{\frac{p-1}{p}}.$$

(3) 由题设知存在 $\{f_{k_i}(x)\}$, 使得 $\lim_{i \to \infty} f_{k_i}(x) = f(x)$, a. e. $x \in E$. 故由

$$\left(\int_E |f(x)|^p dx\right)^{1/p} = \left(\int_E \lim_{i \to \infty} |f_{k_i}(x)|^p dx\right)^{1/p}$$
$$\leq \varliminf_{i \to \infty} \left(\int_E |f_{k_i}(x)|^p dx\right)^{1/p}$$

可知 $\|f\|_p \leq M$. 由题设又可知, 对任给 $\varepsilon > 0, \sigma > 0$, 存在 K, 使得

$$m(E_k) < \varepsilon \ (k \geq K), \quad E_k = \{x \in E: |f_k(x) - f(x)| > \sigma\}.$$

从而我们有 ($k \geq K$)

$$\int_E |f_k(x) - f(x)|^r dx = \left\{\int_{E_k} + \int_{E \setminus E_k}\right\} |f_k(x) - f(x)|^r dx$$
$$\leq \left(\int_{E_k} |f_k(x) - f(x)|^p dx\right)^{r/p} (m(E_k))^{\frac{p-r}{p}} + \sigma^r \cdot m(E)$$
$$\leq \|f_k - f\|_p^r (m(E_k))^{\frac{p-r}{p}} + \sigma^r \cdot m(E)$$
$$\leq (2M)^r \varepsilon^{\frac{p-r}{p}} + \sigma^r m(E).$$

由此即可得证.

例 4 设 $f_n \in C^{(1)}([0,1]), \|f_n'\|_\infty \leq 1 \ (n \in \mathbf{N})$. 若对一切 $g \in C([0,1])$, 有 $\lim_{n \to \infty} \int_0^1 f_n(x) g(x) dx = 0$, 试证明 $\lim_{n \to \infty} \|f_n\|_\infty = 0$.

证明 反证法. 假定结论不真, 则存在 $\delta > 0$ 以及 $[0,1]$ 中的 x_0, $\{x_n\}$, 使得 $f_n(x_n) \geq \delta, x_n \to x_0 \ (n \to \infty)$. 因为 $\|f_n'\|_\infty \leq 1$, 所以 $|f_n(x) - f_n(x_0)| \leq |x - x_0| \ (x_0, x \in [0,1])$. 从而由题设知, 存在 N, 使得

$$f_n(x) \geq \delta/4 \quad (n \geq N, x_0 - \delta/4 \leq x \leq x_0 + \delta/4).$$

作 $[0,1]$ 上逐段线性函数 $g(x)$ 如下:

$$g(x) = \begin{cases} 1, & x_0 - \delta/4 \leqslant x \leqslant x_0 + \delta/4, \\ 0, & x \overline{\in} [x_0 - \delta/4, x_0 + \delta/4], \end{cases}$$

则当 $n \geqslant N$ 时,有

$$\int_0^1 f_n(x) g(x) \mathrm{d}x \geqslant \frac{\delta^2}{16}.$$

这导致矛盾,证毕.

例 5 试证明下列命题:

(1) 设 $f_k \in L^1(E)(k \in \mathbf{N}), m(E) < +\infty$ 且 $M = \sup\limits_{k \geqslant 1} \{\|f_k\|_1\} < +\infty$. 若 $f_k(x)$ 在 E 上依测度收敛于 0,则对 $g \in L^1(E)$ 有

$$\lim_{k \to \infty} \int_E \sqrt{|f_k(x) g(x)|} \mathrm{d}x = 0.$$

(2) 设 $1 < p < \infty, f_n \in L^p(\mathbf{R}), \|f_n\|_p \leqslant M \ (n \in \mathbf{N}), f \in L^p(\mathbf{R})$,且有

$$\lim_{n \to \infty} \int_0^x f_n(t) \mathrm{d}t = \int_0^x f(t) \mathrm{d}t, \quad x \in \mathbf{R},$$

则对任意的 $g \in L^q(\mathbf{R}), 1/p + 1/q = 1$,有

$$\lim_{n \to \infty} \int_{\mathbf{R}} f_n(x) g(x) \mathrm{d}x = \int_{\mathbf{R}} f(x) g(x) \mathrm{d}x.$$

(3) 设 $\|f_n - f\|_r \to 0, \|g_n - g\|_r \to 0 (n \to \infty, r \geqslant 0)$,则

$$\|f_n g_n - fg\|_{r/2} \to 0 \quad (n \to \infty).$$

证明 (1) 对任给 $\varepsilon > 0$,由题设易知,存在 $\delta > 0$,当 $e \subset E$ 且 $m(e) < \delta$ 时,有 $\int_e |g(x)| \mathrm{d}x < \varepsilon$. 令 $E_k(\varepsilon) = \{x \in E: |f_k(x)| > \varepsilon\}$,则由题设又知,存在 N,当 $k > N$ 时,$m(E_k(\varepsilon)) < \delta$. 从而对 $k > N$,我们有

$$\int_E \sqrt{|f_k(x) g(x)|} \mathrm{d}x = \left\{ \int_{E_k(\varepsilon)} + \int_{E \setminus E_k(\varepsilon)} \right\} \sqrt{|f_k(x) g(x)|} \mathrm{d}x$$

$$\leqslant \left(\int_{E_k(\varepsilon)} |f_k(x)| \mathrm{d}x \right)^{1/2} \left(\int_{E_k(\varepsilon)} |g(x)| \mathrm{d}x \right)^{1/2}$$

$$+ \left(\int_{E \setminus E_k(\varepsilon)} |f_k(x)| \mathrm{d}x \right)^{1/2} \left(\int_{E \setminus E_k(\varepsilon)} |g(x)| \mathrm{d}x \right)^{1/2}$$

$$< \|f_k\|_1^{1/2} \sqrt{\varepsilon} + \sqrt{\varepsilon} \cdot m(E) \cdot \|g\|_1^{1/2}.$$

由此即可得证.

(2) 根据题设易知,若 $h(x)$ 是阶梯函数,则有
$$\lim_{n\to\infty}\int_{\mathbf{R}} f_n(x)h(x)\mathrm{d}x = \int_{\mathbf{R}} f(x)h(x)\mathrm{d}x.$$
现在对 $g \in L^q(\mathbf{R})$ 以及 $\varepsilon > 0$,作阶梯函数 $h(x)$,使得
$$\|g-h\|_q = \left(\int_{\mathbf{R}} |g(x)-h(x)|^q \mathrm{d}x\right)^{1/q} < \frac{\varepsilon}{2M},$$
并考查
$$\left|\int_{\mathbf{R}} f_n(x)g(x)\mathrm{d}x - \int_{\mathbf{R}} f(x)g(x)\mathrm{d}x\right|$$
$$\leqslant \int_{\mathbf{R}} |f_n(x)||g(x)-h(x)|\mathrm{d}x$$
$$+ \left|\int_{\mathbf{R}} [f_n(x)h(x) - f(x)h(x)]\mathrm{d}x\right|$$
$$+ \int_{\mathbf{R}} |f(x)||h(x)-g(x)|\mathrm{d}x$$
$$\leqslant \|f_n\|_p \|g-h\|_q + \left|\int_{\mathbf{R}} [f_n(x)h(x) - f(x)h(x)]\mathrm{d}x\right|$$
$$+ \|f\|_p \|g-h\|_q.$$
由此易知结论成立.

(3) 由题设知 $\lim\limits_{n\to\infty} \|f_n\|_r = \|f\|_r$. 因为我们有
$$\int_E |f_n(x)g_n(x) - f(x)g(x)|^{r/2}\mathrm{d}x$$
$$\leqslant \int_E |f_n(x)[g_n(x)-g(x)] + g(x)[f_n(x)-f(x)]|^{r/2}\mathrm{d}x$$
$$\leqslant 2^{r/2}\left\{\int_E |f_n(x)[g_n(x)-g(x)]|^{r/2}\mathrm{d}x\right.$$
$$\left. + \int_E |g(x)[f_n(x)-f(x)]|^{r/2}\mathrm{d}x\right\}$$
$$\leqslant 2^{r/2}\left\{\left(\int_E |f_n(x)|^r \mathrm{d}x\right)^{1/2} \left(\int_E |g_n(x)-g(x)|^r \mathrm{d}x\right)^{1/2}\right.$$
$$\left. + \left(\int_E |g(x)|^r \mathrm{d}x\right)^{1/2} \left(\int_E |f_n(x)-f(x)|^r \mathrm{d}x\right)^{1/2}\right\},$$

所以令 $n\to\infty$ 即可得证.

例 6 试证明下列命题：

(1) 设 $\|f_k-f\|_p\to 0, \|g_k-g\|_q\to 0, p>1$ 且 $1/p+1/q=1$，则
$$\lim_{k\to\infty}\int_E |f_k(x)g_k(x)-f(x)g(x)|\mathrm{d}x = 0.$$

(2) 设在 $E\subset\mathbf{R}^n$ 上有 $\|f_k-f\|_1\to 0, \|g_k-g\|_1\to 0\ (k\to\infty)$. 若 $f_k\in L^\infty(E), \|f_k\|_\infty\leqslant M\ (k=1,2,\cdots)$，则
$$\|f_k g_k - fg\|_1 \to 0 \quad (k\to\infty).$$

(3) 设 $1<p<\infty, f_k\in L^p(E)\ (k=1,2,\cdots)$，且有
$$\lim_{k\to\infty} f_k(x) = f(x), \quad \sup_{1<k<\infty}\|f_k\|_p \leqslant M.$$
则对任意的 $g\in L^{p'}(E)$（p' 是 p 的共轭指标），有（弱收敛）
$$\lim_{k\to\infty}\int_E f_k(x)g(x)\mathrm{d}x = \int_E f(x)g(x)\mathrm{d}x.$$

(4) 设 $E\subset\mathbf{R}^n, 1\leqslant p<\infty, \lim_{k\to\infty}\|f_k-f\|_p=0, \{g_k(x)\}$ 是 E 上一致有界的可测函数列，且 $g_k(x)\to g(x)\ (x\in E, k\to\infty)$，则
$$\lim_{k\to\infty}\|f_k\cdot g_k - f\cdot g\|_p = 0.$$

证明 (1) 因为我们有等式
$$f_k(x)g_k(x)-f(x)g(x) = [f_k(x)-f(x)][g_k(x)-g(x)]$$
$$+ f(x)[g_k(x)-g(x)] + g(x)[f_k(x)-f(x)],$$
所以得到
$$\int_E |f_k(x)g_k(x)-f(x)g(x)|\mathrm{d}x$$
$$\leqslant \int_E |f_k(x)-f(x)||g_k(x)-g(x)|\mathrm{d}x$$
$$+ \int_E |f(x)||g_k(x)-g(x)|\mathrm{d}x$$
$$+ \int_E |g(x)||f_k(x)-f(x)|\mathrm{d}x$$
$$\leqslant \|f_k-f\|_p\|g_k-g\|_q + \|f\|_p\|g_k-g\|_q + \|g\|_q\|f_k-f\|_p.$$
令 $k\to\infty$ 即得所证.

(2) 易知 $\|f\|_\infty\leqslant M$，且 $f_k\cdot g_k\in L(E)(k\in\mathbf{N}), fg\in L(E)$. 对任给 $\varepsilon>0, \sigma>0$，由题设知存在 $\delta>0$ 以及 N，使得（$e\subset E, e_k(\sigma)=\{x\in$

$E: |f_k(x)-f(x)|>\sigma\})$

$$\int_e |g(x)|\mathrm{d}x < \varepsilon \quad (m(e)<\delta),$$

$$m(\{x\in E: |f_k(x)-f(x)|>\sigma\})<\delta \quad (k\geqslant N),$$

$$\int_{E_N}|g(x)|\mathrm{d}x<\varepsilon \quad (E_N=\{x\in E: |x|>N\}).$$

从而我们有

$$\int_{E_N}|f_k(x)g(x)-f(x)g(x)|\mathrm{d}x \leqslant 2M\int_{E_N}|g(x)|\mathrm{d}x<2M\varepsilon,$$

$$\int_{E\setminus E_N}|f_k(x)g(x)-f(x)g(x)|\mathrm{d}x$$

$$=\left\{\int_{A_N(\sigma)}+\int_{B_N(\sigma)}\right\}|f_k(x)-f(x)||g(x)|\mathrm{d}x$$

$$\leqslant 2M\int_{A_N(\sigma)}|g(x)|+\sigma\cdot\int_{B_N(\sigma)}|g(x)|\mathrm{d}x<2M\varepsilon+\sigma\|g\|_1$$

$$(A_N(\sigma)=(E\setminus E_N)\bigcap e_k(\sigma),\quad B_N(\sigma)=(E\setminus E_N)\setminus e_k(\sigma)).$$

由此即可得 $\|f_kg-fg\|_1\to 0\,(k\to\infty)$. 注意到 $\|f_kg-f_kg_k\|_1\leqslant M\|g-g_k\|_1$,最后导致

$$\|f_kg_k-fg\|_1\leqslant\|f_kg_k-f_kg\|_1+\|f_kg-fg\|_1\to 0 \quad (k\to\infty).$$

(3) 由题设知 $\|f\|_p\leqslant M$. 对任给 $\varepsilon>0$,存在 $\delta>0$ 以及 N,使得当 $e\subset E$ 且 $m(e)<\delta$ 时,有 $\int_e|g(x)|^p\mathrm{d}x<\varepsilon$,且有 $\int_{E_N}|g(x)|^p\mathrm{d}x<\varepsilon(E_N=\{x\in E: |x|>N\})$. 根据 Егоров 定理我们可知,存在 $A\subset E\setminus E_N$: $m((E\setminus E_N)\setminus A)<\delta$,使得 $f_k(x)$ 在 A 上一致收敛于 $f(x)$. 从而知存在 N_1,使得

$$|f_k(x)-f(x)|<\varepsilon/m(A) \quad (k\geqslant N_1, x\in A).$$

由此又得

$$\int_A |f_k(x)-f(x)|^p\mathrm{d}x<(\varepsilon^p/m(A))m(A)=\varepsilon^p.$$

于是对 $k\geqslant\max\{N,N_1\}$,就有

$$\left|\int_E f_k(x)g(x)\mathrm{d}x-\int_E f(x)g(x)\mathrm{d}x\right|\leqslant\int_E|f_k(x)-f(x)||g(x)|\mathrm{d}x$$

$$= \left\{\int_{E_N} + \int_{(E\setminus E_N)\setminus A} + \int_A\right\} |f_k(x) - f(x)| |g(x)| \mathrm{d}x$$

$$\leqslant \|f_k - f\|_p \left(\int_{E_N} |g(x)|^{p'} \mathrm{d}x\right)^{1/p'}$$

$$+ \|f_k - f\|_p \left(\int_{(E\setminus E_N)\setminus A} |g(x)|^{p'} \mathrm{d}x\right)^{1/p'}$$

$$+ \left(\int_A |f_k(x) - f(x)|^p \mathrm{d}x\right)^{1/p} \|g\|_{p'}$$

$$< 2M \cdot \varepsilon^{1/p'} + 2M\varepsilon^{1/p'} + \varepsilon \|g\|_{p'}.$$

这说明命题成立.

(4) (i) 对任给 $\varepsilon > 0$, 存在 N 以及 $\delta > 0$, 使得当 $e \subset E$: $m(e) < \delta$, 有 $\int_e |f(x)|^p \mathrm{d}x < \varepsilon$, 以及 ($E_N = \{x \in E: |x| > N\}$)

$$\int_{E_N} |f(x)|^p \mathrm{d}x < \varepsilon, \quad \|f_k - f\|_p < \varepsilon \quad (k > N).$$

设 $|g_k(x)| \leqslant M (k \in \mathbf{N}, x \in E)$, $e_k(\varepsilon) = \{x \in E \setminus E_N: |g_k(x) - g(x)| \geqslant \varepsilon\}$, 则易知存在 N_1, 使得 $m(e_k(\varepsilon)) < \delta (k > N_1)$.

(ii) 估计不等式

$$\|f_k g_k - fg\|_p \leqslant \|g_k(f_k - f)\|_p + \|(g_k - g)f\|_p,$$

我们有

$$\|g_k(f_k - f)\|_p \leqslant M\|f_k - f\|_p < M\varepsilon \quad (k > N),$$

$$\|(g_k - g)f\|_p^p = \int_E |f(x)|^p |g_k(x) - g(x)|^p \mathrm{d}x$$

$$= \left\{\int_{E_N} + \int_{(E\setminus E_N)\setminus e_k(\varepsilon)} + \int_{e_k(\varepsilon)}\right\} |f(x)|^p |g_k(x) - g(x)|^p \mathrm{d}x$$

$$\leqslant (2M)^p \int_{E_N} |f(x)|^p \mathrm{d}x + \varepsilon^p \int_E |f(x)|^p \mathrm{d}x$$

$$+ (2M)^p \int_{e_k(\varepsilon)} |f(x)|^p \mathrm{d}x$$

$$< (2M)^p \varepsilon + \varepsilon^p \|f\|_p^p + (2M)^p \cdot \varepsilon.$$

由此即得所证.

例 7 试证明下列命题：

(1) 设 $f \in L^p(\mathbf{R})$ $(1 \leqslant p < \infty)$，则存在数列 $\{h_n\}$：$h_n \to 0$ $(n \to \infty)$，使得
$$\lim_{n \to \infty} f(x - h_n) = f(x), \quad \text{a. e. } x \in \mathbf{R}.$$

(2) 设 $f \in L^1(\mathbf{R})$. 若有
$$\|f_t - f\|_1 \leqslant |t|^2 \quad (f_t = f(x+t)),$$
则 $f(x) = 0$, a. e. $x \in \mathbf{R}$.

(3) 设 $p \geqslant 1, f_k \in L^p(\mathbf{R})$ $(k \in \mathbf{N})$，且对任意 $r > 0$，有
$$\lim_{i,j \to \infty} \int_{|x| < r} |f_i(x) - f_j(x)|^p \mathrm{d}x = 0,$$
则存在 $\{f_{k_m}(x)\}$，使得 $\lim_{m \to \infty} f_{k_m}(x) = f(x)$, a. e. $x \in \mathbf{R}^n$.

(4) 设 $E \subset \mathbf{R}^n$，$\lim_{n \to \infty} \|f_n\|_p = 0 (1 \leqslant p \leqslant \infty)$，则存在 $\{f_{n_k}(x)\}$ 以及 $0 \leqslant F(x)$：$F \in L^p(E)$，使得
$$|f_{n_k}(x)| \leqslant F(x) \quad (k \in \mathbf{N}, \text{a. e. } x \in E),$$
$$\lim_{k \to \infty} f_{n_k}(x) = 0, \quad \text{a. e. } x \in E.$$

证明 (1) 注意 $\lim_{h \to 0} \int_{\mathbf{R}} |f(x-h) - f(x)| \mathrm{d}x = 0$.

(2) 设 $f(x)$ 的 Fourier 变换为 $\hat{f}(x)$，因为 $\|\hat{f}\|_\infty \leqslant \|f\|_1$ 以及 $\hat{f}_t(x) = \hat{f}(x) \mathrm{e}^{it}$，所以得到
$$\|(f_t - f)^\wedge\|_\infty = \|\hat{f}(\mathrm{e}^{it} - 1)\|_\infty \leqslant \|f_t - f\|_1 \leqslant |t|^2.$$
从而对一切 x, t，有 $\hat{f}(x) \cdot |\mathrm{e}^{it} - 1| \leqslant t^2$ 或
$$|\hat{f}(x)| |(\mathrm{e}^{it} - 1)/t| \leqslant |t| \quad (|t| \neq 0).$$
令 $|t| \to 0$, 可知 $|\hat{f}(x)| \leqslant 0$. 这说明 $f(x) = 0$, a. e. $x \in \mathbf{R}$.

(3) 对 $r = 1$, 由题设知，在 $\{f_k(x) \chi_{|x| \leqslant 1}(x)\}$ 中可选出子列 $\{f_{k_m}(x)\}$，使得 $f_{k_m}(x)$ 在 $|x| \leqslant 1$ 上是几乎处处收敛的. 对 $r = 2$, 在 $\{f_{k_m}(x) \chi_{|x| \leqslant 2}(x)\}$ 又可选出子列 $\{f_{k_{m_i}}(x)\}$，使其在 $|x| \leqslant 2$ 上几乎处处收敛，再对 $r = 3, 4, \cdots$，一直做下去，可得可列个可列函数列，它们各自在 $|x| \leqslant N$ 上几乎处处收敛. 最后，用对角线法抽取子列，再重新编号即可得证.

(4) 由题设知，$\lim\limits_{n,m\to\infty}\|f_n-f_m\|_p=0$. 从而存在子列 $\{f_{n_k}(x)\}$，使得
$$\|f_{n_{k+1}}-f_{n_k}\|_p<1/2^k \quad (k=1,2,\cdots).$$
令 $F(x)=|f_{n_1}(x)|+\sum\limits_{k=1}^{\infty}|f_{n_{k+1}}(x)-f_{n_k}(x)|\ (x\in E)$，我们有
$$\|F\|_p\leqslant\|f_{n_1}\|_p+\sum_{k=1}^{\infty}\|f_{n_{k+1}}-f_{n_k}\|_p<+\infty,$$
$$|f_{n_k}(x)|=\left|f_{n_1}(x)+\sum_{i=1}^{k-1}[f_{n_{i+1}}(x)-f_{n_i}(x)]\right|\leqslant F(x) \quad (k\in\mathbf{N}).$$
由此易知 $\lim\limits_{k\to\infty}f_{n_k}(x)=0$, a. e. $x\in E$.

例 8 试证明下列命题:

(1) 若 $f\in L^p(\mathbf{R}^n)(1\leqslant p<\infty)$，则
$$\lim_{|t|\to\infty}\int_{\mathbf{R}^n}|f(x)+f(x-t)|^p\mathrm{d}x=2\int_{\mathbf{R}^n}|f(x)|^p\mathrm{d}x.$$

(2) $f(x)$ 在 $\mathbf{R}^n$ 中任一测度有限的可测集上均可积的充分必要条件是: 存在 $f_1\in L^1(\mathbf{R}^n), f_2\in L^{\infty}(\mathbf{R}^n)$，使得
$$f(x)=f_1(x)+f_2(x), \quad x\in\mathbf{R}^n.$$

(3) $L^{\infty}((0,1))$ 是不可分的.

(4) 设 $f\in L^p(\mathbf{R})(1\leqslant p\leqslant\infty)$，则
$$\lim_{h\to 0}\|f+f_h\|_p=2\|f\|_p \quad (f_h(x)=f(x-h)).$$

证明 (1) 对任给的 $\varepsilon>0$，作分解:
$$f(x)=g(x)+h(x),$$
其中 $g(x)$ 是 $\mathbf{R}^n$ 上具有紧支集的连续函数，而 $\|h\|_p<\varepsilon/4$. 显然，存在 $M>0$，当 $|t|\geqslant M$ 时, $g(x)$ 与 $g(x-t)$ 的支集不相交. 从而有
$$\int_{\mathbf{R}^n}|g(x)+g(x-t)|^p\mathrm{d}x$$
$$=\int_{\mathbf{R}^n}|g(x)|^p\mathrm{d}x+\int_{\mathbf{R}^n}|g(x-t)|^p\mathrm{d}x$$
$$=2\int_{\mathbf{R}^n}|g(x)|^p\mathrm{d}x \quad (|t|\geqslant M).$$
由分解式可知 $|\|f\|_p-\|g\|_p|\leqslant\|h\|_p<\varepsilon/4$. 又由
$$f(x)+f(x-t)=[g(x)+g(x-t)]$$
$$+[h(x)+h(x-t)],$$

以及记 $\varphi_t(x)=\varphi(x-t)$,可得
$$|\|f+f_t\|_p - \|g+g_t\|_p| \leqslant \|h+h_t\|_p \leqslant 2\|h\|_p < \frac{\varepsilon}{2},$$
从而当 $|t|\geqslant M$ 时,有
$$|\|f+f_t\|_p - 2^{1/p}\|g\|_p| < \frac{\varepsilon}{2}.$$

最后我们得到
$$|\|f+f_t\|_p - 2^{1/p}\|f\|_p|$$
$$\leqslant |\|f+f_t\|_p - 2^{1/p}\|g\|_p| + |2^{1/p}\|g\|_p - 2^{1/p}\|f\|_p|$$
$$< \frac{\varepsilon}{2} + \frac{\varepsilon}{2} = \varepsilon.$$

(2) 必要性 令
$$A_n = \{x \in \mathbf{R}^n : n^2 < |f(x)| \leqslant (n+1)^2\} \quad (n=1,2,\cdots),$$
则存在 n_0,使得 $\sum_{n=n_0}^{\infty} n^2 m(A_n) < +\infty$. 这是因为:若不然,则对任意的 k,有
$$\sum_{n=k}^{\infty} n^2 m(A_n) = +\infty.$$

此时,可能有两种情形发生:

(i) 存在 $\{n_j\}$,使 $n_j^2 \cdot m(A_{n_j}) \geqslant 1$,则有 $B_j \subset A_{n_j}$,使得 $n_j^2 m(B_j) = 1$. 从而得 $m\left(\bigcup_{j=1}^{\infty} B_j\right) < \infty$,依题设我们有 $|f(x)|$ 在 $\bigcup_{j=1}^{\infty} B_j$ 上可积,但这与 $\sum_{j=1}^{\infty} n_j^2 m(B_j) = +\infty$ 矛盾.

(ii) 存在 N,当 $n \geqslant N$ 时有 $n^2 \cdot m(A_n) < 1$,则 $m\left(\bigcup_{n=N}^{\infty} A_n\right) < \infty$. 但 $|f(x)|$ 在 $\bigcup_{n=N}^{\infty} A_n$ 上的积分为 $+\infty$,这与题设产生矛盾.

现在既然有了 $\sum_{n=n_0}^{\infty} n^2 \cdot m(A_n) < \infty$,就可令 $A = \bigcup_{n=n_0}^{\infty} A_n$,并记
$$f_1(x) = f(x) \cdot \chi_A(x), \quad f_2(x) = f(x) \cdot \chi_{A^c}(x),$$
则 $f(x) = f_1(x) + f_2(x)$,其中 $f_1 \in L^1(\mathbf{R}^n), f_2 \in L^{\infty}(\mathbf{R}^n)$.

充分性 在 $f(x)=f_1(x)+f_2(x)$ 时,$f(x)$ 当然是可测函数,且对任一个 $m(E)<+\infty$ 的 E,有
$$\int_E |f(x)|\,\mathrm{d}x \leqslant \int_E |f_1(x)|\,\mathrm{d}x + \int_E |f_2(x)|\,\mathrm{d}x < \infty.$$

(3) 考查函数族 $f_t(x)=\chi_{(0,t)}(x)(0<t<1)$,并注意 $\|f_{t_1}-f_{t_2}\|_\infty = 1 (0<t_1<t_2<1)$.

(4) (i) 设 $g\in L^p(\mathbf{R})\cap C_C(\mathbf{R})$,我们有
$$\|g-g_h\|_p \leqslant \|g-g_h\|_\infty \cdot m(\mathrm{supp}(g))^{1/p} \to 0 \quad (h\to 0).$$

(ii) 易知对任给 $\varepsilon>0$,存在 $g\in C_C(\mathbf{R})$,使得 $\|f-g\|_p<\varepsilon$. 由(i)知存在 $\delta>0$,当 $|h|<\delta$ 时,有 $\|g-g_h\|_p<\varepsilon$. 从而可得
$$\|f-f_h\|_p \leqslant \|f-g\|_p + \|g_h-g\|_p + \|g_h-f_h\|_p$$
$$\leqslant 2\|f-g\|_p + \|g_h-g\|_p < 3\varepsilon.$$

最后我们有($|h|<\delta$)
$$|\|f+f_h\|_p - 2\|f\|_p| \leqslant \|f+f_h-2f\|_p = \|f_h-f\|_p < 3\varepsilon.$$

例 9 试证明下列命题:

(1) 设 $f\in L^p(\mathbf{R})(1\leqslant p<\infty)$,则存在收敛于 0 的正数列 $\{a_n\}$,使得对数列 $\{b_n\}$:$|b_n|<a_n (n\in\mathbf{N})$,有
$$\lim_{n\to\infty} f_{b_n}(x) = f(x), \quad \mathrm{a.e.}\ x\in\mathbf{R} \quad (f_{b_n}(x)=f(x-b_n)).$$

(2) 设 $f_n\in \mathrm{AC}([0,1])$,且 $f_n(0)=0\ (n=1,2,\cdots)$. 若 $\{f_n'\}$ 是 $L^1([0,1])$ 中 Cauchy 列,则存在 $f\in \mathrm{AC}([0,1])$,使得 $f_n(x)$ 在 $[0,1]$ 上一致收敛于 $f(x)$.

(3) 设 $f_k\in L^p([a,b])(1\leqslant p\leqslant \infty)$,且 $\sum_{k=1}^\infty \|f_k\|_p <\infty$,则存在 $f\in L^p([a,b])$,使得

(i) $\sum_{k=1}^\infty f_k(x) = f(x)$, a.e. $x\in[a,b]$;

(ii) $\sum_{k=1}^n f_k(x)$ 依 $L^p([a,b])$ 意义收敛于 $f(x)(n\to+\infty)$.

(4) 设 $f\in L^p(E), g\in L^p(E), p>1$,则

$$\left|\int_E |f(x)|^p \mathrm{d}x - \int_E |g(x)|^p \mathrm{d}x\right|$$
$$\leqslant p\left(\int_E |f(x)-g(x)|^p \mathrm{d}x\right)^{1/p}\left[\left(\int_E |f(x)|^p \mathrm{d}x\right)^{\frac{p-1}{p}}\right.$$
$$\left.+\left(\int_E |g(x)|^p \mathrm{d}x\right)^{\frac{p-1}{p}}\right].$$

证明 (1) 取 $a_1 > a_2 > \cdots > a_n > \cdots$：$a_n \to 0 (n \to \infty)$，使得
$$\|f_{b_n} - f\|_p < 2^{-n} \quad (n \in \mathbf{N}, |b_n| < a_n).$$

由此可知 $\sum_{n=1}^{\infty} \|f_{b_n} - f\|_p^p < +\infty$，以及
$$\int_{\mathbf{R}} \sum_{n=1}^{\infty} |f(x-b_n) - f(x)|^p = \sum_{n=1}^{\infty} \|f_{b_n} - f\|_p^p < +\infty.$$

从而我们有
$$\sum_{n=1}^{\infty} |f(x-b_n) - f(x)|^p < +\infty, \quad \text{a. e.} \ x \in \mathbf{R}.$$

随之可得 $\lim_{n \to \infty}[f(x) - f(x-b_n)] = 0$，a. e. $x \in \mathbf{R}$.

(2) 由题设知 $f_n(x) = \int_0^x f_n'(t) \mathrm{d}t$. 又由于 $\{f_n'(x)\}$ 是 $L^1([0,1])$ 中的 Cauchy 列，故存在 $g \in L^1([0,1])$，使得
$$\lim_{n \to \infty} \int_0^1 |f_n'(x) - g(x)| \mathrm{d}x = 0.$$

由此易知
$$\lim_{n \to \infty} \int_0^x f_n'(t) \mathrm{d}t = \int_0^x g(t) \mathrm{d}t \quad (0 \leqslant x \leqslant 1).$$

令 $f(x) = \int_0^x g(t) \mathrm{d}t$，则 $f \in \mathrm{AC}([0,1])$，且有
$$|f_n(x) - f(x)| = \left|\int_0^x f_n'(t) \mathrm{d}t - \int_0^x g(t) \mathrm{d}t\right| \leqslant \int_0^1 |f_n'(t) - g(t)| \mathrm{d}t.$$

从而得出命题成立.

(3) 令 $g_n(x) = \sum_{k=1}^{n} |f_k(x)|$ $(n \in \mathbf{N})$，我们有
$$\|g_n\|_p \leqslant \sum_{k=1}^{n} \|f_k\|_p \leqslant \sum_{k=1}^{\infty} \|f_k\|_p \xlongequal{\Delta} M < +\infty.$$

从而可知 $\|g_n\|_p^p \leqslant M^p, g_1(x) \leqslant g_2(x) \leqslant \cdots \leqslant g_n(x) \leqslant \cdots$. 因此极限 $\lim\limits_{n\to\infty} g_n^p(x)$ 几乎处处存在,即 $\left(\sum\limits_{n=1}^{\infty} |f_n(x)|\right)^p < +\infty$, a.e. $x \in E$,且有

$$\int_E \left(\sum_{n=1}^{\infty} |f_n(x)|^p\right) dx \leqslant M^p, \quad \sum_{n=1}^{\infty} f_n(x) \xrightarrow{\Delta} f(x), \quad \text{a.e. } x \in E,$$

$$\int_E |f(x)|^p dx \leqslant M^p, \quad \|f\|_p \leqslant M = \sum_{n=1}^{\infty} \|f_n\|_p,$$

$$\lim_{n\to\infty} \left\| f - \sum_{k=1}^{n} f_k \right\|_p \leqslant \lim_{n\to\infty} \sum_{k=n+1}^{\infty} \|f_k\|_p = 0.$$

这说明 (ii) 成立.

(4) 注意到对 $p > 1, a \geqslant 0, b \geqslant 0$,我们有不等式

$$|b^p - a^p| = p\left|\int_a^b x^{p-1} dx\right| \leqslant p |(b-a)(a^{p-1} + b^{p-1})|,$$

故可得积分不等式

$$\left|\int_E [|f(x)|^p - |g(x)|^p] dx\right| \leqslant \int_E ||f(x)|^p - |g(x)|^p| dx$$

$$\leqslant p \int_E ||f(x)| - |g(x)|| (|f(x)|^{p-1} + |g(x)|^{p-1}) dx$$

$$\leqslant p \int_E |f(x) - g(x)| (|f(x)|^{p-1} + |g(x)|^{p-1}) dx$$

(令 $1/p + 1/p'$,根据 Hölder 与 Minkowski 不等式可知)

$$\leqslant p \left(\int_E |f(x) - g(x)|^p dx\right)^{1/p}$$

$$\times \left(\int_E (|f(x)|^{p-1} + |g(x)|^{p-1})^{p'} dx\right)^{1/p'}$$

$$\leqslant p \|f - g\|_p \left[\left(\int_E |f(x)|^{p'(p-1)} dx\right)^{1/p'}\right.$$

$$\left. + \left(\int_E |g(x)|^{p'(p-1)} dx\right)^{1/p'}\right]$$

$$= p \|f - g\|_p (\|f\|_p^{p-1} + \|g\|_p^{p-1}).$$

例 10 设 $f_n \in L^p(E) (1 \leqslant p < \infty, n \in \mathbf{N})$,试证明下列命题等价:

(i) 存在 $f \in L^p(E)$,使得

$$\lim_{n\to\infty} \|f_n - f\|_p = 0.$$

(ii) 存在 $f \in L^p(E)$，使得 $f_n(x)$ 在 E 上依测度收敛于 $f(x)$，而且 $\Gamma = \{|f_n(x)|^p\}$ 具有积分一致绝对连续性，即对任给 $\varepsilon > 0$，存在 $\delta > 0$，使得

$$\int_e |f_n(x)|^p dx < \varepsilon \quad (n \in \mathbf{N}, e \subset E \text{ 且 } m(e) < \delta).$$

证明 (i)$\Rightarrow$(ii). 首先，$f_n(x)$ 在 E 上依测度收敛于 $f(x)$ 是显然成立的. 其次，因为 $\{f_n(x)\}$ 是 $L^p(E)$ 中的 Cauchy 列，所以对任给 $\varepsilon > 0$，存在 N，使得

$$\int_E |f_n(x) - f_m(x)|^p dx < \varepsilon \quad (n, m \geqslant N).$$

由此又得 $\int_E |f_N(x) - f_n(x)|^p dx < \dfrac{\varepsilon}{2^p} (n \geqslant N)$. 对 $f_n(x)(n=1,2,\cdots,N)$，存在 $\delta > 0$，当 $e \subset E: m(e) < \delta$ 时，有

$$\int_e |f_n(x)|^p dx < \frac{\varepsilon}{2^p} \quad (n = 1, 2, \cdots, N).$$

从而我们有

$$\left| \int_e |f_n(x)|^p dx \leqslant 2^p \left(\int_e |f_N(x)|^p dx + \int_e |f_N(x) - f_n(x)|^p dx \right) \right.$$
$$< \varepsilon + \int_E |f_N(x) - f(x)|^p dx < \varepsilon + \varepsilon \quad (n > N).$$

这立即导致(ii)成立.

(ii)$\Rightarrow$(i). 只需指出 $\{f_n(x)\}$ 是 $L^p(E)$ 中的 Cauchy 列. 为此，对任给 $\varepsilon > 0$：

(A) $m(E) < +\infty$ 时. 由题设知存在 $\delta > 0$，使得

$$\int_e |f_n(x)|^p dx < \varepsilon \quad (n \in \mathbf{N}, e \subset E \text{ 且 } m(e) < \delta). \qquad (*)$$

令 $E_{n,k} = \{x \in E: |f_n(x) - f_k(x)| \geqslant (\varepsilon/2m(E))^{1/p}\} (n, k \in \mathbf{N})$，则

$$\int_{E_{n,k}^c} |f_n(x) - f_k(x)|^p dx \leqslant \varepsilon \cdot m(E_{n,k}^c)/2m(E) \leqslant \frac{\varepsilon}{2}. \qquad (**)$$

($E_{n,k}^c = E \setminus E_{n,k}$) 因为 $\{f_n(x)\}$ 是依测度收敛列，也是依测度 Cauchy 列，所以可取 N，使得 $m(E_{n,k}) < \delta (n \in \mathbf{N}, k \geqslant N)$. 从而知

$$\int_{E_{n,k}} |f_n(x)|^p \mathrm{d}x < \frac{\varepsilon}{2^{p+2}} \quad (n \in \mathbf{N}, k \geqslant N).$$

于是我们有

$$\int_{E_{n,k}} |f_n(x) - f_k(x)|^p \mathrm{d}x$$

$$\leqslant 2^p \int_{E_{n,k}} |f_n(x)|^p \mathrm{d}x + 2^p \int_{E_{n,k}} |f_k(x)|^p \mathrm{d}x$$

$$\leqslant 2^p \left(\frac{\varepsilon}{2^{p+2}} + \frac{\varepsilon}{2^{p+2}} \right) = \frac{\varepsilon}{2} \quad (n \in \mathbf{N}, k \geqslant N).$$

再根据(**)式,即知$\{f_n(x)\}$是$L^p(E)$中的 Cauchy 列.

(B) $m(E) = +\infty$ 时. 作分解 $E = \bigcup_{k=1}^{\infty} E_k : m(E_k) < +\infty (k \in \mathbf{N})$,并记 $A_j = \bigcup_{k=j}^{\infty} E_k (j = 1, 2, \cdots)$,$\{A_j\}$ 是递减可测集合列,使得 $\bigcap_{j=1}^{\infty} A_j = \varnothing$. 根据 Γ 具有积分一致绝对连续性,可知存在 j_0,使得

$$\int_{A_{j_0}} |f_n(x)|^p \mathrm{d}x < \frac{\varepsilon}{2^{p+2}} \quad (n = 1, 2, \cdots).$$

从而我们有

$$\int_{A_{j_0}} |f_n(x) - f_m(x)|^p \mathrm{d}x$$

$$\leqslant 2^p \int_{A_{j_0}} |f_n(x)|^p \mathrm{d}x + 2^p \int_{A_{j_0}} |f_m(x)|^p \mathrm{d}x < \varepsilon. \quad (*)$$

注意到 $m(A_{j_0}^c) \leqslant \sum_{j=1}^{j_0-1} m(E_j) < +\infty$,根据(A)就有

$$\int_{A_{j_0}^c} |f_n(x) - f_m(x)|^p \mathrm{d}x < \varepsilon \quad (充分大的 n, m). \quad (**)$$

综合(*),(**)式,说明$\{f_n(x)\}$是$L^p(E)$中 Cauchy 列.

例 11 试证明下列命题:

(1) $f_n(x) = \chi_{[n,n+1]}(x)/x (n \in \mathbf{N})$ 是 $L^1((0, \infty))$ 中的 Cauchy 列.

(2) $f_n(x) = \chi_{(0,1/n)}(x)/\sqrt{x} (n \in \mathbf{N})$ 不是 $L^4((0,1))$ 中的 Cauchy 列.

(3) 设 $f \in L^1((0, \infty))$, $f_k(x) = f(x) \cdot \chi_{[k-1,k]}(x) (k \in \mathbf{N})$, 则 $g_n(x) = \sum_{k=1}^n f_k(x)$ 是 $L^1((0, \infty))$ 中的 Cauchy 列.

(4) $f_n(x) = \chi_{[n,n+1]}(x) (n \in \mathbf{N})$ 不是 $L^1((0, \infty))$ 中的 Cauchy 列.

(5) $f_n(x) = \chi_{(0,n)}(x)/x (n \in \mathbf{N})$ 不是 $L^1((0, \infty))$ 中的 Cauchy 列.

(6) $f_n(x) = \chi_{(0,n)}(x)/x^2 (n \in \mathbf{N})$ 是 $L^1((0, \infty))$ 中的 Cauchy 列.

证明 (1) 注意等式

$$\|f_n - f_m\|_1 = \int_0^{+\infty} |\chi_{[n,n+1]}(x) - \chi_{[m,m+1]}(x)|/x \cdot dx$$

$$\leqslant \int_n^{n+1} \frac{dx}{x} + \int_m^{m+1} \frac{dx}{x} = \ln\left(1 + \frac{1}{n}\right) + \ln\left(1 + \frac{1}{m}\right).$$

(2) 注意不等式 ($n < m$)

$$\|f_n - f_m\|_4^4 = \int_{1/m}^{1/n} \left(\frac{1}{\sqrt{x}}\right)^4 dx = -\frac{1}{x}\Big|_{1/m}^{1/n} = m - n \geqslant 1.$$

(3) 注意不等式

$$\int_0^{+\infty} |g_{n+m}(x) - g_n(x)| dx = \int_0^{+\infty} \Big|\sum_{k=n+1}^{n+m} f_k(x)\Big| dx$$

$$\leqslant \sum_{k=n+1}^{n+m} \int_0^{+\infty} |f_k(x)| dx = \sum_{k=n+1}^{n+m} \int_{k-1}^k |f(x)| dx$$

$$= \int_n^{n+m} |f(x)| dx.$$

(4) 注意 $\|f_n - f_m\|_1 = 2 \ (m < n)$.

(5) 注意 $\|f_n - f_m\|_1 = \int_n^m \frac{dx}{x} = \ln m - \ln n \ (n < m)$.

(6) 注意 $\|f_n - f_m\|_1 = \int_n^m \frac{dx}{x^2} = \frac{1}{n} - \frac{1}{m} \ (n < m)$.

例 12 设 $0 < p, q < +\infty$, 试证明 $L^p(E) \cdot L^q(E) = L^{pq/(p+q)}$, 其中 $L^p(E) \cdot L^q(E) = \{f \cdot g : f \in L^p(E), g \in L^q(E)\}$.

证明 (i) 若 $g \in L^p(E), h \in L^q(E)$, 则我们有

$$\int_E |g(x)h(x)|^{\frac{pq}{p+q}} dx$$

$$\leqslant \left(\int_E |g(x)|^p dx\right)^{\frac{q}{p+q}} \left(\int_E |h(x)|^q dx\right)^{\frac{p}{p+q}} < +\infty.$$

这说明 $L^p(E) \cdot L^q(E) \subset L^{pq/(p+q)}(E)$.

(ii) 设 $f \in L^{pq/(p+q)}(E)$, 令 $g(x) = [f(x)]^{q/(p+q)}$, $h(x) = [f(x)]^{p/(p+q)}$, 则 $f(x) = g(x) \cdot h(x), g \in L^p(E), h \in L^q(E)$. 这说明
$$L^p(E) \cdot L^q(E) \supset L^{pq/(p+q)}(E).$$

§6.3 L^2 内积空间

例1 试证明下列命题:

(1) 设 $f, g \in L^2(E)$, 则 (平行四边形公式)
$$\|f+g\|_2^2 + \|f-g\|_2^2 = 2(\|f\|_2^2 + \|g\|_2^2).$$

(2) 设 $\|f_n - f\|_2 \to 0, \|g_n - g\|_2 \to 0 (n \to \infty)$, 则
$$|\langle f_n, g_n \rangle - \langle f, g \rangle| \to 0 \quad (n \to \infty).$$

(3) 设 $\|f\|_2 = \|g\|_2$, 则 $\langle f+g, f-g \rangle = 0$.

(4) 设 $\|f_n\|_2 \to \|f\|_2, \langle f_n, f \rangle \to \|f\|_2^2 (n \to \infty)$, 则
$$\|f_n - f\|_2 \to 0 \quad (n \to \infty).$$

证明 (1) 注意等式
$$\int_E [f(x) + g(x)]^2 \mathrm{d}x + \int_E [f(x) - g(x)]^2 \mathrm{d}x$$
$$= 2\left(\int_E f^2(x) \mathrm{d}x + \int_E g^2(x) \mathrm{d}x\right).$$

(2) 注意 $\|g_n\|_2 \to \|g\|_2 (n \to \infty)$ 以及不等式
$$|\langle f_n, g_n \rangle - \langle f, g \rangle| = |\langle f_n - f, g_n \rangle + \langle g_n - g, f \rangle|$$
$$\leqslant \|f_n - f\|_2 \|g_n\|_2 + \|g_n - g\|_2 \|f\|_2.$$

(3) 注意等式
$$\langle f+g, f-g \rangle = \|f\|_2^2 - \|g\|_2^2 + \langle g, f \rangle - \langle f, g \rangle = 0.$$

(4) 注意 $\|f_n - f\|_2^2 = \|f_n\|_2^2 + \|f\|_2^2 - 2\langle f_n, f \rangle$.

注1 $L^2(E)$ 是 L^p 中唯一能成为内积的空间.

证明 取 $E_1, E_2 \subset E$: $E_1 \cap E_2 = \varnothing, m(E_1) = m(E_2) \neq 0$, 且记 $\lambda = [m(E_1)]^{-1/p}$, 我们有
$$\|\lambda \chi_{E_1}\|_p = 1 = \|\lambda \chi_{E_2}\|_p,$$
$$\|\lambda \chi_{E_1} + \lambda \chi_{E_2}\|_p = 2^{1/p} = \|\lambda \chi_{E_1} - \lambda \chi_{E_2}\|_p.$$

从而对 $f=\lambda\chi_{E_1}, g=\lambda\chi_{E_2}$ 而言,当它们满足平行四边形公式:
$$\|f+g\|_p^2 + \|f-g\|_p^2 = 2(\|f\|_p^2 + \|g\|_p^2)$$
时,导出 $2^{2/p}+2^{2/p}=2(1^2+1^2)$. 易知此式成立必须 $p=2$. 证毕.

注 2 设 B 是一个 Banach 空间(泛函分析课程内容),其范数 $\|\cdot\|_B$ 满足平行四边形公式:
$$\|f+g\|_B + \|f-g\|_B = 2(\|f\|_B + \|g\|_B) \quad (f,g \in B),$$
则令 $\langle f,g\rangle = (\|f+g\|_B^2 - \|f-g\|_B^2)/4$,则 $\langle f,g\rangle$ 是内积,B 就成为 Hilbert 空间.

例 2 试证明下列命题:

(1) 设 $\|f_k - f\|_2 \to 0 (k\to\infty)$,则存在极限 $\lim\limits_{n,m\to\infty}\int_E f_n(x)f_m(x)\mathrm{d}x$.

(2) 设 $f \in L^2([0,1]), f_0 \in L^2([0,1])$,令
$$F(x) = \int_0^x f^2(t)\mathrm{d}t, \quad F_0(x) = \int_0^x f_0^2(t)\mathrm{d}t,$$
则
$$\|F - F_0\|_2 \leqslant 2(\|f\|_2^2 + \|f_0\|_2^2)^{1/2}\|f - f_0\|_2.$$

(3) 设 $\{f_n(x)\}$ 是 E 上可测函数列,且有
$$\lim_{n\to\infty}f_n(x) = f(x) \ (x\in E), \quad F \in L^1(E) \ (F(x) = \sup_{n\geqslant 1}\{f_n^2(x)\}),$$
则 $\|f_n - f\|_2 \to 0 (n\to\infty)$.

证明 (1) 注意 $\|f_k\|_2 \to \|f\|_2 (k\to\infty)$ 以及等式
$$\int_E (f_n(x) - f_m(x))^2 \mathrm{d}x$$
$$= \int_E f_n^2(x)\mathrm{d}x + \int_E f_m^2(x)\mathrm{d}x - 2\int_E f_n(x)f_m(x)\mathrm{d}x.$$

(2) 因为我们有不等式
$$|F(x) - F_0(x)| \leqslant \int_0^1 (|f(x)| + |f_0(x)|)|f(x) - f_0(x)|\mathrm{d}x$$
$$\leqslant \left(4\int_0^1 [f^2(x) + f_0^2(x)]\mathrm{d}x\right)^{1/2} \left(\int_0^1 |f(x) - f_0(x)|^2 \mathrm{d}x\right)^{1/2},$$
所以结论成立.

(3) 注意 $|f_n(x) - f(x)|^2 \leqslant 4[f_n^2(x) + f^2(x)] \leqslant 8F(x)$.

例 3 试证明下列命题:

(1) 设 $f \in L^2([0,1])$,令 $F(x) = \int_0^x f(t)\mathrm{d}t$,则

$$I_h = \left(\int_0^{1-h} \left|\frac{F(x+h)-F(x)}{h}\right|^2 dx\right)^{1/2} \leqslant C\|f\|_2,$$

其中 $0<h<1$,且 C 与 f 无关.

(2) 设 $f_n \in L^2([a,b]), g_n \in L^2([a,b])(n \in \mathbf{N})$,且有
$$\lim_{n\to\infty} f_n(x) = f(x), \quad \lim_{n\to\infty} g_n(x) = g(x), \quad \text{a.e. } x \in [a,b],$$
$$\int_a^b |g_n(x)|^2 dx \leqslant M, \quad |f_n(x)| \leqslant F(x)\ (n \in \mathbf{N}), \quad F \in L^2([a,b]),$$
则 $\lim_{n\to\infty} \int_a^b f_n(x) g_n(x) dx = \int_a^b f(x) g(x) dx.$

证明 (1) 我们有
$$I_h = \frac{1}{h}\left(\int_0^{1-h}\left|\int_x^{x+h} f(t)dt\right|^2 dx\right)^{1/2}$$
$$\leqslant \frac{1}{h}\left(\int_0^{1-h}\left(\int_x^{x+h}|f(t)|^2 dt\right)\cdot h\, dx\right)^{1/2}$$
$$= \frac{1}{\sqrt{h}}\left(\int_0^{1-h}\left(\int_x^{x+h}|f(t)|^2 dt\right)dx\right)^{1/2}$$
$$= \frac{1}{\sqrt{h}}\bigg[\int_0^h\left(\int_0^t|f(t)|^2 dx\right)dt$$
$$+ \int_h^{1-h}\left(\int_{t-h}^t|f(t)|^2 dx\right)dt + \int_{1-h}^1\left(\int_{t-h}^{1-h}|f(t)|^2 dx\right)dt\bigg]^{1/2}$$
$$= \frac{1}{\sqrt{h}}\bigg[\int_0^h|f(t)|^2 t\, dt + \int_h^{1-h}|f(t)|^2\cdot h\, dt$$
$$+ \int_{1-h}^1|f(t)|^2(1-t)dt\bigg]^{1/2}$$
$$= \frac{1}{\sqrt{h}}\bigg[\int_0^h|f(t)|^2 h\, dt + \int_h^{1-h}|f(t)|^2 h\, dt + \int_{1-h}^1|f(t)|^2 h\, dt\bigg]^{1/2}$$
$$= C\|f\|_2\ (C = 1/\sqrt{h}).$$

(2) 依题设知,对任给 $\varepsilon > 0$,存在 $\delta > 0$,使得 $(e \subset [a,b])$
$$\int_e f^2(x) dx < \varepsilon, \quad \int_e |f(x)g(x)| dx < \varepsilon \quad (m(e) < \delta),$$

而且 $g_n(x)$ 在 $[a,b]\backslash e$ 上一致收敛于 $g(x)$. 即存在 N,使得
$$|g_n(x)-g(x)|<\varepsilon \quad (n>N, x\in[a,b]\backslash e).$$
我们分解积分为
$$\int_a^b |f_n(x)g_n(x)-f(x)g(x)|\mathrm{d}x$$
$$\leqslant \int_a^b |f_n(x)-f(x)||g_n(x)|\mathrm{d}x$$
$$+\int_a^b |f(x)||g_n(x)-g(x)|\mathrm{d}x$$
$$\triangleq \mathrm{I}+\mathrm{II},$$
$$\mathrm{I}^2 \leqslant \int_a^b |f_n(x)-f(x)|^2\mathrm{d}x \cdot \int_a^b |g_n(x)|^2\mathrm{d}x$$
$$\leqslant M\|f_n-f\|_2^2 \to 0 \quad (n\to\infty),$$
$$\mathrm{II}=\int_{[a,b]\backslash e}|g_n(x)-g(x)||f(x)|\mathrm{d}x$$
$$+\int_e |g_n(x)-g(x)||f(x)|\mathrm{d}x$$
$$\leqslant \varepsilon\|f\|_2+\int_e |g_n(x)f(x)|\mathrm{d}x+\int_e |f(x)g(x)|\mathrm{d}x$$
$$\leqslant \varepsilon\|f\|_2+\left(\int_e |g_n(x)|^2\mathrm{d}x\right)^{1/2}\left(\int_e |f(x)|^2\mathrm{d}x\right)^{1/2}+\varepsilon$$
$$\leqslant \varepsilon\|f\|_2+M^{1/2}\cdot\varepsilon^{1/2}+\varepsilon \quad (n>N).$$
由此即得所证.

例4 试证明下列命题:

(1) 设 $f\in L^2(\mathbf{R})$. 若 $xf(x)$ 在 $\mathbf{R}$ 上平方可积,则 $f\in L^1(\mathbf{R})$.

(2) 设 $f\in L^2(\mathbf{R}), g\in L^2(\mathbf{R})$,令 $f_h(x)=[f(x+h)-f(x)]/h$ ($h\neq 0$). 若有
$$\lim_{h\to 0}\int_{\mathbf{R}}|f_h(x)-g(x)|^2\mathrm{d}x=0,$$
则存在常数 c,使得 $f(x)=\int_0^x g(t)\mathrm{d}t+C$, a. e. $x\in\mathbf{R}$.

证明 (1) 注意不等式 $(0 < r < +\infty)$

$$\int_{\mathbf{R}} |f(x)| \, dx = \int_{|x|<r} |f(x)| \, dx + \int_{|x|>r} |f(x)| \, dx$$

$$\leqslant \left(\int_{\mathbf{R}} |f(x)|^2 \, dx\right)^{1/2} (2r)^{1/2}$$

$$+ \left(\int_{\mathbf{R}} |f(x) \cdot x|^2 \, dx\right)^{1/2} \left(\int_{|x|>r} \frac{dx}{x^2}\right)^{1/2}$$

$$= (2r)^{1/2} \|f\|_2 + 2\|xf\|_2 / r.$$

(2) 注意到不等式

$$\int_0^x |g(t) - f_h(t)| \, dt \leqslant \left(\int_{\mathbf{R}} |g(t) - f_h(t)|^2 \, dt\right)^{1/2} |x|^{1/2},$$

可知

$$\int_0^x g(t) \, dt = \lim_{h \to 0} \int_0^x \frac{f(t+h) - f(t)}{h} \, dt$$

$$= \lim_{h \to 0} \frac{1}{h} \int_x^{x+h} f(t) \, dt - \lim_{h \to 0} \frac{1}{h} \int_0^h f(t) \, dt$$

$$= f(x) - C, \quad \text{a.e. } x \in \mathbf{R}.$$

由此即得所证.

例 5 试证明下列命题:

(1) 设 $f_n \in L^2([0,1])$,且 $\|f_n\|_2 \leqslant M(n \in \mathbf{N})$. 若 $f_n(x)$ 在 $[0,1]$ 上依测度收敛于 0,则 $\|f_n\|_1 \to 0 (n \to \infty)$.

(2) 设 $f_n \in L^2(E)(n \in \mathbf{N})$,且 $\|f_n - f_{n+1}\|_2 \leqslant 2^{-n}(n \in \mathbf{N})$,则存在 $f \in L^2(E)$,使得

$$\lim_{n \to \infty} \|f_n - f\|_2 = 0, \quad \lim_{n \to \infty} f_n(x) = f(x), \quad \text{a.e. } x \in E.$$

(3) 设 $f_n(x)(n=1,2,\cdots)$ 是 $[0,A]$(任意的 $A>0$)上的绝对连续函数. 若有

$$\int_0^\infty |f_n'(x)|^2 \, dx \leqslant M^2,$$

$$|f_n(x)| \leqslant \frac{1}{x} \quad (n=1,2,\cdots; 0 < x < \infty),$$

则存在一致收敛子列 $\{f_{n_k}(x)\}$.

证明 (1) 对任给 $\varepsilon > 0$,作 $E_n = \{x \in [0,1]: |f_n(x)| \geqslant \varepsilon\}$,依题设

知 $m(E_n) \to 0 (n \to \infty)$,即存在 $N, m(E_n) < \varepsilon^2 (n \geq N)$. 从而我们有
$$\|f_n\|_1 = \left\{\int_{E_n} + \int_{[0,1]\backslash E_n}\right\} |f_n(x)| dx$$
$$\leq \left(\int_{E_n} |f_n(x)|^2 dx\right)^{1/2} (m(E_n))^{1/2} + \varepsilon$$
$$< \|f_n\|_2 \varepsilon + \varepsilon \quad (n \geq N).$$
由此即可得证.

(2) 注意到 $\|f_{n+k} - f_n\|_2 \leq 2^{-n} + \cdots + 2^{-(n+k-1)} < 2^{-(n-1)}$,故知 $\{f_n(x)\}$ 是 $L^2(E)$ 中 Cauchy 列. 从而存在 $f \in L^2(E)$,使得
$$\lim_{n \to \infty} \|f_n - f\|_2 = 0.$$
此外,由 $\|f_n - f_{n+k}\|_2 < 2^{-(n-1)}$ 可知(令 $k \to \infty$) $\|f_n - f\| \leq 2^{-(n-1)}$ ($n \in \mathbf{N}$). 从而又有
$$\int_E \sum_{n=1}^{\infty} |f_n(x) - f(x)|^2 dx = \sum_{n=1}^{\infty} \int_E |f_n(x) - f(x)|^2 dx$$
$$= \sum_{n=1}^{\infty} \|f_n - f\|_2^2 \leq \sum_{n=1}^{\infty} 2^{-2(n-1)} < +\infty.$$
这说明 $\sum_{n=1}^{\infty} |f_n(x) - f(x)|^2 < +\infty$, a.e. $x \in E$, 由此即得 $\lim_{n \to \infty} f_n(x) = f(x)$, a.e. $x \in E$.

(3) (i) 因为我们有不等式($0 \leq x < +\infty$)
$$|f_n(x) - f_n(1)| \leq \left|\int_1^x f_n'(t) dt\right|$$
$$\leq \left(\int_1^x |f_n'(t)|^2 dt\right)^{1/2} |x-1|^{1/2} \leq M|x-1|^{1/2},$$
$$|f_n(x)| \leq |f_n(1)| + M|x-1|^{1/2} \leq 1 + M \quad (0 \leq x \leq 1),$$
又注意到当 $x > 1$ 时, $1/x < 1$,所以 $|f_n(x)| \leq 1 + M (0 \leq x < \infty)$. 这说明 $\{f_n(x)\}$ 在 $[0, \infty)$ 上一致有界且等度连续.

(ii) 根据(i)可知,对 $k \in \mathbf{N}$,在 $\{f_n(x)\}$ 中可选 $\{f_{k,n}(x)\}$ 在 $[0,k]$ 上一致收敛;进一步又在 $\{f_{k,n}(x)\}$ 中可选 $\{f_{k+1,n}(x)\}$,使它在 $[0, k+1]$ 上一致收敛;…. 这样一直做下去,最后可取出 $g_n(x) = f_{n,n}(x)$ ($n \in$

N),它就在$[0,\infty)$上一致收敛.

注 $\{g_n(x)\}$是$L^2([0,\infty))$中的Cauchy列.事实上,对$0<\varepsilon<1,k>3/\varepsilon$,易知存在$N$,使得
$$|g_n(x)-g_m(x)|<\varepsilon/3 \quad (0\leqslant x\leqslant k, m,n>N).$$
而当$x>k$时,又有$|g_m(x)-g_n(x)|\leqslant 2/x<2\varepsilon/3$.从而取$x_0:4/x_0<\varepsilon/2$,以及$N$,使得$\|g_m-g_n\|_\infty<(\varepsilon/2x_0)^{1/2}(m,n>N)$.因此我们有
$$\|g_m-g_n\|_2^2 = \left\{\int_0^{x_0}+\int_{x_0}^{+\infty}\right\}|g_m(x)-g_n(x)|^2\,dx \leqslant \frac{\varepsilon}{2x_0}+\frac{k}{x_0}<\varepsilon.$$

例6 试证明下列命题:

(1) 设$f(x,y)$是$[0,1]\times[0,1]$上可测函数,$E=\{(x,y):0\leqslant|x|\leqslant y\leqslant 1\}$.若$f\in L^2(E)$,则$\lim\limits_{y\to 0}\int_{-y}^y|f(x,y)|\,dx=0$.

(2) 设$f_n\in C([0,1])\,(n\in\mathbf{N}),\|f_n-f_m\|_2\to 0\,(n,m\to\infty)$.又$K(x,y)$是$[0,1]\times[0,1]$上的连续函数,且令
$$F_n(x)=\int_0^1 K(x,y)f_n(y)\,dy \quad (n\in\mathbf{N}),$$
则$\{F_n(x)\}$在$[0,1]$上一致收敛.

证明 (1) 因为我们有$(0\leqslant y\leqslant 1)$
$$\int_{-y}^y|f(x,y)|\,dx \leqslant \left(\int_{-y}^y|f(x,y)|^2\,dx\right)^{1/2}(2y)^{1/2},$$
所以得到
$$\int_0^1\frac{1}{2y}\left(\int_{-y}^y|f(x,y)|\,dx\right)^2\,dy$$
$$\leqslant\int_0^1\left(\int_{-y}^y|f(x,y)|^2\,dx\right)\,dy\leqslant\|f\|_2^2<+\infty.$$
现在假定结论不真,即存在$l>0$,使得当$|y|$充分小时,有
$$\left(\int_{-y}^y|f(x,y)|\,dx\right)\geqslant l,$$
则又得$\|f\|_2=+\infty$,导致矛盾.

(2) 因为我们有不等式
$$|F_n(x)-F_m(x)|\leqslant\int_0^1|K(x,y)|\,|f_n(y)-f_m(y)|\,dy$$

$$\le \left(\int_0^1 K^2(x,y)\,dy\right)^{1/2} \left(\int_0^1 |f_m(y)-f_n(y)|^2\,dy\right)^{1/2}$$

$$\le M\left(\int_0^1 |f_n(y)-f_m(y)|^2\,dy\right)^{1/2} \quad (M = \sup_{\substack{0\le x\le 1 \\ 0\le y\le 1}} |K(x,y)|^2),$$

所以得到

$$\|F_n - F_m\|_\infty = \sup_{0\le x\le 1}\{|F_n(x)-F_m(x)|\} \to 0 \quad (n,m\to\infty).$$

由此即可得证.

例 7 设 $F(x)$ 在 (a,b) 上可测,试证明下述(1)与(2)等价:

(1) 存在 $f \in L^2((a,b))$,使得 $F(x) = \int_a^x f(t)\,dt\ (a < x < b)$;

(2) 存在 $M > 0$,使得对任一分划 $\Delta: a < x_0 < x_1 < \cdots < x_n < b$,有

$$I_\Delta = \sum_{k=1}^n \frac{|F(x_k)-F(x_{k-1})|^2}{x_k - x_{k-1}} \le M.$$

证明 $(1) \Rightarrow (2)$. 因为我们有

$$I_\Delta = \sum_{k=1}^n \frac{1}{x_k - x_{k-1}} \left|\int_{x_{k-1}}^{x_k} f(t)\,dt\right|^2$$

$$\le \sum_{k=1}^n \frac{1}{x_k - x_{k-1}} \left(\int_{x_{k-1}}^{x_k} |f(t)|^2\,dt\right)\left(\int_{x_{k-1}}^{x_k} dt\right)$$

$$\le \sum_{k=1}^n \int_{x_{k-1}}^{x_k} |f(t)|^2\,dt = \|f\|_2^2,$$

所以取 $M = \|f\|_2^2$ 即可得证.

$(2) \Rightarrow (1)$. 依题设知,对 (a,b) 内任意的互不相交之区间列 $\{(\alpha_n,\beta_n)\}$,均有

$$\sum_{n=1}^\infty \frac{|F(\beta_n)-F(\alpha_n)|^2}{\beta_n - \alpha_n} \le M.$$

根据不等式

$$\sum_{i=1}^n |F(\beta_i)-F(\alpha_i)| = \sum_{i=1}^n \frac{|F(\beta_i)-F(\alpha_i)|}{\sqrt{\beta_i-\alpha_i}} \cdot \sqrt{\beta_i-\alpha_i}$$

$$\le \left(\sum_{i=1}^n \frac{|F(\beta_i)-F(\alpha_i)|^2}{\beta_i-\alpha_i}\right)^{1/2} \left(\sum_{i=1}^n (\beta_i-\alpha_i)\right)^{1/2}$$

$$\leqslant \left(M\sum_{i=1}^{n}(\beta_i - \alpha_i)\right)^{1/2},$$

可得 $F \in AC((a,b))$. 这说明存在 $f \in L^1((a,b))$，使得

$$F(x) = \int_a^x f(t)\,dt + C \quad (a < x < b).$$

为证 $f \in L^2((a,b))$，只需指出

$$\sum_{n=1}^{\infty} n \cdot m(E_n) < +\infty,$$

$$E_n = \{x \in (a,b): n \leqslant |f(x)|^2 < n+1\} \quad (n \in \mathbf{N}).$$

对此，先引用一个结论："对 (a,b) 中任意的互不相交可测集 $E_1, E_2, \cdots, E_n$，以及 $\varepsilon > 0$，均有

$$\sum_{i=1}^{n} \frac{1}{m(E_i)+\varepsilon}\left|\int_{E_i} f(x)\,dx\right|^2 \leqslant M." \tag{$*$}$$

有了这一结论，我们令

$$E_n^+ = \{x \in (a,b): \sqrt{n} \leqslant f(x) < \sqrt{n+1}\},$$
$$E_n^- = \{x \in (a,b): -\sqrt{n+1} < f(x) \leqslant -\sqrt{n}\},$$

易知

$$\sum_{n=1}^{\infty} nm(E_n) = \sum_{n=1}^{\infty}(n \cdot m(E_n^+) + n \cdot m(E_n^-))$$

$$\leqslant \lim_{N\to\infty}\sum_{n=1}^{N}\lim_{\varepsilon\to 0}\left(\frac{1}{m(E_k^+)+\varepsilon}\left|\int_{E_k^+} f(x)\,dx\right|^2\right.$$

$$\left.+\frac{1}{m(E_k^-)+\varepsilon}\left|\int_{E_k^-} f(x)\,dx\right|^2\right)$$

$$= \lim_{N\to\infty}\lim_{\varepsilon\to 0}\sum_{k=1}^{n}\left(\frac{1}{m(E_k^+)+\varepsilon}\left|\int_{E_k^+} f(x)\,dx\right|^2\right.$$

$$\left.+\frac{1}{m(E_k^-)+\varepsilon}\left|\int_{E_k^-} f(x)\,dx\right|^2\right) \leqslant 2M.$$

注 $(*)$ 式的证明：

(i) 若 $E_i(i=1,2,\cdots,n)$ 是 (a,b) 中的开集：$E_i = \bigcup_{j\geqslant 1}(\alpha_{ij}, \beta_{ij})$，则

$$\sum_{i=1}^{n}\frac{\left|\int_{E_i}f(x)\mathrm{d}x\right|^2}{m(E_i)+\varepsilon}=\sum_{i=1}^{n}\frac{\left|\sum_{j\geqslant 1}\int_{\alpha_{ij}}^{\beta_{ij}}f(x)\mathrm{d}x\right|^2}{m(E_i)+\varepsilon}$$

$$=\sum_{i=1}^{n}\left|\sum_{j\geqslant 1}\frac{1}{\sqrt{\beta_{ij}-\alpha_{ij}}}\int_{\alpha_{ij}}^{\beta_{ij}}f(x)\mathrm{d}x\cdot\sqrt{\beta_{ij}-\alpha_{ij}}\right|^2 \Big/(m(E_i)+\varepsilon)$$

$$\leqslant\sum_{i=1}^{n}\sum_{j\geqslant 1}\left|\int_{\alpha_{ij}}^{\beta_{ij}}f(x)\mathrm{d}x\right|^2\Big/(\beta_{ij}-\alpha_{ij})\leqslant M.$$

(ii) 若 $E_i(i=1,2,\cdots,n)\subset(a,b)$ 是紧集,则作 (a,b) 中的递减开集列 $\{G_{ij}\}$ ($i=1,2,\cdots,n;j\in\mathbf{N}$),使得

$$E_i=\bigcap_{j=1}^{\infty}G_{ij}(i=1,2,\cdots,n),\quad G_{i1}\bigcap G_{k1}=\varnothing\quad(i\neq k).$$

现在对 $G_{1j},G_{2j},\cdots,G_{nj}$ 应用(i),并取极限,(*)式成立.

(iii) 对一般可测集 $E_i(i=1,2,\cdots,n)$,可作递增紧集列 $\{E_{ij}\}$:

$$\bigcup_{j=1}^{\infty}E_{ij}\subset E_i,\quad \lim_{j\to\infty}m(E_{ij})=m(E_i)\quad(i=1,2,\cdots,n),$$

并应用(ii)于 $E_{1j},E_{2j},\cdots,E_{nj}$,再取极限,即知(*)式成立.

例8 试证明下列命题:

(1) $L^2[-\pi,\pi]$ 中的三角函数列:

$$\frac{1}{\sqrt{2\pi}},\frac{1}{\sqrt{\pi}}\cos x,\frac{1}{\sqrt{\pi}}\sin x,\cdots,\frac{1}{\sqrt{\pi}}\cos kx,\frac{1}{\sqrt{\pi}}\sin kx,\cdots$$

是标准正交系.

(2) **(三角函数系是完全正交系)** 设 $E=[-\pi,\pi]$,则三角函数系

$$1,\cos x,\sin x,\cdots,\cos kx,\sin kx,\cdots$$

是 $L^2(E)$ 中的完全正交系.

(3) $L^2(E)$ 中的正交系 $\{\varphi_k\}$ 一定是线性无关的.

证明 (1) 证略.

(2) (i) 设 $f(x)$ 是 $[-\pi,\pi]$ 上的连续函数.若其一切 Fourier 系数都是零,则 $f(x)\equiv 0$.

事实上,如果 $f(x)\not\equiv 0$,那么存在 $x_0\in[-\pi,\pi]$,使得 $|f(x_0)|$ 为最大值.不妨设 $f(x_0)=M>0$,从而可取到充分小的区间 $I=(x_0-\delta,x_0+\delta)$,使得

$$f(x)>\frac{1}{2}M,\quad x\in I\bigcap[-\pi,\pi].$$

现在,研究三角多项式:
$$t(x) = 1 + \cos(x - x_0) - \cos\delta.$$
因为 $t^n(x)$ 仍是一个三角多项式,所以根据假定我们有
$$\int_{-\pi}^{\pi} f(x)t^n(x)\mathrm{d}x = 0, \quad n = 1, 2, \cdots.$$
但这是不可能的. 一方面,因为当 $x \in [-\pi, \pi]\backslash I$ 时有 $|t^n(x)| \leqslant 1$,所以
$$\int_{[-\pi,\pi]\backslash I} f(x)t^n(x)\mathrm{d}x \leqslant M \cdot 2\pi.$$
另一方面,因为令 $J = (x_0 - \delta/2, x_0 + \delta/2)$ 时,存在 $r > 1$,使得
$$t(x) \geqslant r, \quad x \in J \cap [-\pi, \pi],$$
所以
$$\int_{I \cap [-\pi,\pi]} f(x)t^n(x)\mathrm{d}x \geqslant \int_{I \cap [-\pi,\pi]} f(x)t^n(x)\mathrm{d}x \geqslant \frac{1}{2}Mr^n\frac{\delta}{2}.$$
合并上述两个积分不等式,得到
$$\lim_{n \to \infty}\int_{-\pi}^{\pi} f(x)t^n(x)\mathrm{d}x = \infty.$$
上述矛盾说明必须 $f(x) \equiv 0$.

(ii) 设 $f \in L^2(E)$. 我们作函数
$$g(x) = \int_{-\pi}^{x} f(t)\mathrm{d}t.$$
因为 $g(x)$ 是 $[-\pi, \pi]$ 上的绝对连续函数且 $g(-\pi) = g(\pi) = 0$,所以通过分部积分公式可得
$$\int_{-\pi}^{\pi} g(x)\binom{\sin kx}{\cos kx}\mathrm{d}x$$
$$= g(x)\binom{-\cos kx}{\sin kx}\frac{1}{k}\bigg|_{-\pi}^{\pi} - \frac{1}{k}\int_{-\pi}^{\pi} f(x)\binom{-\cos kx}{\sin kx}\mathrm{d}x$$
$$= 0, \quad k \geqslant 1.$$
现在令
$$B = \frac{1}{2\pi}\int_{-\pi}^{\pi} g(x)\mathrm{d}x, \quad G(x) = g(x) - B,$$
我们有
$$\int_{-\pi}^{\pi} G(x)\binom{\cos kx}{\sin kx}\mathrm{d}x = 0, \quad k = 0, 1, 2, \cdots,$$

即 $G(x)$ 的一切 Fourier 系数都是零. 由(i)知 $G(x)\equiv 0$, 即 $g(x)\equiv B$. 从而可知
$$f(x) = g'(x) = 0, \quad \text{a. e. } x \in E.$$

(3) 事实上, 若在 $\{\varphi_k\}$ 中任取有限个并假定
$$a_1\varphi_{k_1}(x) + a_2\varphi_{k_2}(x) + \cdots + a_i\varphi_{k_i}(x) = 0, \quad \text{a. e. } x \in E,$$
则在上式两端各乘以 $\varphi_{k_1}(x)$, 且在 E 上对 x 进行积分, 由 $\{\varphi_k\}$ 的正交性可知 $a_1=0$, 同理可证 $a_2=a_3=\cdots=a_i=0$.

例 9 试证明下列命题:

(1) 设 $f \in L^1([-\pi,\pi])$, $\{\varphi_n(x)\}$ 是 $(-\pi,\pi]$ 上的三角函数系. 若有
$$\int_{-\pi}^{\pi} f(x)\varphi_n(x)\mathrm{d}x = 0 \quad (n=1,2,\cdots),$$
则 $f(x)=0$, a. e. $x \in [-\pi,\pi]$.

(2) $\{\sin nx\}$ 是 $L^2([0,\pi])$ 中的完全正交系.

(3) $\varphi_n(x) = \sin\lambda_n x$ $(n=1,2,\cdots)$ 是 $L^2([0,1])$ 中的正交系, 其中 $\lambda_n (n=1,2,\cdots)$ 是方程 $\tan x = x$ 的正根.

证明 (1) 由题设知, 对三角多项式 $Q(x)$, 有 $\langle f,Q \rangle = 0$. 而对 $g \in C([-\pi,\pi])$, 存在三角多项式列 $\{Q_n(x)\}$, 它在 $[-\pi,\pi]$ 上一致收敛到 $g(x)$, 故有
$$0 = \lim_{n\to\infty}\langle f,Q_n \rangle = \langle f,g \rangle.$$
又对 $[-\pi,\pi]$ 中的任一正测集 E, 存在 $g_n \in C([-\pi,\pi])$, $|g_n(x)| \leqslant 1$, 使得 $\lim_{n\to\infty} g_n(x) = \chi_E(x)$. 从而根据控制收敛定理, 可得 $\langle f,\chi_E \rangle = 0$. 由此立即推出结论成立.

(2) 显然, $\{\sin nx\}$ 是 $L^2([0,\pi])$ 中的正交系. 此外, 设 $f \in L^2([0,\pi])$, 且有 $\int_0^\pi f(x)\sin nx\, \mathrm{d}x = 0$, 则作 $f(x)$ 在 $[-\pi,\pi]$ 上的奇延拓: $f^*(x) = f(x) (0 < x \leqslant \pi)$, $f^*(x) = -f(-x) (-\pi \leqslant x < 0)$. 显然
$$\int_{-\pi}^{\pi} f^*(x)\cos nx\, \mathrm{d}x = 0 \quad (n=0,1,2,\cdots), \text{ 而且}(n \in \mathbf{N})$$
$$\int_{-\pi}^{0} f^*(x)\sin nx\, \mathrm{d}x \xrightarrow{x=-t} \int_0^\pi f(t)\sin nt\, \mathrm{d}t = 0.$$

这说明 $\int_{-\pi}^{\pi} f^*(x)\sin nx\,\mathrm{d}x = 0$. 从而 $f^*(x)=0$, a. e. $x\in[-\pi,\pi]$. 由此即得所证.

(3) 我们有等式

$$\int_0^1 \sin\lambda_n x \cdot \sin\lambda_m x \cdot \mathrm{d}x$$

$$= -\frac{1}{2}\left\{\int_0^1 \cos(\lambda_n+\lambda_m)x\,\mathrm{d}x - \int_0^1\cos(\lambda_n-\lambda_m)x\,\mathrm{d}x\right\}$$

$$= -\frac{1}{2}\frac{(\lambda_n-\lambda_m)\sin(\lambda_n+\lambda_m) - (\lambda_n+\lambda_m)\sin(\lambda_n-\lambda_m)}{(\lambda_n^2-\lambda_m^2)}$$

$$= -\frac{\lambda_n\cos\lambda_n\cdot\sin\lambda_m - \lambda_m\cdot\sin\lambda_n\cdot\cos\lambda_m}{(\lambda_n^2-\lambda_m^2)}$$

$$= -\frac{\sin\lambda_n\cdot\sin\lambda_m - \sin\lambda_n\cdot\sin\lambda_m}{(\lambda_n^2-\lambda_m^2)} = 0.$$

例 10 试证明下列命题:

(1) 设 $\{\varphi_k\}\subset L^2([a,b])$ 是标准正交系,若存在极限
$$\lim_{k\to\infty}\varphi_k(x) = \varphi(x), \quad \mathrm{a.\,e.}\ x\in[a,b],$$
则 $\varphi(x)=0$, a. e. $x\in[a,b]$.

(2) 设 $\{\varphi_k(x)\}$ 是 $L^2(E)$ 中标准正交系. 若 $f\in L^2(E)$,则
$$\lim_{k\to\infty}\int_E f(x)\varphi_k(x)\mathrm{d}x = 0.$$

证明 (1) 由 $\int_a^b \varphi^2(x)\mathrm{d}x = \int_a^b \lim_{k\to\infty}\varphi_k^2(x)\mathrm{d}x \leqslant \varliminf_{k\to\infty}\int_a^b\varphi_k^2(x)\mathrm{d}x = 1$,
可知 $\varphi\in L^2([a,b])$. 从而我们有
$$0 = \lim_{k\to\infty}\int_a^b\varphi(x)\varphi_k(x)\mathrm{d}x = \int_a^b\varphi^2(x)\mathrm{d}x,$$
由此即得 $\varphi(x)=0$, a. e. $x\in[a,b]$.

(2) 记 $C_k = \int_E f(x)\varphi_k(x)\mathrm{d}x(k\in\mathbf{N})$, 注意 $\sum_{k=1}^\infty C_k^2 \leqslant \|f\|_2^2$.

例 11 试证明下列命题:

(1) 设 $\{f_n\}\in L^2([0,1])$ 是标准正交系,则
$$\sum_{n=1}^\infty \left|\int_0^x f_n(t)\mathrm{d}t\right|^2 \leqslant x, \quad x\in[0,1].$$

(2) 设 $\{f_k\}\subset L^2(E)$ 是正交系,并记 $\sigma_n(x)=\sum_{k=1}^n f_k(x)/n(n\in \mathbf{N})$. 若 $\lim_{n\to\infty}\sum_{k=1}^n \|f_k\|_2^2/n^2=0$, 则 $\sigma_n(x)$ 在 E 上依测度收敛于 0.

(3) 设 $\{\varphi_n\}\subset L^2([a,b])$ 是标准正交系,则 $\{\varphi_n\}$ 是完全系当且仅当
$$I=\sum_{n=1}^\infty \left(\int_a^x \varphi_n(t)\mathrm{d}t\right)^2 = x-a, \quad x\in[a,b].$$

(4) 设 $\{\varphi_n\}\subset L^2([a,b])$ 是标准正交系,令
$$f_n(x)=\varphi_1(x)\int_a^x \varphi_1(t)\mathrm{d}t+\cdots+\varphi_n(x)\int_a^x \varphi_n(t)\mathrm{d}t.$$
若 $\{f_n(x)\}$ 在 $[a,b]$ 上一致有界,且几乎处处收敛,则 $\{\varphi_n(x)\}$ 是完全系当且仅当 $\lim_{n\to\infty}f_n(x)=\frac{1}{2}$, a.e. $x\in[a,b]$.

证明 (1) 注意不等式
$$\sum_{n=1}^\infty \left|\int_0^x f_n(t)\mathrm{d}t\right|^2 = \sum_{n=1}^\infty \left|\int_0^1 f_n(t)\chi_{[0,x]}(t)\mathrm{d}t\right|^2$$
$$=\sum_{n=1}^\infty |\langle f_n,\chi_{(0,x)}\rangle|^2 \leqslant \|\chi_{[0,x]}\|_2^2 = x.$$

(2) 由题设知,任给 $\varepsilon>0,\delta>0$,存在 N,使得 $\sum_{k=1}^n \|f_k\|_2^2/n^2 < \varepsilon^2\delta(n\geqslant N)$. 从而得(正交性)
$$\int_E \sigma_n^2(x)\mathrm{d}x = \int_E \left(\frac{1}{n}\sum_{k=1}^n f_k(x)\right)^2 \mathrm{d}x < \varepsilon^2\delta \quad (n\geqslant N).$$
令 $e_n=\{x\in E: |\sigma_n(x)|>\varepsilon\}$, 我们有
$$\varepsilon^2\cdot m(e_n)\leqslant \int_{e_n}|\sigma_n(x)|^2\mathrm{d}x\leqslant \varepsilon^2\delta, \quad m(e_n)<\delta \quad (n\geqslant N),$$
即得所证.

(3) **必要性** 假定 $\{\varphi_n\}$ 是 $L^2([a,b])$ 中的完全系,则
$$I=\sum_{n=1}^\infty \left(\int_a^b \chi_{[a,x]}(t)\varphi_n(t)\mathrm{d}t\right)^2 = \sum_{n=1}^\infty |\langle \chi_{[a,x]},\varphi_n\rangle|^2$$
$$=\|\chi_{[a,x]}\|_2^2 = x-a.$$

充分性 假定 $I=x-a$, 则对 $a\leqslant x\leqslant y$, 我们有

$$\sum_{n=1}^{\infty}\left(\int_x^y \varphi_n(t)\mathrm{d}t\right)^2 = y-x.$$

从而知对 $[a,b]$ 上的阶梯函数 $g(x)$，就有 $\sum_{n=1}^{\infty}\left(\int_a^b g(t)\varphi_n(t)\mathrm{d}t\right)^2 = \|g\|_2^2$. 再对 $f\in L^2([a,b])$，且阶梯函数逼近，可得

$$\sum_{n=1}^{\infty}\left(\int_a^b f(t)\varphi_n(t)\mathrm{d}t\right)^2 = \|f\|_2^2.$$

由此即可得证.

(4) 令 $g_n(x) = \varphi_n(x)\int_a^x \varphi_n(t)\mathrm{d}t$，则易知

$$G_n(x) \triangleq \int_a^x g_n(t)\mathrm{d}t = \frac{1}{2}\left(\int_a^x \varphi_n(t)\mathrm{d}t\right)^2.$$

又记 $f_n(x)\to f(x)$, a.e. $x\in[a,b]$ $(n\to\infty)$，则由题设知

$$\int_a^x f(t)\mathrm{d}t = \lim_{n\to\infty}\int_a^x f_n(t)\mathrm{d}t = \lim_{n\to\infty}\sum_{k=1}^n\int_a^x g_k(t)\mathrm{d}t = \frac{1}{2}\sum_{n=1}^{\infty}\left(\int_a^x \varphi_n(t)\mathrm{d}t\right)^2.$$

若 $f(x)=1/2$, a.e. $x\in[a,b]$，则由上题知 $\{\varphi_n(x)\}$ 是完全系.

若 $\{\varphi_n(x)\}$ 是完全系，则由 $\int_a^y f(x)\mathrm{d}x = \sum_{n=1}^{\infty} G_n(y)$ 可知，

$$f(x) = \sum_{n=1}^{\infty} G_n'(x) = \sum_{n=1}^{\infty} g_n(x) = \frac{1}{2}, \quad \text{a.e. } x\in[a,b]$$

(注意，后面的级数是 L^1 意义下收敛的).

例 12 试证明下列命题：

(1) $\{\varphi_n\}\subset L^2([a,b])$ 是标准正交系，且有 $|\varphi_n(x)|\leqslant M(n\in\mathbf{N})$. 若 $f\in L^1([a,b])$，则 $\lim_{n\to\infty}\int_a^b f(x)\varphi_n(x)\mathrm{d}x = 0$.

(2) 设 $\{\varphi_k\}\subset L^2(E)$ 是标准正交系，且有 $\Phi\in L^2(E)$，使得 $|\varphi_k(x)|\leqslant|\Phi(x)|$, a.e. $x\in E$. 若 $\sum_{k=1}^{\infty} a_k\varphi_k(x)$ 在 E 上是几乎处处收敛的，则 $a_k\to 0$ $(k\to\infty)$.

(3) 设 $\{f_n\}\subset L^2(E)$ 是标准正交系，$\{a_n\}$ 是实数列，令 $S_n(x) = \sum_{k=1}^n a_k f_k(x)$. 若 $\sum_{n=1}^{\infty}\sqrt{n}a_n^2 < +\infty$，则

(i) $\sum_{n=1}^{\infty}\|S-S_{n^2}\|_2^2<+\infty\left(S=\sum_{n=1}^{\infty}a_nf_n(x)\right)$;

(ii) $\sum_{n=1}^{\infty}a_nf_n(x)$ 在 E 上几乎处处收敛;

(iii) $\sup_{n\geqslant 1}|S_n(x)|$ 在 E 上平方可积.

(4) 设 $\{\varphi_n\}$ 是 $L^2([a,b])$ 中的完全标准正交系. 则对于 $[a,b]$ 中任一正测度子集 E, 均有 $\sum_{E}\int_E\varphi_n^2(x)\mathrm{d}x\geqslant 1$.

(5) 设 $\{\varphi_k(x)\}$ 是 $L^2([a,b])$ 的完全系, 则
$$\sum_{k=1}^{\infty}\varphi_k^2(x)=+\infty, \quad \text{a.e. } x\in[a,b].$$

证明 (1) 易知对任给 $\varepsilon>0$, 存在 $g\in L^2([a,b])$, 使得 $\|f-g\|_1<\varepsilon$. 而又存在 N, 使得 $|\langle g,\varphi_n\rangle|<\varepsilon(n\geqslant N)$. 从而我们有
$$\left|\int_a^b f(x)\varphi_n(x)\mathrm{d}x\right|\leqslant \int_a^b|f(x)-g(x)||\varphi_n(x)|\mathrm{d}x$$
$$+\int_a^b|g(x)\varphi_n(x)|\mathrm{d}x$$
$$\leqslant M\|f-g\|_1+\varepsilon<M\varepsilon+\varepsilon \quad (n\geqslant N).$$

由此即得所证.

(2) 反证法. 假定结论不真, 则由题设知 $\lim_{n\to\infty}\varphi_n(x)=0$, a.e. $x\in E$. 从而根据控制收敛定理, 可得 $\lim_{n\to\infty}\|\varphi_n\|_2=0$. 但这与 $\|\varphi_n\|_2=1$ 矛盾, 证毕.

(3) (i) 因为 $\|S-S_{k^2}\|_2^2=\sum_{i=k^2+1}^{\infty}a_i^2$, 所以我们有
$$\sum_{k=1}^{\infty}\|S-S_{k^2}\|_2^2=\sum_{k=1}^{\infty}\sum_{i=k^2+1}^{\infty}a_i^2\leqslant \sum_{i\geqslant k}^{\infty}\sqrt{i}a_i^2<+\infty.$$

(ii) 显然 $S_{k^2}(x)$ 在 E 上几乎处处收敛于 $S(x)$. 令
$$n=k^2+p \quad (k=[\sqrt{n}], 0\leqslant p\leqslant 2k),$$
我们有
$$|S_n(x)-S_{k^2}(x)|^2=\left|\sum_{i=k^2+1}^{n}a_if_i(x)\right|^2\leqslant p\sum_{i=k^2+1}^{n}a_i^2f_i^2(x)$$

$$\leqslant 2\sum_{i=k^2+1}^{\infty}\sqrt{i}a_i^2 f_i^2(x) \triangleq 2R_k(x).$$

注意到 $\sum_{i=1}^{\infty}\sqrt{i}a_i^2 f_i^2(x)$ 在 E 上几乎处处收敛,故知 $\lim_{k\to\infty}R_k(x)=0$, a.e. $x\in E$. 从而可得

$$|S_n(x)-S(x)|\leqslant |S_n(x)-S_{k^2}(x)|+|S(x)-S_{k^2}(x)|$$
$$\leqslant \sqrt{2R_k(x)}+|S(x)-S_{k^2}(x)|.$$

这说明 $\lim_{n\to\infty}|S_n(x)-S(x)|=0$, a.e. $x\in E$.

(iii) 令

$$F(x)=\left(2\sum_{i=1}^{\infty}\sqrt{i}a_i^2 f_i^2(x)\right)^{1/2}+\left(\sum_{k=1}^{\infty}|S(x)-S_{k^2}(x)|^2\right)^{1/2},$$

则 $F\in L^2(E)$, 且有 $|S_n(x)-S(x)|\leqslant F(x)$. 注意到

$$|S_n(x)|\leqslant |S(x)|+|S_n(x)-S(x)|\leqslant |S(x)|+F(x)\quad (x\in E),$$

以及 $|S(x)|+F(x)$ 在 E 上平方可积,即可得证.

(4) 考查 $f(x)=\chi_E(x)$, 注意由 $\{\varphi_n(x)\}$ 的完全性可知

$$m(E)\|\chi_E\|_2^2=\sum_{n=1}^{\infty}|\langle\chi_E,\varphi_n\rangle|^2 \sum_{n=1}^{\infty}\left|\int_E\varphi_n(x)\mathrm{d}x\right|^2.$$

(5) 反证法. 假定 $\sum_{k=1}^{\infty}\varphi_k^2(x)<+\infty$, 则存在 $E\subset[a,b]$: $m(E)>0$, 以及 M, 使得 $\sum_{k=1}^{\infty}\varphi_k(x)<M(x\in E)$. 我们有

$$\int_E\sum_{k=1}^{\infty}\varphi_k^2(x)\mathrm{d}x=\sum_{k=1}^{\infty}\int_E\varphi_k^2(x)\mathrm{d}x<+\infty.$$

但是 $\{\varphi_k(x)\}$ 是 $L^2([a,b])$ 中的完全系,因此对 $[a,b]$ 中任一正测集 e, 可得

$$\sum_{k=1}^{\infty}\int_e\varphi_k^2(x)\mathrm{d}x\geqslant\sum_{k=1}^{\infty}\left(\int_e\varphi_k(x)\mathrm{d}x\right)^2\bigg/m(e)=1.$$

这显然与 $\sum_{k=1}^{\infty}\int_E\varphi_k^2(x)\mathrm{d}x<+\infty$ 矛盾(实际上, 取 N, 使得 $\sum_{n=N+1}^{\infty}\int_E\varphi_k^2(x)\mathrm{d}x<1/k$, 然后再取 $\tilde{e}\subset[a,b]$, 使得 $\sum_{k=1}^{N}\int_{\tilde{e}}\varphi_k^2(x)\mathrm{d}x<\frac{1}{k}$.

从而可得 $\sum_{k=1}^{\infty}\int_{\bar{e}}\varphi_k^2(x)\mathrm{d}x<1$.

例 13 试证明下列命题:

(1) 设 $f\in L^1([0,2\pi])$. 若其 Fourier 级数在正测集 $E\subset[0,2\pi]$ 上 (点)收敛,则其 Fourier 系数必收敛于零.

(2) 函数系 $\{x^n\mathrm{e}^{-x^2/2}: n=0,1,2,\cdots\}$ 在 $L^2((-\infty,\infty))$ 中稠密.

证明 (1) 记 $a_0, a_n, b_n (n\in\mathbf{N})$ 是 $f(x)$ 在 $[0,2\pi]$ 上的 Fourier 系数,令 $r_n^2=a_n^2+b_n^2, a_n\cos nx+b_n\sin nx=r_n\cdot\cos(nx+\theta_n)$. 采用反证法: 假定 $r_n\not\to 0(n\to\infty)$,则存在 $\sigma>0$ 以及 $\{n_k\}: r_{n_k}>\sigma(k\in\mathbf{N})$. 由此即知
$$\lim_{k\to\infty}\cos(n_k x+\theta_{n_k})=0 \quad (x\in E).$$

注意到 $|\cos^2(n_k x+\theta_{n_k})|\leqslant 1$,就有
$$\lim_{k\to\infty}\int_E\cos^2(n_k x+\theta_{n_k})\mathrm{d}x=\int_E\lim_{k\to\infty}\cos^2(n_k x+\theta_{n_k})\mathrm{d}x=0.$$

另一方面,我们又有
$$\int_E\cos^2(nx+\theta_n)\mathrm{d}x=\frac{1}{2}m(E)+\cos 2\theta_n\int_E\cos 2nx\,\mathrm{d}x$$
$$-\sin 2\theta_n\int_E\sin 2nx\,\mathrm{d}x\to\frac{1}{2}m(E)\quad(n\to\infty).$$

这导致矛盾. 证毕.

(2) 设 $f\in L^2(-\infty,+\infty)$ 满足 $\int_{-\infty}^{+\infty}f(t)t^n\mathrm{e}^{-t^2/2}\mathrm{d}t=0 (n=0,1,2,$ $\cdots)$,则令 $F(z)=\int_{-\infty}^{+\infty}f(t)\mathrm{e}^{-t^2/2}\mathrm{e}^{itz}\mathrm{d}t (z$ 是复数$)$,易知 $F^{(k)}(z)=0(k=1,2,\cdots)$,故 $F(z)\equiv 0$,
$$\int_{-\infty}^{+\infty}f(t)\mathrm{e}^{-t^2/2}\mathrm{e}^{itx}\mathrm{d}t=0 \quad(-\infty<x<+\infty).$$

以 $\mathrm{e}^{-ixy}(y$ 是实数$)$ 乘上式两端,且在 $(-l,l)$ 上对 x 作积分,可得
$$\int_{-\infty}^{+\infty}f(t)\mathrm{e}^{-t^2/2}\frac{\sin l(t-y)}{t-y}\mathrm{d}t=0.$$

从而我们有 $f(t)=0$, a.e. $t\in(-\infty,\infty)$.

例 14 试证明下列命题:

(1) 设 $\{\varphi_k\}\subset L^2(E)$ 是完全标准正交系,则对 $f,g\in L^2(E)$ 有

$$\langle f,g \rangle = \sum_{k=1}^{\infty} \langle f,\varphi_k \rangle \langle g,\varphi_k \rangle.$$

(2) 设 $\{\varphi_k\} \subset L^2([a,b])$ 是完全标准正交系,$f \in L^2([a,b])$,$f(x) \sim \sum_{k=1}^{\infty} c_k \varphi_k(x)$,其中 $c_k = \langle f, \varphi_k \rangle$,则对 $[a,b]$ 中的任一可测集 E,有

$$\int_E f(x) \mathrm{d}x = \sum_{k=1}^{\infty} c_k \int_E \varphi_k(x) \mathrm{d}x.$$

(3) 设 $f_n \in L^2(E)$,$m(E) < +\infty$,且存在 $M > 0$,$\delta > 0$,使得

$$\|f_n\|_2 \leqslant M, \quad \|f_n\|_1 \geqslant \delta \quad (n \in \mathbf{N}).$$

若 $\sum_{n=1}^{\infty} |a_n f_n(x)| < +\infty$, a.e. $x \in E$,则 $\sum_{n=1}^{\infty} |a_n| < +\infty$.

证明 (1) 注意:广义 Fourier 级数 $\sum_{k=1}^{\infty} \langle f, \varphi_k \rangle \varphi_k(x)$ 在 E 上依 L^2 意义收敛于 $f(x)$,从而可得

$$\langle f,g \rangle = \Big\langle \sum_{k=1}^{\infty} \langle f,\varphi_k \rangle \varphi_k, g \Big\rangle = \sum_{k=1}^{\infty} \langle f,\varphi_k \rangle \langle \varphi_k, g \rangle.$$

(2) 注意,我们有等式

$$\int_E f(x) \mathrm{d}x = \int_a^b f(x) \chi_E(x) \mathrm{d}x = \langle f, \chi_E \rangle$$

$$= \sum_{k=1}^{\infty} \langle f, \varphi_k \rangle \langle \chi_E, \varphi_k \rangle = \sum_{k=1}^{\infty} c_k \langle \chi_E, \varphi_k \rangle$$

$$= \sum_{k=1}^{\infty} c_k \int_E \varphi_k(x) \mathrm{d}x.$$

(3) 任给 $\varepsilon > 0$,令 $f(x) = \sum_{n=1}^{\infty} |a_n f_n(x)|$,对 $t > 0$,又令 $E_t = \{x \in E: f(x) > t\}$,则存在 $t_0 > 0$,使得 $m(E_{t_0}) < \varepsilon$. 由此知

$$\int_{E_{t_0}} |f_n(x)| \mathrm{d}x \leqslant \sqrt{m(E_{t_0})} \cdot M \leqslant M\sqrt{\varepsilon}.$$

现在取 $\varepsilon_0 > 0$,使得 $M\sqrt{\varepsilon_0} < \delta/2$,我们有 $\int_{E \setminus E_{t_0}} |f_n(x)| \mathrm{d}x > \delta/2$. 从而得到

$$t_0 m(E) \geqslant \int_{E\setminus E_{t_0}} f(x)\mathrm{d}x = \sum_{n=1}^{\infty} |a_n| \int_{E\setminus E_{t_0}} |f_n(x)|\mathrm{d}x$$

$$> \sum_{n=1}^{\infty} |a_n| \delta/2,$$

$$\sum_{n=1}^{\infty} |a_n| \leqslant 2t_0 \cdot m(E)/\delta.$$

证毕.

例 15 试证明下列命题:

(1) 设 $\{\varphi_n\}$ 是 $L^2([a,b])$ 中的完全标准正交系. 若 $\{\psi_n\}$ 是 $L^2([a,b])$ 中满足 $\sum_{n=1}^{\infty}\int_a^b[\varphi_n(x)-\psi_n(x)]^2\mathrm{d}x < 1$ 的正交系,则 $\{\psi_n\}$ 是 $L^2([a,b])$ 中的完全正交系.

(2) 设 $\{\varphi_i(x)\}$ 是 $L^2(A)$ 上完全标准正交系, $\{\psi_k(x)\}$ 是 $L^2(B)$ 中完全标准正交系,则 $\{f_{i,k}(x,y)\} = \{\varphi_i(x) \cdot \psi_k(y)\}$ 是 $L^2(A\times B)$ 上的完全系.

证明 (1) 设有 $f \in L^2([a,b])$ 满足 $\langle f,\psi_n\rangle = 0 (n\in \mathbf{N})$,则由
$$\langle f,\varphi_n\rangle = \langle f,\varphi_n-\psi_n\rangle + \langle f,\psi_n\rangle = \langle f,\varphi_n-\psi_n\rangle$$
可知, $|\langle f,\varphi_n\rangle|^2 \leqslant \|f\|_2^2 \|\varphi_n-\psi_n\|_2^2$. 从而得出

$$\|f\|_2^2 = \sum_{n=1}^{\infty} |\langle f,\varphi_n\rangle|^2 \leqslant \|f\|_2^2 \cdot \sum_{n=1}^{\infty} \|\varphi_n-\psi_n\|_2^2 < \|f\|_2^2.$$

这说明只能有 $f(x)=0$, a.e. $x \in [a,b]$.

(2) (i) $\int_{A\times B} f_{i,k}^2(x,y)\mathrm{d}x\mathrm{d}y = \int_A \varphi_i^2(x)\left(\int_B \psi_k^2(y)\mathrm{d}y\right)\mathrm{d}x = 1.$

(ii) 在 $i_1 \neq i_2 (k_1 \neq k_2)$ 时,我们有
$$\int_{A\times B} f_{i_1,k_1}(x,y) \cdot f_{i_2,k_2}(x,y)\mathrm{d}x\mathrm{d}y$$
$$= \int_B \psi_{k_1}(y)\psi_{k_2}(y)\left(\int_A \varphi_{i_1}(x)\varphi_{i_2}(x)\mathrm{d}x\right)\mathrm{d}y = 0.$$

(iii) 若有 $f \in L^2(A\times B)$, 使得 $\langle f,f_{i,k}\rangle = 0 (i,k\in\mathbf{N})$. 则令 $F_i(y)$
$= \int_A f(x,y)\varphi_i(x)\mathrm{d}x$, 易知 $F_i \in L^2(B)$. 从而有

$$\int_B F_i(y)\psi_k(y)\mathrm{d}y = \int_{A\times B} f(x,y)f_{i,k}(x,y)\mathrm{d}x\mathrm{d}y = 0.$$

这说明 $F_i(y)=0$, a. e. $y\in B$. 由此知 $\int_A f(x,y)\varphi_i(x)\mathrm{d}x = 0$, a. e. $y\in B$. 根据 $\{\varphi_i(x)\}$ 的完全性,可知对几乎处处的 $y\in B$,我们有 $m(\{x\in A: f(x,y)\neq 0\})=0$. 因此,由 Fubini 定理,得到

$$f(x,y) = 0, \quad \text{a. e. } (x,y) \in A\times B.$$

§6.4 L^p 空间的范数公式

例1 试证明下列命题:

(1) 设 $f(x)$ 在 $\mathbf{R}$ 上可测. 若对任意的 $g\in L^q(\mathbf{R})(1<q\leqslant +\infty)$,有
$$\int_{\mathbf{R}} |f(x)g(x)|\mathrm{d}x < +\infty,$$
则 $f\in L^p(\mathbf{R})(1/p+1/q=1)$.

(2) 设在 $L^2(E)$ 中有 f_k 弱收敛于 f,则 $\|f_k\|_2\leqslant M(k=1,2,\cdots)$.

(3) 设 $f_n\in L^p(E), g\in L^{p'}(E)(1/p+1/p'=1)$,而且
$$F_n(g) \triangleq \int_E f_n(x)g(x)\mathrm{d}x, \quad |F_n(g)|\leqslant M \quad (n\in \mathbf{N}),$$
则 $\|f_n\|_p\leqslant M \quad (n\in \mathbf{N})$.

证明 (1) 反证法. 假定 $\|f\|_p=+\infty$,则存在 $\{g_n(x)\}: \|g_n\|_q=1$, 使得 $\int_{\mathbf{R}} |f(x)g_n(x)|\mathrm{d}x > n^3 (n\in \mathbf{N})$. 现在作函数
$$g(x) = \sum_{n=1}^{\infty} |g_n(x)|/n^2, \quad S_N(x) = \sum_{n=1}^{N} |g_n(x)|/n^2,$$
我们有 $\|S_n\|_q \leqslant \sum_{n=1}^{\infty} 1/n^2$. 而 $\{\|S_n\|_q\}$ 递增并趋于 $\|g\|_q$,因此推出 $\|g\|_q \leqslant \sum_{n=1}^{\infty} 1/n^2 < +\infty$,即 $g\in L^q(\mathbf{R})$. 但是又有
$$\int_{\mathbf{R}} |f(x)g(x)| \mathrm{d}x \geqslant \frac{1}{n^2}\int_{\mathbf{R}} |f(x)g_n(x)|\mathrm{d}x > n \quad (n\in \mathbf{N}),$$
这与题设矛盾.

(2) 由题设知,对任意 $g \in L^2(E)$,有
$$\lim_{n \to \infty} \left| \int_E f_n(x)g(x)\mathrm{d}x \right| = \left| \int_E f(x)g(x)\mathrm{d}x \right| \leqslant \|f\|_2 \cdot \|g\|_2,$$
故存在 $M>0$,使得
$$\left| \int_E f_n(x)g(x)\mathrm{d}x \right| \leqslant M\|g\|_2 \quad (g \in L^2(E)).$$
从而易知 $\|f_n\|_2 \leqslant M$.

(3) 反证法. 假定结论不真,则选 $n_1 \in \mathbf{N}$,使得 $\|f_{n_1}\|_p > 1$. 此时取 $g_1(x)$: $\|g_1\|_{p'} = 4^{-1}$, 并记 $M_1 = \sup_{n \geqslant 1} |F_n(g_1)|$; 再选 $n_2 \in \mathbf{N}$, 使得 $\|f_{n_2}\|_p > 3 \cdot 4^2(M_1+2)$. 此时取 $g_2(x)$: $\|g_2\|_{p'} = 4^{-2}$, 使得 $|F_{n_2}(g_2)| > \frac{2}{3}\|f_{n_2}\|_p\|g_2\|_{p'}$ (注意, $\|f_{n_2}\|_p = \sup_{\|g\|_{p'} \leqslant 1} \left| \int_E f_{n_2}(x)g(x)\mathrm{d}x \right| = \sup_{\|g\|_{p'} \leqslant 1}|F_{n_2}(g)|$). 从而有 $|F_{n_2}(g_2)| > 2(M_1+2)$. 这样继续做下去,$\cdots$,可得 $\{g_i(x)\}$:
$$\left\| \sum_{i=k+1}^{\infty} g_i \right\|_{p'} \leqslant \sum_{i=k+1}^{\infty} \|g_i\|_{p'} \leqslant \frac{1}{3}\|g_k\|_{p'},$$
$$\left| F_{n_k}\left(\sum_{i=k+1}^{\infty} g_i \right) \right| \leqslant \|f_{n_k}\|_p \cdot \frac{1}{3}\|g_k\|_{p'}.$$
而且还有
$$|F_{n_k}(g_{k+1}+g_{k+2}+\cdots)| \leqslant \frac{1}{2}|F_{n_k}(g_k)|.$$
令 $g(x) = \sum_{k=1}^{\infty} g_k(x)$, 可得
$$|F_{n_k}(g)| = |F_{n_k}(g_1+\cdots+g_{k-1}) + F_{n_k}(g_k) + F_{n_k}(g_{k+1}+\cdots)|$$
$$\geqslant |F_{n_k}(g_k)| - |F_{n_k}(g_{k+1}+\cdots)| - |F_{n_k}(g_1+\cdots+g_{k-1})|$$
$$> (M_{k-1}+k) - M_{k-1} = k.$$
这导致矛盾.

例2 试证明下列不等式:

(1) (Hardy 不等式) 设 $1 < p < \infty, f \in L^p((0,\infty))$. 若记
$$F(x) = \frac{1}{x}\int_0^x f(t)\mathrm{d}t, \quad x > 0,$$

则 $F \in L^p((0, \infty))$,且 $\|F\|_p \leqslant \left(\dfrac{p}{p-1}\right) \|f\|_p$.

(2) 设 $g \in L^2([0,1])$,且 $\|g\|_2 \neq 0$,令 $G(x) = \int_0^x g(t) \mathrm{d}t (0 \leqslant x \leqslant 1)$,则 $\|G\|_2 \leqslant \|g\|_2 / \sqrt{2}$.

证明 (1) 因为我们有
$$F(x) = \int_0^1 f(xt) \mathrm{d}t,$$
所以根据广义 Minkowski 不等式,可得
$$\|F\|_p = \left(\int_0^{+\infty} \left|\int_0^1 f(xt) \mathrm{d}t\right|^p \mathrm{d}x\right)^{1/p}$$
$$\leqslant \int_0^1 \left(\int_0^{+\infty} |f(xt)|^p \mathrm{d}x\right)^{1/p} \mathrm{d}t = \int_0^1 \left(\int_0^{+\infty} |f(y)|^p t^{-1} \mathrm{d}y\right)^{1/p} \mathrm{d}t$$
$$= \|f\|_p \int_0^1 t^{-\frac{1}{p}} \mathrm{d}t = \frac{p}{p-1} \|f\|_p.$$

(注意,当 $p=1$ 时,$F \not\in L^1$.)

(2) 因为我们有
$$\|G\|_2^2 = \int_0^1 \left(\int_0^x g(t) \mathrm{d}t\right)^2 \mathrm{d}x \leqslant \int_0^1 \left(\int_0^x |g(t)|^2 \mathrm{d}t \cdot x\right) \mathrm{d}x$$
$$\leqslant \int_0^1 x \mathrm{d}x \cdot \|g\|_2^2 = \frac{1}{2} \|g\|_2^2,$$
所以 $\|G\|_2 \leqslant \|g\|_2 / \sqrt{2}$.